参见第11章

参见第2章

参见第1章

参见第14章

→ 参见第13章

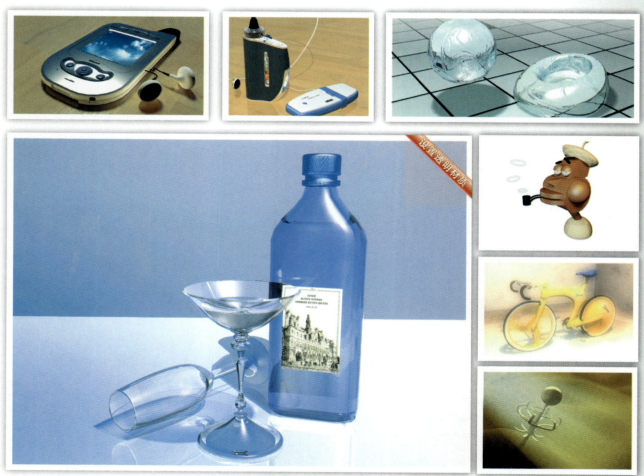

→ 参见第10章

➡ 参见第5章

➡ 参见第5章

➡ 参见第6章

➡ 参见第6章

➡ 参见第7章

➡ 参见第5章

→ 参见第7章

→ 参见第9章

➲ 参见第11章

➲ 参见第11章

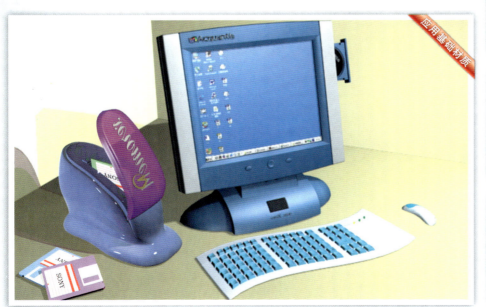

➲ 参见第11章　　　　　　　　　　　　➲ 参见第12章

参见第13章

参见第11章

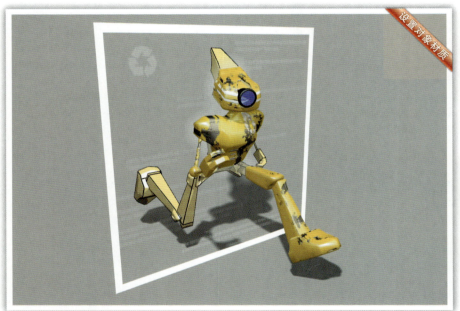

参见第11章

参见第13章

→ 参见第18章

→ 参见第19章

→ 参见第20章

→ 参见第20章

→ 参见第19章
→ 参见第21章

本书附带 1 张超大容量的 DVD 教学光盘。内容包含本书实例完成效果、源文件、练习素材，以及多媒体教学视频，另外还赠送海量的三维模型、场景，以及丰富的材质贴图文件。

如果视频文件无法正常播放，请安装视频播放器，例如：百度视频，暴风影音等。

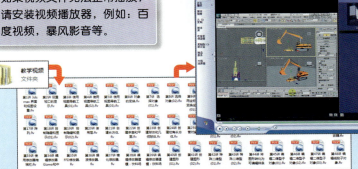

在 DVD 的【教学视频】文件夹中包含了本书全程视频教学文件。视频文件的名称是按照书中章节的顺序进行命名的，读者可以根据自己的阅读顺序使用视频播放程序播放文件，进行学习。

在 Chapter-X（X 表示章）文件夹中包含了与本书实例操作相关的练习文件和实例完成效果文件。这些文件按照章节顺序分别被放在文件夹内，读者可以根据书中提示打开文件进行操作演练。

在 DVD 光盘中，赠送了大量的三维模型和贴图文件。以方便读者在工作和学习中进行参考、借鉴或直接调用。其中内容分包括了 400 套游戏模型；300 套家具模型；300 张贴图文件。

本书的在线教学与辅导工作，委托腾龙视觉网站进行展开，网站设立软件专家提供全天的学习辅导。您可以登陆 www.tlvi.net 在线先进行交流学习，获取更多的优秀教程和免费设计资源！

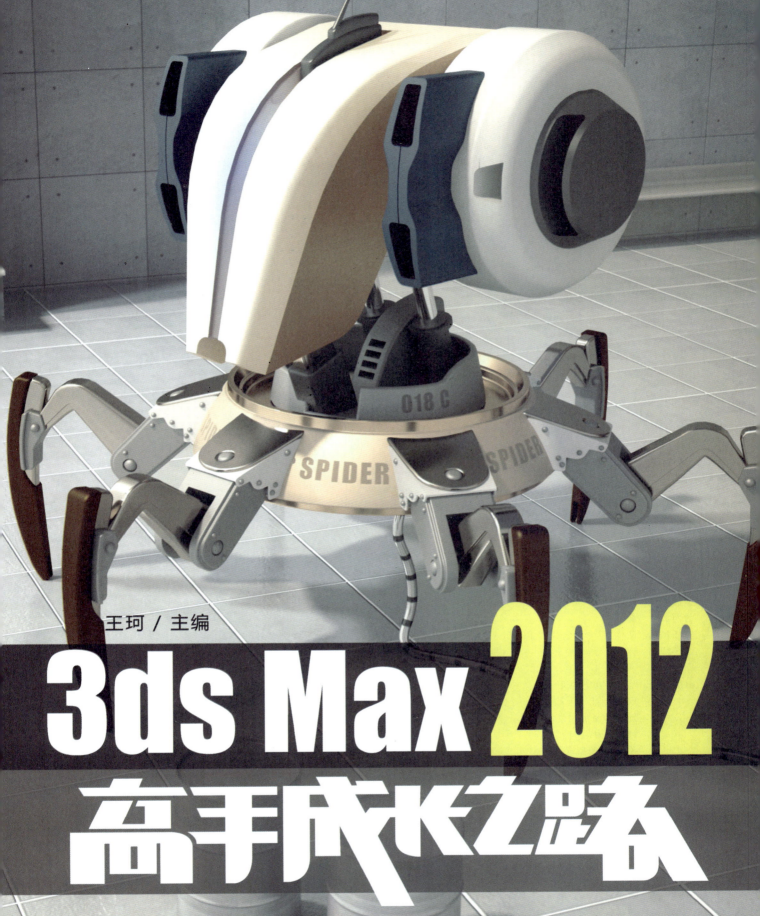

王珂 / 主编

3ds Max 2012
高手成长之路

清华大学出版社
北京

内 容 简 介

本书定位于3ds Max 2012初中级读者，通过对本书的学习，读者可以在最短的时间内上手工作。即便是对该软件一无所知的初学者也可以做到这一点。通过本书目录，读者可以快速检索到自己所需要学习的内容。本书具有很强的实际应用性，书中所有的实例都精选于实际设计工作中，不但画面精美考究，而且包含高水平的软件应用技巧。每个实例都是一个典型的设计模板，读者可以直接将其套用至实际工作中，或者作为参考资料进行借鉴，为设计工作增加创作的灵感。

本书内容系统全面，语言直白明了，既适合对该软件一无所知的初级用户阅读和学习，也可以帮助中级用户提高自身技术，深入掌握软件的核心功能。另外本书也可作为商业美术设计人员及相关专业师生的参考用书。

图书在版编目（CIP）数据

3ds Max 2012高手成长之路/王珂主编. --北京：清华大学出版社，2013.4
ISBN 978-7-302-30468-5

Ⅰ. ①3… Ⅱ. ①王… Ⅲ. ①三维动画软件 Ⅳ. ① TP391.41

中国版本图书馆CIP数据核字（2013）第250872号

责任编辑：陈绿春
封面设计：潘国文
责任校对：胡伟民
责任印制：何　芊

出版发行：清华大学出版社
　　　　网　　址：http://www.tup.com.cn，http://www.wqbook.com
　　　　地　　址：北京清华大学学研大厦 A 座　　　邮　　编：100084
　　　　社 总 机：010-62770175　　　　　　　　　邮　　购：010-62786544
　　　　投稿与读者服务：010-62776969，c-service@tup.tsinghua.edu.cn
　　　　质 量 反 馈：010-62772015，zhiliang@tup.tsinghua.edu.cn
印 刷 者：北京鑫丰华彩印有限公司
装 订 者：三河市溧源装订厂
经　　销：全国新华书店
开　　本：210mm×285mm　印　张：25.75　插 页：4　字　　数：850 千字
版　　次：2013 年 4 月第 1 版　　　　　　　　　　印　　次：2013 年 4 月第 1 次印刷
印　　数：1～4000
定　　价：89.00 元

产品编号：045639-01

   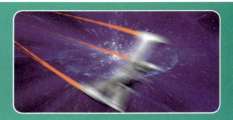

3ds Max 2012是由Autodesk公司推出的一款专业三维制作和动画设计软件。因其涉及范围较广、功能强大、易于操作等特点，而深受广大用户的喜爱。3ds Max被广泛应用于建筑设计、影视制作、动漫设计、游戏制作、工业造型设计等诸多领域。不仅受到专业人员的喜爱，也成为三维制作爱好者的宠儿。本书围绕3ds Max在设计中的应用，系统全面地为读者讲述了该软件的使用方法。整体来看本书具有详尽、实用、便于学习三大优点。

通过对本书的学习，读者可以在最短的时间内上手工作。即便是对该软件一无所知的初学者也可以做到这一点。因为书中在讲述软件功能时，全部是通过实例操作形式进行讲述的。将软件的功能全部融入到操作过程中，读者只要跟随书中的操作进行演练，即可直观地理解和掌握软件的所有功能。而且，在每章的最后都为读者安排了一组专项练习，对本章所讲述的知识进行练习、巩固，并得以灵活应用。

本书对于3ds Max的讲解非常全面，内容包含了关于软件的所有知识。通过本书目录，读者可以快速检索到自己所需要学习的内容。此外书中对于诸如建模、材质贴图、渲染以及动画设置等，一些较为复杂的功能进行了专项的讨论和讲解，务必使读者能够全面、深入地掌握这些知识。对于想要深入掌握软件功能的初中级用户，在本书中可以找到解决问题的答案。

本书具有很强的实用性，书中所有的实例都精选于实际设计工作中，不但画面精美、考究，而且包含高水平的软件应用技巧。实例内容包括卡通角色设计、游戏场景设定、建筑效果图、产品效果图、工业造型设计展示、卡通动画设置、视频特效设计等，所有与三维设计相关的工作内容都囊括其中。每个实例都是一个典型的设计模板，读者可以直接将其套用至实际工作中，或者作为参考资料进行借鉴，为设计工作增加创作的灵感。

在本书配套光盘中，包含了书中所有案例的视频教学内容，读者可以通过动态、直观的方式学习本书内容。另外光盘中还包含了实例的素材文件，以及含有源设置参数的实例完成文件，保证读者在学习过程中顺畅地进行操作与练习。

本书共分21章，各章主要内容如下：

第1章主要介绍3ds Max 2012的工作环境、新增功能特点、软件的安装方法等，通过了解3ds Max2012的工具、菜单和调板等界面内容，使读者快速进入3ds Max的精彩世界。

第2章介绍3ds Max中的一些基本操作，内容包括创建对象的方法、选择对象的方式、多种对齐命令，以及创建对象时的一些辅助工具。

第3章介绍3ds Max中基础形体的建立及设置方法。基础形体建模是3ds Max中最简单的建模方式，非常易于操作和掌握。

第4章讲述配合编辑修改器快速创建场景模型的方法。3ds Max提供了多种编辑修改器，结合这些修改器可以灵活、快捷地修改模型对象的外形。

第5章将向读者详细讲述二维图形的创建和编辑方法，以及二维型建模时所使用的几种编辑修改器。

第6章将为读者讲述复合对象建模方法。复合对象是一种比较特殊的建模方式，它是通过两种或两种以上的对象进行合并，从而组合成一个单独的参数化对象。

第7章将为读者详细讲述放样建模方法。放样对象属于复合对象的一种，但相对于其他复合对象，放样建模更为灵活，具有更复杂的创建参数，能够创建更为精致的模型。

第8章将为读者详细讲述多边形建模方法。该建模方法是高级建模方式中相对简单，也最易于掌握的建模方式。

第9章将为读者详细讲述面片建模的方法。面片建模能够基于Bezier曲线，可以利用较少的顶点创建出光滑的曲面。

第10章将对材质设置的知识作整体介绍。3ds Max中创建材质的方法非常灵活自由，任何模型都可以被赋予栩栩如生的材质，使创建的场景更加真实、完美。由于3ds Max在材质方面新增"板岩"材质编辑器，在本章中将着重介绍该材质编辑器的相关知识。

第11章将对3ds Max中包含的16种材质类型进行详细讲解。使用这些材质类型，可以实现各种特殊材质类型的设置。

第12章为读者讲解标准材质类型中贴图通道和贴图类型的应用方法。3ds Max中包含了丰富、强大的贴图设置功能，可以快速编辑出材质所需的纹理和质感内容。

第13章将为读者讲解几种特殊贴图的使用方法，还将讲解贴图坐标的使用方法，贴图坐标可以定义贴图纹理在对象表面上的摆放方式。

　　第14章将为读者讲解灯光设置方法。灯光设置在场景建立中非常重要，准确地设置灯光效果可以使场景更加真实、生动。

　　第15章将为读者讲解摄影机的使用方法。摄影机的设置对于静帧图像渲染和动画的设置都非常重要。

　　第16章将详细为读者讲述"环境和效果"功能。该功能可以烘托场景气氛，制作出诸如烟雾、霾、燃烧、灰尘光等逼真的视觉效果。

　　第17章将详细讲述渲染与输出知识，以及"光跟踪器"、"光能传递"等高级照明方式的设置。

　　第18章将详细讲述动画原理和基础动画设置知识。动画是3ds Max中非常重要的功能，使用这些功能可以创建出任何可以想象到的动画效果。

　　第19章将详细讲述层级动画功能。层级动画功能包含两种类型的运动学，即正向运动学和反向运动学。

　　第20章将详细讲述粒子系统与空间扭曲功能。粒子系统能生成粒子对象，可以真实、生动地模拟雪、雨、灰尘等效果。空间扭曲功能可以辅助三维对象产生特殊的变形效果。

　　第21章将详细介绍动画控制器的使用方法。场景内所有对象的动画设置都记录在动画控制器内，所以要想制作出生动、逼真的动画效果，就必须熟练掌握动画控制器。

　　本书由王珂主编，王坤、周珂令副主编。参与本书编写与的还有张瑞娟、段海鹏、关振华、张现伟、黄楠、时盈盈、许苗苗、王永丹、李永明、张楠、朱科、侯辉、莫黎、秦贝贝、焦礁、姚彬、张瑞玲、杨昆、李海燕、何玉风、孙丽珍、芈艳红、李楠、周新喜、姚凤霞、侯静、李建伟、胡明阳、黄萌、黄晶晶、董峰、王瑞华、焦礁、尹强、王媛媛、张梦、张帅、杨光、芦伟。由于作者编写水平有限，书中难免有疏漏之处，敬请读者批评指正，您可以登录www.tlvi.net网站提出意见或问题，或在线进行交流学习，并获取更多的优秀教程和免费设计资源。

编者

目　录

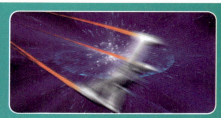

第1章
熟悉3ds Max 2012的工作环境

1.1　3ds Max的应用范围 ················· 2
　　1.1.1　工业造型设计 ················ 2
　　1.1.2　建筑效果展示 ················ 2
　　1.1.3　广告和视频特效 ·············· 2
　　1.1.4　游戏开发 ···················· 3
1.2　熟悉界面与布局 ···················· 3
　　1.2.1　标题栏与菜单栏 ·············· 4
　　1.2.2　主工具栏 ···················· 6
　　1.2.3　工作视图 ···················· 6
　　1.2.4　状态栏和提示行 ·············· 7
　　1.2.5　动画控制区 ·················· 8
　　1.2.6　视图控制区 ·················· 8
　　1.2.7　命令面板 ··················· 10
1.3　3ds Max中的对象 ················· 11
　　1.3.1　参数化对象 ················· 11
　　1.3.2　非参数化对象 ··············· 11
　　1.3.3　复合对象 ··················· 11
1.4　创建与修改对象 ··················· 12
　　1.4.1　变换对象 ··················· 12
　　1.4.2　复制对象 ··················· 14
　　1.4.3　镜像对象 ··················· 14
　　1.4.4　阵列对象 ··················· 15
1.5　材质与贴图 ······················· 17
1.6　灯光和摄影机 ····················· 18
1.7　关于动画 ························· 19
1.8　渲染与输出 ······················· 20

第2章
使用3ds Max 2012进行工作

2.1　创建对象的多种方式 ··············· 22
　　2.1.1　通过菜单命令创建对象 ······· 22
　　2.1.2　通过"创建"命令面板创建对象 ··· 22

2.2　选择集与对象组 ··················· 23
　　2.2.1　选择对象 ··················· 23
　　2.2.2　对象组 ····················· 26
2.3　栅格与捕捉对象 ··················· 27
　　2.3.1　使用栅格 ··················· 27
　　2.3.2　使用捕捉工具 ··············· 29
　　2.3.3　栅格和捕捉设置 ············· 31
2.4　对齐工具 ························· 32
　　2.4.1　对齐工具 ··················· 32
　　2.4.2　快速对齐 ··················· 33
　　2.4.3　法线对齐 ··················· 34
　　2.4.4　放置高光 ··················· 35
　　2.4.5　对齐摄影机 ················· 35
　　2.4.6　对齐到视图 ················· 35

第3章
使用基础模型

3.1　创建标准基本体 ··················· 38
　　3.1.1　长方体 ····················· 38
　　3.1.2　经纬球体和几何球体 ········· 38
　　3.1.3　圆柱体 ····················· 40
　　3.1.4　圆环 ······················· 40
　　3.1.5　其他标准基本体 ············· 41
3.2　创建扩展基本体 ··················· 41
　　3.2.1　异面体 ····················· 41
　　3.2.2　环形结 ····················· 42
　　3.2.3　切角长方体 ················· 43
　　3.2.4　软管 ······················· 43
　　3.2.5　环形波 ····················· 45
　　3.2.6　其他扩展基本体 ············· 46
3.3　实例操作——卡通角色爵士乐老布 ··· 46

第4章
使用编辑修改器建模

4.1　使用修改命令面板 ················· 50

目 录

4.1.1　应用编辑修改器 ………………… 50
4.1.2　塌陷对象 ……………………………… 51
4.2　使用编辑修改器 ………………………… 52
4.2.1　弯曲 …………………………………… 52
4.2.2　锥化 …………………………………… 54
4.2.3　扭曲 …………………………………… 55
4.2.4　噪波 …………………………………… 55
4.2.5　FFD ……………………………………… 56
4.3　实例操作——餐桌效果图 ……………… 58

第5章
二维型建模

5.1　创建二维图形 …………………………… 62
5.1.1　样条线 ………………………………… 62
5.1.2　扩展样条线 …………………………… 67
5.1.3　创建不规则二维型 …………………… 68
5.1.4　二维型的公共创建参数 ……………… 70
5.2　编辑样条线 ……………………………… 72
5.2.1　转换样条线 …………………………… 72
5.2.2　顶点 …………………………………… 73
5.2.3　线段 …………………………………… 75
5.2.4　样条线 ………………………………… 76
5.3　针对二维型的编辑修改器 ……………… 78
5.3.1　挤出 …………………………………… 78
5.3.2　车削 …………………………………… 79
5.3.3　倒角 …………………………………… 81
5.3.4　倒角剖面 ……………………………… 82
5.4　实例操作——家具设计展示图 ………… 83
5.4.1　古典家具 ……………………………… 83
5.4.2　现代家具 ……………………………… 86

第6章
复合对象建模

6.1　创建复合对象 …………………………… 90

6.2　进行布尔运算 …………………………… 90
6.3　适应对象外形 …………………………… 92
6.4　在网格对象表面嵌入图形 ……………… 93
6.5　分散对象 ………………………………… 95
6.6　对象连接 ………………………………… 97
6.7　ProBoolern复合对象 …………………… 98
6.8　ProCutter复合对象 ……………………… 99
6.9　实例操作——洗漱台设计展示图 ……… 101

第7章
建立放样对象

7.1　理解放样 ………………………………… 104
7.2　创建放样对象 …………………………… 104
7.3　控制放样对象表面 ……………………… 106
7.4　调整放样对象的外形 …………………… 107
7.5　使用变形曲线 …………………………… 110
7.6　使用拟合命令 …………………………… 112
7.7　实例操作——螺丝刀和鼠标模型 ……… 113
7.7.1　创建螺丝刀模型 ……………………… 114
7.7.2　制作鼠标模型 ………………………… 115

第8章
多边形建模

8.1　了解多边形建模 ………………………… 119
8.1.1　多边形建模的工作模式 ……………… 119
8.1.2　创建多边形对象 ……………………… 119
8.2　关于多边形建模 ………………………… 120
8.2.1　多边形对象的子对象 ………………… 120
8.2.2　"边界"子对象的定义 ……………… 120
8.3　编辑多边形对象的子对象 ……………… 120
8.3.1　多边形对象的公共命令 ……………… 120
8.3.2　编辑"顶点"子对象 ………………… 124
8.3.3　编辑"边"子对象 …………………… 125

8.3.4 编辑"边界"子对象 ……………… 126
8.3.5 编辑"多边形""元素"子对象 … 126
8.4 实例操作——美洲虎坦克模型 ………… 129
8.4.1 制作车身部分 …………………… 130
8.4.2 多边形建模创建炮塔部分 ……… 132
8.4.3 轮子和履带的创建 ……………… 135
8.4.4 整体细节处理 …………………… 136

第9章
使用面片建模

9.1 面片建模原理 ……………………………… 138
9.1.1 面片的两种形式 ………………… 138
9.1.2 了解Bezier曲线 ………………… 138
9.1.3 创建面片对象 …………………… 138
9.2 面片对象的子对象 ………………………… 140
9.2.1 面片对象的子对象类型 ………… 140
9.2.2 关于"控制柄"子对象 ………… 140
9.3 编辑面片对象 ……………………………… 141
9.3.1 面片对象的公共命令 …………… 141
9.3.2 编辑"顶点"子对象 …………… 143
9.3.3 编辑"边"子对象 ……………… 144
9.3.4 编辑"面片"和"元素"子对象 … 146
9.3.5 编辑"控制柄"子对象 ………… 147
9.4 了解"曲面"编辑修改器 ………………… 148
9.4.1 应用"曲面"编辑修改器 ……… 148
9.4.2 使用"曲面"编辑修改器受到的
限制条件 ………………………… 149
9.4.3 "横截面"编辑修改器 ………… 149
9.5 实例操作——创建卡通宠物模型 ……… 150
9.5.1 创建拓扑线 ……………………… 150
9.5.2 转换为面片对象 ………………… 153

第10章
材质基础知识

10.1 材质的概念 ……………………………… 156

10.1.1 材质原理 ……………………… 156
10.1.2 编辑和观察材质 ……………… 156
10.2 使用材质编辑器 ………………………… 157
10.2.1 Slate材质编辑器界面 ………… 157
10.2.2 Slate材质编辑器的工具栏 …… 158
10.2.3 使用视图导航工具栏 ………… 162
10.2.4 应用Slate材质编辑器设置材质 … 163
10.3 精简材质编辑器 ………………………… 166
10.3.1 菜单栏 ………………………… 166
10.3.2 材质示例窗 …………………… 166
10.3.3 功能按钮区 …………………… 166
10.4 材质的基本属性 ………………………… 171
10.4.1 明暗器基本参数 ……………… 171
10.4.2 基本参数卷展栏 ……………… 172
10.4.3 扩展参数卷展栏 ……………… 174
10.4.4 材质明暗器类型 ……………… 175
10.5 生动地设置各种材质 …………………… 176
10.5.1 设置塑料材质 ………………… 177
10.5.2 设置金属材质 ………………… 177
10.5.3 设置透明材质 ………………… 178
10.6 实例操作——为游戏场景设置材质 …… 179

第11章
材质类型

11.1 指定材质 ………………………………… 185
11.2 Ink'n Paint材质类型 …………………… 185
11.2.1 绘制控制卷展栏 ……………… 186
11.2.2 墨水控制卷展栏 ……………… 186
11.3 高级照明覆盖材质类型 ………………… 187
11.4 光线跟踪材质类型 ……………………… 188
11.4.1 光线跟踪基本参数卷展栏 …… 189
11.4.2 扩展参数卷展栏 ……………… 190
11.4.3 光线跟踪器控制卷展栏 ……… 192
11.5 建筑材质类型 …………………………… 193
11.5.1 模板卷展栏 …………………… 193
11.5.2 物理性质卷展栏 ……………… 193

目 录

11.5.3　特殊效果卷展栏 ················ 194
11.6　壳材质类型 ······················ 195
11.7　无光/投影材质类型 ················ 197
11.8　复合材质类型 ···················· 198
　　11.8.1　混合材质类型 ··············· 198
　　11.8.2　合成材质类型 ··············· 199
　　11.8.3　双面材质类型 ··············· 200
　　11.8.4　变形器材质类型 ············· 201
　　11.8.5　多维/子对象材质类型 ········· 202
　　11.8.6　虫漆材质类型 ··············· 203
　　11.8.7　顶/底材质类型 ·············· 203
11.9　实例操作——创建一幅科幻插图 ······· 204
　　11.9.1　地面材质设置 ··············· 204
　　11.9.2　身体后部的材质与纸材质的设置 ··· 205
　　11.9.3　屏障材质的设置 ············· 206
　　11.9.4　镜头材质的设置 ············· 207
　　11.9.5　身体前部材质的设置 ·········· 209
　　11.9.6　头部的材质设置 ············· 214

第12章
贴图通道和贴图类型

12.1　贴图通道 ························ 218
　　12.1.1　环境光颜色贴图通道 ·········· 219
　　12.1.2　漫反射颜色贴图通道 ·········· 219
　　12.1.3　高光颜色贴图通道 ············ 219
　　12.1.4　高光级别贴图通道 ············ 219
　　12.1.5　光泽度贴图通道 ············· 220
　　12.1.6　自发光贴图通道 ············· 220
　　12.1.7　不透明度贴图通道 ············ 220
　　12.1.8　过滤色贴图通道 ············· 220
　　12.1.9　凹凸贴图通道 ··············· 220
　　12.1.10　反射贴图通道 ·············· 221
　　12.1.11　折射贴图通道 ·············· 221
　　12.1.12　置换贴图通道 ·············· 221
12.2　贴图类型 ························ 222
　　12.2.1　公共参数卷展栏 ············· 222

12.2.2　2D贴图 ····················· 226
12.2.3　3D贴图 ····················· 232
12.3　实例操作——制作一幅魔幻插图 ······· 241
　　12.3.1　木板材质的设置 ············· 241
　　12.3.2　羊皮书材质的设置 ············ 242
　　12.3.3　水晶球底座材质的设置 ········· 243
　　12.3.4　水晶球材质的设置 ············ 245

第13章
贴图和贴图坐标的设置

13.1　反射和折射贴图 ··················· 248
13.2　实例练习——游戏场景设定 ··········· 251
13.3　设置贴图投影方式 ················· 255
　　13.3.1　认识UVW坐标空间 ··········· 255
　　13.3.2　UVW贴图编辑修改器 ·········· 255
　　13.3.3　UVW展开编辑修改器 ·········· 257
13.4　实例操作——音响设备效果图 ········· 262

第14章
使用灯光照明

14.1　标准灯光 ························ 267
　　14.1.1　目标聚光灯 ················· 267
　　14.1.2　自由聚光灯 ················· 274
　　14.1.3　目标平行光 ················· 274
　　14.1.4　自由平行光 ················· 275
　　14.1.5　泛光灯 ··················· 275
　　14.1.6　天光 ···················· 275
　　14.1.7　mr区域泛光灯 ··············· 276
　　14.1.8　mr区域聚光灯 ··············· 277
14.2　光度学灯光 ······················ 277
　　14.2.1　目标灯光 ··················· 278
　　14.2.2　自由灯光 ··················· 280
14.3　太阳光和日光系统 ················· 280
　　14.3.1　太阳光 ··················· 281

14.3.2　日光系统 …………………… 282
14.4　实例操作——书房效果图设计 ………… 288

第15章
摄像机与镜头

15.1　摄影机的特征 ………………………… 292
　　15.1.1　焦距 ………………………… 292
　　15.1.2　视角 ………………………… 292
15.2　创建不同种类的摄影机 ……………… 292
　　15.2.1　目标摄影机 ………………… 292
　　15.2.2　自由摄影机 ………………… 293
15.3　设置摄影机 …………………………… 293
　　15.3.1　多过程景深 ………………… 295
　　15.3.2　多过程运动模糊 …………… 296
15.4　实例操作——设置游戏场景 ………… 297

第16章
环境效果设置

16.1　设置背景颜色与图案 ………………… 299
　　16.1.1　背景选项组 ………………… 299
　　16.1.2　全局照明选项组 …………… 300
16.2　环境技术 ……………………………… 300
　　16.2.1　火效果 ……………………… 301
　　16.2.2　雾 …………………………… 303
　　16.2.3　体积雾 ……………………… 306
　　16.2.4　体积光 ……………………… 308

第17章
渲染与输出技术

17.1　渲染命令 ……………………………… 312
　　17.1.1　主工具栏的渲染命令 ……… 312

17.1.2　"渲染快捷方式"工具栏 ……… 313
17.1.3　渲染帧窗口 ………………… 314
17.2　"渲染设置"对话框 …………………… 316
　　17.2.1　公用参数 …………………… 316
　　17.2.2　渲染器 ……………………… 322
　　17.2.3　光线跟踪器 ………………… 324
　　17.2.4　高级照明 …………………… 325

第18章
创建场景动画

18.1　动画的基础原理 ……………………… 331
18.2　动画的设置方法 ……………………… 332
18.3　预览和渲染动画 ……………………… 333
18.4　轨迹视图 ……………………………… 336
　　18.4.1　曲线编辑模式 ……………… 336
　　18.4.2　摄影表模式 ………………… 344

第19章
层级动画

19.1　建立对象的层级 ……………………… 348
　　19.1.1　对象链接的方法 …………… 348
　　19.1.2　正确设定链接顺序 ………… 348
　　19.1.3　观察层级树 ………………… 349
19.2　正向运动控制动画 …………………… 349
　　19.2.1　控制轴心点 ………………… 349
　　19.2.2　调整变换 …………………… 350
　　19.2.3　设置锁定与继承关系 ……… 351
　　19.2.4　使用虚拟对象 ……………… 351
19.3　使用反向动力学 ……………………… 353
　　19.3.1　反向动力学设置动画的流程 … 353
　　19.3.2　编辑对象IK关节 …………… 353
　　19.3.3　定义运动学链 ……………… 355
19.4　实例操作——机械人动画设置 ……… 356

目　录

第20章
粒子系统与空间扭曲

20.1 粒子系统 ······························· 362
　　20.1.1　基本粒子系统 ················ 362
　　20.1.2　高级粒子系统 ················ 365
　　20.1.3　粒子流 ························· 369
20.2 空间扭曲 ······························· 374
　　20.2.1　创建与使用空间扭曲 ······· 374
　　20.2.2　"力"空间扭曲 ··············· 375
　　20.2.3　"导向器"空间扭曲 ········· 382
20.3 实例操作——龙卷风奇袭动画 ··········· 384

第21章
使用动画控制器

21.1 理解动画控制器 ······················· 388

21.2 单一参数控制器 ······················· 389
　　21.2.1　TCB控制器 ··················· 389
　　21.2.2　Bezier控制器 ················ 390
　　21.2.3　线性控制器 ··················· 390
　　21.2.4　噪波控制器 ··················· 391
21.3 复合控制器 ···························· 392
　　21.3.1　XYZ控制器 ·················· 392
　　21.3.2　路径约束 ····················· 392
　　21.3.3　附加控制器 ··················· 393
　　21.3.4　曲面控制器 ··················· 394
　　21.3.5　位置约束控制器 ·············· 394
　　21.3.6　方向约束控制器 ·············· 395
　　21.3.7　注视约束控制器 ·············· 396
21.4 整体变换控制器 ······················· 398
　　21.4.1　"链接约束"控制器 ·········· 398
　　21.4.2　"变换脚本"控制器 ·········· 400
21.5 实例操作——气垫运输船 ·············· 400
　　21.5.1　设置链接和编辑水面动画 ······ 400
　　21.5.2　为对象添加控制器 ············ 401

第1章
熟悉3ds Max 2012的工作环境

3ds Max目前是国内最为流行的三维软件之一，该软件由Autodesk公司推出，是一个基于Windows操作平台的优秀三维制作软件。因其涉及范围广、功能强大、易于操作等特点，而深受广大用户的喜爱。3ds Max从1996年正式面世以来已经荣获了近百项行业大奖，受到业内人士的诸多好评。该软件最新版本为3ds Max 2012，相对于之前的版本，该软件功能更为强大，具有更强的交互性和兼容性，适合角色搭建、灯光、纹理和动画等领域工作的需要。

本章将为读者介绍3ds Max 2012的工作环境、新增功能特点、软件的安装与卸载方法，通过了解3ds Max 2012的工具、菜单和调板等界面内容，使读者快速进入到3ds Max三维制作的精彩世界。

1.1 3ds Max的应用范围

3ds Max支持多边形建模、网格建模、面片建模、NURBS建模等多种类型的建模方法，在材质编辑、动画设定、渲染输出、合成特效等方面也有着优秀的表现，所以该软件的应用范围非常广泛。下面简单了解一下3ds Max在设计行业中的应用效果。

1.1.1 工业造型设计

由于3ds Max拥有多种建模方法，而且还提供了对象捕捉工具和测量工具，使我们在表现模型的结构与形态时更为精确；使用3ds Max还可以为模型赋予不同的材质，再加上强大的灯光和渲染功能，使对象质感更为逼真。因此，3ds Max常被应用于工业产品效果图的表现。如图1-1～图1-4所示为使用3ds Max创建的工业造型效果图。

图1-1　　　　　　　　图1-2

图1-3　　　　　　　　图1-4

1.1.2 建筑效果展示

3ds Max与著名的建筑制图软件AutoCAD同为

Autodesk公司的产品，具有很好的兼容性，将这些软件配合使用，可以使建筑模型在保证视觉效果的同时又不失准确性，从而将建筑效果图表现得淋漓尽致。如图1-5～图1-10所示为使用3ds Max创建的建筑效果图。

图1-5　　　　　　　　图1-6

图1-7　　　　　　　　图1-8

图1-9　　　　　　　　图1-10

1.1.3 广告和视频特效

动画是3ds Max的重要组成部分，在3ds Max中对象的自身属性、变换、形体、材质等大多数参数都可以设置为动画，通过"轨迹视图-曲线编辑器"对话框可以对场景中任何对象的运动轨迹或其他属性进行编辑。可以使用动画控制器来控制对象运动，还可以通过Video Post对话框进行合成工作。这些特点使3ds Max成为制作影视广告和片头等动画的首选软件。如图1-11所示为使用3ds Max制作的短片。

图1-11

1.1.4 游戏开发

随着版本的更新，3ds Max在角色动画制作方面的能力变得日益强大，整合、完善了Character Studio模块、骨骼系统功能，并增加了"柔体"、"变形器"等针对于角色动画的编辑修改器，计算精准的Reactor系统可以逼真地模拟对象在受到外力影响时的运动状态。现在通过3ds Max，用户可以创建出各式各样的虚拟现实效果，以及生动、逼真的动画场景，全方位胜任游戏的开发工作。如图1-12～图1-16所示为通过3ds Max制作的游戏人物角色。

图1-12

图1-13

图1-14

图1-15

图1-16

1.2　熟悉界面与布局

初学3ds Max的读者，首先需要熟悉和认识软件的界面和布局，这样可以使读者尽快进入3ds Max的创作空间。本节将通过具体操作演示，来熟悉3ds Max 2012的工作界面和布局。

在安装了3ds Max 2012后，在桌面中双击 图标，启动3ds Max 2012，进入软件主界面，如图1-17所示。大部分图标都经过了重新的设计，更加简洁、明了，界面的默认颜色为灰黑色，给人更加专业的感觉，同时也给用户带来全新的视觉冲击。

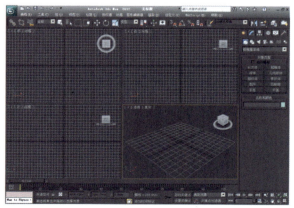

图1-17

灰黑色的UI界面虽然更加炫丽，但并不适合图书

的插图演示与印刷，所以在本书开始讲解之前，对软件的初始界面进行了更改。读者可以根据自己的喜好及应用范围进行更改，或者保持3ds Max 2012默认的UI界面。

01 执行"自定义"→"自定义UI与默认设置切换器"命令，打开"为工具选项和用户界面布局选择初始设置"对话框，如图1-18所示。

图1-18

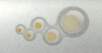

02 在"用户界面方案"列表框中选择ame-light选项，如图1-19所示。

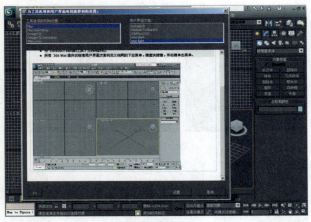

图1-19

03 单击"设置"按钮，系统会加载所选择的界面方案，在加载完毕后将弹出"自定义UI与默认设置切换器"对话框，提示用户在下次重新启动3ds Max时生效，如图1-20所示。

图1-20

04 单击软件界面右上角的 ☒ "关闭"按钮，关闭3ds Max 2012。再次启动3ds Max 2012，如图1-21所示。

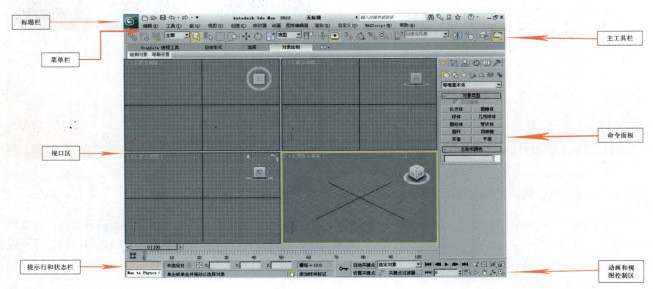

图1-21

标题栏
菜单栏
视口区
提示行和状态栏
主工具栏
命令面板
动画和视图控制区

1.2.1 标题栏与菜单栏

在3ds Max 2012的标题栏中，不仅显示出了3ds Max软件的版本号、当前工作文档的名称，还包括了"应用程序"按钮、"快速访问"工具栏和信息中心等。

01 在3ds Max 2012中，标题栏位于软件界面的最顶端，如图1-22所示。

应用程序按钮
快速访问工具栏
软件名称及版本号
文档名称
信息中心

图1-22

02 单击 ⑤ "应用程序"按钮，将弹出"应用程序"菜单，在该菜单中为用户提供了各种文件管理的命令，如图1-23所示。

图 1-23

> **提示**
>
> 读者也可以按快捷键Alt+F，快速打开该菜单。使用快捷键打开的"应用程序"菜单，会显示出菜单选项的快捷键，用户可以通过快捷键执行所需的命令，如图1-24所示。

图 1-24

03 将鼠标移动到"打开"命令上，稍作停留即可展开下一级子菜单，用户可以选择所需的命令，如图1-25所示。

图 1-25

04 在"快速访问"工具栏中，为用户提供了用于管理场景文件的常用命令按钮，如图1-26所示。

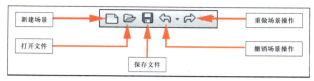

图 1-26

05 执行"创建"→"标准基本体"→"长方体"命令，即可激活"长方体"命令，如图1-27所示。

06 也可以在"创建"主命令下的"几何体"次命令面板中，单击"长方体"按钮，达到同样的操作目的，如图1-28所示。

图 1-27　　　　　图 1-28

> **提示**
>
> 菜单栏中的许多命令都可以在工作界面中的主工具栏、命令面板或从右击快捷菜单中找到。

07 在"视图"中有些命令选项显示为灰色，表明该命令当前不可执行；有些命令名称的右侧会显示相应的快捷键，通过快捷键可以快速地调用指定的命令；有些命令名称后还带有黑色三角，单击即可弹出其下一级子菜单，如图1-29所示。

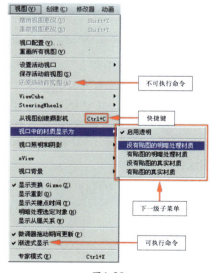

图 1-29

08 在"视图"菜单中的"视口配置"命令后还带有…（省略号），表明执行该命令后将打开相应对话框，如图1-30所示。

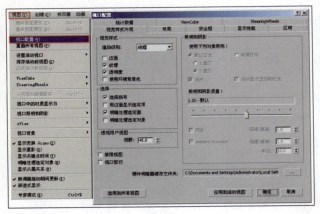

图1-30

在菜单栏的下方就是主工具栏，主工具栏由一系列带有图案的命令按钮组成，如图1-31所示。

图1-31

01 在主工具栏中单击 "选择并移动" 按钮，即可选择该工具，如图1-32所示。

图1-32

02 在主工具栏中包含众多的命令按钮，如果用户的显示器分辨率为1152×864或更低，那么3ds Max的主工具栏将不能在工作界面中完全显示出来。将指针移至主工具栏的空白处，当指针变成手形时，拖曳鼠标可以将主工具栏中隐藏的命令按钮显示出来，如图1-33所示。

图1-33

03 在主工具栏内，有些按钮的右下角还带有三角形标志，说明在这些按钮的内部还包含了扩展命令按钮。在 "矩形选择区域" 工具按钮上单击并按住鼠标时，将弹出扩展命令的按钮列表，如图1-34所示。

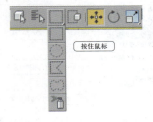

图1-34

04 拖曳鼠标指针至 "套索选择区域" 按钮

上并释放鼠标，即可选择该工具进行相应的操作，如图1-35所示。

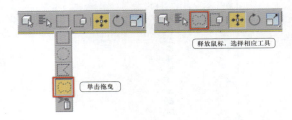

图1-35

在3ds Max的整个工作界面中，工作视图占据了大部分的界面空间，这是主要的工作区域。

01 单击 "快速访问" 工具栏中的 "打开文件" 按钮，打开本书附带光盘中的Chapter-01/ "餐厅.max" 文件，如图1-36所示。可以发现视图区共划分成4个面积相等的工作视图，分别为：顶视图、前视图、左视图、透视视图。

图1-36

02 带有黄色边框的视图为当前工作视图，在前视图中右击，前视图将成为当前工作视图，同时该视图四周的边框将显示为黄色，如图1-37所示。

图1-37

03 在"顶"视图的左上角单击"观察点"标签，在弹出的菜单中，可以选择其他的视图方式进行显示，如图1-38所示。

图1-38

04 执行"视图"→"视口配置"命令，打开"视口配置"对话框，在"布局"选项卡中为用户提供了14种预设的视图划分方法，如图1-39所示。

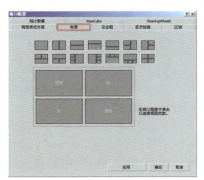

图1-39

05 参照如图1-40所示，选中一种划分方式，并在下侧的工作视图预览窗中的右视图预览窗上单击，在弹出的菜单中选择"透视"选项，将其切换为透视图，完毕后单击"确定"按钮，重新划分视图区域，如图1-41所示。

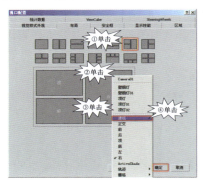

图1-40

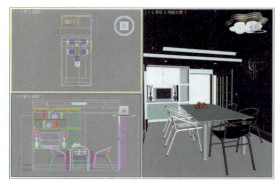

图1-41

06 将鼠标指针移动到视图与视图的交界处，当指针将变成↔、↕或✛时，拖曳鼠标，即可根据要求对视图的大小进行任意调整，如图1-42所示。

图1-42

07 激活透视图，通过按快捷键Alt+W，可以快速将当前工作视图最大化显示在界面窗口中，如图1-43所示。

图1-43

1.2.4　状态栏和提示行

在3ds Max工作界面的左下角是状态栏和提示行。在状态栏中显示了当前所选择的物体数目、坐标位置和目前视图的网格单位等内容；而提示行则使用简单、明了的语言，提示用户在当前状态下可以执行什么操作。

01 继续上一小节的操作，使用 ✛ "选择并移动"工具，选择"椅子"对象，如图1-44所示。

图1-44

02 选中对象后，查看"状态栏"和"提示行"中所显示的内容，如图1-45所示。

图1-45

1.2.5 动画控制区

在状态栏和提示行的右侧为动画控制区，如图1-46所示。动画控制区域中的命令按钮主要用来定义场景动画的关键帧、控制动画的播放、动画帧的选择，以及时间控制等多项任务。

图1-46

01 打开本书附带光盘中的Chapter-01/"蒸汽飞机max"文件，如图1-47所示。

图1-47

02 单击 ▶ "播放动画"按钮，即可播放当前已设置好的动画，如图1-48所示。

图1-48

1.2.6 视图控制区

在动画控制区的右侧是可以控制视图显示和导

航的按钮。灵活地运用这些命令按钮，可以辅助用户更好地对所编辑的场景对象进行观察。在视图控制区共包含了8个命令按钮，这些按钮的功能会随着用户选择视图的不同，而产生相应的变化。

01 打开本书附带光盘中的Chapter-01/"卡通人物.max"文件，如图1-49所示。

图1-49

02 打开文件后，可以发现前视图处于激活状态，观察视图控制区的命令按钮。右击透视图，将该视图激活并观察视图控制区命令按钮的变化，如图1-50所示。

图1-50

03 在左视图中单击"观察点"标签，在弹出的菜单中选择"摄影机"→Camera01命令，切换到摄影机视图，此时视图控制区中的命令按钮会根据视图的变化而变化，如图1-51所示。

图1-51

04 在顶视图中，单击"观察点"标签在弹出的菜单中选择"灯光"→Spot01命令，可以将该视图切换为灯光视图。在视图中控制区内将看到有关灯光视图的控制命令按钮，如图1-52所示。

图1-52

根据视图的不同，在视图控制区中也会显示出针对当前视图的控制命令按钮，通过它们可以对当前视图进行相应的调整，例如视图的显示范围、显示位置和显示角度等。下面将以标准的透视视图调整工具为例，讲述视图调整工具的使用方法。

01 打开本书附带光盘中的Chapter-01/"卡通动物.max"文件，如图1-53所示。

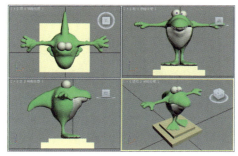

图1-53

02 在视图控制区中单击 "缩放"按钮，移动鼠标至"透视"视图中，鼠标指针将变成 "放大镜"状态，在视图中单击并向上拖曳，即可对视图进行放大；单击并向下拖曳，即可对视图进行缩小，如图1-54所示。

图1-54

提示

在该步骤中，还可以按下 [键进行放大，按下]键进行缩小。另外，通过滚动鼠标滚轮，也可以快速将当前激活视图以25%的倍数进行缩放。

03 按Esc键或在当前视图中右击，可以退出"缩放"模式。单击 "缩放所有视图"按钮，并在视图中拖曳，可以在缩放"透视"视图的同时，对其他视图进行缩放，如图1-55所示。

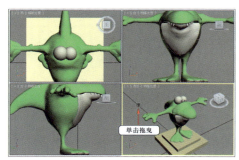

图1-55

04 单击 "最大化显示"按钮，场景中的所有

对象将在"透视"视图中居中显示，如图1-56所示。

05 在主工具栏中单击 "选择对象"按钮，在"透视"视图中的"卡通动物"对象上单击，将该对象选中。在视图控制区中的 "最大化显示"按钮上按住鼠标，将会出现弹出式按钮，参照如图1-57所示选择弹出式按钮中的 "最大化显示选定对象"按钮，可以使选定的对象在视图中最大化显示。

图1-56　　　　　　　图1-57

06 单击右侧的 "所有视图最大化显示"按钮和 "所有视图最大化显示选定对象"按钮，可以在所有视图中查看场景中的全部对象，或者将选定对象在所有视图中居中显示，如图1-58所示。

图1-58

提示

用户也可以通过按Z键，将场景中的对象在所有视图中最大化显示。

07 单击视图控制区内的 "视野"按钮，并在透视视图中单击拖曳，即可对视图中可见场景数量的张角量进行调整，如图1-59所示。

图1-59

提示

使用"视野"工具调整视图的效果类似于"缩放"，不同的是在使用"视野"工具调整视图时，视图的透视效果是不断发生变化的，从而会导致视图中的对象产生扭曲。

08 按住 "视野"按钮，在弹出的按钮中选择 "缩放区域"按钮，此时可以在视图中单击拖曳创建出一个矩形区域，释放鼠标后，矩形区域内的对象将充满视图显示，如图1-60所示。

图1-60

09 在视图控制区中单击 "平移视图" 工具按钮，并在视图中拖曳鼠标，可以在与当前视图平面的平行方向移动视图，如图1-61所示。

图1-61

10 在视图控制区中单击 "环绕" 按钮，当前视图中将会出现一个黄色 "轨迹球"，在轨迹球的外侧拖曳鼠标，可以围绕垂直于屏幕的深度轴旋转视图，如图1-62所示。

11 将光标移动到轨迹球的内侧，当光标变为 标记时，单击拖曳，即可对视图进行自由旋转，如图1-63所示。

图1-62　　　图1-63

12 在视图控制区中单击 "最大化视口切换" 按钮，可以在视图的正常大小和全屏大小之间进行切换。这与按快捷键Alt+W的效果相同。

1.2.7 命令面板

在3ds Max工作界面的右侧为命令面板。在命令面板内包含了3ds Max中对象的建立、编辑和动画设置等方面的命令。在3ds Max中共有6个命令面板，如图1-64所示。

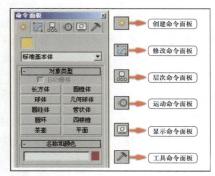

图1-64

01 在 "创建" 命令面板中包含了两个卷展栏，单击 "对象类型" 卷展栏的标题栏，可以将该卷展栏折叠，如图1-65所示。相反，如果在折叠的卷展栏标题上单击可以将其展开。

图1-65

02 在展开的 "名称和颜色" 卷展栏的空白处右击，在弹出的菜单中选择 "关闭卷展栏" 选项，同样可以将展开的卷展栏折叠，如图1-66所示。

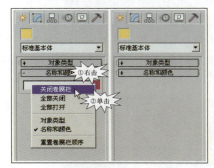

图1-66

03 切换到 "显示" 命令面板，由于该命令面板中的卷展栏较多，它们不会同时显示在工作界面中，此时用户可以将鼠标指针移动到命令面板左侧边缘，当光标变成↔双向箭头时，向左拖曳鼠标，可以将隐藏的命令面板显示在工作界面中，如图1-67所示。

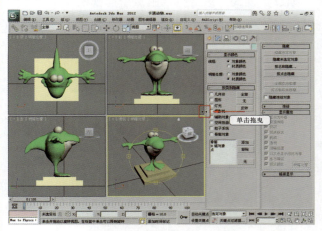

图1-67

04 在任意卷展栏的空白处右击，在弹出的菜单中执行"全部关闭"命令，将全部卷展栏折叠。在"显示颜色"卷展栏的标题栏上单击拖曳至其他卷展栏的中间，当出现一条蓝色插入线时，释放鼠标即可将卷展栏放置到指定的位置，如图1-68所示。

图1-68

1.3　3ds Max中的对象

3ds Max是一个开放的、面向对象性的设计软件，用户在3ds Max中创建的每一个物体都属于一个对象，包括创建的三维型、二维型、灯光、摄像机、贴图等。本书将3ds Max中的对象分为3种类型，分别为参数化对象、非参数化对象和复合对象。

1.3.1　参数化对象

在3ds Max中创建的三维基础型、二维基础型、灯光、摄影机、空间扭曲对象等都属于参数化对象，它们都是通过设置其本身具有的各项参数来达到创建和修改对象的目的。

01 启用3ds Max 2012，进入 ⬥ "创建"主命令面板下的 ⬭ "几何体"次命令面板，在"对象类型"卷展栏中单击"长方体"按钮，并在视图中单击拖曳，即可创建一个参数化长方体对象，如图1-69所示。

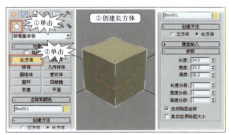

图1-69

02 切换到 ⬭ "图形"命令面板，单击"圆"按钮，并在透视图中单击拖曳，创建二维样条线，该样条线同样是参数化对象，如图1-70所示。

图1-70

> **提示**
>
> 参数化对象加强了3ds Max在建模、修改和动画方面的编辑能力。一般情况下应尽可能保存3ds Max中对象的参数属性，以便于用户随时访问和调整对象。

1.3.2　非参数化对象

非参数化对象没有具体的设置参数，它的形状是通过顶点和面来描述的，例如线、可编辑多边形、可编辑面片、NURBS等对象都属于非参数化对象。如果将一个参数化对象塌陷后，将转换成非参数化对象，原对象的参数属性将完全丢失。

继续上一小节的操作，选择长方体对象并右击，在弹出的菜单中执行"转换为"→"转换为编辑网格"命令，参数化的长方体对象将被塌陷为非参数化对象。它是通过组成对象的节点和面来表述对象的，长方体的原始创建参数将完全丢失，如图1-71所示。

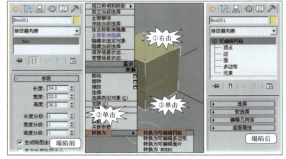

图1-71

1.3.3　复合对象

复合对象是将两个或两个以上的对象进行组合，形成一个新的参数化对象，可以随时对复合对象中的子对象参数进行修改和编辑。

进入 ✳ "创建"主命令面板下的 ◎ "几何体"次命令面板，在该面板的下拉列表中选择"复合对象"选项，进入"复合对象"的创建面板，如图1-72所示。

在该面板内，3ds Max为用户提供了12种复合对象，其中"放样"和"布尔"的使用率最高。有关这些复合对象的创建方法，将在后面的章节中详细讲述。

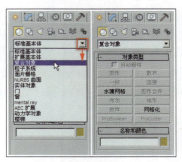

图1-72

1.4 创建与修改对象

在3ds Max中，创建对象是一项非常重要，而且过程复杂的工作，如果我们要开始一个新的工作，首先要做的就是创建场景对象。创建场景对象的方法很多，可通过"创建"命令面板中提供的基础对象并结合编辑修改器直接创建；也可以通过复合对象进行创建；使用网格、多边形、面片和NURBS建模方法来创建复杂的场景对象。如图1-73和图1-74所示为使用3ds Max创建的两个室内场景。关于对象创建与修改的具体操作方法，将在本书第2～10章中进行详细讲解。

图1-73

图1-74

使用3ds Max在场景中创建对象后，可以对创建的对象做出相应修改，例如，调整对象的大小、位置和角度，以及创建出对象的副本等。

1.4.1 变换对象

3ds Max为用户提供了3组常用的变换工具，分别为：✛ "选择并移动"、◔ "选择并旋转"和"选择并缩放（▱ 选择并均匀缩放、▱ 选择并非均匀缩放、▱ 选择并挤压）"。用户可使用这3组变换工具，对选择对象进行移动、旋转或缩放。下面将通过具体操作来讲述这3种变换工具的使用方法。

1．变换控制柄

变换控制柄主要有3种形式，根据选择变换命令的不同，变换控制柄的外形和操作方法也不同。如

图1-75所示展示了3ds Max 2012中所包含的变换控制柄的外观。

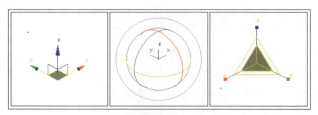

图1-75

提示

控制柄可以被打开也可以被关闭，其打开和关闭的快捷键为X。在控制柄被关闭的状态下，只能以手动的方式对坐标轴方向进行设置。

观察变换控制柄，可以看到变换控制柄的每一个轴都有各自的颜色，3个轴向按照X、Y和Z的顺序被定义为红、绿、蓝3种颜色，而当控制柄的一个或两个轴被选择时会变成黄色。

2．移动对象

01 打开本书附带光盘中的Chapter-01/ "恐龙.max"文件，如图1-76所示。

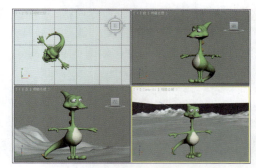

图1-76

02 在主工具栏中单击 ✛ "选择并移动"工具，并在"透视"视图中选择恐龙对象，此时将出现移动控制柄，如图1-77所示。

图1-77

03 控制柄内由3个指向不同方向的箭头，以及箭头和箭头之间区域的拐角线组成。箭头代表了X、Y、Z，3个不同的轴向，在任意轴向上单击拖曳即可沿指定的轴向移动对象，如图1-78所示。

图1-78

04 区域拐角线表示两个轴向的共同方向，如图1-79所示，在区域拐角上单击拖曳即可在这两个轴向上任意移动对象位置。

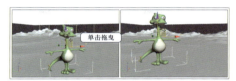

图1-79

3．旋转对象

01 撤销之前的操作，将文档恢复为打开时的状态。在主工具栏中单击 ↺ "选择并旋转"工具按钮，并选择"恐龙"对象，将显示出旋转控制柄，如图1-80所示。

图1-80

02 旋转控制柄由5个环形的旋转轴柄组成，围绕对象的3个环形控制柄为轴向旋转控制柄，单击拖曳不同轴向上的控制柄，即可沿指定的轴向旋转对象，如图1-81所示。

图1-81

03 在对象的外侧，与视图处于平行状态的还有两条控制柄，分别为深灰色和浅灰色。贴近变换对象的深灰色控制柄是自由旋转控制柄，处于最外侧的浅灰色控制柄为视图旋转控制柄，如图1-82所示。

04 单击拖曳自由旋转控制柄，可以根据鼠标移动的方向而产生自由的旋转效果；单击拖曳视图旋转控制柄，可以使变换对象沿垂直视图的方向产生旋转效果，如图1-83所示。

图1-82　　　　　　　　图1-83

4．缩放对象

3ds Max 2012中为用户提供了3种执行缩放、变换的工具，分别为"选择并均匀缩放"、"选择并非均匀缩放"和"选择并挤压"工具。接下来将通过具体的操作来了解各缩放工具的使用方法。

01 再次打开本书附带光盘中的Chapter-01/"恐龙.max"文件。

02 在主工具栏中选择 ▣ "选择并均匀缩放"工具，选择"恐龙"对象，如图1-84所示，在缩放控制柄中心单击拖曳等比例缩放对象。

图1-84

03 在主工具栏中单击 ▣ "选择并均匀缩放"按钮，在展开的工具栏中选择 ▣ "选择并非均匀缩放"工具，在轴向上或轴向与轴向之间的区域控制柄上单击拖曳，即可非均匀地缩放对象，如图1-85和图1-86所示。

图1-85

图1-86

由于缩放控制柄的出现，使 📐 "选择并均匀缩放"工具和 📐 "选择并非均匀缩放"工具之间的区别变得模糊，使用这两个工具中的任何一种都可以完成对象的等比缩放和不等比缩放。

04 在主工具栏中单击 📐 "选择并非均匀缩放"工具按钮，在展开的工具栏中选择 🔲 "选择并挤压"工具，该工具只能对轴向控制柄和区域控制柄进行挤压操作，而不能对控制柄中心处的等比缩放控制柄进行工作，如图1-87所示。

图1-87

1.4.2 复制对象

当需要创建相同结构的两个或多个对象时，就需要通过复制对象来完成。3ds Max中最直接的复制对象方法就是使用变换工具配合按住Shift键来变换对象，以对选择对象进行复制。

01 打开本书附带光盘中的Chapter-01/ "装饰品.max"文件，如图1-88所示。

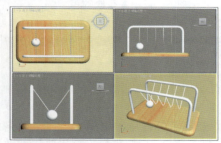

图1-88

02 激活前视图，使用"选择并移动"工具选择金属球对象，并执行"编辑"→"克隆"命令，将弹出"克隆选项"对话框，单击"确定"按钮，即可复制对象，如图1-89所示。

图1-89

在选择对象后，也可以按快捷键Ctrl+V，执行"克隆"命令。

克隆后的副本对象与原对象重叠在一起，在该步骤中为了便于更好地观察克隆对象，将其移动到其他位置。

03 将克隆的副本对象删除，并再次选择金属球对象，按下Shift键的同时单击拖曳，如图1-90所示。

图1-90

04 释放鼠标，将弹出"克隆选项"对话框，在"对象"选项组中选择"复制"选项，在"副本数"文本框中输入要复制的副本个数，单击"确定"按钮，即可一次复制多个副本对象，如图1-91所示。

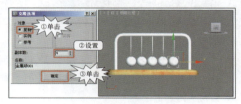

图1-91

1.4.3 镜像对象

使用"镜像"工具可以使选定的对象沿着指定轴镜像翻转，也可以在镜像的同时复制原对象，创建出完全对称的两个对象。

01 打开本书附带光盘中的Chapter-01/ "蚂蚁.max"文件，如图1-92所示。

图1-92

02 使用 📐 "选择对象"工具，选中蚂蚁对象，单击主工具栏中的"镜像"按钮，打开"镜像"对话框，如图1-93所示。

图1-93

提示

执行"工具"→"镜像"命令，同样可以打开"镜像"对话框。

03 在"镜像轴"选项组中可以设置镜像的方向，保持默认的X单选按钮为选中状态。在"克隆当前选择"选项组中，如果选择"不克隆"选项，对象将只镜像翻转，如图1-94所示。

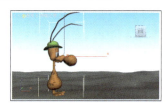

图1-94

04 在"克隆当前选择"选项组中选择"复制"单选按钮，并通过设置"镜像轴"选项组中的"偏移"参数来指定镜像对象偏移的距离，在此设置"偏移"参数为7，单击"确定"按钮关闭对话框，如图1-95所示。

图1-95

1.4.4 阵列对象

"阵列"是对选定对象通过一定的变换方式（移动距离、旋转角度和缩放比例），按照指定的维度进行重复性复制。

01 打开本书附带光盘中的Chapter-01/"阵列.max"文件，如图1-96所示。

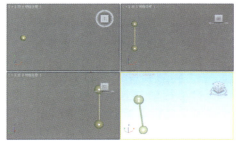

图1-96

02 使用"选择对象"工具，选中需要阵列的对象，执行"工具"→"阵列"命令，打开"阵列"对话框，如图1-97所示。在该对话框中包含了"阵列变换"、"对象类型"和"阵列维度"3个选项组。

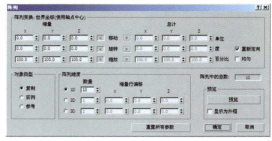

图1-97

03 在"阵列变换"选项组中，可以设置阵列对象的移动距离、旋转角度、缩放比例，以及所沿的轴向。在"移动"行的X轴文本框中输入80.0，即表示创建的阵列对象在X坐标轴上以80个单位的距离进行复制。单击"确定"按钮观察阵列效果，如图1-98所示。

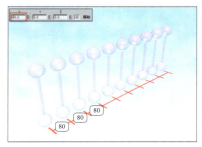

图1-98

04 按快捷键Ctrl+Z，撤销上一步操作。再次打开"阵列"对话框，单击"移动"行中的 ＞ 按钮，接着设置右侧的X数值为600，此时所阵列出的对象在X轴上的总距离为600个单位，如图1-99所示。

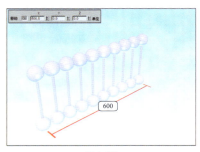

图1-99

05 撤销上一步的操作并保持对象的选中状态，进入 层次"命令面板下的"轴"面板，在"调整轴"卷展栏中激活"仅影响轴"按钮，并在顶视图中调整轴的位置，如图1-100所示，完毕后取消"仅影响轴"按钮的激活状态。

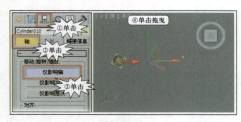

图1-100

06 再次打开"阵列"对话框，单击"重置所有参数"按钮，将所有数据恢复到默认状态。设置"旋转"选项的Z轴增量参数为36°，单击"确定"按钮观察环形阵列效果，如图1-101所示。

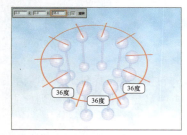

图1-101

07 用户同样可通过单击"旋转"选项右侧的 > 按钮，并指定总旋转角度值，从而对选择对象进行旋转阵列，如图1-102所示。

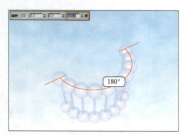

图1-102

08 也可以通过"缩放"阵列方式来沿某条轴进行不等比缩放阵列对象，勾选"均匀"复选框，可以通过指定一个轴来均匀缩放阵列对象。有关缩放阵列对象的方法在此就不再具体介绍，如图1-103所示为缩放阵列对象的效果。

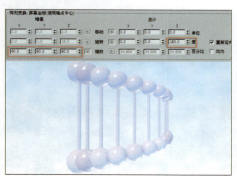

图1-103

09 灵活地运用阵列命令中的移动、旋转和缩放，还可以制作出更为丰富的排列效果，如图1-104所示。

图1-104

在之前的操作中我们仅了解了"阵列"对话框中的"阵列变换"选项组，接下来将通过一个实例的操作来讲述"阵列"对话框中的其他选项和参数。

01 打开本书附带光盘中的Chapter-01/"酒桶.max"文件，如图1-105所示。

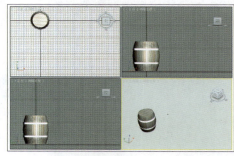

图1-105

02 选择场景中的酒桶对象，执行"工具"→"阵列"命令，打开"阵列"对话框。设置"移动"选项的X轴上的增量参数为130，如图1-106所示。

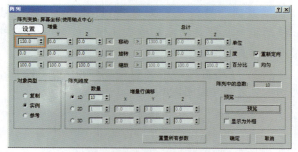

图1-106

03 在"阵列维度"选项组中，可以设定在X、Y、Z三个坐标轴向上的阵列复制对象的数量，以及单位坐标参数值。默认情况下创建的阵列对象都是一维阵列，用户可通过"数量"参数来设置阵列的数量。设置1D单选按钮右侧的"数量"值为3，创建一维阵列，单击"预览"按钮，即可预览阵列效果，如图1-107所示。

04 选择2D单选按钮，可以创建出二维阵列。2D是对1D内的设置结果进行Y轴方向的阵列复制，从而产生栅格状的阵列。设置2D数量参数为3，然后设置2D内的"增量行偏移"坐标参数区的Y轴参数为－130，观察阵列结果，如图1-108所示。

图1-107　　　　　　　　图1-108

05 3D是对2D内的设置结果进行Z轴方向的阵列复制。选择3D单选按钮，然后设置3D"数量"参数为2，设置3D内的"增量行偏移"坐标参数区的Z轴参数为129，观察阵列效果，如图1-109所示。

图1-109

1.5　材质与贴图

材质和贴图的设置在三维设计工作中占有十分重要的地位，它是模拟三维世界成功与否的关键，一个软件如果拥有丰富的材质种类和强大的材质设置功能，即可使用户拥有更为广阔的创作空间。3ds Max在材质和贴图方面的功能很强大，通过软件提供的材质编辑器，几乎可以设置出任何质感的材质。接下来将通过实例的操作来简单了解材质与贴图，有关材质与贴图的知识将在本书第11～14章中进行具体详解。

01 打开本书附带光盘中的Chapter-01/"雪橇.max"文件，如图1-110所示。

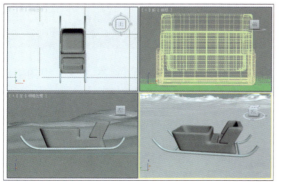

图1-110

02 使用 "选择对象"工具，选中"金属杆"对象。执行"渲染"→"材质编辑器"→"Slate材质编辑器"命令，打开"材质编辑器"对话框，如图1-111所示。

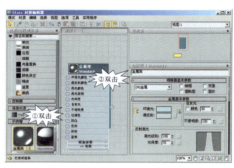

图1-111

提示

也可以按下M键，快速打开"材质编辑器"对话框。

03 选择第1个材质示例窗，如图1-112所示，在"明暗器基本参数"和"金属基本参数"卷展栏中进行设置。

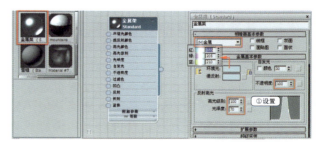

图1-112

04 在"贴图"卷展栏中，设置"反射"贴图右侧的"数量"文本框，并单击右侧的长按钮，在打开的"材质/贴图浏览器"对话框中，双击"光线跟踪"贴图选项，如图1-113所示。

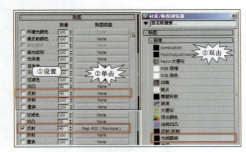

图1-113

05 在"材质编辑器"对话框中，分别单击 "将材质指定给选定对象"和 "在视口中显示标准贴图"按钮，将材质赋予指定对象并观察加入材质贴图后的模型效果，如图1-114所示。

图1-114

06 在场景中选择"雪橇"对象，如图1-115所示，在"材质编辑器"对话框中选择一个材质示例窗。

图1-115

07 在"贴图"卷展栏中，单击"漫反射颜色"选项右侧的长按钮，打开"材质/贴图浏览器"对话框，双击"位图"选项，在打开的"选择位图图像文件"对话框中，选择本书附带光盘中的Chapter-01/"木纹.jpg"文件并打开，如图1-116所示。

图1-116

08 按照如图1-117所示，在"坐标"卷展栏中进行设置，完毕后将材质指定给选定的对象，效果如图1-118所示。

图1-117   图1-118

1.6   灯光和摄影机

在创建场景时，当完成了建模和设置材质的工作后，就需要设置灯光和摄影机，灯光决定了场景的光源方向、整体气氛和阴影等因素；摄影机决定了视图视角等因素，还可以设置为视图变化的动画。因此，灯光与摄影机的设置也是表现一个优秀三维场景的关键。接下来来简单地了解灯光和摄影机的使用方法。有关灯光和摄影机具体的操作和设置方法，将在本书第15章和16章中进行详细讲解。

01 继续上一小节的操作，在"创建"主面板下的"摄影机"次面板中，单击"目标"按钮，参

照如图1-119所示，设置镜头并在"顶"视图中创建摄影机，然后调整摄影机的位置。

图1-119

提示

也可以打开本书附带光盘中的Chapter-01/"雪橇02.max"文件，继续接下来的操作。

02 激活"透视"视图，并按下C键，切换到摄影机视图，如图1-120所示。

图1-120

03 在"创建"主命令面板中的"灯光"次命令面板的下拉列表中选择"标准"选项，单击"目标平行灯光"按钮，在"顶"视图中创建灯光并调整灯光的位置，如图1-121所示。

图1-121

04 保持灯光的选中状态，进入"修改"命令面板，参照如图1-122所示进行设置。

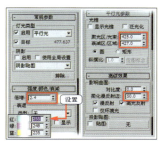

图1-122

05 在"灯光"命令面板中，单击"泛光灯"按钮，参照如图1-123所示创建灯光并调整其位置。

图1-123

06 保持泛灯光的选中状态，进入"修改"命令面板并参照如图1-124所示进行设置。

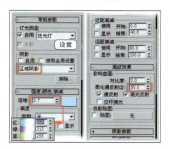

图1-124

07 设置完毕后，激活"透视"视图，单击主工具栏中的 ❑ "渲染产品"按钮，即可渲染场景，观察设置灯光后的效果，如图1-125所示。

图1-125

1.7　关于动画

在有动画内容的场景中，当灯光和摄像机设置完毕后，就需要进行动画的设置。使用3ds Max，可以为各种应用创建3D动画，例如，为计算机游戏设置角色或汽车的动画、为电影或电视设置特殊效果的动画，还可以创建用于严肃场合的动画，如医疗手册或法庭上的辩护陈述等。

动画以人类视觉的原理为基础。如果快速查看一系列相关的静态图像，那么会感觉到这是一个连续的运动。接下来将通过具体的操作来简单了解动画的设置方法。有关动画的相关知识，将在本书第21～26章中进行详细地讲解。

01 继续上一小节的操作，也可以打开本书附带光盘中的Chapter-01/"雪橇03.max"文件。

02 使用"选择并移动"工具，按下 Ctrl 键的同时将"雪橇"和"金属架"对象同时选中，如图 1-126 所示。

图1-126

03 单击动画控制区中的"自动关键点"按钮，将其激活并拖曳时间滑块到100帧的位置，如图1-127所示。

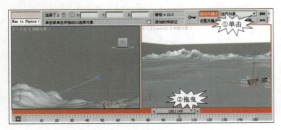

图1-127

04 在"透视"视图中，沿y轴单击拖曳调整雪橇的位置，如图1-128所示，在拖曳雪橇的同时会自动生成关键帧。

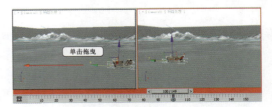

图1-128

05 再次单击"自动关键点"按钮，取消其启用状态。单击 ▶ "播放动画"按钮，即可预览设置的动画效果，如图1-129所示。

图1-129

1.8 渲染与输出

渲染场景是使用3ds Max工作时的最后一个重要环节，只有对场景进行渲染后，才能看到场景中的材质、照明、阴影的最终效果。如果需要观察场景的静帧效果，可以激活一个视图后，在主工具栏中单击"渲染产品"按钮，即可将视图进行渲染；如果需要将场景以特定格式输出，或对输出的场景进行编辑，就需要在"渲染设置"对话框中进行设置，接下来简单了解输出渲染动画的操作方法。有关具体的渲染技术，将在本书第18章中进行详细地讲解。

01 继续上一小节的操作，也可以打开本书附带光盘中的Chapter-01/"雪橇04.max"文件。

02 执行"渲染"→"渲染设置"命令，打开"渲染设置"对话框，如图1-130所示。

03 在"公用参数"卷展栏下的"时间输出"选项组中，单击"范围"单选按钮，如图1-131所示。

图1-130　　　　图1-131

04 在"渲染输出"选项组中，单击"文件"按钮，打开"渲染输出文件"对话框，参照如图1-132所示，指定渲染输出的文件位置、名称及保存类型。单击"保

存"按钮，将弹出"AVI 文件压缩设置"对话框，保持默认的设置，单击"确定"按钮，关闭对话框。

图1-132

05 单击"渲染"按钮，渲染设置好的动画，完毕后，读者即可从指定的路径播放生成的动画了。也可以打开本书附带光盘中的Chapter-01/"动画.avi"文件，观察生成后的动画效果，如图1-133所示。

图1-133

第2章
使用3ds Max 2012进行工作

前面我们已经对3ds Max的工作环境，以及核心概念有了一个全面的认识。接下来就可以在3ds Max中进行一些简单的工作了。本章将讲述在3ds Max中创建和选择对象的基本操作，包括创建对象的方法、选择对象的方式以及多种对齐命令。另外，本章还将讲述辅助绘图工具的使用方法，通过这些辅助工具可以精确定位对象的位置，使我们创建的模型更加精确。下面开始本章的学习。

2.1　创建对象的多种方式

在3ds Max中可以通过多种途径创建对象。通过选择"创建"菜单下的各项命令可以创建对象；进入"创建"命令面板下的任意次面板，单击相应的按钮，也可以创建对象。

通常情况下，对象的创建包含3个基本步骤，首先执行创建对象命令，然后激活一个视口确定创建对象的位置，最后通过拖曳鼠标定义对象的基本创建参数。

2.1.1　通过菜单命令创建对象

在3d Max的"创建"菜单中，包含了所有可以创建的对象，可以通过执行菜单中的命令创建对象。

01　运行3ds Max 2012，在"创建"菜单中观察灰色分割线，可以发现将创建对象分为了4个大类，如图2-1所示。

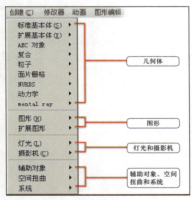

图2-1

02　执行"创建"→"标准基本体"→"茶壶"命令，在"透视"视图中单击拖曳，即可创建茶壶对象，如图2-2所示。

图2-2

2.1.2　通过"创建"命令面板创建对象

在"创建"主命令面板下，为用户提供了7个次命令面板，分别是 "几何体"、 "图形"、 "灯光"、 "摄影机"、 "辅助对象"、 "空间扭曲"和 "系统"次命令面板。使用次命令面板中的各工具，即可创建对象。

01　进入"创建"主命令面板，在默认状态下显示的是"几何体"次命令面板，在该命令面板的下拉列表中，提供了更多的选项命令，不同的选项对应的命令按钮也不同，如图2-3所示。

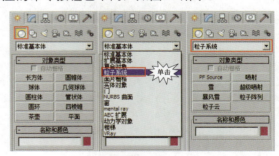

图2-3

02　单击 "辅助对象"按钮，进入"辅助对象"命令面板，单击"指南针"按钮，并在"透视"视图中单击创建辅助对象，如图2-4所示。

图2-4

2.2　选择集与对象组

3ds Max中的大多数操作都是对场景中的选定对象执行的，必须在视口中选中对象，才能执行相应的命令，因此，选择操作是建模和设置动画的基础。如果需要对多个对象进行统一操作，用户可以将这些对象创建为一个分组，将其视为一个单独对象，以方便用户选择对象，并像其他任何对象一样对它们进行处理。

2.2.1　选择对象

3ds Max提供了多种选择对象的工具，除了专门用于选择对象的"选择对象"工具外，还可以使用变换工具、"按名称选择"命令等方式来选择对象。通过"选择过滤器"可以按照场景对象的类型来选择对象。接下来将通过具体的操作，介绍几种常用的选择对象的方法。

1. 选择对象工具

01　单击"快速访问"工具栏中的 "打开文件"按钮，打开本书附带光盘中的Chapter-02/"苹果.max"文件，如图2-5所示。

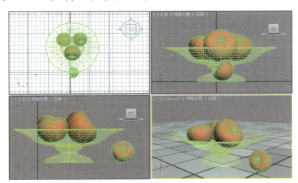

图2-5

02　在主工具栏中单击 "选择对象"工具按钮，并在所需要选中的对象上单击，即可将对象选中，如图2-6所示。

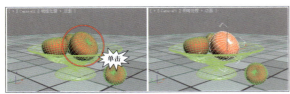

图2-6

> **提示**
> 在主工具栏中，还可以使用 "选择并链接"、 "绑定到空间扭曲"、 "选择并移动"、 "选择并旋转"、 "选择并均匀缩放"和 "选择并操纵"工具中的任意一种工具，在对象上单击，同样可以选中对象。

03　在主工具栏中的"选择过滤器"下拉列表中，可以对选择的对象类别进行指定。在"选择过滤器"下拉列表中选择"灯光"选项后，只有当鼠标指针处于灯光对象上时，指针才会变成 十字可选择对象的状态，如图2-7所示。

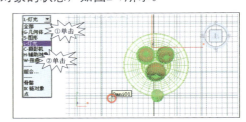

图2-7

2. 区域选择

01　打开本书附带光盘中的Chapter-02/"雕像.max"文件，并激活顶视图，如图2-8所示。

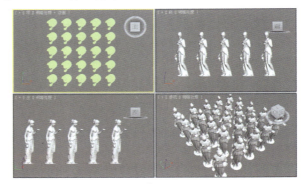

图2-8

02　在默认状态下，主工具栏中的"矩形选择区域"按钮为当前选中状态。使用"选择对象"工具，在前视图中单击拖曳，将绘制出一个矩形选择框，释放鼠标后，位于选框内部和触及的对象都将被选中，如图2-9所示。

图2-9

图2-14

> **提示**
> 如果用户需要更改绘制笔刷的大小，可以在主工具栏的 ![btn] "绘制选择区域"按钮上右击，将弹出"首选项设置"对话框，在"常规"选项卡下的"场景选择"选项组中设置"绘制选择笔刷大小"参数。

> **提示**
> 在场景中的空白处单击鼠标，即可取消当前对象的选中状态。

03 在主工具栏中的"矩形选择区域"按钮上按住鼠标，将弹出"区域"按钮列表，拖曳至"圆形选择区域"按钮上，释放鼠标选中该按钮，如图2-10所示。

图2-10

04 在前视图中单击拖曳，将绘制出一个圆形选择框，释放鼠标后，位于圆形选择框内部和触及到选择框的对象都将被中，如图2-11所示。

图2-11

05 在"选择区域"按钮列表中选择 ![btn] "围栏选择区域"按钮，参照如图2-12所示，通过该选择方式选择对象。

图2-12

06 在"选择区域"按钮列表中选择 ![btn] "套索选择区域"按钮，即可通过拖曳鼠标绘制选择区域的方法选择对象，如图2-13所示。

图2-13

07 在"选择区域"按钮列表中选择 ![btn] "绘制选择区域"按钮，此时在对象上拖曳鼠标时，将会出现一个类似笔刷的圆圈，系统将根据笔刷经过的位置来选择对象，如图2-14所示。

3.窗口与交叉模式选择

01 打开本书附带光盘中的Chapter-02/"餐桌.max"文件，如图2-15所示。

图2-15

02 在默认状态下，主工具栏中的 ![btn] "窗口/交叉"按钮为"交叉"模式，在使用"选择对象"工具绘制选框选择对象时，选择框内的所有对象或子对象，以及与区域边界相交的任何对象或子对象都将被选中，如图2-16所示。

图2-16

03 单击 ![btn] "窗口/交叉"按钮，将切换到 ![btn] "窗口"模式，再次在视图中通过单击拖曳的方式选择对象，此时将只能对选择区域内的对象进行选择，如图2-17所示。

图2-17

04 除了通过主工具栏中的"窗口/交叉"按钮

来切换"窗口"与"交叉"模式式外，还可以根据光标的运动方向，自动在"窗口"和"交叉"模式之间切换。执行"自定义"→"首选项"命令，打开"首选项"对话框，在"常规"选项卡下的"场景选择"选项组中，勾选"按方向自动切换窗口/交叉"复选框，如图2-18所示。

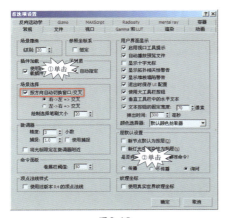

图2-18

05 在视图中由左向右拖曳鼠标，将以"窗口"模式进行选择；由右向左拖曳鼠标，将以"交叉"模式进行选择，如图2-19和图2-20所示。

图2-19

图2-20

4．按名称选择

01 继续上一小节的操作，按快捷键 Ctrl+D，取消对象的选中状态，在主工具栏中单击"按名称选择"按钮，打开"从场景选择"对话框，如图 2-21 所示。

图2-21

02 通过"查找"文本框，可以指定要查找对象的名称，当有两个或多个场景对象名称的首字符相同时，只需要在"查找"文本框中输入首字符，即将这些名称首字符相同的对象同时选中，如图 2-22 所示。

图2-22

03 在"从场景选择"对话框中，还提供了 "全选"、 "全部不选"和 "反选"按钮，用户可以在窗口中全选、全部不选或反选对象，如图2-23 所示展示了单击"反选"按钮后窗口中对象的选择状态。

图2-23

04 再次单击 "反选"按钮，进行反选。

05 在显示对象类型栏中，还可以显示与隐藏指定的对象类型。单击 "显示灯光"按钮取消其启用状态，在"从场景选择"对话框中将不显示灯光，如图2-24所示。

图2-24

06 单击"确定"按钮，即可选中在"从场景选择"对话框中选择的对象，如图2-25所示。

图2-25

5．选择集

01 继续上一小节的操作，保持对象的选择状态，在主工具栏中的"创建选择集"文本框中单击，输入"盘子和盘架"并按下Enter键，可以对选择集进行命名，如图2-26所示。

图2-26

02 使用 "选择对象"工具，在视图中的空白处单击，取消对象的选中状态。如果还需要选择先前选中的对象，可以在主工具栏中的"创建选择集"下拉列表中选择"盘子和盘架"选项，如图2-27所示。

图2-27

03 在主工具栏中单击 "编辑命名选择集"按钮，可以打开"命名选择集"对话框，如图2-28所示。在该对话框中，可以进行创建新选择集、删除选择集、在选择集中添加或减去对象等操作，由于操作较为简单在此就不再详细讲述了。

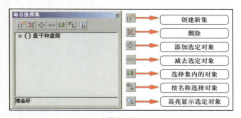

图2-28

6．菜单命令选择

01 继续上一小节的操作，在菜单栏中执行"编辑"→"全选"命令或按快捷键Ctrl+A，可以将场景中的对象全部选中，如图2-29所示。

图2-29

02 执行"编辑"→"全部不选"命令或按快捷键Ctrl+D，可以取消当前对象的选择状态。

03 使用"选择对象"工具，选择"盘架"对象，然后执行"编辑"→"反选"命令，或按快捷键Ctrl+I键，可以选择除盘架外的其他对象，如图2-30所示。

图2-30

04 选中"筷笼"对象，执行"编辑"→"选择类似对象"命令，或按快捷键Ctrl+Q，可以将与"筷笼"对象应用相同材质的所有对象选中，如图2-31所示。

图2-31

2.2.2 对象组

将对象分组后，可以将其视为场景中的单个对象，可以单击组中任意对象来选择组对象。用户可以随时打开和关闭组来访问组中包含的单个对象，而无须分解组。

01 打开本书附带光盘中的Chapter-02/"餐具.max"文件，在视图中将盘子对象全部选中，执行"组"→"成组"命令，打开"组"对话框，设置组的名称，然后单击"确定"按钮，创建一个分组，如图2-32所示。

图2-32

02 参照同样的操作方法，将"盘子"组与"盘架"对象同时选中，并进行成组操作，将组名设置为"盘子和盘架"，如图2-33所示。

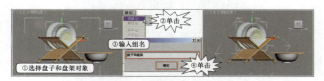

图2-33

03 执行"组"→"打开"命令，可以将当前组暂时打开，以便访问组中的成员对象，如图2-34所示。

图2-34

04 选择组中的"盘架"对象，执行"组"→"分离"命令，可以将"盘架"对象从当前组中分离，如图2-35所示。

图2-35

05 选择组中的"盘子"组，执行"组"→"关闭"命令，将重新组合打开的组，如图2-36所示。

06 在视图中选中"碗和筷子"对象，执行"组"→"附加"命令，在"盘子和盘架"组上单击，即可将选定的两个对象附加到指定的组中，如图2-37所示。

图2-36

图2-37

07 执行"组"→"解组"命令，可以将当前组分离为其组件对象或组，该命令只能解组一个层级；执行"组"→"炸开"命令，可以将组中的所有对象解组，如图2-38所示。

图2-38

2.3 栅格与捕捉对象

3ds Max提供了栅格和捕捉功能，从而辅助用户建立场景模型，通过栅格可以方便用户按照指定的面创建并对齐对象，使用捕捉功能有助于在用户创建或变换对象时，精确控制对象的尺寸和位置。

2.3.1 使用栅格

栅格是与图纸相类似的二维线框，可以根据工作的需要调整栅格的空间和其他特性。3ds Max提供了两种类型的栅格：主栅格和栅格对象。另外，还包括"自动栅格"功能，即创建栅格对象的自动方式。

1. 主栅格

主栅格由沿世界坐标系 X、Y 和 Z 轴的三个平面定义。这些轴中的每个轴穿过世界坐标系的原点（0,0,0）。主栅格被固定，不能被移动或旋转。

01 打开本书附带光盘中的Chapter-02/"栅格.max"文件，在默认状态下主栅格是可见的，如图2-39所示。

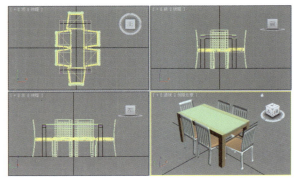

图2-39

02 执行"工具"→"栅格和捕捉"→"显示栅格"命令，将隐藏主栅格，如图2-40所示。

图2-40

03 在视口的左上角单击 + "常规"视口标签，在弹出的菜单中执行"显示栅格"命令，可以将主栅格显示，如图2-41所示。

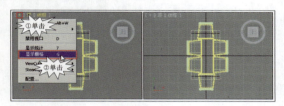

图2-41

提示

也可以通过按G键，快速显示与隐藏主栅格。

04 执行"工具"→"栅格和捕捉"→"栅格和捕捉设置"命令，打开"栅格和捕捉设置"对话框，切换到"主栅格"选项卡，如图2-42所示。

图2-42

05 在"栅格尺寸"选项组中，"栅格间距"参数可以控制栅格最小方形的尺寸，如图2-43所示展示了设置不同"栅格间距"参数后的效果。

图2-43

06 设置"每N条栅格线有一条主线"参数，可以控制主线之间的方形栅格数，最小为2，如图2-44所示展示了设置该参数后的效果。

07 激活"透视"视图，设置"透视视图栅格范围"参数，可以控制视图中主栅格的大小，如图2-45所示。

图2-44

图2-45

08 在"主栅格"选项卡下，"禁止低于栅格间距的栅格细分"复选框为启用状态，在放大主栅格时，3ds Max将栅格视为一组固定的线；当缩小时，并不会保持主栅格的细分。如图2-46所示展示了在启用与禁用该复选框后放大栅格的效果。

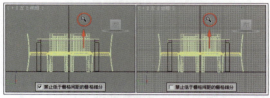

图2-46

09 "禁止透视视图栅格调整大小"复选框默认为启用状态，无论放大或缩小栅格将保持同样尺寸，如图2-47所示展示了启用与禁用该复选框后的栅格效果。

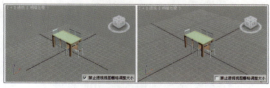

图2-47

10 在"动态更新"选项组中，提供了两个选项，默认为"活动视口"，在设置主栅格时只有当前激活的视口实时更新设置的结果；选择"所有视口"选项，设置主栅格在所有的视口都将实时更新设置的结果。

2. 栅格对象

栅格对象是一种辅助对象，当需要建立局部参考栅格或在主栅格之外的区域构造平面时可以创建它。

01 单击"快速访问"工具栏中的 "新建场景"按钮，新建场景。

02 在"创建"主命令面板下的"几何体"次命令面板中，单击"四棱锥"按钮，并在"透视"

视图中，按Ctrl键的同时单击拖曳创建几何体对象，如图2-48所示。

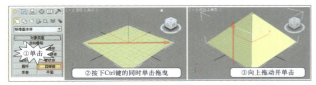

图2-48

提示

观察创建的几何体，可以发现是以主栅格为基本参照来创建对象的。

03 在"创建"主命令面板中，单击 "辅助对象"按钮，进入"辅助对象"命令面板，单击"栅格"按钮，在"左"视图中单击拖曳创建栅格对象，并在前视图中调整栅格的角度及位置，如图2-49所示。

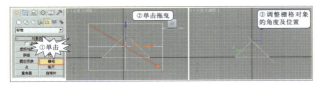

图2-49

04 保持栅格对象的选中状态，执行"工具"→"栅格和捕捉"→"激活栅格对象"命令，激活栅格对象，如图2-50所示。

图2-50

技巧

执行"工具"→"栅格和捕捉"→"栅格和捕捉设置"命令，在"栅格和捕捉设置"对话框中，切换到"用户栅格"选项卡，启用"创建栅格时将其激活"复选框，在创建栅格对象时，将自动激活创建的栅格对象。

05 切换到"几何体"命令面板，单击"长方体"按钮，在"透视"视图中单击拖曳创建长方体，可以发现将以栅格对象为基本参照创建对象，如图2-51所示。

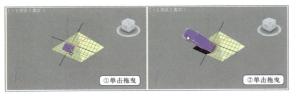

图2-51

06 选中栅格对象，执行"工具"→"栅格和捕捉"→"对齐栅格到视图"命令，可以将栅格对象对齐到当前激活的视图，如图2-52所示。

图2-52

07 保持栅格对象的选中状态，按Delete键，删除栅格对象，主栅格将被自动激活，如图2-53所示。

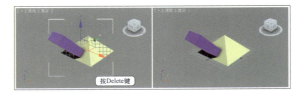

图2-53

提示

在该步骤中，也可以执行"工具"→"栅格和捕捉"→"激活主栅格"命令，激活主栅格。

3. 自动栅格

"自动栅格"功能可以随时创建远离其他对象曲面的新对象和栅格对象。

01 继续上一小节的操作，在"几何体"命令面板中单击"长方体"按钮，并启用"自动栅格"复选框，参照如图2-54所示单击，将通过单击面的法线生成和激活一个临时构造平面，单击拖曳绘制长方体对象。

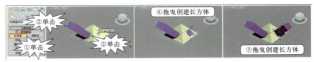

图2-54

02 在创建完成对象后，可以发现自动栅格会自动被删除，如果需要保存生成的自动栅格对象，可以在按Alt键的同时进行创建，如图2-55所示。

图2-55

2.3.2 使用捕捉工具

3ds Max的主工具栏中，基本包含了所有的捕捉工具，包括 "2D捕捉"、 "2.5D捕捉"、

"3D捕捉"、▲"角度捕捉切换"、%"百分比捕捉切换"和🔧"微调器捕捉切换"工具。

1．2D捕捉

在使用 📷"2D捕捉"工具时，将只能捕捉活动栅格，包括直接位于栅格平面上的节点和边。

01 打开本书附带光盘中的Chapter-02/"木桶.max"文件，如图2-56所示。

图2-56

02 在主工具栏中单击"捕捉开关"按钮，在弹出的扩展工具栏中单击 📷"2D捕捉"按钮，开启2D捕捉，然后使用"移动并选择"工具，在"透视"视图中移动鼠标，即可捕捉栅格及栅格上的端点，如图2-57所示。

图2-57

> **技巧**
> 通过按S键，可以快速打开与关闭位置捕捉。

2．2.5D捕捉

在使用"2.5D捕捉"工具时，光标仅捕捉活动栅格上对象投影的顶点或边缘。

在主工具栏中的"捕捉开关"按钮上单击拖曳选择 📷"2.5D捕捉"按钮。使用"选择并移动"工具，在"透视"视图中拖曳，观察捕捉对象的效果，如图2-58所示。

图2-58

3．3D捕捉

使用"3D捕捉"工具，可以直接捕捉到3D空间

中的任何几何体。该工具也是默认的捕捉工具。

01 在主工具栏中的"捕捉开关"按钮上单击拖曳选择 📷"3D捕捉"按钮。使用"选择并移动"工具，选择场景中的对象并按空格键锁定对象，如图2-59所示。

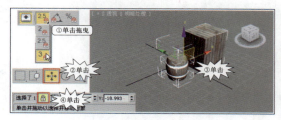
图2-59

02 将鼠标移动到"透视"视图中，单击拖曳即可捕捉移动1个绝对距离，如图2-60所示。

图2-60

03 在主工具栏中，再次单击"捕捉开关"按钮，即可关闭捕捉。

4．角度捕捉切换

"角度捕捉切换"工具，对于旋转对象和视图非常有用。

01 在主工具栏中，参照如图2-61所示单击▲"角度捕捉切换"工具，启用角度捕捉。

图2-61

> **技巧**
> 通过按下A键，可以快速打开与关闭角度捕捉。

02 使用"选择并旋转"工具，选择并旋转群组对象，可以发现每次将以5°的增量捕捉旋转对象。如图2-62所示展示了启用"角度捕捉切换"工具前后旋转对象的效果。

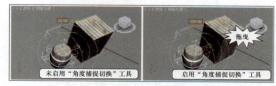
图2-62

5．百分比捕捉切换

使用"百分比捕捉切换"工具，可以通过指定的百分比缩放对象。

01 打开本书附带光盘中的Chapter-02/ "长方体.max" 文件，如图2-63所示。

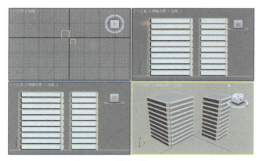

图2-63

02 在主工具栏中，单击 %₀ "百分比捕捉切换" 按钮，启用百分比捕捉，如图2-64所示。

图2-64

03 使用 圆 "选择并均匀缩放" 工具，如图2-65所示，选择对象并沿z轴进行缩放，在默认状态下将以每次10%的增量捕捉进行缩放。

图2-65

6. 微调器捕捉切换

使用 圆 "微调器捕捉切换" 工具，在单击微调器上下箭头时参数值将以默认的捕捉单位进行增量调整。

01 在 "创建" 主命令面板下的 "几何体" 次命令面板中，单击 "长方体" 按钮并在场景中绘制矩形。

02 单击主工具栏中的 "微调器捕捉切换" 按钮，启用微调器捕捉，如图2-66所示。

图2-66

03 进入 "修改" 命令面板，在 "参数" 卷展栏中，单击 "长度" 参数右侧的微调器按钮，将以默认的捕捉参数，增量捕捉调整该参数，如图2-67所示。

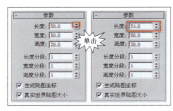

图2-67

微调器捕捉仅影响单击微调器上下箭头的结果，它不会影响在文本框中输入数值的结果，也不会影响拖曳微调器箭头的结果。

04 在主工具栏中右击 "微调器捕捉切换" 按钮，将弹出 "首选项设置" 对话框。在 "常规" 选项卡的 "微调器" 选项组中，也可以启用或关闭使用微调器捕捉，并且可以设置微调器的 "精度" 和 "捕捉" 参数，如图2-68所示。

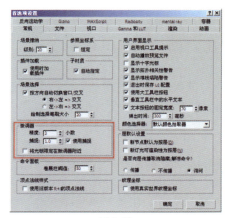

图2-68

2.3.3 栅格和捕捉设置

在使用栅格和捕捉功能时，可以对栅格和捕捉的相关选项进行设置，如栅格的间距、捕捉的类型、捕捉标记的大小等。

01 执行 "工具" → "栅格和捕捉" → "栅格和捕捉设置" 命令，即可打开 "栅格和捕捉设置" 对话框，在 "捕捉" 选项卡的下拉列表中提供了两种捕捉类型，分别是Standard和NURBS类型，如图2-69所示。

图2-69

也可以在 "捕捉开关" 按钮上右击鼠标，快速打开 "栅格和捕捉设置" 对话框。

02 切换到 "选项" 选项卡中，在该选项卡中可以对捕捉标记的大小、颜色、捕捉半径、捕捉角度、捕捉百分比等参数进行设置，如图2-70所示。

图2-70

2.4 对齐工具

对齐对象是经常用到操作，它可以快速将选中对象按指定的方式进行对齐。在3ds Max 2012中为用户提供6个对齐工具，分别是 🔲 "对齐"、🔲 "快速对齐"、🔲 "法线对齐"、🔘 "放置高光"、🔲 "对齐摄影机"和 🔲 "对齐到视图"工具。

在主工具栏中单击并按住 🔲 "对齐"按钮，将会弹出扩展工具栏，在该工具栏中包含了所有的对齐工具，如图2-71所示。

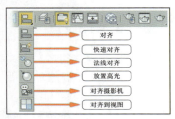

图2-71

2.4.1 对齐工具

使用 🔲 "对齐"工具可以将选中的源对象按照指定的轴或方式与一个目标对象进行对齐，下面将通过具体操作来讲解对齐对象的操作方法。

01 打开本书附带光盘中的Chapter-02/"古典家具.max"文件，如图2-72所示。

图2-72

02 激活"透视"视图，使用"选择对象"工具，参照如图2-73所示，选择"窗户"对象，使用主工具栏中的"对齐"工具，单击"木桌"对象，将弹出"对齐当前选择"对话框，如图2-74所示。

图2-73

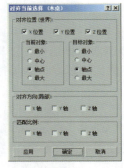

图2-74

03 在"对齐位置"选项组中，启用"X位置"复选框并禁用"Y位置"和"Z位置"复选框。在"当前对象"和"目标对象"选项组中分别选择"中心"选项，使当前对象的中心沿Y轴对齐目标对象的中心，如图2-75所示。

04 单击"应用"按钮即可应用本次的对齐操作，可以继续进行对齐操作，完毕后单击"确定"按钮，关闭对话框，如图2-76所示。

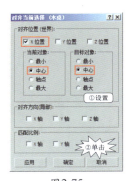

图2-75

图2-76

05 选中"木桌"对象，单击主工具栏中的"对齐"按钮。单击"椅子02"对象，弹出"对齐当前选择"对话框并参照如图2-77所示进行设置，沿Y轴对齐对象。

图2-77

06 使用"选择对象"工具，选择"椅子01"

对象，单击主工具栏中的"对齐"按钮。单击"地板"对象，弹出"对齐当前选择"对话框并参照如图2-78所示进行设置。将椅子沿Z轴与地板对齐。

图2-78

2.4.2 快速对齐

使用 "快速对齐"工具，可以将当前选择对象的位置与目标对象的位置快速对齐。

01 打开本书附带光盘中的Chapter-02/ "房间一角.max"文件，如图2-79所示。

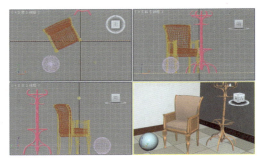

图2-79

02 使用"选择对象"工具，选中"球"对象。在主工具栏中的"对齐"按钮上单击拖曳，在弹出的扩展工具栏中选择 "快速对齐"按钮，在"衣帽架"对象上单击将当前对象的轴心与目标对象的轴心点对齐，如图2-80所示。

图2-80

03 使用"选择并移动"工具，选择"椅子"群组对象，可以看到该群组对象的轴；执行"组"→"打开"命令，并选中"靠垫02"对象，并观察该对象轴的位置，如图2-81所示。

04 执行"组"→"关闭"命令，关闭当前组。

图2-81

05 选择"球"对象，单击主工具栏中的"快速对齐"工具，在"椅子02"群组对象上单击，将以当前对象的轴为基准对齐到指定群组中对象的轴，如图2-82所示。

图2-82

> **提示**
>
> 在使用"快速对齐"工具对齐对象时，如果选择对齐的对象是群组对象，那么，将以当前对象的轴为基准与指定目标对象的轴进行对齐，而不是与群组对象的轴对齐。

2.4.3 法线对齐

通过"法线对齐"可以根据每个对象面上所选择的法线方向将两个对象对齐。

01 打开本书附带光盘中的Chapter-02/"牛.max"文件，如图2-83所示。

图2-83

02 激活"透视"视图，选择视图右侧的"牛角01"对象，在主工具栏中的"对齐"按钮上单击拖曳，在弹出的扩展工具栏中选择 "法线对齐"按钮，并在牛角的截面上单击拖曳，随着鼠标的拖曳可以看到一条蓝色的法线指示箭头，如图2-84所示。

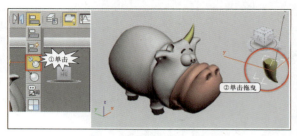

图2-84

03 释放鼠标即可定义当前对象表面的法线位置，接着在"牛"对象相应位置单击拖曳，定义目标对象的法线位置，此时用户可以看到随着鼠标的拖曳，将出现一条绿色的法线，如图2-85所示。

图2-85

04 在确定目标对象对齐法线的位置后，释放鼠标将会弹出"法线对齐"对话框，如图2-86所示。

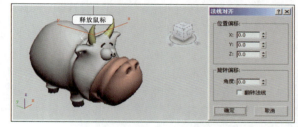

图2-86

05 在"法线对齐"对话框中，为用户提供了两个选项组，分别是"位置偏移"和"旋转偏移"。在"位置偏移"选项组中，通过设置X、Y和Z参数值，可以调整当前对象沿x轴、y轴和z轴的偏移距离，如图2-87所示。

图2-87

06 在"旋转偏移"选项组中，设置"角度"参数可以调整当前对象沿对齐目标对象的法线进行旋转的角度，如图2-88所示。

图2-88

07 启用"翻转法线"复选框，可以使对齐对象与目标对象的法线方向相匹配，如图2-89所示。

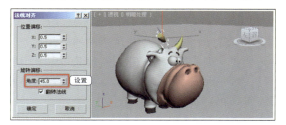

图2-89

2.4.4 放置高光

"放置高光"对齐方式，可以将灯光或对象对齐到另一对象，以便可以精确定位其高光和反射。

01 打开本书附带光盘中的Chapter-02/"藤椅.max"文件，如图2-90所示。

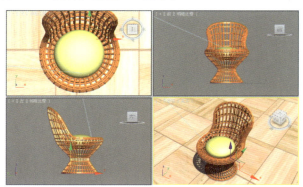

图2-90

02 在"前"视图中选择目标聚光灯，在主工具栏中的"对齐"按钮上单击拖曳，在弹出的扩展工具栏中选择 ○ "放置高光"按钮。在"透视"视图中的"垫子"对象上单击拖曳，即可控制灯光的照射方向和位置，如图2-91所示。

图2-91

2.4.5 对齐摄影机

通过"对齐摄影机"工具，可以将摄影机与选定对象面的法线对齐。

01 打开本书附带光盘中的Chapter-02/"飞机.max"文件，如图2-92所示。

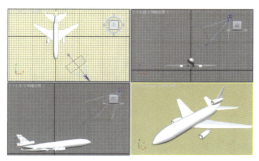

图2-92

02 在"前"视图中选中摄影机对象，在主工具栏中的"对齐"按钮上单击拖曳，在弹出的扩展工具栏中选择 "对齐摄影机"按钮。在"透视"视图中的"飞机"对象上单击拖曳，定义目标对象的法线位置，从而将摄影机与选定面的法线对齐，如图2-93所示。

图2-93

2.4.6 对齐到视图

通过"对齐到视图"工具，可以将对象或子对象选中的局部轴与当前视图对齐。

01 打开本书附带光盘中的Chapter-02/"圆规.max"文件。

02 激活顶视图，为了便于观察和理解使用"对齐到视图"工具对齐对象后的效果，在此将对象的"参考坐标系"设置为"局部"，并使用"选择并移动"工具，选择"圆规"对象并观察其坐标系，如图2-94所示。

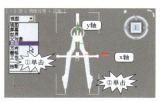

图2-94

03 保持"圆规"对象的选中状态，在主工具栏中的"对齐"弹出按钮中选择 "对齐到视图"按钮，此时将会弹出"对齐到视图"对话框，如图2-95所示。

图2-95

04 在"对齐到视图"对话框的"轴"选项组中，选择"对齐X"单选按钮，对象将以其局部坐标的x轴对齐到视图，如图2-96所示。

图2-96

05 在"对齐到视图"对话框的"轴"选项组中，选择"对齐Y"单选按钮，对象将以其局部坐标的y轴对齐到视图，如图2-97所示。

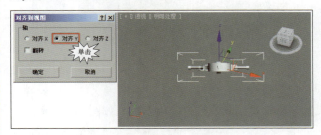

图2-97

06 在"对齐到视图"对话框的"轴"选项组中，选择"对齐Z"单选按钮，对象将以其局部坐标的z轴对齐到视图；启用"翻转"复选框，可以将对象的方向翻转，如图2-98所示。

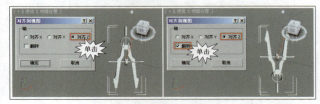

图2-98

第3章

使用基础模型

为了方便用户的建模工作，3ds Max 2012为用户提供了多组常用的基础形体资源，可以快速地在场景创建出简单、规则的形体，诸如长方体、球体、圆柱体等模型。基础形体建模是3ds Max中最简单的建模方式，非常易于操作和掌握。

基础形体分为标准三维形体和扩展三维形体，用户只需要单击相应的创建命令按钮，并在场景视图内单击拖曳，即可直接生成三维形体，并可以在"修改"命令面板对其参数进行编辑。本章主要介绍3ds Max中的基础形体的建立及设置方法。

3.1　创建标准基本体

3ds Max 2012中包含了10种标准基本体，如图3-1所示。

图3-1

3.1.1　长方体

使用"长方体"创建工具可以创建出不同规格的长方体，该工具可以快速创建出盒子、箱子等模型。下面来具体讲述"长方体"的创建方法及创建参数的应用。

01 在"标准基本体"创建面板中单击"长方体"按钮，并在视图中单击拖曳，可定义长方体的底面，如图3-2所示。

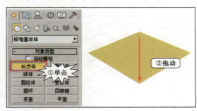

图3-2

02 释放鼠标后，向上移动鼠标可拉出长方体的高度，单击鼠标后完成长方体的创建，在命令面板中可以观察到长方体的创建参数，如图3-3所示。

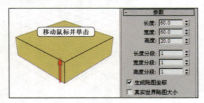

图3-3

03 "长度"、"宽度"和"高度"参数分别控制了长方体的长度、宽度和高度。参照如图3-4所示分别设置不同的参数，观察长方体发生的变化。

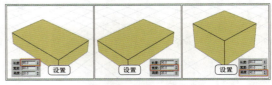

图3-4

04 将"长度"、"宽度"和"高度"3个参数设置为同一个值后，将创建出立方体，如图3-5所示。

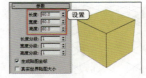

图3-5

05 修改长方体的分段参数，可更改长方体每个轴上的分段数量，如图3-6所示。

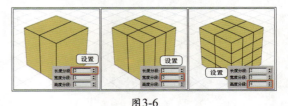

图3-6

3.1.2　经纬球体和几何球体

3ds Max 2012中提供了两种球体模型，分别为"经纬球体"和"几何球体"。经纬球体适合于创建半球或球体的其他部分，可以方便地对其进行截取；几何球体能够生成更规则的曲面，在指定相同面数的情况下，它们也可以使用比标准球体更平滑的剖面进行渲染。而且，几何球体没有极点，这对于应用某些修改器（如自由形式变形修改器）非常有用。

1. 经纬球体

经纬球体表面的细分网格是由一组组相交的水平和垂直线组成的，所有经纬线的两端都会聚集到球体两端的极点上，就像平常见到的地球仪表面一样。

01 在"标准基本体"命令面板中单击"球体"按钮，并在视图中单击拖曳，即可创建出一个经纬球体对象，同时在右侧的创建面板中会看到球体的创建参数，如图3-7所示。

图3-7

02 通过"半径"参数可以设置球体的大小，如图3-8所示。

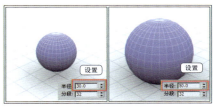

图3-8

03 "分段"参数可设置球体的分段数目，分段数越多，球体就越平滑，如图3-9所示。

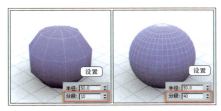

图3-9

04 启用"平滑"复选框，可以混合球体上的各个面，创建出平滑的球体外观；禁用"平滑"复选框后，球体的分段处将会出现鲜明的棱边，如图3-10所示。

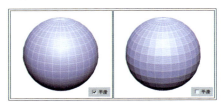

图3-10

05 通过"半球"参数可以用来控制球体的完整性。该值为0时，为完整的球体；值为0.5时为标准的半球体；值为1时，球体将会消失。如图3-11所示为"半球"值为0.5时的球体状态。

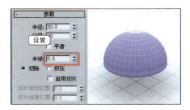

图3-11

06 "切除"和"挤压"选项决定了半球分段数的生成方式。选择"切除"选项后，可以将球体切除一部分，球体的分段数减少，但密度不变；选择"挤压"选项后，球体将向内挤压一部分，球体的分段数不变，网格密度增加，如图3-12所示。

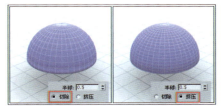

图3-12

07 启用"切片启用"复选框后，通过"切片从"和"切片到"两个参数可以创建出任意弧度的球体部分，如图3-13所示。

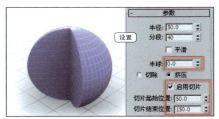

图3-13

08 默认情况下，球体的轴心在球心位置，当启用"轴心在底部"复选框后，轴心将与球体的最底部对齐，如图3-14所示。

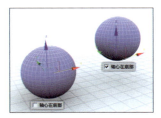

图3-14

2. 几何球体

几何球体表面细分网格是由若干个的规则三角面拼接而成，形状就同日常生活见到的篮球、足球等球体表面一样。

01 在"标准基本体"创建命令面板中，单击"几何球体"按钮，并在"透视"视图中单击拖曳，即可创建出几何球体，如图3-15所示。

图3-15

02 在"基点面类型"选项组中提供了3种类型的几何球体，默认情况下所创建的球体为"二十面体"，如图3-16所示为另外两种类型的几何球体。

图3-16

03 启用"半球"复选框后，可创建出几何体半球模型，如图3-17所示。

图3-17

04 几何球体的其他参数与经纬球体的部分参数作用相同，在此就不再重复讲述，如果有兴趣，可以尝试设置这些参数，以对其加以认知。

3.1.3 圆柱体

在3ds Max 2012中，通过"圆柱体"命令可以创建出不同规格的圆柱体，该命令常用来制作柱子、管道等模型。

01 在"标准基本体"创建面板中，单击"圆柱体"按钮，创建命令面板的下方将会出现"创建方法"卷展栏。选择"边"选项可以根据边来创建圆柱体；选择"中心"选项可以根据中心来创建圆柱体，如图3-18所示。

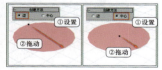

图3-18

02 定义圆柱体的底面半径后，释放鼠标，向上移动并单击，可以定义圆柱体的高度，在右侧的

命令面板中可以观察到所创建圆柱体的各项参数，如图3-19所示。

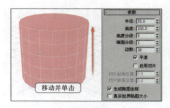

图3-19

03 通过"端面分段"值可以设定圆柱体顶底面的分段。将圆柱体的"边数"设置为4，可以创建出一个长方体对象，如图3-20所示。

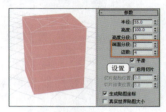

图3-20

3.1.4 圆环

通过"圆环"工具可以创建出三维环形或具有圆形横截面的环。

01 在"标准基本体"创建面板中单击"圆环"按钮，并在视图中单击拖曳，定义环形环的半径，释放鼠标后再移动定义圆环横截面的半径，最后单击创建出圆环，如图3-21所示。

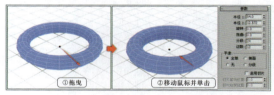

图3-21

02 在"参数"卷展栏中，通过"半径1"参数来设置从环形的中心到横截面圆形中心的距离，通过"半径2"参数设置环形横截面圆形的半径。如图3-22所示为不同截面大小的圆环。

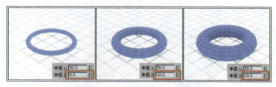

图3-22

03 通过"旋转"参数可设置圆环旋转的度数，"扭曲"参数用来设置圆环扭曲的度数，如图3-23所示。

图3-23

04 将"扭曲"参数设置为0，在"平滑"选项组中，可以设置圆环的不同平滑方式。默认设置下将对圆环的所有面进行平滑。如图3-24所示为设置其他3种平滑方式的效果。

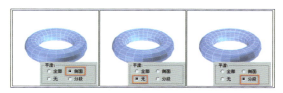

图3-24

其他标准基本体

3ds Max提供的其他几种标准基本体与前面详细讲述的基本体设置方法基本相同，在这里就不再详细介绍，可以参考前面所讲述的内容自己进行学习并加以掌握。如图3-25所示为其他标准基本体的形态。

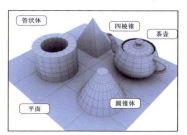

图3-25

3.2　创建扩展基本体

扩展基本体3ds Max中复杂基本体的集合，它的创建命令按钮同样也位于创建命令面板中。打开 ☀ "创建"主命令面板的 ○ "几何体"次面板中，顶部的类型下拉列表，选择"扩展基本体"选项，即可打开扩展三维形体的创建命令面板，如图3-26所示。

图3-26

3.2.1　异面体

使用"异面体"创建工具可以创建出不同形态表面的模型。接下来对"异面体"的创建方法和创建参数进行讲解。

01 在"扩展基本体"创建面板中单击"异面体"按钮，并在透视视图中单击拖曳可创建出一个简单的四面体，如图3-27所示。

02 在"系列"选项组中提供了多种多面体的类型，默认情况下所创建的多面体为四面体，分别选择其他几种类型，观察多面体的变化，如图3-28所示。

图3-27

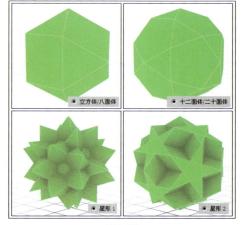

图3-28

03 选择"星形2"类型后，通过"系列参数"选项组中的P和Q参数可以在异面体的顶点和面之间进行变换。参照如图3-29所示设置不同的P和Q参数，可以产生不同形态的异面体。

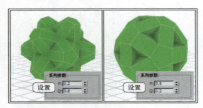

图3-29

04 在"轴向比率"选项组中通过提供的3个参数可以设置异面体表面组成的方式。分别对"轴向比率"选项组中的3个参数进行设置，产生形状各异的异面体，如图3-30所示。

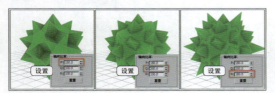

图3-30

05 单击"重置"按钮，可将"轴向比率"选项组中的3个参数重置为默认的100%。"顶点"选项组中的几个选项决定了异面体内部几何体的顶点数，"中心"和"中心和边"两个选项会增加顶点数，从而增加异面体的面数。

3.2.2 环形结

环形结的形状类似于现实生活中用绳子所打的结，它的形状较为复杂，其创建参数比较多，因而可以生成多种形态各异的三维形体。

01 在"扩展基本体"创建命令面板中单击"环形结"按钮，并在透视视图中单击拖曳可定义环形结的大小，移动鼠标并单击可定义环形结的半径，完成环形结的创建，如图3-31所示。

图3-31

02 在"基础曲线"选项组中，通过P和Q参数可设置结的缠绕数量，将P参数设置为3，Q参数设置为4，观察环形结的形态，如图3-32所示。

图3-32

03 在"横截面"选项组中可对环形结的横截面半径和边数进行设置，如图3-33所示。

图3-33

04 通过"偏心率"参数可以设置横截面主轴与副轴的比率，如图3-34所示。

图3-34

05 通过设置"扭曲"参数可以将环形结扭曲，为了能够产生较为平滑的扭曲效果，将"基础曲线"选项组中的"分段"参数设置为500，将"扭曲"参数设置为50，观察环形结的扭曲效果，如图3-35所示。

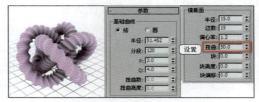

图3-35

06 参照如图3-36所示设置环形结的各项参数，更改环形结形态，接下来将在该环形结的基础上，讲述环形结的其他参数。

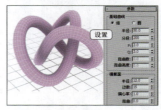

图3-36

07 在"横截面"选项组中设置"块"参数为20，决定环形结的凸出数量。将"块高度"参数为0.8，指定块的高度，效果如图3-37所示。"块偏移"参数用来设置块的偏移量。

08 通过按快捷键Ctrl+Z，执行"撤销"命令，将环形结撤销到步骤6所设置的状态，在"基础曲线"选项组中选择"圆"选项，可将环形结更改为圆环体，如图3-38所示。

图 3-37

图 3-38

09 选择"圆"选项后，"扭曲数"和"扭曲高度"参数成为可编辑状态，通过这两个参数可以为"圆"添加周期性星形扭曲，如图3-39所示。

图 3-39

10 选择"结"选项，在"平滑"选项组中，"全部"选项为默认选择状态，表示对整个环形结进行平滑处理；选择"侧面"选项后，只对环形结的相邻面进行平滑处理；选择"无"选项，环形结为面状显示，如图3-40所示。

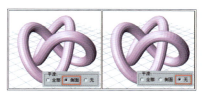

图 3-40

3.2.3　切角长方体

切角长方体实际上就是在标准长方体基础上为每条棱边添加一个倒角或圆角效果，该对象可以用来模拟床垫、沙发垫等边角圆滑的模型。

01 在"扩展基本体"创建面板中单击"切角长方体"按钮，并在"透视"视图中单击拖曳，定义切角长方体的底面大小；向上移动鼠标并单击，定义切角长方体的高度；向左移动鼠标并单击，定义切角长方体的角半径，如图3-41所示。

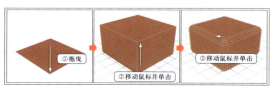

图 3-41

02 切角长方体的"圆角分段"数值越大，圆角就越平滑。当将"圆角分段"参数设置为1时，切角长方体的边角成为直角，如图3-42所示。

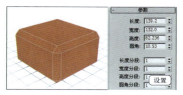

图 3-42

03 将"圆角分段"设置为5，并设置长方体的"长度"、"宽度"和"高度"参数均为120，此时将创建出一个切角立方体。设置"圆角"参数为60时，切角立方体将变成一个球体状态，如图3-43所示。

图 3-43

3.2.4　软管

3ds Max中的默认软管的形态与现实生活中所看到的软管形态基本相同，它类似于弹簧。

01 单击"扩展基本体"创建面板中的"软管"按钮，并在透视视图中像创建"圆柱体"一样单击拖曳定义软管的底面大小，向上移动鼠标并单击，创建出一个自由软管，如图3-44所示。

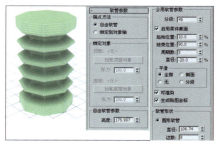

图 3-44

02 在"公用软管参数"卷展栏中，"启用柔体截面"复选框默认为启用状态，表示软管中间会产生柔体褶皱效果。将"起始位置"参数设置为20%，"结束位置"参数设置为80%，柔体褶皱的起始位置将在软管的20%处出现，结束位置在软管的80%处，如图3-45所示。

03 通过"周期"参数可设置软管上褶皱的数量，"直径"参数决定了褶皱凹下或凸出的程度，负值将向内凹，正值向外凸出。如图3-46所示为设置

"周期"值为3，"直径"参数为20时的软管形态。

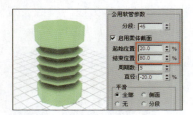

图3-45

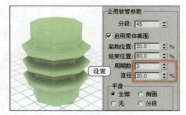

图3-46

04 在"软管形状"选项组中，可以对软管截面的形状进行设置。默认情况下，软管的截面形状为圆形，通过"圆形软管"选项下的"直径"和"边数"参数，可以设置软管的直径和圆形周围的分段数，如图3-47所示。

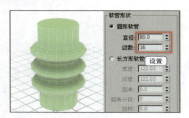

图3-47

05 选择"长方形软管"选项，可将软管的截面更改为长方形。"宽度"和"深度"参数决定了软管的大小，通过设置"圆角"和"圆角分段"参数，可以为矩形的边角应用圆角效果，如图3-48所示。

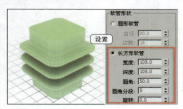

图3-48

06 选择"D截面软管"选项，可将软管的截面设置为D字形，可以通过设置各项参数为D型两个边角应用圆角，还可以设置D字形圆形侧面的分段数，使其更为平滑，如图3-49所示。

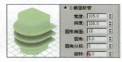

图3-49

07 设置软管形状为圆形，"直径"为40，"周期数"为8，"软管分段"为60，更改软管的形态，并在软管的两侧创建两个大小相同的球体，如图3-50所示。

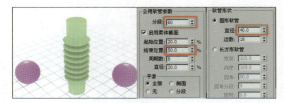

图3-50

08 选择软管对象，进入"修改"命令面板中的"软管参数"卷展栏，在"端点方法"选项组中选择"绑定到对象轴"选项，此时"绑定对象"选项组中的参数成为可编辑状态，如图3-51所示。

图3-51

09 依次拾取顶部和底部对象，将软管绑定，如图3-52所示。

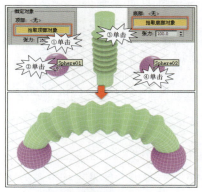

图3-52

10 当对两个球体的位置进行变换调整时，软管的顶端和底端也会随着球体一起变换，如图3-53所示。

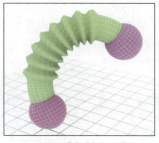

图3-53

11 在"顶部"和"底部"选项下侧的"张力"参数，可以确定当软管靠近底部或顶部对象时，对象附近的软管曲线张力。"张力"数值越大，软管就越弯曲，当两个值为都为0时，软管将以垂直状态连接两个球体，如图3-54所示。

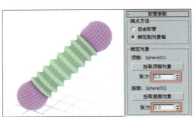

图3-54

3.2.5　环形波

使用"环形波"可以创建出一个环，并指定环的不规则外部和内部边。该模型不仅可以添加到静态场景中，还可以设置环形波对象的增长动画，可以模拟星球爆炸时产生的冲击波。

01 在"扩展基本体"创建面板中单击激活"环形波"按钮，并在视图中拖曳鼠标定义环形波的半径，释放鼠标后向上移动并单击，定义环形波的环形宽度，如图3-55所示。

图3-55

02 默认情况下所创建的环形波与"平面"对象一样，是没有厚度的，如果要为其添加厚度，可设置"参数"选项组中的"高度"值，从而指定环形波的厚度，如图3-56所示。

图3-56

03 "环形波计时"选项组中的参数可用来设置动画。"无增长"选项表示环形波没有增长动画，它在下面"开始时间"的位置显示，"结束时间"的位置消失。选择"增长并保持"选项，如图3-57所示。此时环形波将产生单个增长周期，它从"开始时间"开始增长，并在"增长时间"至"结束时间"处保持最大尺寸。

图3-57

04 单击动画控制区的 ▶ "播放动画"按钮，可看环形波在第0帧由消失状态，慢慢增大，到第60帧位置停止增长，环形波的最大状态保持到第100帧。如图3-58所示为环形波的增长动画。

图3-58

05 选择"循环增长"选项后，环形波将产生重复增长的动画，开始重复的时间由"增长时间"控制。当选择"增长并保持"或"循环增长"选项时，通过"开始时间"、"增长时间"和"结束时间"可以设置环形波的出现、增长和消失的动画时间。

06 将环形波设置成"无增长"，并在"外边波折"卷展栏中启用"启用"复选框，此时将可以通过选项组中的各项参数，对环形波的外侧边设置波峰，如图3-59所示。

图3-59

07 "主周期数"可以设置外边的波峰数目，"宽度波动"参数可以设置波峰的大小。参照如图3-60所示设置参数，观察环形波的形态。

图3-60

08 通过"次周期数"和"宽度波动"参数可以在每一主波上设置随机生成的小波，如图3-61所示。

图3-61

09 通过"内边波折"选项组中的参数，可以设置环形波内边的波峰效果，它与外边波折的参数作用相同，在此不再重复介绍。

3.2.6 其他扩展基本体

在3ds Max 2012中还包含了其他8种扩展基本体，由于这些形体的创建方法大同小异，在此就不再详细讲述，可以参考前面所讲述的内容，进行自学并加以掌握。如图3-62所示为其他扩展基本体的形态。

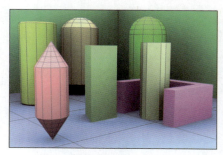

图3-62

3.3 实例操作——卡通角色爵士乐老布

本节将安排一组卡通模型的制作实例，使读者对前面所学习的基本体建模知识进行综合性的巩固、应用。

01 启动3ds Max 2012，进入"标准基本体"创建命令面板，激活"圆柱体"创建命令，在左视图中创建一个圆柱体对象，并设置创建参数，如图3-63所示。

图3-63

02 进入"扩展基本体"的创建命令面板，通过"胶囊"创建命令，在左视图中参照如图3-64所示创建胶囊模型，并调整模型的位置。

图3-64

03 接下来再次进入"标准基本体"创建面板，使用"管状体"工具在左视图中创建管状体模型，然后为模型应用"切片"，并调整模型的位置，如图3-65所示。

04 卡通的脸部和头部创建完毕后，接下来创建卡通的五官。激活"标准基本体"创建命令面板中的"圆柱体"命令，在"顶"视图中创建圆柱体对象，作为卡通的上脸唇，如图3-66所示。

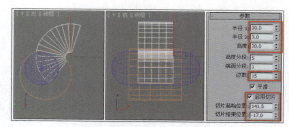

图3-65

图3-66

05 在左视图中，使用 "选择并移动"工具选择新创建的圆柱体对象，按住Shift键沿Y轴向下拖曳对象，释放鼠标后将弹出"克隆选项"对话框，如图3-67所示。单击"确定"按钮，复制出下嘴唇。

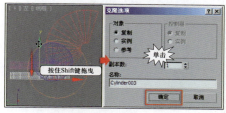

图3-67

06 在"标准基本体"创建面板中单击"四棱锥"按钮，并在前视图中创建棱锥模型，调整模型的角度和位置，创建出鼻子模型，如图3-68所示。

07 通过"球体"创建命令，在左视图中创建卡通的"眼白"，如图3-69所示。

图3-68

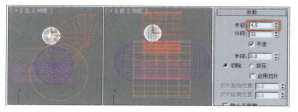

图3-69

08 使用 "选择并均匀缩放" 工具选中创建的球体，参照如图3-70所示对球体进行缩放、复制操作。

图3-70

09 保持复制出的球体为选中状态，在 "修改" 命令面板中对该对象的创建参数进行调整，制作出卡通的眼皮，如图3-71所示。

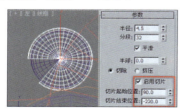

图3-71

10 通过 "球体" 创建命令，参照如图3-72所示创建出卡通的 "眼珠" 模型。

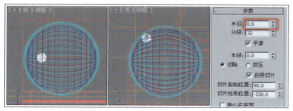

图3-72

11 在 "顶" 视图中将创建的 "眼皮"、"眼白" 和 "眼珠" 模型同时选中，参照前面移动复制对象的方法，在顶视图中复制出另外一只 "眼睛"，并对两只眼睛的位置稍做调整，如图3-73所示。

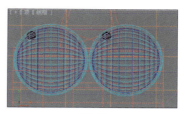

图3-73

12 在 "标准基本体" 创建面板中，通过 "长方体" 创建命令，在视图中创建出卡通人物的眉毛，并分别调整对象的角度和位置，如图3-74所示。

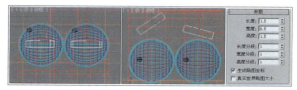

图3-74

13 下面通过 "圆柱体" 命令创建出卡通人物的脖子，如图3-75所示。

图3-75

14 使用 "球体" 创建工具，在圆柱体的下方创建出半球体，如图3-76所示。

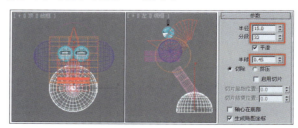

图3-76

15 下面来创建帽子和烟斗模型。将顶视图切换为底视图，进入 "标准基本体" 的创建命令面板，通过 "茶壶" 创建命令在底视图中创建茶壶，如图3-77所示。

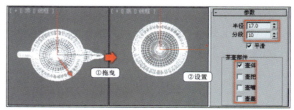

图3-77

16 保持修改后的茶壶模型为选中状态，在主工具栏中的 "选择并均匀缩放" 工具按钮上右击，将弹出 "缩放变换输入" 对话框，参照如图3-78所示设置参数，对模型进行缩放。

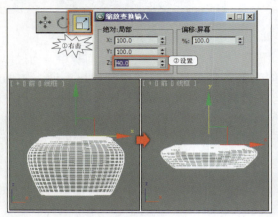

图3-78

17 调整模型的角度和位置至卡通人物的头部上方，如图3-79所示。

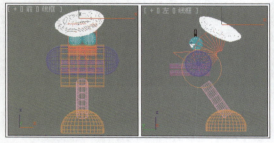

图3-79

18 通过 "圆环" 创建命令，在帽子的上方创建圆环体，并为其应用 "切片" 效果，制作出帽子的装饰，如图3-80所示。

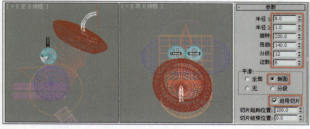

图3-80

19 再次通过 "圆环" 创建命令，在卡通人物的嘴部创建出烟斗柄模型，并调整模型的角度和位置，如图3-81所示。

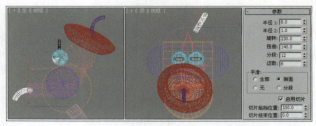

图3-81

20 在 "标准基本体" 创建面板中，通过 "管状体" 创建工具，在烟斗柄的顶端创建出烟斗模型，如图3-82所示。

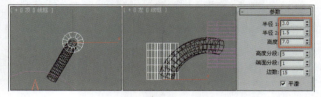

图3-82

21 最后通过 "圆环" 创建工具，创建出烟圈，如图3-83所示。

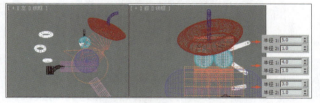

图3-83

22 至此整个卡通模型已经创建完毕，如图3-84所示为模型指定颜色、材质，并为场景添加灯光后的效果。在制作过程中如果遇到什么问题，可以打开本书附带光盘中的Chapter-03/ "爵士乐-老布.max" 文件，进行查看。

图3-84

第4章
使用编辑修改器建模

在上一章中，我们学习了3ds Max 2012中基础型建模的方法，基础模型在建立后，由于其外形过于简单所以很难符合场景的需要。为达到用户的需求，3ds Max提供了多种针对基础形体的编辑修改器，结合使用这些编辑修改器可以在一定程度上满足我们对建模的要求，从而实现只靠基础形体难以实现的效果，如起伏的水面、弯曲的管道等。本章将为读者讲述配合编辑修改器快速创建场景模型的方法。

4.1 使用修改命令面板

在场景中创建对象后，可以进入"修改"面板，更改对象的原始创建参数。在"修改"面板中还可以为对象应用编辑修改器。

4.1.1 应用编辑修改器

在3ds Max中，可以为对象应用多种编辑修改器，用户可以随时访问并修改这些编辑修改器的参数，还可以对这些修改器的顺序进行调整。

01 首先在场景中创建一个标准基本体——茶壶。进入 "修改"命令面板，可以看到茶壶的创建参数，如图4-1所示。

图4-1

02 如果需要为对象添加编辑修改器，可以在"修改器列表"中选择"挤压"修改器，此时所添加的修改器将显示在修改器堆栈栏中，并且会显示出"挤压"修改器的相关参数，如图4-2所示。

图4-2

03 通过设置"挤压"修改器的各项参数，将会影响到"茶壶"的形态，如图4-3所示。

04 还可以为选中对象添加多种不同的修改

器。通过前面的操作方法再为"茶壶"对象添加"扭曲"编辑修改器，并设置"扭曲"参数，如图4-4所示。

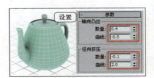

图4-3

图4-4

05 修改器的添加顺序也会影响到模型的最终形态。在修改器堆栈栏中拖曳Twist（扭曲）修改器至"挤压"修改器的下方，此时在"挤压"修改器的下方将出现一条蓝线，释放鼠标后，修改器的顺序将发生改变，同时"茶壶"的形态也会发生变化，如图4-5所示。

图4-5

06 在视图的空白处单击，取消对象的选中状态，此时"修改"命令面板将成为空白。再次选中"茶壶"对象，在"修改"面板中单击修改器堆栈列表底部的 "锁定堆栈"按钮，此时变成 状态，取消对象的选中状态后，"修改"面板中仍可以对锁定堆栈的"茶壶"对象进行编辑，如图4-6所示。

图4-6

07 默认情况下，"显示最终结果开/关切换"按钮为激活状态，无论在修改器堆栈栏中选择对象层还是任意一个修改器层都会显示整个堆栈的结果。单击"显示最终结果开/关切换"按钮，取消其激活状态，选择Twist（扭曲）修改器，对象将显示为添加"扭曲"修改器后的效果，如图4-7所示。

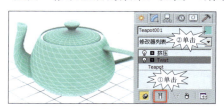

图4-7

08 通过按住Shift键并移动的方式，将"茶壶"对象实例复制一个。保持复制对象的选中状态，在"修改"命令面板中对"挤压"修改器的参数进行更改，原对象也会发生同样的改变，如图4-8所示。

图4-8

09 在"修改"命令面板的堆栈栏下方单击 "使唯一"按钮，并再次调整复制对象的"挤压"参数，该对象的修改器将呈独立状态，不会影响到原始对象，如图4-9所示。

图4-9

10 单击 "从堆栈中移除修改器"按钮，可将当前选中的修改器删除，如图4-10所示。

图4-10

11 单击 "配置修改器集"按钮，将弹出一个快捷菜单，如图4-11所示。

图4-11

12 在弹出的菜单中提供了显示和选择修改器的方式，可根据自己的习惯来定义，由于操作方法比较简单，在此就不再详细讲述。

4.1.2 塌陷对象

当确定应用的所有编辑修改器不再改动时，即可将修改器堆栈进行塌陷，塌陷后的对象将丢失原有的修改器和参数，保留对象应用修改器的结果。塌陷对象不仅可以简化几何体的管理，而且大大节省了系统的资源。

01 在快速访问工具栏中单击 "打开文件"按钮，打开本书附带光盘中的Chapter-04/"沙发.max"文件，如图4-12所示。

图4-12

02 在视图中选择沙发主体，进入"修改"面板，在修改器堆栈中的Taper（锥化）修改器上右击，在弹出的菜单中选择"塌陷到"选项，弹出如图4-13所示的对话框。

图4-13

03 在修改器堆栈栏中，可以观察到Taper（锥化）修改器以下的所有堆栈塌陷为一个网格对象，如图4-14所示。

图4-14

04 如果在弹出的快捷菜单中选择"塌陷全部"选项，将弹出如图4-15所示的对话框。

图4-15

05 单击"是"按钮，可塌陷堆栈中的所有修改器，如图4-16所示。

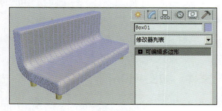

图4-16

06 另外，单击也可以使用"塌陷"工具来塌陷堆栈，进入"工具"主命令面板，在"工具"卷展栏中激活"塌陷"按钮，将会显示"塌陷"卷展栏，如图4-17所示。

07 在"输出类型"选项组中可指定由塌陷产生的对象类型。"网格"选项为默认的状态，说明大多数对象都会塌陷为一个可编辑网格对象；如果选择"修改器堆栈结果"选项，将生成一个与添加修改器后最终结果相同的对象，如图4-18所示。

图4-17

图4-18

08 将组成沙发的所有对象选中，设置输出类型为"网格"，此时可在"塌陷为"选项组中指定如何合并选定的对象，保持默认设置，单击"塌陷选定对象"按钮，可将选定的对象塌陷为一个网格对象，如图4-19所示。

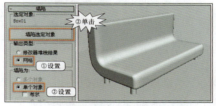

图4-19

4.2 使用编辑修改器

前面讲述了编辑修改器的工作原理，以及塌陷编辑修改器的操作方法。本节将为读者讲解常用的几种针对基础型的编辑修改器。

4.2.1 弯曲

"弯曲"编辑修改器能够将当前选中物体围绕指定轴弯曲一定角度。可以方便地控制弯曲的角度和指定弯曲轴，还可以仅对选择物体的一部分进行弯曲操作。"弯曲"编辑修改器常用于制作弯曲的管道、路灯等模型。

01 在快速访问工具栏中单击 📂 "打开文件"按钮，打开本书附带光盘中的Chapter-04/"管道.max"文件，如图4-20所示。

02 在视图中选择突出显示的管道对象，并进入"修改"命令面板，为选中的对象添加"弯曲"修改器，面板中将会出现"弯曲"修改的设置参数，如图4-21所示。

图4-20　　　　　　　　图4-21

03 在"弯曲"选项组中，通过设置"角度"参数可以设置弯曲的角度。将"角度"参数设置为90，管道的弯曲效果如图4-22所示。

图4-22

04 通过"方向"参数可以设置"弯曲"相当于水平面的方向。将"方向"参数设置为30，管道将呈现出如图4-23所示的状态。

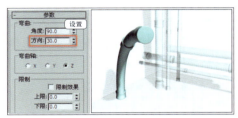

图4-23

05 为方便下面的操作，将"方向"参数设置为0。在"弯曲轴"选项组中可以通过X、Y和Z三个选项来指定弯曲的轴。在本实例中，如果将弯曲轴设置为X或Y，都会出现不正确的弯曲效果。如图4-24所示为选择X选项时，管道的弯曲效果。

图4-24

06 将弯曲轴设置成默认的Z轴，在"限制"选项组中启用"限制效果"复选框，将对弯曲效果进行

限制约束。通过"上限"和"下限"参数来设置弯曲中心上方和下方的影响范围。设置"上限"参数为30，管道在一定范围内应用了弯曲效果，如图4-25所示。

图4-25

07 在修改器堆栈栏中单击"弯曲"选项前的■符号，将其展开并选择Gizmo选项，进入Gizmo子对象层级，在视图中可观察到弯曲Gizmo将由橙色变为黄色，使用 ✛ "选择并移动"工具调整Gizmo的位置，将会影响弯曲的效果，如图4-26所示。

图4-26

08 接下来再通过添加第2个"弯曲"编辑修改器，以使管道的下半部分产生弯曲。再次在Gizmo子对象层上单击，可退出子对象编辑状态，再次为其添加"弯曲"修改器，并分别对其参数进行设置，效果如图4-27所示。

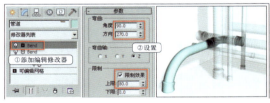

图4-27

09 管道下端的接口处是不能弯曲的，需要通过调整"中心"子对象来纠正该问题。展开第2个"弯曲"修改器的子对象层，并选择"中心"子对象层，在"透视"视图中沿Z轴向上移动"中心"子对象，使管道与另外一个管道口衔接，如图4-28所示。

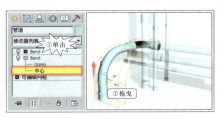

图4-28

4.2.2 锥化

"锥化"编辑修改器是通过缩放几何体两端的尺寸(放大或缩小几何体一端),使几何体产生锥状的形态。可以控制锥化的程度和曲线,使几何体根据不同的轴向产生不同的形变,也可以仅使几何体的一部分产生锥化形变。

01 在快速访问工具栏中单击 📂 "打开文件"按钮,打开本书附带光盘中的Chapter-04/ "冰淇淋.max"文件,如图4-29所示。

图4-29

02 在视图中选择"冰淇淋"对象,进入"修改"命令面板,为选中的对象添加"锥化"编辑修改器,面板中将会出现"锥化"修改器的编辑参数,如图4-30所示。

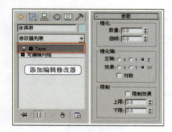

图4-30

03 通过设置"数量"参数,可以对对象末端进行缩放,将该参数设置为一1,观察对象的锥化效果,如图4-31所示。

图4-31

04 设置锥化参数后,冰淇淋对象偏离了蛋卷对象,下面需要调整锥化的中心位置,来纠正锥化效果。在修改器堆栈栏中进入"锥化"修改器的"中心"子对象层,在视图中参照如图4-32所示调整中心的位置。

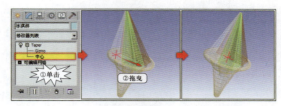

图4-32

> **提示**
>
> 锥化的中心,点默认情况下与选择对象的坐标轴对齐,也可以先调整对象的坐标轴,再为对象应用"锥化"修改器。

05 退出子对象编辑状态,在"锥化"选项组中,通过"曲线"参数可以设置锥化侧面的曲率,值为正值时,锥化侧面向外凸出;值为负值时,锥化侧面向内凹陷。将"曲线"参数设置为0.4,对象的锥化效果如图4-33所示。

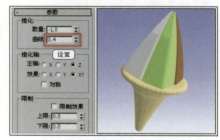

图4-33

06 在"锥化轴"选项组中可对应用锥化所使用的轴进行设定。"主轴"用于指定锥化变形的中心轴,"效果"用于指定锥化变形产生效果的方向。将"主轴"暂时设置为X轴,效果保持默认的ZY轴,观察锥化效果,如图4-34所示。

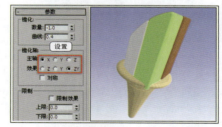

图4-34

07 启用"对称"复选框后,将围绕主轴产生对称锥化效果,如图4-35所示。

图4-35

08 通过"撤销"命令，将对象恢复到设置锥化轴前的效果，在"限制"选项组中启用"限制效果"复选框，对锥化变形的范围进行限定。通过"上限"和"下限"参数来设置锥化的影响范围，如图4-36所示。

图4-36

4.2.3 扭曲

"扭曲"编辑修改器用于对几何体进行扭曲变形，就像日常生活中拧湿衣服一样，可以控制扭曲的角度和偏移值将扭曲的效果压缩到几何体的一端。

01 接着上一节讲述"锥化"知识所使用的实例场景，保持"冰淇淋"对象的选中状态，在"修改"命令面板中为其添加"扭曲"编辑修改器，如图4-37所示。

图4-37

02 在"扭曲"选项组中，通过"角度"参数来设置围绕垂直轴扭曲的量，将该参数设置为200，观察扭曲效果，由于扭曲中心点的位置不对，扭曲产生了错误的偏移，如图4-38所示。

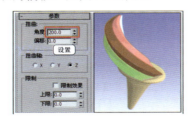

图4-38

03 在修改器堆栈栏中，进入"扭曲"修改器的"中心"子对象层级，并在视图中调整扭曲中心的位置，如图4-39所示。

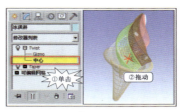

图4-39

04 在"扭曲轴"和"限制"选项组中，可设置应用扭曲的轴向，以及对象在指定轴上应用扭曲的范围。这些参数的作用与其他修改器中的相关参数作用相同，在此就不再详细讲述。

4.2.4 噪波

"噪波"编辑修改器能够在空间坐标的3个轴向上对对象施加不同的强度，形成随机性较强的噪波效果。该编辑修改器常用来模拟浮动的水面、飘扬的旗帜等效果。

01 在快速访问工具栏中单击 📂 "打开文件"按钮，打开本书附带光盘中的Chapter-04/"海面.max"文件，如图4-40所示。

图4-40

02 在视图中选中平面对象，在"修改"命令面板中为其添加"噪波"修改器，如图4-41所示为"噪波"修改器编辑参数。

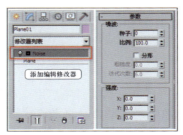

图4-41

03 因为只有应用了"强度"后，噪波效果才会起作用，所以先来讲述"强度"选项组中的参数。"强度"选项组中的参数可以控制噪波效果的大小，可以分别沿着3条轴设置噪波效果的强度，如图4-42所示。

04 将"强度"选项组中的3个参数均设置为1。在"噪波"选项组中每一个"种子"参数可以创建出不同的噪波效果。"比例"参数用来设置噪波影响的大小，该值默认设置为100，将其设置为1，观察噪波效果，如图4-43所示。

图4-42

图4-43

05 启用"分形"复选框后，噪波将产生不规则的分形效果。其下侧的"粗糙度"和"迭代次数"参数成为可编辑状态，"粗糙度"参数可控制分形噪波的粗糙程度，如图4-44所示。

图4-44

06 "迭代次数"用于控制分形噪波所使用的迭代数量，如图4-45所示。

图4-45

07 在"动画"选项组中启用"动画噪波"复选框后，噪波将产生动画。可通过"频率"和"相位"参数来设置噪波的运动速度和基本波形的起始和结束点，如图4-46所示。

图4-46

4.2.5 FFD

在3ds Max中提供了一组FFD（自由变形）编辑

修改器。FFD是Free From Deformation（外形自由编辑）3个英文单词的缩写。顾名思义，使用这些工具可以方便地对三维形体的外形进行任意编辑。在对三维形体添加了FFD编辑修改器后，在三维形体的外部形成控制柄，通过调整控制柄的位置可以影响形体的外形。

01 在快速访问工具栏中单击 "打开文件"按钮，打开本书附带光盘中的Chapter-04/ "青苹果.max"文件，如图4-47所示。

图4-47

02 在视图中选择球体对象，并进入"修改"命令面板中，为其添加"FFD（圆柱体）"修改器，对象的周围将出现带有控制点的晶格，如图4-48所示。

图4-48

03 添加"FFD（圆柱体）"修改器后，命令面板中将会出现"FFD参数"卷展栏，如图4-49所示。

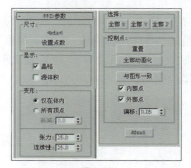

图4-49

04 在"尺寸"选项组中可以对晶格上控制点的数量进行调整。单击"设置点数"按钮，打开"设置FFD尺寸"对话框，如图4-50所示。

05 设置"侧面"点数为12，单击"确定"按钮关闭对话框，效果如图4-51所示。

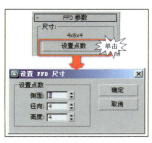

图4-50　　　　　　　　　图4-51

06 当设置好控制点的数量后，即可对FFD修改器的子对象进行调整，进入"控制点"子对象层级，并在视图中选择相应的子对象，并对其进行移动和缩放调整，如图4-52所示。

图4-52

07 进入"晶格"子对象编辑状态，参照如图4-53所示调整子对象的位置，将会影响到对象的变形效果。

图4-53

08 通过"撤销"命令，撤销"晶格"子对象的移动操作。进入"设置体积"子对象层级，此时可以看到变形晶格控制点变为绿色，可以选择并操作控制点而不影响修改对象，如图4-54所示。

图4-54

09 再次进入"控制点"的编辑状态，在"显示"选项组中提供了"晶格"和"源体积"两个复选框。默认情况下在视图中显示晶格，禁用"晶格"复选框，视图中将只显示控制点，如图4-55所示。

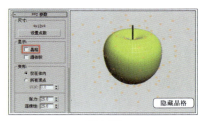

图4-55

10 启用"晶格"复选框，并启用"源体积"复选框，在视图中将显示出晶格的原来体积，这不会影响对象的形态，如图4-56所示。

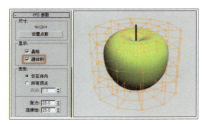

图4-56

11 进入"晶格"子对象层级，在"变形"选项组中可以设置晶格源体积影响对象的范围。默认情况下"仅在体内"选项为选中状态，表示只有位于源体积内的顶点会变形，源体积外的顶点不受影响，如图4-57所示。

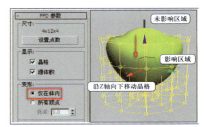

图4-57

12 选择"所有顶点"选项后，将对所有顶点产生影响，源体积外的顶点会随着设置的"衰减"值产生影响衰减，如图4-58所示。

图4-58

13 撤销上两步的操作，使苹果模型恢复到正常状态。通过"张力"和"连续性"参数可以控制晶格和控制点的张力和连贯性，如图4-59所示。

14 设置"张力"和"连续性"为默认值。在"选择"选项组中提供了3个按钮，激活相应的按钮后，在选择控制点时，对应轴向上的所有控制点将同时被选中，如图4-60所示。

图4-59

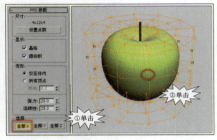

图4-60

15 在"控制点"选项组中，单击"重置"按钮可将所有控制点恢复到原始位置，而且控制点所影响的对象也会恢复到初始状态。"控制点"选项组中的其他参数由于不常用，在此就不再详细介绍。

16 最后再通过为圆柱体对象添加FFD修改器和"弯曲"修改器，制作出苹果瓣，如图4-61所示。

图4-61

4.3 实例操作——餐桌效果图

本章主要介绍了3ds Max中基础模型的创建和修改方法，以及针对这些基础形体常用的编辑修改器。本节将安排一个制作餐桌模型的实例，以对本章所学习的知识进行练习和巩固。

01 启动3ds Max 2012，进入"创建"命令面板中的"几何体"创建面板，在该面板的"标准基本体"创建面板中单击"管状体"按钮，如图4-62所示。

图4-62

02 激活顶视图，在该视图中单击拖曳定义管状体的外径，向内移动鼠标并单击定义管状体的内径，然后再次移动鼠标单击定义高度，可创建出一个管状体对象，参照如图4-63所示设置该对象的各项参数，更改对象的形态。

03 使用 "选择并旋转"工具，在顶视图中将创建的管状体旋转45°，如图4-64所示。

图4-63

图4-64

技巧

在旋转对象时，可结合使用"角度捕捉"功能，精确地旋转对象的角度。

04 使用 "选择并移动"工具，在顶视图中按住Shift键，同时沿Y轴拖曳管状体。弹出"克隆选项"对话框，在"对象"选项组中选择"实例"选项，如图4-65所示，单击"确定"按钮关闭对话框。

05 保持复制对象的选中状态，确定顶视图为当前视图，激活主工具栏中的 🔲 "对齐"按钮，并在原管状体对象上单击，弹出"对齐当前选择"对话框，参照如图4-66所示设置属性。

图4-65

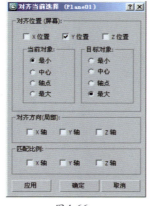
图4-66

06 设置完毕后单击"确定"按钮，对齐两个管状体对象，在透视视图中观察对象的效果，如图4-67所示。

图4-67

07 激活顶视图，在"标准基本体"创建面板中单击"长方体"按钮，单击主工具栏中的 ³ "捕捉开关"按钮，参照如图4-68所示捕捉顶点并拖曳至另一顶点，并定义长方体的高度，完成长方体的创建。

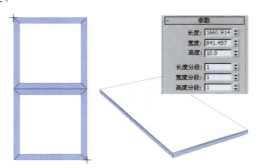
图4-68

08 进入"扩展基本体"的创建命令面板，在"对象类型"卷展栏中单击"切角长方体"按钮，如图4-69所示。

图4-69

09 在顶视图中，通过捕捉管状体左上角的两个顶点，定义长方体的底面大小，依次移动鼠标并单击，定义长方体的高度和圆角，完成切角长方体的创建，如图4-70所示。

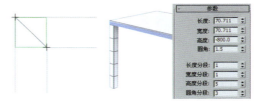
图4-70

10 激活前视图，保持"切角长方体"的选中状态，单击主工具栏中的 🔲 "对齐"按钮，在与其重叠的管状体上单击。在弹出的对话框中参照如图4-71所示进行设置，对切角长方体进行对齐。

图4-71

11 保持"切角长方体"的选中状态，进入"修改"命令面板，为该对象添加"锥化"编辑修改器，参照如图4-72所示设置修改器的参数，为对象添加锥化效果。

图4-72

12 在顶视图中选择锥化后的切角长方体，执行"工具"→"阵列"命令，打开"阵列"对话框，参照如图4-73所示设置参数，单击"确定"按钮阵列复制切角长方体。

图4-73

13 切换到透视视图，可观察到一个餐桌模型基本上已经完成了，如图4-74所示。

图4-74

14 接下来通过"长方体"创建命令，在桌子的四周创建支撑板，如图4-75所示。由于这些对象的创建方法比较简单，所以在此就不再赘述。

图4-75

15 至此，整个餐桌模型已经制作完成了，读者如果有兴趣，可以在场景中制作出餐椅模型，以便以后在制作效果图时随时调用。如图4-76所示为添加餐椅模型后的场景，可打开本书附带光盘中的Chapter-04/"餐桌.max"文件进行查看。

图4-76

16 最后，通过"平面"创建命令创建一个地面对象，设置场景对象的材质，再添加灯光效果，如图4-77所示。如果制作过程中遇到什么问题，可打开本书附带光盘中的Chapter-04/"餐桌完成.max"文件查看实例源文件。

图4-77

第5章

二维型建模

在3ds Max中二维型建模是一种常用的建模方法，该建模方式比起基础型建模方式的操作更为灵活。二维型建模方法在创建模型时，主要是利用编辑修改器对编辑好的二维图形进行挤出、倒角或旋转等操作，从而生成一个三维型。本章将详细讲述二维图形的创建和编辑方法，以及与二维型建模相关的几种编辑修改器。

5.1　创建二维图形

本书将3ds Max中的二维型建立工具分为两种：一种为规则的二维型建立工具，即可以直接创建出规则的图形；另一种为不规则的二维型建立工具，即通过手绘方式创建图形。可通过以下方法来访问这些二维图形。

进入"创建"主命令面板下的"图形"次命令面板，即可打开二维图形的创建命令面板，如图5-1所示。

图5-1

在"图形"创建命令面板的下拉列表中提供了其他类型的样条线，如图5-2所示。

图5-2

由于"NURBS曲线"图形主要在NURBS建模中使用，所以在本章不进行讲述。本章将对"样条线"和"扩展样条线"两种类型的二维图形进行详细讲述。

5.1.1　样条线

在"样条线"命令面板中，提供了9种用于创建规则二维图形的命令按钮，主要包括矩形、圆、椭圆、弧、圆环、多边形、星形、文本、螺旋线。

这些包含有长度、宽度、半径等具体设置参数的是规则图形，而线和截面被定义为不规则二维图形，因为这些图形没有具体的创建参数，形状也是不规则的。

1. 矩形

使用"矩形"创建工具，可以快速创建出矩形、圆角矩形或正方形样条线。

01 在"样条线"的创建命令面板中单击"矩形"按钮，并在视图中单击拖曳即可创建出一个矩形，如图5-3所示。

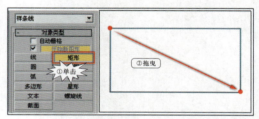

图5-3

02 默认情况下是通过定义矩形的两个角点位置来创建矩形的。当激活"矩形"按钮后，在"创建方法"卷展栏中可选择"中心"选项，此时创建矩形，将先定义矩形的中心位置，再指定一个角点位置，创建出矩形，如图5-4所示。

03 激活"矩形"按钮后，按住Ctrl键，同时在视图中单击拖曳，可创建出正方形，如图5-5所示。

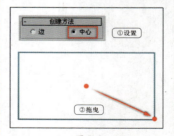

图5-4

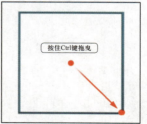

图5-5

04 创建矩形后，在命令面板中的"参数"卷展栏中，可通过"长度"和"宽度"参数来设置矩形的长度和宽度，如图5-6所示。

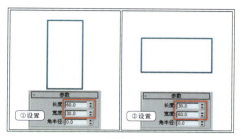

图5-6

05 设置"角半径"参数，可为矩形的每个角应用圆角效果，创建出圆角矩形，如图5-7所示。

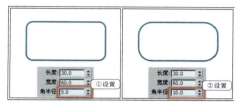

图5-7

06 通过"矩形"创建命令，可以创建出如图5-8所示的链条模型。

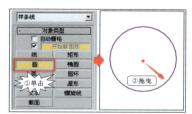

图5-8

2．圆

通过"圆"可以创建出由4个顶点组成的闭合圆形样条线。

01 在"样条线"创建面板中单击"圆"按钮，在视图中直接单击拖曳可创建出一个圆形，如图5-9所示。

02 激活"圆"按钮后，如果在"创建方法"卷展栏中选择"边"选项，可通过定义圆形一条边上的点，然后拖曳鼠标定义圆形半径来创建圆形，如图5-10所示。

图5-9　　　　　图5-10

03 "半径"是圆形惟一的创建参数，通过设置该参数可以调整圆形的大小，如图5-11所示。

04 通过"圆形"创建命令，可以创建出如图5-12所示的模型。

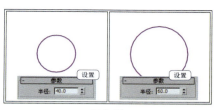

图5-11

图5-12

3．椭圆

通过"椭圆"工具可以创建出椭圆形和圆形样条线，当椭圆的长度和宽度值相等时，所创建出来的样条线为圆形。

01 在"样条线"创建面板中单击"椭圆"按钮，在视图中单击拖曳可以创建出一个任意大小的椭圆形，如图5-13所示。

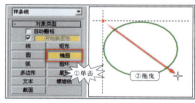

图5-13

02 椭圆形的大小和形态由"长度"和"宽度"两个参数值来决定，当两个值相同时，将创建出圆形样条线，如图5-14所示。

图5-14

> **提示**
>
> 激活"椭圆"按钮后，按住Ctrl键，同时在视图中拖曳鼠标，可将样条线约束为圆形进行创建。

03 通过"椭圆"创建命令，可以创建出如图5-15所示的饰件。

图5-15

4．圆环

圆环是由两个同心圆组成的封闭样条线。

01 在"样条线"创建面板中单击"圆环"按钮，并在视图中单击拖曳定义圆环第1个圆的半径，释放鼠标后移动并单击定义第2个圆的半径，完成圆环的创建，如图5-16所示。

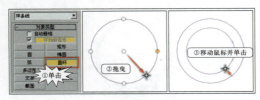

图5-16

02 在"参数"卷展栏中，通过"半径 1"和"半径 2"参数来设置组成圆环的两个圆的半径，如图5-17所示。

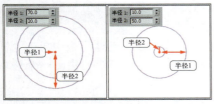

图5-17

5．弧

通过"弧"创建工具可以创建出由4个顶点组成的开放或闭合弧形。

01 在"样条线"创建面板中单击"弧"按钮，并在出现的"创建方法"卷展栏中选择创建弧的方法，在视图中创建圆弧，如图5-18所示。

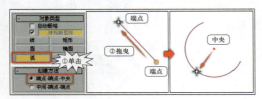

图5-18

02 在"创建方法"卷展栏中选择"中间-端点-端点"选项，并在视图中根据选择的方法再次创建圆弧，如图5-19所示。

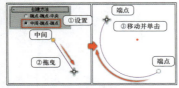

图5-19

03 在"参数"卷展栏中，通过"半径"参数指定弧形的半径。通过"从"参数可从局部正X轴测

量角度时指定起点的位置，如图5-20所示。

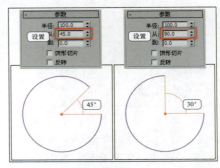

图5-20

04 通过"到"参数可以从局部正X轴测量角度时指定端点的位置，如图5-21所示。

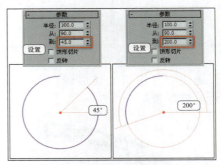

图5-21

05 启用"饼形切片"复选框后，将以扇形形式创建闭合样条线，如图5-22所示。

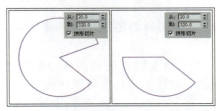

图5-22

06 启用"反转"复选框，可将弧形样条线的方向反转，如图5-23所示。该命令与"可编辑样条线"对象的"样条线"子对象层级中的"反转"命令作用相同。

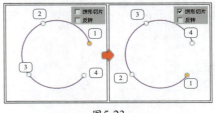

图5-23

6．螺旋线

使用"螺旋线"创建工具，可创建出开口平面螺旋线或3D螺旋样条线。

01 在"样条线"创建面板中单击"螺旋线"按钮，在视图中单击拖曳定义螺旋线起点圆的第1个点和第2个点，依次定义螺旋线的高度和末端半径，创建螺旋线，如图5-24所示。

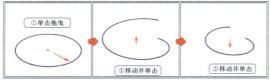

图5-24

02 默认设置下创建的螺旋线圈数为1，在"参数"卷展栏中通过"圈数"值可更改螺旋线的圈数，如图5-25所示。

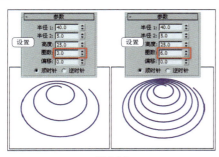

图5-25

03 通过"半径1"和"半径2"参数可分别设置螺旋线起点和终点的半径，如图5-26所示。

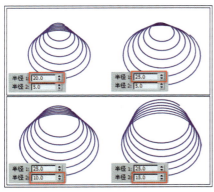

图5-26

04 通过"高度"参数来设置螺旋线的高度，如图5-27所示。

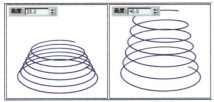

图5-27

05 设置"偏移"参数，可使螺旋线的圈数强制在一端累积，如图5-28所示。

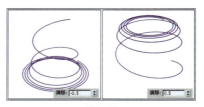

图5-28

06 默认设置下，螺旋线沿顺时针旋转，在"参数"卷展栏的底部选择"逆时针"选项，螺旋线将沿逆时针进行旋转，如图5-29所示。

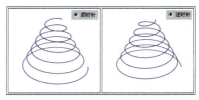

图5-29

7．多边形

使用"多边形"工具可以创建出包含任意边数的闭合多边形或圆形样条线。

01 在"样条线"创建面板中单击"多边形"按钮，在视图中单击拖曳创建一个多边形对象，如图5-30所示。

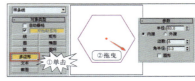

图5-30

02 在"参数"卷展栏中，通过"半径"参数来设置多边形的大小，"半径"参数是根据其下面的两个选项来决定的。选择"内接"选项后，将测量多边形中心到各个角的半径；选择"外接"选项后，将测量多边形中心到各个边的半径，如图5-31所示。

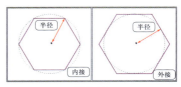

图5-31

03 通过"边数"参数可以设置多边形边的数目，如图5-32所示。

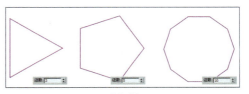

图5-32

04 将"边数"值设置为默认值的6，通过设置"角半径"参数，可为多边形的每个角添加圆角，如图5-33所示。

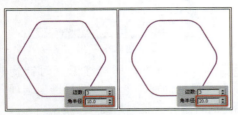

图5-33

05 启用"圆形"复选框，可将多边形转换为圆形。根据多边形的这些特性，可以创建出如图5-34所示的图形效果。

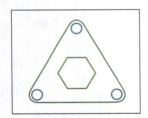

图5-34

8．星形

使用"星形"创建工具，可以创建出任意点数的闭合星形样条线。

01 在"样条线"创建面板中单击"星形"按钮，并在视图中单击拖曳可定义星形的第1个半径，松开鼠标后移动鼠标并单击，可定义星形的第2个半径，如图5-35所示。

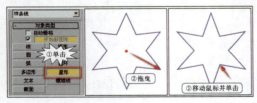

图5-35

02 在"参数"卷展栏中，通过"半径 1"和"半径 2"参数，可设置分别设置星形内部顶点和外部顶点的半径，如图5-36所示。

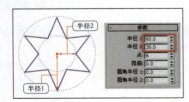

图5-36

03 通过"点"参数可以设定星形上点的数量，如图5-37所示。

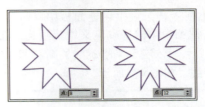

图5-37

> **提示**
> 星形上所拥有的顶点数是指定点数的2倍，其中一半的顶点位于一个半径上，形成外点，其余的顶点位于另一个半径上，形成内谷。

04 通过设置"扭曲"参数，可围绕星形的中心旋转内部顶点，如图5-38所示。

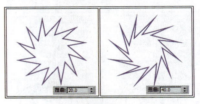

图5-38

05 将"扭曲"参数设置为0，通过"圆角半径1"和"圆角半径2"参数可以圆化星形的外部顶点和内部顶点，如图5-39所示。

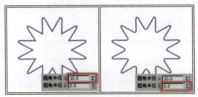

图5-39

9．文本

通过"文本"工具可以创建出任意文本图形的样条线，文本图形可以使用在Windows中安装的任意字体。

01 在"样条线"创建面板中单击"文本"按钮，可以在面板中出现的"参数"卷展栏中先对将要创建的文本内容、字体、大小等参数进行设置，然后直接创建出需要的文本图形。在此使用默认设置，在视图中直接单击，创建文本图形，如图5-40所示。

图5-40

02 在"参数"面板中可以对文本的内容和格式进行设置。在"字体"栏中可以设置文本的字体，如图5-41所示。

图5-41

03 单击激活 I "斜体"按钮，可以使文本倾斜。单击激活 U "下划线"按钮，将在当前文本的下方添加一条横线，如图5-42所示。

图5-42

04 在"文本"文本框内输入一段文字内容，将原有文字替换，如图5-43所示。在输入之前可将更新选项组中的"手动更新"复选框启用，这样在文本栏内输入或编辑文字时，视图中的文本不会即时更新，从而避免了更新文本的时间。

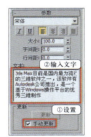

图5-43

05 文本输入完毕后，单击"更新"按钮，可更新视图中的文本内容，效果如图5-44所示。

图5-44

06 段落文本的默认对齐方式为 "左对齐"，通过单击 "居中对齐"、 "右对齐"和 "齐行"按钮，可以更改文本的对齐方式，如图5-45所示。

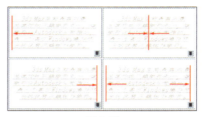

图5-45

07 通过"大小"参数可以设置文本的大小，通过"字间距"参数可以设置文字间的间距，如图5-46所示。

图5-46

08 通过设置"行间距"参数，可以改变段落文本中每行文字间的距离，如图5-47所示。

图5-47

5.1.2　扩展样条线

1. 墙矩形

"墙矩形"创建命令是通过两个同心矩形创建封闭的形状。

01 在"图形"创建命令面板的下拉列表中选择"扩展样条线"选项，即可进入"扩展样条线"的创建面板，单击"墙矩形"按钮，并在视图中创建墙矩形，如图5-48所示。

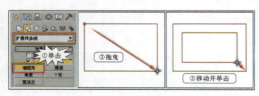

图5-48

02 在"参数"卷展栏中通过"长度"和"宽度"参数，可以设置"墙矩形"的长度和宽度；通过"厚度"参数设置"墙矩形"墙的厚度，如图5-49所示。

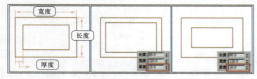

图5-49

03 启用"同步角过滤器"复选框后，可通过"角半径 1"参数来设置"墙矩形"内侧角和外侧角的半径，如图5-50所示。

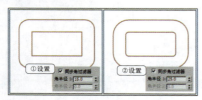

图5-50

04 禁用"同步角过滤器"复选框后，可通过"角半径 1"参数来设置"墙矩形"4个外侧角的半径；通过"角半径 2"参数设置4个内侧的半径，如图5-51所示。

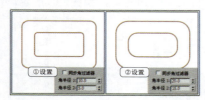

图5-51

2. 角度

通过"角度"创建工具，可以创建出闭合的"L"形样条线。

01 在"扩展样条线"创建命令面板中单击"角度"按钮，并在视图中单击拖曳创建出角度样条线，如图5-52所示。

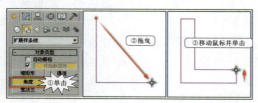

图5-52

02 "参数"卷展栏中大部分参数与"墙矩形"的创建参数作用相同，在此就不再赘述。通过"边半径"参数，可设置"角度"的垂直边和水平边的最外部边缘内径，如图5-53所示。

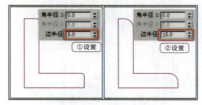

图5-53

其他3种扩展样条线的创建参数与"墙矩形"的创建参数基本一致，在此就不再逐一讲解了，读者可自行学习并创建这些扩展样条线。

5.1.3 创建不规则二维型

不规则二维型没有具体的控制参数，需要手动来调整图形的形状，或者通过三维模型的截面来生成不规则二维图形。3ds Max中的"线"和"截面"命令所创建的对象都属于不规则二维型。

1. 线

通过"线"创建工具，可创建出由多个分段组成的不规则样条线对象。

01 在"样条线"创建面板中单击"线"按钮，此时面板中将会出现"创建方法"卷展栏，如图5-54所示。

图5-54

02 在"初始类型"选项组中可设置创建的顶点类型。"角点"类型会产生一个尖端，角点两侧的边都是线性的；"平滑"类型会产生平滑的曲线，如图5-55所示。

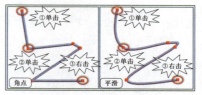

图5-55

注意

平滑曲线的曲率不可以单独进行调整，可通过改变两个顶点间的距离来改曲线的曲率。

03 如果要创建一个封闭的样条线，可在创建几个顶点后，在第1个起始顶点上单击，将弹出如图5-56所示的对话框，单击"是"按钮可封闭样条线。

图5-56

04 在"拖动类型"选项组中可设置在通过拖曳的方式创建顶点时的顶点类型。通过Bezier选项可以创建出能够调整其曲率和方向的平滑曲线，如图5-57所示。

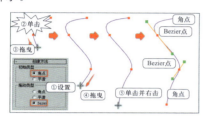

图5-57

提示

Bezier曲线的顶点控制柄在创建时是不可见的，必须选择其"顶点"子对象时才会显示出"顶点"控制柄。有关子对象的编辑方法，将在后面小节中详细讲述。

05 在"键盘输入"卷展栏中可通过依次指定顶点在三维空间中的坐标值来创建样条线，如图5-58所示。

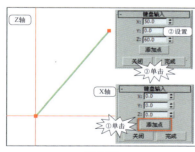

图5-58

06 参照前面操作方法，依次指定顶点，完毕后单击"完成"按钮可创建出一条开放的样条线，如图5-59左图所示。如果单击"关闭"按钮可创建出一条封闭样条线，如图5-59右图所示。

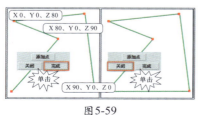

图5-59

2．截面

"截面"是一种比较特殊的二维型，它必须通过一个三维网格对象来创建二维型，创建出的二维型形状由三维对象的剖面形状决定。

01 在快速访问工具栏中单击 "打开文件"按钮，打开本书附带光盘中的Chapter-05/"雕像.max"文件，如图5-60所示。

02 在"样条线"创建面板中单击"截面"按钮，在左视图中的雕像中心单击拖曳，创建一个比雕像略大的截面型，如图5-61所示。

图5-60　　　　　图5-61

03 在透视视图中可以看到在截面图形与雕像相交的位置出现一条黄色相交线，如图5-62所示。

04 使用"选择并移动"工具选择截面型，将其移动到雕像头部的正中间，如图5-63所示。

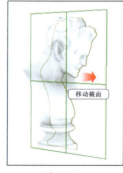

图5-62　　　　　图5-63

05 进入"修改"面板中，在"截面参数"卷展栏中单击"创建图形"按钮，打开"命名截面图形"对话框，单击"确定"按钮，将基于当前显示的相交线创建出一个单独的二维图形，如图5-64所示。

图5-64

06 在"更新"选项组中可设置相交线的更新条件。"移动截面时"选项是在移动截面时，相交线会即时自动更新；选择"选择截面时"选项后，在移动截面后相交线不会自动更新，必须重新选择截面或单击"更新截面"按钮才会更新相交线；选择"手动"选项，移动截面后，必须单击"更新截面"按钮才会更新相交线，如图5-65所示。

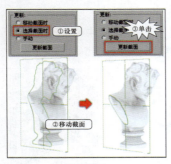

图5-65

07 在"截面范围"选项组中可指定截面对象生成横截面的范围。默认情况下，"无限"选项为选中状态，表示截面的范围是无限的，从而使横截面位于其平面中的任意网格几何体上，如图5-66所示。

08 选择"截面边界"选项时，只在截面图形边界内或与其接触的对象中生成横截面。如果向上面那样将截面移动到几何体的范围外，就不会生成交叉横截面，如图5-67所示。

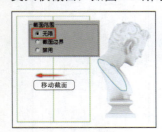 

图5-66　　　　　图5-67

09 当选中"截面范围"选项组中的"禁用"选项后，将不显示截面，同样也不能生成截面。"截面参数"卷展栏最底部的颜色块用于设置交叉横截面的显示颜色。在"截面大小"卷展栏中，通过"长度"和"宽度"参数可以设置截面的大小。

5.1.4 二维型的公共创建参数

在3ds Max中，所有二维型都提供了有关样条线的"渲染"和"生成方式"的选项，本节将对这些选项进行介绍。

1."渲染"卷展栏

通过"渲染"卷展栏可以启动或关闭二维型的

可渲染性，指定图形在渲染场景中的厚度，以及应用贴图坐标等。

01 在快速访问工具栏中单击 📂 "打开文件"按钮，打开本书附带光盘中的Chapter-05/"样条线.max"文件。选择场景中的样条线图形，并进入"修改"命令面板的"渲染"卷展栏，可观察到有关图形渲染的相关设置参数，如图5-68所示。

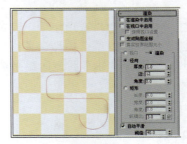

图5-68

02 启用"在渲染中启用"复选框，并对场景进行渲染，可以将图形渲染为3D网格，如图5-69所示。

03 启用"在视口中启用"复选框后，图形将根据设置在视口中显示为3D网格，如图5-70所示。

图5-69　　　　　图5-70

04 用户可以为图形的视口显示和渲染设置不同的参数，当启用"使用视口设置"复选框后，视图中将根据"视口"设置生成3D网格。选择"视口"选项，并参照如图5-71所示设置"径向"参数，观察图形在视口中的显示效果。

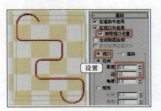

图5-71

05 禁用"使用视口设置"复选框，"渲染"选项会自动成为选中状态，将"径向"选项的"厚度"参数设置为4，增加环形横截面的直径。渲染场景的效果，如图5-72所示。

06 通过"边"选项可以设置环形横截面的边数，将该值设置为3，将组成一个三角形横截面，如图5-73所示。

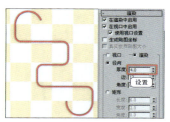

图5-72

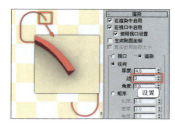

图5-73

07 通过"角度"参数可以设置环形横截面的旋转角度，如图5-74所示。

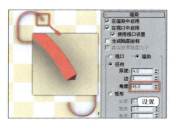

图5-74

08 选择"矩形"选项，样条线的横截面形状将成为矩形。通过其下侧的"长度"和"宽度"参数来设置矩形的长度和宽度，如图5-75所示。

图5-75

提示

当为图形添加厚度或长度后，生成3D网格的一部分会被场景中的墙体覆盖，所以需要手动对模型的位置进行调整，如图5-76所示。

图5-76

09 通过"角度"参数来对矩形截面的旋转角度进行设置，如图5-77所示。

图5-77

10 "纵横比"参数用于设置矩形横截面的纵横比例。单击激活该项右侧的🔒图标后，将锁定矩形横截面的纵横比例。

11 启用"自动平滑"复选框后，样条线将根据设置的"阈值"参数，并基于样条线分段之间的角度进行自动平滑处理。针对该练习，将"阈值"参数设置为大于90的数值，或禁用"自动平滑"复选框，将得到如图5-78所示的平滑效果。

图5-78

2."插值"卷展栏

通过"插值"卷展栏可以设置样条线的生成方式。

01 在快速访问工具栏中单击📂"打开文件"按钮，打开本书附带光盘中的Chapter-05/"台灯.max"文件，如图5-79所示。

图5-79

02 选中台灯支架对象，在"修改"命令面板的"插值"卷展栏中，通过"步数"参数可以设置样条曲线每个顶点之间的划分数量，步数越多，样条曲线就越平滑，如图5-80所示。

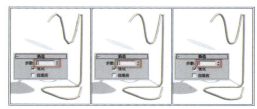

图5-80

03 启用"优化"复选框后，可以从样条线的直线线段中删除不需要的步数。禁用"优化"复选框，可显示出样条线的直线线段中的步数，如图5-81所示。

图5-81

04 启用"自适应"复选框，将对每个样条线上的线段步数进行设置，以生成平滑的曲线，如图5-82所示。

图5-82

5.2 编辑样条线

当用户在场景中创建了二维图形之后，不仅可以对该图形进行整体编辑，如移动、旋转或缩放，而且还可以进入到"线"对象或转换后的"可编辑样条线"对象的子对象层级，通过调整子对象来改变二维图形的形状。

5.2.1 转换样条线

在3ds Max中创建的"线"对象本身包含了子对象层级，如果创建的是规则二维图形，必须把它转换成"可编辑样条线"对象，才能够对其子对象进行编辑。

01 在视图中创建一个圆形，并在圆形上右击，在弹出的菜单中执行"转换为"→"转换为可编辑样条线"命令，如图5-83所示。

图5-83

02 将圆形转换为可编辑样条线对象后，圆形的所有创建数据将会丢失，可通过对象的子对象来改变对象的尺寸、形状等属性，如图5-84所示。

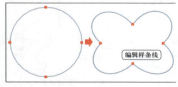

图5-84

03 除了通过右键快捷菜单可以转换可编辑样条线对象外，还可以通过在"修改"命令面板的堆栈栏中，右击堆叠显示的形状项，在弹出的菜单中选择"可编辑样条线"选项，即可将对象转换为可编辑样条线对象，如图5-85所示。

图5-85

04 用户还可以通过另外一种方式来创建可编辑样条线对象。进入"样条线"创建命令面板，在"对象类型"卷展栏中禁用"开始新图形"复选框，通过二维型创建命令在视图中创建两个或更多样条线的形状时，创建出的对象默认就是一个可编辑样条线对象，如图5-86所示。

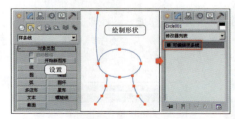

图5-86

05 下面来介绍最后一种创建可编辑样条线对象的方法。在视图中创建出标准二维形状后，在"修改"命令面板中为其应用"可编辑样条线"修改器，并塌陷堆栈，如图5-87所示。

图5-87

5.2.2 顶点

"顶点"子对象是二维型中最基本的子对象类型，通过调整顶点的位置或顶点控制柄的位置，可以影响到与顶点相连的任何线段的形状。在3ds Max中，顶点类型包括"角点"、"平滑"、"Bezier"和"Bezier角点"4种，如图5-88所示。

01 在快速访问工具栏中单击 📂 "打开文件"按钮，打开本书附带光盘中的Chapter-05/"楼梯.max"文件，如图5-89所示。

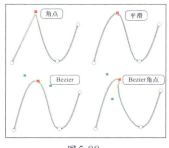

图5-88　　　　　图5-89

02 在视图中选择底部的三角形样条线，并进入"修改"命令面板，在修改器堆栈栏中展开Line选项，进入"顶点"子对象层级，或者在"选择"卷展栏中单击 ✛ "顶点"按钮，进入"顶点"子对象层级的编辑状态，如图5-90所示。

图5-90

03 在"几何体"卷展栏中提供了有关编辑样条线和其子对象的各种编辑命令，如图5-91所示。

04 在"新顶点类型"选项组中，可设置在按住Shift键复制线段或样条线时，创建新顶点的切线类型。单击"创建线"按钮，可直接在选择对象的子对象上创建封闭样条线，如图5-92所示。

图5-91

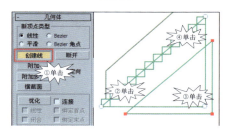

图5-92

05 单击"附加"按钮，在前视图中将指针移动到左下角矩形样条线上，当指针变成 🔧 时单击，如图5-93所示，可将矩形与当前图形焊接，使其成为原图形的附加型。

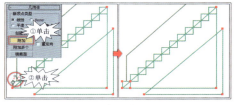

图5-93

06 单击"附加多个"按钮，打开"附加多个"对话框，在对话框中选择要附加到原对象的所有图形，单击"附加"按钮，将场景中的矩形样条线全部附加到原对象上，如图5-94所示。

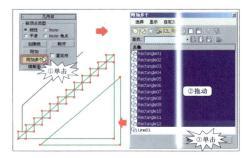

图5-94

07 选择图形右下角的一个顶点，单击"断开"按钮，可将样条线从该顶点处拆分，断开顶点位置将会出现两个叠加但不相连的顶点，移动顶点的位置，如图5-95所示。

图5-95

08 单击"优化"按钮，在线段的指定位置单击，可添加一个顶点，如图5-96所示。右击可结束"优化"命令。

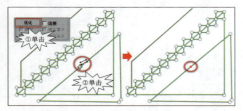

图5-96

09 在新添加的顶点上右击，在弹出的菜单中可更改选择顶点的类型，在此选择Bezier选项，参照如图5-97所示调整顶点。

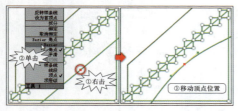

图5-97

10 在"端点自动焊接"选项组中，启用"自动焊接"复选框，通过下面的"阈值距离"参数可设置自动焊接的范围，在两个顶点的距离小于该值时，将自动焊接在一起，如图5-98所示。

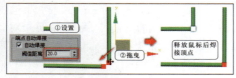

图5-98

11 单击"插入"按钮，在如图5-99所示的线段上单击可插入一个顶点，移动鼠标可调整插入顶点的位置。

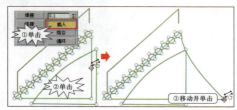

图5-99

12 依次移动并单击插入第2个顶点和第3个顶点，右击结束"插入"命令，如图5-100所示。

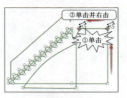

图5-100

13 通过"焊接"命令，可以将两个顶点或同一样条线上的两个相邻顶点转化为一个顶点，如图5-101所示。

图5-101

14 调整焊接顶点的位置，并选择图形底部多余的顶点，单击"删除"按钮，或者按下Delete键将其删除，如图5-102所示。

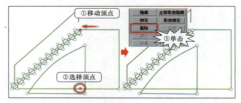

图5-102

15 在修改器堆栈中单击Line选项，退出子对象的编辑状态。在视图中选择Line02对象，进入"顶点"子对象编辑状态，通过"连接"命令对两个顶点进行连接，如图5-103所示。

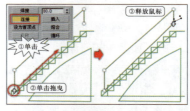

图5-103

16 图形左下角的顶点颜色显示为黄色，表明该顶点为首顶点（第1个顶点）。选择右上角的顶点，并单击"设为首顶点"按钮，可将当前选择的顶点设置为首顶点，如图5-104所示。

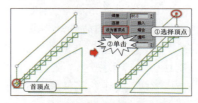

图5-104

17　通过"熔合"命令可以将选中的多个顶点移至它们的平均位置。选择顶部的两个顶点，单击"熔合"按钮，将选中的顶点位置移动到同一位置，如图5-105所示。

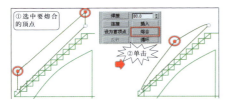

图5-105

18　按快捷键Ctrl+Z，撤销"熔合"命令。如果图形上的"顶点"子对象过多，有些重合的子对象不容易被选中，此时即可通过选择"顶点"子对象后，依次单击"循环"按钮，逐个来选择子对象，如图5-106所示。

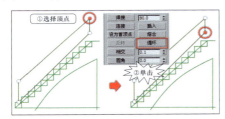

图5-106

19　通过执行"相交"命令，可以在属于同一个样条线对象的两个样条线相交处添加顶点。通过"圆角"命令可以为线段的拐角处添加圆角，并创建出新的顶点，如图5-107所示。

图5-107

> **提示**
> 如果对圆角半径要求不太精确，可通过单击激活"圆角"按钮，并在相应的顶点上单击拖曳，直观地应用圆角效果。

20　选中图形左上角的顶点，接着单击"切角"按钮将其激活，在选中的顶点上单击拖曳，为角部应用倒角，如图5-108所示。

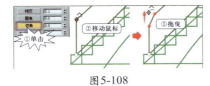

图5-108

> **提示**
> 通过"倒角"按钮右侧的"圆角量"微调器，可以精确地为选中的顶点应用倒角效果。

5.2.3 **线段**

　　两个顶点中间的部分就是"线段"子对象，可以对一条或多条"线段"子对象进行移动、缩放或旋转等操作。

01　接着上一节的操作，进入"线段"子对象层级。在视图中选择右侧的垂直样条线，通过"几何体"卷展栏中 "连接复制"选项组中的选项，可以设置在复制"线段"子对象时是否与原始线段连接，如图5-109所示。

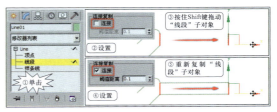

图5-109

02　在视图中选中如图5-110所示的样条线，单击"删除"按钮，可将选中的样条线删除。

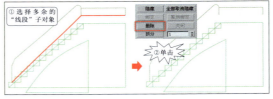

图5-110

03　选择图形中较长的倾斜线段，在"拆分"按钮右侧的参数栏中输入8，并单击"拆分"按钮，可在选中的线段上添加8个顶点，如图5-111所示。

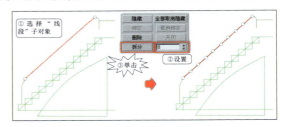

图5-111

04　通过同样操作方法，将水平线段拆分，如图5-112所示。

图5-112

05　选择"线段"子对象，单击"分离"按

钮，可打开"分离"对话框，单击"确定"按钮，可通过选中的所有子对象分离出一个新图形。调整新图形的位置，可看到分离图形后的效果，如图5-113所示。

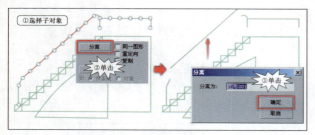

图5-113

06 用户若在"分离"之前，启用"分离"按钮右侧的"同一图形"复选框，分离后的线段仍属于原形状的一部分，而不是生成一个新形状，如图5-114所示。

07 在分离线段之前，如果选中"重定向"复选框，分离的线段将根据源对象的局部坐标系，重新定义新图形的位置和方向，如图5-115所示。

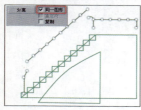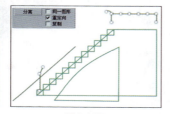

图5-114　　　　　　图5-115

08 启用"复制"复选框后，将对要分离的线段进行复制，而不是移动，如图5-116所示。

09 撤销"线段"子对象的分离操作，通过执行"创建线"命令，捕捉相应的顶点，向下延伸创建垂直线段，如图5-117所示。

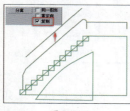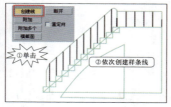

图5-116　　　　　　图5-117

> **提示**
> 在创建线段时，可结合按住Shift键，强制线段以水平或垂直状态创建。

10 最后退出子对象的编辑状态，完成栏杆的创建。

5.2.4　样条线

"样条线"子对象是由多个"线段"子对象组成的，它在二维型中是独立存在的。在"样条线"子对象层，可以对"样条线"子对象进行移动、缩放、旋转或复制操作，并使用针对于"样条线"子对象层的编辑命令。

01 本节将通过"样条线"子对象对楼梯图形进行编辑。选中Line01对象，进入该对象的"样条线"子对象编辑状态。在视图中选择楼梯主图形，如图5-118所示。

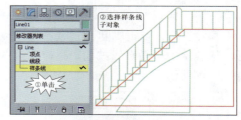

图5-118

02 在"几何体"卷展栏中确定"布尔"按钮右侧的 ⊕ "并集"按钮处于激活状态，单击"布尔"按钮，依次在矩形样条线上单击，将样条线合并，如图5-119所示。

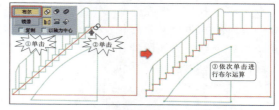

图5-119

> **注意**
> 进行"布尔"操作时，两个源样条曲线必须属于同一个二维型对象，源样条曲线必须是封闭的，且自身不能自交，两个源样条曲线必须相互重叠，不能分离或其中一个将另一个完全包围。

03 保持执行"并集"命令后的"样条线"为选中状态，单击激活"布尔"按钮右侧的 ⊕ "差集"按钮，接着拾取视图底部的样条线，如图5-120所示。

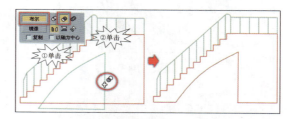

图5-120

通过"交集"命令，可以创建出两个样条线图形的交差部分，如图5-121所示。

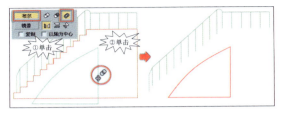

图5-121

04 对样条线进行"布尔"操作后，在"选择"卷展栏中启用"显示顶点编号"复选框，将显示图形上每一个顶点的编号，此时会发现有许多重合的顶点，如图5-122所示。

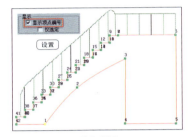

图5-122

05 可通过"顶点"层级下的"焊接"命令，将这些位置重合的顶点焊接成单独的顶点，如图5-123所示。

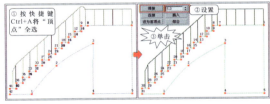

图5-123

06 进入"样条线"子对象层级，通过执行"反转"命令，可以反转样条线的方向，反转样条线方向的目的通常是为了反转在"顶点"层级使用"插入"工具的效果。单击"反转"按钮，可将当前选中样条线的方向反转，如图5-124所示。

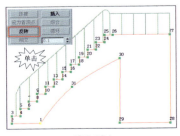

图5-124

07 将顶点编号隐藏，在"轮廓"按钮右侧的文本框中输入－20并按Enter键，可通过样条线偏移出一个轮廓图形，如图5-125所示。

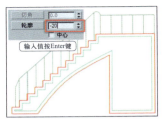

图5-125

08 "镜像"命令用来将选中样条线按照指定的方式进行翻转。选中执行"轮廓"命令后的两条样条线，保持默认的"水平镜像"按钮为激活状态，启用"复制"复选框，单击"镜像"按钮将选中的样条线水平镜像，然后调整镜像样条线的位置，如图5-126所示。

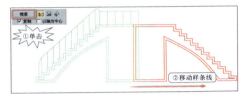

图5-126

还可以对样条线进行"垂直镜像"和"双向镜像"操作，操作方法与"水平镜像"的操作方法相同。

09 单击激活"修剪"按钮，依次在中间重叠的重直线段上单击，将其修剪，如图5-127所示。

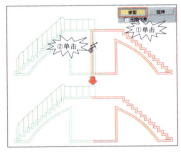

图5-127

10 通过"顶点"层级下的"焊接"命令，连接断开的4条样条线的端点，组成2条封闭样条线，如图5-128所示。

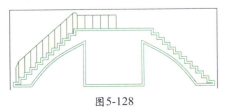

图5-128

11 通过执行"延伸"命令，可以将一条开口样条线的末端延长至另一条相交的样条线。退出子对象编辑状态，在视图中选择"栏杆"图形，进入"样条线"子对象层级，单击激活"延伸"按钮，参照如图5-129所示在样条线上单击，将其延长。

图5-129

12 启用"无限边界"复选框后，可以将样条线延伸至边界或修剪的参考边界视为无限长，即使没有交点也可以进行延伸或修剪。通过该功能，可以依次对前面直线进行延伸至如图5-130所示的状态。

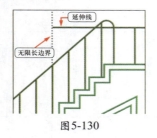

图5-130

13 撤销上一步"延伸"操作，按快捷键Ctrl+A，将样条线全选，然后在"镜像"按钮的下侧启用"复制"和"以轴为中心"复选框，单击"镜像"按钮，将选中的样条线以样条线的轴点为中心镜像复制。调整复制样条线的位置，并对多余的样条线进行修剪，效果如图5-131所示。

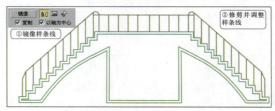

图5-131

14 最后为"楼梯"图形对象添加"挤出"修改器，并更改"栏杆"图形的渲染属性，复制出楼梯另外一侧的栏杆，最终效果如图5-132所示。

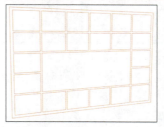

图5-132

5.3 针对二维型的编辑修改器

要想通过二维型创建出三维模型，可通过"编辑修改器"来实现，3ds Max 2012为用户提供了4种针对二维型建模的编辑修改器，包括"挤出"、"车削"、"倒角"和"倒角剖面"。

5.3.1 挤出

"挤出"编辑修改器是通过为二维图形增加厚度来创建三维模型的，可随意设置挤出的厚度值，以及挤出模型的分段数。

01 在快速访问工具栏中单击 📂 "打开文件"按钮，打开本书附带光盘中的Chapter-05/"挤出.max"文件，如图5-133所示。

02 在场景中选择Rectangle01对象，进入"修改"命令面板为其添加"挤出"编辑修改器，命令面板中将会出现"挤出"编辑修改器的设置参数，如图5-134所示。

图5-133

图5-134

03 将"数量"参数设置为10，增加挤出的深度，效果如图5-135所示。

图5-135

04 在场景中选择Rectangle02对象，并为其添加"挤出"编辑修改器，将挤出的"数量"值设置为350，效果如图5-136所示。

图5-136

05 "分段"参数可设置在挤出对象中创建线段的数目。设置"分段"值为3，将增加分段的数目，如图5-137所示。

图5-137

06 在"封口"选项组中，通过"封口始端"和"封口末端"复选框可以使挤出对象的始端和末端生成一个面。默认设置下，两个复选框为选中状态，禁用"封口末端"复选框后，会发现挤出对象的顶面已经消失，如图5-138所示。

图5-138

07 "变形"和"栅格"两个选项用来设置封口面的生成方式。在"输出"选项组中可设置挤出对象的输出类型。默认状态下，"网格"选项为选中状态，此时在命令面板中塌陷后的对象类型

为"网格"，也可以将挤出对象塌陷为"面片"或NURBS对象，如图5-139所示。

图5-139

5.3.2 车削

"车削"编辑修改器能够使二维图形沿指定的中心轴进行旋转，生成三维几何体。该修改器常用来制作轴对称的几何体，如玻璃杯、酒瓶、瓷碗等。

01 在快速访问工具栏中单击 📂 "打开文件"按钮，打开本书附带光盘中的Chapter-05/"车削.max"文件，该文档中包含了两个编辑好的样条线对象，如图5-140所示。

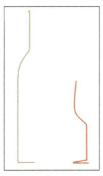

图5-140

02 在场景中选中"酒瓶"路径，在"修改"命令面板中为其添加"车削"编辑修改器，此时可以看到"车削"修改器的编辑参数，如图5-141所示。

图5-141

03 此时，在场景中的图形并没有旋转成一个酒瓶模型，这是由于旋转轴的位置不正确，在修改器堆栈中，展开"车削"编辑修改器，进入该修改器的"轴"子对象层级，在前视图中向右拖曳"轴"的位置，如图5-142所示。

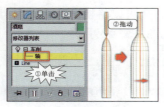

图5-142

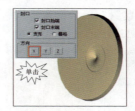

图5-146

04 在堆栈栏中单击"车削"选项退出子对象层级。通过设置"度数"参数可以确定对象绕轴旋转多少度，如图5-143所示。

图5-143

05 将"度数"设置为默认的360°，启用"焊接内核"复选框，可以将旋转轴中的顶点焊接来简化网格。当启用"翻转法线"复选框，将翻转旋转对象所有面的法线，如图5-144所示。

图5-144

06 禁用"翻转法线"复选框，通过"分段"参数可以设置车削曲面上的线段数目，"分段"数目越多，曲面就越平滑，如图5-145所示。

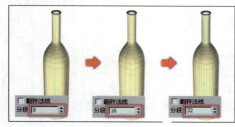

图5-145

07 当"车削"对象的度数小于360°时，通过"封口"选项组可以设置车削对象的内部是否创建封口。在"方向"选项组中可设置对象绕轴的旋转方向，单击X按钮后，将产生如图5-146所示的错误旋转效果。

08 单击Y按钮，对象回到调整旋转轴前的初始效果，可通过"对齐"选项组中的3个按钮来设置旋转轴与图形的对齐范围，如图5-147所示。

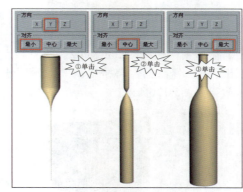

图5-147

09 "输出"选项组中的功能与"挤出"修改器中"输出"选项组中的功能相同，在此不再介绍。在场景中选择"酒杯"图形，并为其添加"车削"修改器，在"对齐"选项组中单击"最大"按钮，完成酒杯的创建，如图5-148所示。

图5-148

10 接下来灵活应用"车削"编辑修改器，制作出瓶塞、酒、标签对象，如图5-149所示。

11 最后为场景添加环境，并设置材质和灯光。最终场景的渲染效果如图5-150所示。

图5-149   图5-150

5.3.3 倒角

使用"倒角"编辑修改器，不仅可以对二维图形进行挤出操作，而且还可以为生成的三维形体的两个侧面边应用倒角效果。

01 在快速访问工具栏中单击 📂 "打开文件"按钮，打开本书附带光盘中的Chapter-05/"倒角.max"文件，如图5-151所示。

图5-151

02 在视图中选择编辑好的文字图形，进入"修改"命令面板，为图形添加"倒角"编辑修改器，面板中将出现有关"倒角"的设置参数，如图5-152所示。

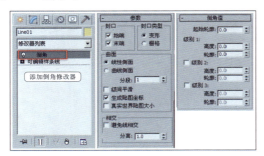

图5-152

03 首先，对"倒角值"卷展栏中的参数进行讲述。"起始轮廓"用来设置轮廓从原始图形的偏移距离，如图5-153所示。

图5-153

04 在"级别1"选项下，通过"高度"参数来设置级别1的高度，通过"轮廓"参数来设置级别1的轮廓到起始轮廓的偏移距离。将"高度"参数设置为3，效果如图5-154所示。

05 启用"级别2"复选框，将级别2的"高度"参数设置为2，"轮廓"参数设置为-3，该轮廓是指级别2的轮廓到级别1轮廓的偏移距离，如图5-155所示。

图5-154　　　　　　图5-155

06 启用"级别3"复选框，将该选项下的"高度"参数设置为1.5，"轮廓"参数设置为-6，效果如图5-156所示。

07 由于设置级别3的轮廓与级别2轮廓的偏移距离过大，轮廓出现相交现象，从而产生了错误的破面。在"参数"卷展栏中，启用"相交"选项组中的"避免线相交"复选框，将防止轮廓彼此相交，如图5-157所示。

图5-156　　　　　　图5-157

08 设置"分离"参数为1.5，增加边之间所保持的距离，如图5-158所示。

09 在"封口"和"封口类型"选项组中，可以设置倒角的始端和末端是否封口，以及所使用的封口类型。如图5-159所示为倒角末端未封口的状态。

图5-158　　　　　　图5-159

10 启用"末端"复选框，在"曲面"选项组中可以控制曲面侧面的曲率、平滑度和贴图。默认倒角侧面为"线性"，通过"分段"参数可设置侧面的分段数，如图5-160所示。

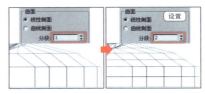

图5-160

11 选择"曲线侧面"选项，倒角的侧面将呈曲线显示状态，如图5-161所示。

12 启用"级间平滑"复选框，将平滑组应用到倒角对象的侧面，效果如图5-162所示。

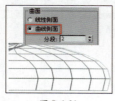

图5-161　　　　　图5-162

13 最后为倒角对象添加材质效果，完成本次练习，如图5-163所示。

图5-163

5.3.4　倒角剖面

使用"倒角剖面"修改器在对二维图形进行倒角时，还需要绘制出想要生成三维模型的剖面图形，通过"倒角剖面"修改器拾取该剖面图形，从而生成具有指定倒角形状的三维模型。

01 在快速访问工具栏中单击 📂 "打开文件"按钮，打开本书附带光盘中的Chapter-05/"倒角剖面.max"文件，如图5-164所示。

图5-164

02 在视图中选择"桌面轮廓"图形，并进入"修改"命令面板，为选中图形添加"倒角剖面"编辑修改器。如图5-165所示为"倒角剖面"修改器的设置参数。

图5-165

03 在"倒角剖面"选项组中单击"拾取剖面"按钮，并在视图中的"桌面剖面"图形上单击，创建出三维桌面模型，如图5-166所示。

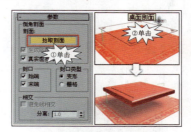

图5-166

> **注意**
>
> 通过"倒角剖面"修改器创建出三维模型后，原始的倒角剖面图形不能删除，如果将其删除，倒角剖面将失效。

04 在视图中选择"桌腿轮廓"对象，为其添加"倒角剖面"修改器，单击激活"倒角剖面"选项组中的"拾取剖面"按钮，并在视图中拾取"桌腿剖面"图形，创建出桌腿模型，如图5-167所示。

图5-167

05 进入"倒角剖面"修改器的"剖面Gizmo"子对象层级，并在"顶"视图中沿X轴水平向右移动Gizmo的位置，如图5-168所示。

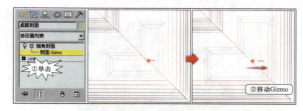

图5-168

06 最后对场景进行渲染，观察桌子模型的最终完成效果，如图5-169所示。

图5-169

5.4　实例操作——家具设计展示图

在前面几节中详细讲述了二维图形的创建和编辑，以及针对二维型建模的几种编辑修改器。本节将综合前面所学习的内容安排两组实例，使读者熟练掌握二维型建模方法在实际工作中的应用。

5.4.1　古典家具

本节将综合应用二维型建模知识，从而制作一个椅子模型，如图5-170所示。在实例制作过程中，灵活应用了二维型的各种编辑工具，以及针对二维型的编辑修改器，从而熟悉二维型建模在实际工作中的应用。

图5-170

1．制作椅面

01 启动3ds Max 2012，首先来创建椅子面模型。进入"创建"主命令面板下的"图形"次命令面板，并在"样条线"创建面板中单击"矩形"按钮，如图5-171所示。

02 激活顶视图，并在该视图中单击拖曳，创建出一个矩形图形，将其命名为"倒角轮廓"，接着在右侧的命令面板中对矩形的创建参数进行设置，如图5-172所示。

图5-171

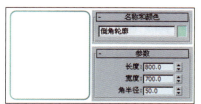

图5-172

03 在创建的矩形上右击，在弹出的菜单中选择"转换为"→"转换为可编辑样条线"选项，将当前选中矩形转换为可编辑样条线对象，此时系统会自动切换到"修改"命令面板。进入可编辑样条线对象的"顶点"子对象层级，如图5-173所示。

图5-173

> **提示**
>
> 按主键盘上的1键，可快速进入可编辑样条线对象的"顶点"子对象，再次按1键可退出子对象编辑状态。按2键可进入"线段"子对象层级，按3键可进入"样条线"子对象层级。

04 在"几何体"卷展栏中单击"优化"按钮，并依次在样条线的相应位置单击，添加控制顶点，如图5-174所示。

05 在当前视图中右击，结束"优化"命令。选中视图顶部样条线中间的顶点，并使用 ✛ "选择并移动"工具沿Y轴向上移动选中的顶点，如图5-175所示。

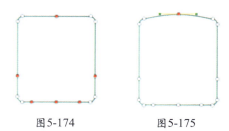

图5-174　　　　　　　图5-175

06 框选两条垂直线段中间的两个顶点，并选择 ⬚ "选择并均匀缩放"工具，接着在"使用中心"弹出按钮中选择 ⬚ "使用选择中心"按钮，如图5-176所示。

07 沿X轴水平向右拖曳，通过缩放调整子对象的位置，如图5-177所示。

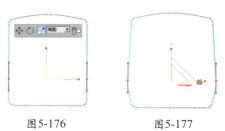

图5-176　　　　　　　图5-177

08 通过同样操作方法，再将图形左上角和右上角的顶点向内缩放，并调整其他相关顶点的位置，效果如图5-178所示。

09 选中视图最底部的中间顶点，并在该顶点上右击，在弹出的菜单中选择Bezier选项，将选择顶点转换为Bezier顶点。水平向左拖曳顶点左侧的控制手柄，如图5-179所示。

图5-178　　　　　　图5-179

10 按快捷键Ctrl+A全选"顶点"子对象，将这些子对象全部转换为Bezier顶点类型。退出子对象编辑状态，切换到前视图，通过"矩形"创建命令在该视图中创建出一个矩形，如图5-180所示。将创建的矩形命名为"倒角剖面"。

图5-180

11 将矩形转换为可编辑样条线对象，进入"顶点"子对象层级，选择矩形左侧的两个顶点，进入"修改"命令面板的"几何体"卷展栏，在"圆角"按钮的右侧文本框中输入4，按Enter键，应用圆角效果，如图5-181所示。

12 为矩形右侧的两个顶点添加10个单位的圆角效果，调整右上角两个角点的位置，以及角点所控制曲线的形态，如图5-182所示。

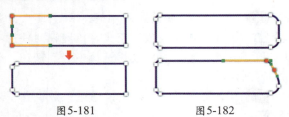

图5-181　　　　　　图5-182

13 退出子对象编辑状态，在视图中选择"倒角轮廓"图形，在"修改"命令面板的修改器列表中选择"倒角剖面"编辑修改器，在"参数"卷展栏的"倒角剖面"选项组中单击"拾取剖面"按钮，并在视图中的"倒角剖面"对象上单击，创建出倒角模型，如图5-183所示。

14 在视图中选择"倒角剖面"对象，进入该对象的"顶点"子对象层级，在前视图中选择图形

左下角的顶点，在"几何体"卷展栏中单击"设为首顶点"按钮，改变样条线的起始顶点，如图5-184所示。

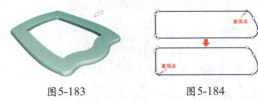

图5-183　　　　　　图5-184

15 改变起始顶点后，倒角对象的形态将会由先前的向内倒角变成向外倒角，如图5-185所示。

图5-185

16 在修改器堆栈中选择"可编辑样条线"选项，进入该对象的"样条线"子对象层级，在视图中选择惟一的"样条线"子对象，如图5-186所示。

17 在"几何体"卷展栏中启用"分离"按钮右侧的"复制"复选框，单击"分离"按钮，打开"分离"对话框，设置图形名称为"网面"，如图5-187所示。

图5-186　　　　　　图5-187

18 单击"确定"按钮关闭对话框，退出子对象编辑状态，选择"倒角剖面"编辑修改器选项，使模型以三维实体显示。在视图中选中分离出的"网面"对象，为其添加"挤出"编辑修改器，并调整挤出对象的位置，如图5-188所示。

图5-188

19 参照前面创建矩形，并塌陷矩形，对其形状进行编辑，在顶视图中创建出如图5-189所示的图形。

20 进入新图形的"样条线"子对象层级，并进入"几何体"卷展栏，在"轮廓"按钮右侧的文本框中输入20，按Enter键，为图形添加轮廓，如图5-190所示。

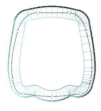

图5-189　　　　　　图5-190

21 退出子对象编辑状态，为图形添加"挤出"编辑修改器，设置挤出"数量"值为－150个单位，在"透视"视图中观察挤出模型的效果，如图5-191所示。

图5-191

2．制作椅子腿和靠背

01 进入"样条线"的创建命令面板，在"对象类型"卷展栏中单击"线"按钮，在前视图中创建样条线的大致轮廓，并灵活应用编辑样条线的方法对创建的样条线进行细化处理，效果如图5-192所示。

02 进入"修改"命令面板，为创建的样条线添加"车削"编辑修改器，对修改器的各项参数进行设置，并在"对齐"选项组中单击"最大"按钮，效果如图5-193所示。

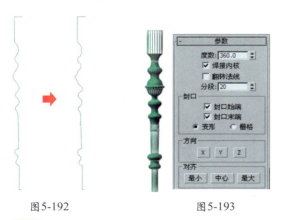

图5-192　　　　　　图5-193

03 调整模型的位置至椅子面的下方，如图5-194所示。

04 复制椅子前腿模型至椅子面的另一侧，完成椅子前腿的创建，如图5-195所示。

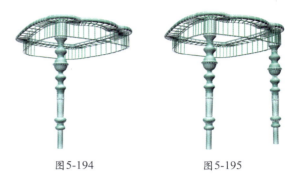

图5-194　　　　　　图5-195

05 下面来创建椅子后腿和靠背，椅子后腿和靠背边框是一个整体，将通过创建基本型、塌陷基本型，然后编辑基本型的方法来创建。激活前视图，并在"样条线"创建面板中单击"矩形"按钮，在当前视图中创建矩形，如图5-196所示。

图5-196

06 将创建的矩形塌陷为可编辑样条线对象，进入"线段"子对象层级，在前视图中选择底部的水平线段，按Delete键将其删除，如图5-197所示。

07 切换到"顶点"子对象层级，选中视图顶部的两个顶点，在"圆角"按钮右侧的文本框中输入80，并按Enter键，为其添加圆角效果。通过"优化"命令，在样条线上的相应位置添加顶点，如图5-198所示。

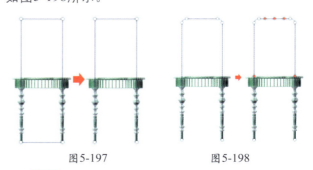

图5-197　　　　　　图5-198

08 使用"选择并移动"工具调整顶部新添加顶点的位置，如图5-199所示。

09 选择图形底部的两个端点，切换到左视图，沿X轴向左移动端点的位置，如图5-200所示。

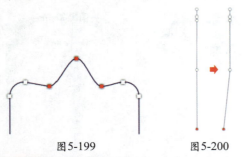

图5-199   图5-200

10 退出子对象编辑状态，使用 ⟳ "选择并旋转"工具调整图形的角度，如图5-201所示。

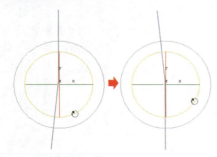

图5-201

11 在"修改"命令面板中展开"渲染"卷展栏，参照如图5-202所示进行设置，打开形状的渲染属性，使其在场景中显示。

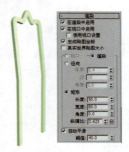

图5-202

12 调整对象在视图中的位置，使其与前面制作的椅子组件组合，效果如图5-203所示。

13 进入图形的"线段"子对象层级，在前视图中选择靠背部分的"线段"子对象，如图5-204所示。

图5-203   图5-204

14 在"几何体"卷展栏中，启用"分离"按钮右侧的"复制"复选框，单击"分离"按钮，在打开的"分离"对话框中设置分离图形的名称，如图5-205所示。

图5-205

15 单击"确定"按钮，将选中的"线段"子对象分离为一个新图形。退出子对象编辑状态后，选中分离的图形，关闭该图形的渲染属性，进入该对象的"顶点"子对象层级，单击"几何体"卷展栏中的"连接"按钮，对开放样条线进行连接，如图5-206所示。

16 为连接后的图形添加"挤出"编辑修改器，设置挤出"数量"值为20，完成椅子靠背的制作，如图5-207所示。

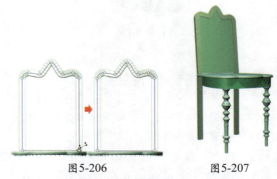

图5-206   图5-207

17 最后可以将制作好的椅子模型添加一个小场景中，观察最终完成效果，如图5-208所示。在本书附带光盘中的Chapter-05/"古典家具.max"文件中包含了场景中的所有模型，可打开进行查看。

图5-208

5.4.2 现代家具

由于现代家具体现出了简捷、大方的特点，所以现代家具的制作过程相对来说要比制作古典家具更容易一些。本节通过制作一组现代沙发模型，如

图5-209所示，对所学的二维型建模知识进行综合练习和巩固。

01 启动3ds Max 2012，进入"创建"主命令面板下的"图形"次命令面板，在"样条线"创建面板中单击"矩形"按钮，并在顶视图中创建一个矩形图形，如图5-210所示。

图5-209   图5-210

02 进入"修改"命令面板，为创建的矩形添加"倒角"编辑修改器，参照如图5-211所示设置倒角值，创建倒角模型。

图5-211

03 接下来再次在顶视图中创建一个矩形图形，并设置矩形的大小，如图5-212所示。

图5-212

04 切换到前视图，在"样条线"创建面板中单击"线"按钮，并在视图中创建一个开放样条线，作为剖面图形，如图5-213所示。

05 选择创建的矩形样条线，为其添加"倒角剖面"编辑修改器，在"参数"卷展栏中单击"拾取剖面"按钮，在视图中拾取创建的剖面图形，创建出三维模型，如图5-214所示。

图5-213   图5-214

06 进入"倒角剖面"修改器的"剖面Gizmo"子对象层级，在前视图中向左移动剖面Gizmo的位置，将模型缩小，如图5-215所示。

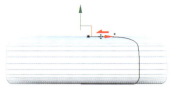

图5-215

07 退出子对象编辑状态，并调整该模型与前面制作倒角模型的位置，如图5-216所示。

图5-216

08 通过"矩形"创建命令，根据创建好的模型大小在前视图中创建矩形，如图5-217所示。

09 进入"修改"命令面板，为创建的矩形添加"编辑样条线"修改器，进入修改器的"顶点"子对象编辑状态，如图5-218所示。

图5-217   图5-218

10 在"几何体"卷展栏中单击"优化"按钮，并在矩形上侧水平线段的中间单击，添加顶点。使用"选择并移动"工具沿Y轴向上调整顶点的位置，如图5-219所示。

11 选中图形左上角和右上角的顶点，并通过调整顶点控制柄，改变相邻曲线的形态，如图5-220所示。

图5-219   图5-220

12 退出子对象编辑状态，为编辑好的图形添加"倒角"编辑修改器，如图5-221所示。

13 切换到左视图，通过"矩形"命令在视图中创建矩形，作为沙发的扶手轮廓，如图5-222所示。

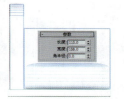

图 5-221   图 5-222

14 为矩形添加"编辑样条线"修改器，进入修改器的"顶点"子对象层级，选择矩形上侧的两个顶点，并在"几何体"卷展栏中的"圆角"按钮右侧的文本框中输入10，并按Enter键为顶点应用圆角，如图5-223所示。

15 通过调整顶点位置和编辑控制柄的方法，调整图形的形态，如图5-224所示。

图 5-223   图 5-224

16 为图形添加"倒角"编辑修改器，参照如图5-225所示设置"倒角"参数，创建出扶手模型，并调整模型的位置。

图 5-225

17 将扶手模型复制到沙发的另一侧，接下来创建沙发腿模型。通过"线"命令在前视图中创建样条线，并为其添加"车削"编辑修改器，制作出沙发腿模型，如图5-226所示。

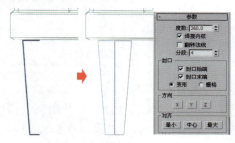

图 5-226

18 将沙发腿模型复制3个，并将其分别摆放到沙发底座的4个角，效果如图5-227所示。

图 5-227

19 单击 ⑤ "应用程序"按钮，在弹出的应用程序菜单中执行"导入"→"合并"命令，打开"合并文件"对话框，在对话框中选择本书附带光盘中的Chapter-05/"家具.max"文件，单击"打开"按钮，此时将弹出"合并－家具.max"对话框，如图5-228所示。

图 5-228

20 在对话框中单击"全部"按钮，并单击"确定"按钮，将文件中的模型合并到当前场景中。调整模型的位置，通过基础三维形体制作出墙壁和地面，完成实例的制作。如图5-229所示为添加材质和灯光效果后的场景。

图 5-229

21 如果制作过程中遇到什么问题，可打开本书附带光盘中的Chapter-05/"现代沙发.max"文件查看实例的源文件。

第6章
复合对象建模

6.1 创建复合对象

复合对象建模方法是一种比较特殊的建模方式，它是通过两种或两种以上的对象进行合并，从而组合成一个单独的参数化对象。在3ds Max 2012中包含了多种复合对象类型，本章将对常用的几种复合对象类型进行讲述。"放样"命令也是复合对象建模方法中的一种，由于"放样"命令中所包含的编辑方法较为复杂，而且该命令也是较为重要的一种建模方法，所以"放样"复合对象将在下一章中单独进行讲述。

复合对象不能直接在场景中创建，它是在现有对象的基础上来创建的，如果场景中没有符合某一复合对象创建条件的对象，则复合对象命令将不可用。下面通过一组操作来学习复合对象的创建方法。

01 在快速访问工具栏中单击 📂 "打开文件"按钮，打开本书附带光盘中的Chapter-06/"复合对象.max"文件，如图6-1所示。

图6-1

02 在视图中选中ChamferBox01对象，进入"创建"主命令面板下的"几何体"次命令面板，在该面板的下拉列表中选择"复合对象"选项，进入"复合对象"的创建面板，如图6-2所示。

03 在"对象类型"卷展栏中单击"布尔"按钮，在出现的"拾取布尔"卷展栏中单击"拾取操作对象B"按钮，接着在视图中的ChamferBox02对象

上单击，创建出"布尔"复合对象，如图6-3所示。

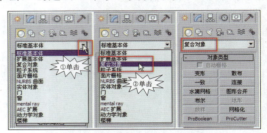

图6-2

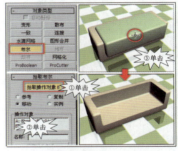

图6-3

04 其他复合对象的创建方法大同小异，场景中只要有符合条件的对象时，即可按要求进行创建了。

6.2 进行布尔运算

布尔运算是将两个对象进行并集、交集和差集等运算，使它们组合成一个整体。

01 在快速访问工具栏中单击 📂 "打开文件"按钮，打开本书附带光盘中的Chapter-06/"凳子.max"文件，如图6-4所示。

02 在场景中选中"凳子"对象，进入"复合对象"的创建命令面板，在"对象类型"卷展栏中单击"布尔"按钮，命令面板中将会出现有关布尔运算的设置参数，如图6-5所示。

图6-4

图6-5

03 在"拾取布尔"卷展栏中单击"拾取操作对象B"按钮，并在视图中的"凳子修剪"对象上单击，指定用于布尔操作的第2个对象。此时将从凳子对象中减去"凳子修剪"对象的体积，如图6-6所示。

图6-6

04 在"拾取布尔"卷展栏中提供了4个选项：参照、复制、移动和实例，它们用于指定将操作对象B转换为布尔对象的方式。在"参数"卷展栏中的"操作对象"选项组中显示了操作对象A和B的名称。在列表栏中选择"B:凳子修剪"选项，列表栏下面的几项成为可编辑状态，如图6-7所示。

图6-7

提示

该操作必须在"修改器"面板中进行。

05 通过"名称"右侧的文本框可以更改当前选择项的名称。单击"提取操作对象"按钮，可以通过操作对象B提取出一个新的实例对象，如图6-8所示。如果不想让提取的对象与操作对象B产生实例关系，可在按钮的下方选择"复制"选项。

图6-8

提示

为方便观察提取的操作对象，图示中已经调整了对象的位置。

06 选中提取的操作对象，按Delete键将其删除。选择布尔对象，在"参数"卷展栏中的"操作"选项组中，可以设置两个操作对象之间的相互运算方式。选择"并集"选项，创建的布尔对象将包含两个原始对象的体积，并将两个对象相交或重叠的部分移除，如图6-9所示。

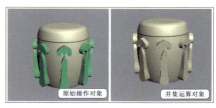

图6-9

07 选择"交集"选项，创建的布尔对象将只保留两个原始对象的重叠部分，如图6-10所示。

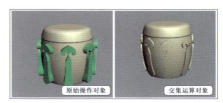

图6-10

08 默认状态下"差集（A-B）"选项为选中状态，表示从操作对象A中减去相交的操作对象B的体积。选择"差集（B-A）"选项，将从操作对象B中减去相交的操作对象A的体积，如图6-11所示。

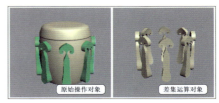

图6-11

09 选择"切割"选项，将通过"优化"的方式，使用操作对象B切割操作对象A，在操作对象B与操作对象A的相交之处，添加新的顶点和边到操作对象A上，如图6-12所示。

图6-12

10 在"切割"选项的右侧提供了 4 种切割类型：优化、分割、移除内部和移除外部。选择"优化"选项后，将沿着操作对象 B 剪切操作对象 A 的边界添加第二组顶点和边或两组顶点和边。"分割"选项可以将操作对象 A 分割为两个网格元素，如图 6-13 所示。

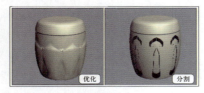

图6-13

> **提示**
>
> 分割后的布尔对象，只有在将其塌陷为网格对象后，并进入其"元素"子对象层级时，才能分别选择两个元素，观察分割后的效果。有关网格建模的知识，将在第 9 章中详细讲述。

11 "移除内部"和"移除外部"选项可以删除位于操作对象B内部或外部的操作对象A的所有面，如图6-14所示。

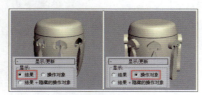

图6-14

12 选择"差集（A-B）"选项，在"显示/更新"卷展栏中可控制布尔操作对象的显示和更新。在"显示"选项组中，"结果"选项为默认的选中状态，表示始终显示布尔运算的结果。选择"操作对象"选项，将显示布尔操作的两个对象，而不是运算结果，如图6-15所示。

图6-15

13 选择"结果+隐藏的操作对象"选项，此时

隐藏的操作对象将显示为线框，如图6-16所示。

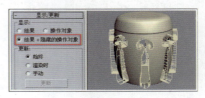

图6-16

14 默认情况下，在对操作对象进行更改时，布尔对象会自动更新。选择"渲染时"选项，在"参数"卷展栏中的操作对象列表中选择"B：凳子修剪"选项，接着在修改器堆栈栏的列表中可以看到布尔对象的操作子对象，如图6-17所示。

图6-17

15 在修改器堆栈栏中选择"可编辑多边形"选项，选择"元素"对象，使用"均匀缩放"工具对元素对角进行缩放操作，此时视图中的布尔对象并没有随着其操作对象的更改而变化，如图6-18所示。

图6-18

16 对场景进行渲染，可以观察到布尔对象由于更改了操作对象而发生的变化。在"显示/更新"卷展栏的"更新"选项组中，单击"更新"按钮，可更新视图中的布尔对象，如图6-19所示。

图6-19

6.3 适应对象外形

"一致"组合对象可以使一个对象的所有顶点投影到另外一个对象的表面，例如使道路适应崎岖不平的

地面、纺织品覆盖于其他物品。

01 在快速访问工具栏中单击📂"打开文件"按钮，打开本书附带光盘中的Chapter-06/"崎岖山路.max"文件，如图6-20所示。

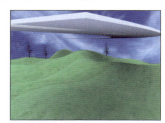

图6-20

02 下面需要通过"一致"组合对象将场景中的小路模型与崎岖的山地相匹配。在场景中选择"小路"模型，在"复合对象"的创建命令面板中单击"一致"按钮，此时将会出现有关"一致"复合对象的创建参数，如图6-21所示。

图6-21

03 在"拾取包裹到对象"卷展栏中单击"拾取包裹对象"按钮，在视图中拾取"山地"对象，使"山地"对象成为当前对象的包裹对象，在"对象"选项的右侧将显示包裹对象的名称，如图6-22所示。

图6-22

04 在"参数"卷展栏的"对象"选项组中可通过选择列表栏中的选项，以便在"修改"命令面板中的修改器堆栈栏中访问子对象，通过"包裹器名"和"包裹对象名"文本框，可以更改两个对象的名称，如图6-23所示。

图6-23

05 回到"一致"层级，在"顶点投影方向"选项组中可通过指定不同的方式来指定顶的投影方向。保持默认的"使用活动视口"选项的选中状态，激活顶视图，单击"重新计算投影"按钮，将重新计算当前活动视口的投射方向，如图6-24所示。

图6-24

06 在"包裹器参数"选项组中，"默认投影距离"参数用来设置包裹器对象中的顶点在未与包裹对象相交的情况下距离其原始位置的距离；"间隔距离"参数用来设置包裹器对象的顶点与包裹对象表面之间保持的距离，如图6-25所示。

图6-25

6.4　在网格对象表面嵌入图形

通过"图形合并"命令可以将一个或多个二维图形嵌入到网格对象的表面，还可以通过嵌入的图形将网格中的面修剪。

01 在快速访问工具栏中单击📂"打开文件"按钮，打开本书附带光盘中的Chapter-06/"香皂.max"文件，如图6-26所示。

图6-26

02 在场景中选择"香皂"对象，并进入"复合对象"的创建命令面板，在该面板中单击"图形合并"按钮，面板中将会出现有关"图形合并"复合对象的创建参数，如图6-27所示。

图6-27

03 在"拾取操作对象"卷展栏中单击"拾取图形"按钮，并在视图中的"文字标签"图形上单击，创建出"图形合并"复合对象，如图6-28所示。

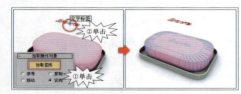

图6-28

> **注意**
> 所拾取的二维图形必须投影到所选对象的曲面上，才能够创建出"图形合并"对象。

04 在"参数"卷展栏中，通过"操作对象"选项组中的列表栏，可以选择"图形合并"的两个操作对象，并通过修改器堆栈栏来访问和修改源对象，如图6-29所示。

图6-29

05 单击"删除图形"按钮，可将"图形合并"对象中的投影图形删除，如图6-30所示。单击

"提取操作对象"按钮，可将选中的操作对象提取，生成一个实例化或单独的副本。

图6-30

06 撤销上一步操作，在"操作"选项组中选中"饼切"选项，将切去网格对象中图形内部的网格，如图6-31所示。

07 启用"反转"复选框，将反转"饼切"效果，如图6-32所示。

图6-31　　　　图6-32

08 选择默认的"合并"选项，图形与网格对象的曲面将会合并在一起。禁用"反转"复选框，为对象应用"编辑网格"修改器，并进入修改器的"多边形"子对象层级，如图6-33所示。

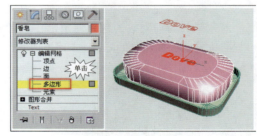

图6-33

09 进入"多边形"子对象层级后，网格对象上的曲嵌入图形内部的子对象将会自动选择，在"编辑几何体"卷展栏中的"挤出"按钮右侧的文本框中输入1，按Enter键，挤出所选子对象，效果如图6-34所示。

图6-34

6.5 分散对象

"散布"复合对象能够将选中对象分布于另一个目标对象的表面。在创建"散布"组合对象时，场景中必须有作为源对象的网格对象和用于分布的对象，而且需要注意这些对象不能是二维图形。

01 在快速访问工具栏中单击 📂 "打开文件"按钮，打开本书附带光盘中的Chapter-06/"室外.max"文件，如图6-35所示。

图6-35

02 在场景中选中"小草"对象，进入"复合对象"的创建命令面板，在该面板中单击"散布"按钮，命令面板中将会出现"散布"复合对象的创建参数，如图6-36所示。

图6-36

03 在"拾取分布对象"卷展栏中单击"拾取分布对象"按钮，并在视图中的"地面"对象上单击，定义分布对象，使"小草"附着到"地面"对象的表面，如图6-37所示。

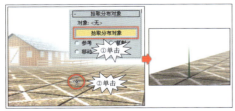

图6-37

04 在"散布对象"卷展栏中，通过"分布"

选项组可以设置分布源对象的基本方法。默认情况下，"使用分布对象"选项为选中状态，将根据分布对象的几何体来散布源对象。在"对象"选项组中可随时选择源对象或分布对象，对其进行编辑调整，如图6-38所示。

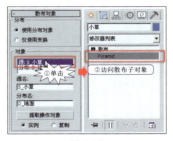

图6-38

05 在"源对象参数"选项组中，可对源对象的数量、大小等参数进行调整。设置"重复数"参数为5000，增加源对象的分布数量；设置"基础比例"参数为15%，更改"小草"源对象的初始大小，效果如图6-39所示。

图6-39

06 将"顶点混乱度"参数设置为0.2，对源对象的顶点应用随机扰动，使其产生不规则的变换效果；"动画偏移"参数用于指定每个源对象重复项的动画偏移前一个重复项的帧数，如图6-40所示。

图6-40

07 在"分布对象参数"选项组中，可设置源对象在分布对象上的分布方式。启用"垂直"复选框后，则每个重复对象垂直于分布对象中的关联面、顶点或边；禁用"垂直"复选框，重复项与源对象的方向保持一致，如图6-41所示。

图6-41

08 启用"仅使用选定面"复选框，将根据网格对象所选择的面来分布对象，如图6-42所示。

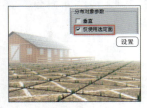

图6-42

09 在"分布方式"选项下提供了多种分布对象的方式。暂时禁用"仅使用选定面"复选框，选择"区域"选项，将在分布对象的整个表面区域上均匀地分布重复对象，如图6-43所示。

10 选择"偶校验"选项，将使用分布对象中的面数除以重复项数目，并在放置重复项时跳过分布对象中相邻的面数，该项为默认设置，在此就不再图示。

11 选择"跳过N个"选项，在放置重复对象时跳过N个面，面数由右侧的参数来指定，将值设置为1，分布结果如图6-44所示。

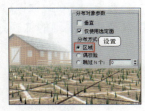

图6-43　　　　　图6-44

12 选择"随机面"选项，将在分布对象的表面随机地放置重复对象。选择"沿边"选项，沿着分布对象的边随机放置重复对象，如图6-45所示。

图6-45

13 选择"所有顶点"选项，在分布对象的每个顶点放置一个重复对象，此时将忽略"重复数"的值。选择"所有边的中点"选项，将在每一个分段边的中点放置一个重复对象，如图6-46所示。

图6-46

14 选择"所有面的中心"选项，在分布对象上每个三角形面的中心放置一个重复对象。选择"体积"选项，遍及分布对象的体积散布对象，如图6-47所示。

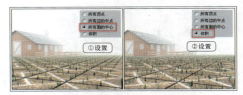

图6-47

15 启用"仅使用选定面"复选框，选择"随机面"选项。在"变换"卷展栏中可对每个重复对象应用随机变换偏移。"旋转"选项组用来指定重复对象的随机旋转偏移，参照如图6-48所示设置旋转参数，为重复对象应用旋转效果。

图6-48

16 启用"使用最大范围"复选框后，强制3个参数匹配最大的值，如图6-49所示。

图6-49

17 在"变换"卷展栏中，还包含了其他几个选项组，它们的作用都是用来变换分布对象的，如平移、缩放等。在此就不再逐一进行介绍。

6.6 对象连接

　　"连接"复合对象可以通过对象表面的"洞"，连接两个或多个对象。在进行连接时，要确定"洞"与"洞"的位置，以保证连接正确。

　　01 在快速访问工具栏中单击 📂 "打开文件"按钮，打开本书附带光盘中的Chapter-06/ "连接.max"文件，如图6-50所示。

图6-50

　　02 在场景中选择"桶1"对象，并进入"复合对象"的创建命令面板，在该面板中单击"连接"按钮，命令面板中将会出现"连接"复合对象的创建参数，如图6-51所示。

图6-51

　　03 在"拾取操作对象"卷展栏中单击"拾取操作对象"按钮，并在视图中的"桶2"对象上单击，两个桶对象将通过各自的开口向外延伸进行连接，如图6-52所示。

图6-52

　　04 在"参数"卷展栏中的"操作对象"选项组中，可以分别访问连接的两个操作对象，并对其进行删除和提取操作。也可以通过修改器堆栈栏访问原始对象，对其进行修改，如图6-53所示。

图6-53

　　05 在"插值"选项组中，通过"分段"参数可以设置连接桥中的分段数目。设置"分段"数为5，如图6-54所示。

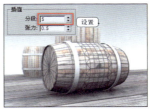

图6-54

　　06 通过"张力"参数可以控制连接桥的曲率，值越高，匹配连接桥两端的表面法线的曲线越平滑，如图6-55所示。

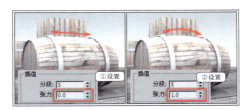

图6-55

　　07 在"平滑"选项组中启用"桥"复选框，将在连接桥的面之间应用平滑，如图6-56所示。

图6-56

　　08 启用"末端"复选框后，将在桥连接面的两端与原始对象之间应用平滑。由于效果不太明显，所以在此不再图示。

6.7　ProBoolern复合对象

ProBoolern复合对象与布尔操作很相似，但是其功能比传统的布尔操作更为强大，该复合对象能够一次执行多组布尔运算，完成多个对象的组合，ProBoolern复合对象还可以自动将布尔结果细分为四边形面，有助于实现更为完美的平滑效果。

以下将通过一个实例练习使读者了解ProBoolern复合对象的具体操作方法。

01　将本书附带光盘中的Chapter-06/"项链源文件.max"文件打开，该文件为一个项链坠的各个组件，如图6-57所示。在本实例中，需要将这些部件组合起来。

图6-57

02　在场景中选择"外圈"对象，进入 ☀ "创建"面板下的 ⚪ "几何体"次面板，在该面板下的下拉列表内选择"复合对象"选项。在"对象类型"卷展栏单击ProBoolean按钮，此时在该命令面板中会出现ProBoolean创建参数，如图6-58所示。

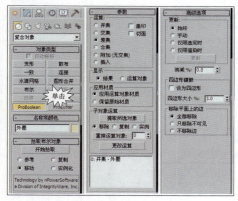

图6-58

03　在"参数"卷展栏内的"运算"选项组内选择"并集"单选按钮，并在"拾取布尔对象"卷展栏内单击激活"开始拾取"按钮，在视图中单击"内饰"对象，将两个对象合并，如图6-59所示。

04　在"参数"卷展栏内的"运算"选项组内选择"差集"单选按钮，在视图中单击"鹰眼"对象，将项链坠剪切。如图6-60所示。

图6-59

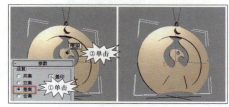

图6-60

05　在视图中单击"孔"对象，在项链坠剪切出孔洞，如图6-61所示。

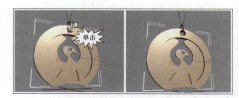

图6-61

06　当前项链坠边缘没有平滑效果，显得很不真实，接下来需要设置其平滑效果。进入"修改"面板，为"外圈"对象添加一个"网格平滑"修改器，由于未设置细分，所以平滑效果很不理想，如图6-62所示。

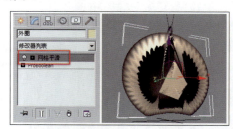

图6-62

07　在堆栈栏选择ProBoolean选项，显示ProBoolean编辑参数，在"高级选项"卷展栏内选择"设为四边形"复选框，在"四边形大小％"文本框内输入1，此时平滑效果产生了变化，如图6-63所示。

图6-63

提示

启用"设为四边形"复选框后，会将布尔对象的镶嵌从三角形改为四边形，使其产生更准确的平滑效果，"四边形大小％"参数用于确定四边形的大小作为总体布尔对象长度的百分比，该参数值越大，平滑实现的圆角边越大，生成的面越少；该参数值越小，平滑实现的圆角边越小，生成的面越多。

08 在"四边形大小"文本框内输入4，观察对象产生的变化。现在本实例就完成了，可打开本书附带光盘中的Chapter-06/"项链.max"文件进行查看，如图6-64所示。

图6-64

6.8　ProCutter复合对象

ProCutter复合对象能够执行特殊的布尔运算，主要目的是分裂或细分体积。该复合对象尤其适合于将一个完整的对象分解为几部分，例如拼图的设置、对象碎片的拆分等，在本实例中，将通过一个实例讲解ProCutter复合对象的具体操作方法。

01 将本书附带光盘中的Chapter-06/"拼图.max"文件打开，该文件包括一块拼图和5个切割器，如图6-65所示。本实例中需要使用切割器将拼图板分解为几部分。

图6-65

02 在创建ProCutter复合对象时，需要先选择切割器对象。选择"切割器01"对象，进入 "创建"面板下的 "几何体"次面板，在该面板下的下拉列表内选择"复合对象"选项。在"对象类型"卷展栏单击ProCutter按钮，此时在"复合对象"命令面板中会出现ProCutter创建参数，如图6-66所示。

03 在"切割器拾取参数"卷展栏内单击"拾取原料对象"按钮，并在场景中单击"拼图"对象，将该对象定义为原料对象，如图6-67所示。

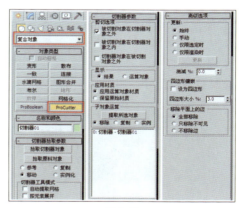

图6-66

图6-67

04 在"切割器拾取参数"卷展览内单击"拾取切割器对象"按钮，在场景中依次单击"切割器01"、"切割器02"、"切割器03"、"切割器04"和"切割器05"对象，将这些对象定义为切割器对象，如图6-68所示。

05 当前"拼图"对象只保留了未被切割的部分，接下来需要设置其保留所有的部分，进入"切割器参数"卷展栏，在默认状态下"被切割对象在切割器对象之外"复选框被选中，选中该复选框后，运算结果包含所有切割器外部的原料部分，如图6-69所示。

图6-68　　　　　　　图6-69

06 取消"被切割对象在切割器对象之外"复选框的选中状态，选择"被切割对象在切割器对象之内"复选框，选择该复选框后，运算结果包含一个或多个切割器内的原料部分，如图6-70所示。

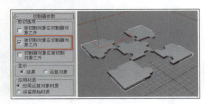

图6-70

07 取消"切割对象在切割器对象之内"复选框的选中状态，选择"切割器对象在被切割对象之外"复选框，选择该复选框后，运算结果包含不在原料内部的切割器部分，如图6-71所示。

图6-71

08 取消"切割器对象在被切割对象之外"复选框的选中状态，选择"被切割对象在切割器对象之外"和"被切割对象在切割器对象之内"复选框，保留拼图板和被分解的拼图，如图6-72所示。

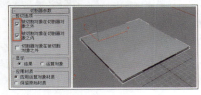

图6-72

09 在"高级选项"卷展栏内选择"设为四边形"复选框，将布尔对象的镶嵌从三角形改为四边形，在"四边形大小％"文本框内输入1，如图6-73所示。

10 进入"修改器"面板，为"切割器01"对象添加一个"网格平滑"修改器，使其产生平滑效果。如图6-74所示。

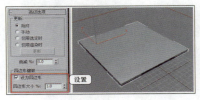

图6-73

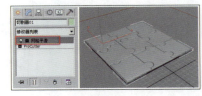

图6-74

11 进入"修改"命令面板，为"切割器01"对象添加一个"编辑网格"修改器，将其设置为网格对象，如图6-75所示。

图6-75

12 在"编辑几何体"卷栅栏内的"炸开"文本框内输入180，单击"炸开"按钮，打开"炸开"对话框，单击确定钮关闭对话框，将对象炸开，如图6-76所示。

图6-76

13 对各个碎片执行移动、转转操作，并为其添加贴图效果，完成场景的制作，读者可打开本书附带光盘中的Chapter-06/"拼图完成.max"文件进行查看，如图6-77所示。

图6-77

6.9　实例操作——洗漱台设计展示图

　　该模型的制作比较简单，主要对基础形体应用布尔运算，并在顶、底视图创建圆，进行图形合并，制作出洗盆孔洞，最后将使用连接功能将管道和洗盆连接在一起，如图6-78所示。

图6-78

01　启动3ds Max 2012，在"创建"主命令面板下的"几何体"次命令面板中单击"切角长方体"命令按钮，并在顶视图中创建切角长方体对象，在"参数"卷展栏中设置切角长方体的大小，如图6-79所示。

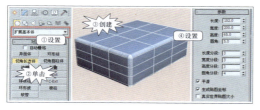

图6-79

02　参照上面创建的方法，在切角长方体上面创建一个球体对象，如图6-80所示。

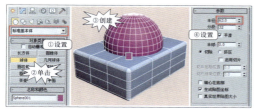

图6-80

03　保持球体对象的选中状态，使用"选择并均匀缩放"工具，在"顶"视图中对球体对象进行缩放操作，如图6-81所示。

图6-81

04　使用"选择对象"工具，选中切角长方体对象，在"创建"主命令面板中"几何体"次命令面板的下拉列表中选择"复合对象"选项。

05　单击"布尔"按钮，在"拾取布尔"卷展栏中单击"拾取操作对象B"按钮，并在视图拾取球体对象，如图6-82所示。

图6-82

06　进行布尔运算之后的对象效果如图6-83所示，制作出面盆形体。

图6-83

07　进入"创建"主命令面板下的"图形"次命令面板，在该面板中单击"圆"命令按钮，并在顶视图中创建一个圆形对象，在"参数"卷展栏中设置圆形的"半径"参数，如图6-84所示。

图6-84

08　使用"选择对象"工具，选择上面制作的面盆形体对象，进入"创建"主命令面板下的"几何体"次命令面板。

09　单击"图形合并"按钮，在"拾取操作对象"卷展栏中单击"拾取图形"按钮和主工具栏中的"按名称选择"按钮，在弹出的"拾取对象"窗口中选择Circle001对象，单击"拾取"按钮，关闭对话框，拾取图形，如图6-85所示。

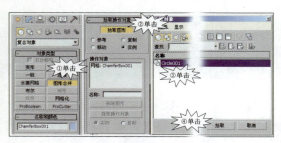

图6-85

10 在"操作"选项组中勾选"饼切"单选按钮，此时可以看到脸盆形体底部被挖出一个洞，如图6-86所示。

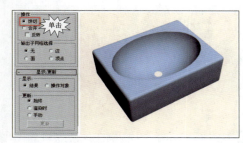

图6-86

11 在顶视图中切换到底视图，参照以上创建圆形的方法，在相同位置创建一个相同大小的圆形，如图6-87所示。

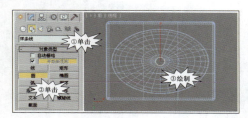

图6-87

12 选中脸盆型体对象，进入"修改"命令面板，将"图形合并"选项展开，进入"操作对象"编辑层级。在"拾取操作对象"卷展栏中单击"拾取图形"按钮。

13 单击主工具栏中的"按名称选择"按钮，在弹出的"拾取对象"对话框中选择Circle02对象，单击"拾取"按钮，关闭对话框，拾取图形，如图6-88所示。

图6-88

14 接下来制作脸盆下面的管道。首先在"创建"主命令面板下的"图形"次命令面板中单击"线"按钮，在左视图中创建Line01对象，如图6-89所示。

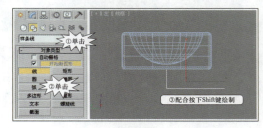

图6-89

15 保持线条的选中状态，进入"修改"命令面板，为其添加"倒角剖面"编辑修改器，在展开的"参数"卷展栏中单击"拾取剖面"按钮，并在底视图中拾取Circle001对象。完毕后对管道对象的位置进行调整，如图6-90所示。

图6-90

16 保持管道对象的选中状态，进入"复合对象"的创建命令面板，在"对象类型"卷展栏中单击"连接"按钮，接着在"拾取操作对象"卷展栏中单击"拾取操作对象"按钮，在视图中的脸盆型体对象上单击，如图6-91所示，将管道和脸盆连接为一个整体。

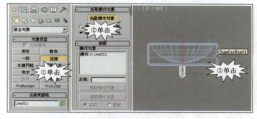

图6-91

17 至此脸盆模型就制作完成了，最后可以将制作好的脸盆模型添加到一个小场景中，观察最终完成效果，如图6-92所示。在本书附带光盘中的Chapter-06/"洗盆完成.max"文件中包含了场景中的所有模型，可以打开进行查看。

图6-92

第7章
建立放样对象

放样对象属于复合对象的一种，但相对于其他复合对象，放样建模更为灵活，具有更复杂的创建参数，能够创建更为复杂精致的模型。同时放样对象还拥有针对自身材质和形体的编辑工具，使用户拥有更为广阔的创作空间。本章将详细讲述放样建模的方法。

7.1　理解放样

放样对象是通过一条路径和一个或多个截面型来创建三维形体。在3ds Max中放样对象至少需要两个二维型组成，其中一个型用来做放样的"路径"，主要用于定义放样的中心和高度。路径本身可以为开放的样条曲线，也可以是封闭的样条曲线，但必须是惟一的曲线，并且不能有交点；另一个型则用做放样的截面，称为"型"或"交叉断面"。在路径上可以放置多个不同形态的截面型，

以创建更为复杂的形体。如图7-1所示为通过放样建模方法创建的三维模型。

图7-1

7.2　创建放样对象

当场景中创建有一个或多个二维图形时，进入"复合对象"的创建命令面板，在"对象类型"卷展栏中单击"放样"按钮，将会显示出有关放样的编辑参数，如图7-2所示。通过单击"创建方法"卷展栏中的"获取路径"或"获取图形"按钮，在视图获取路径或截面，创建出放样模型。

图7-2

接下来通过具体的实例练习来学习创建放样对象的方法。

01 在快速访问工具栏中单击 📂 "打开文件"按钮，打开本书附带光盘中的Chapter-07/"瓷壶.max"文件，该场景中已经包含了所要使用的二维图形，如图7-3所示。

02 在场景中选中Circle01对象，进入"创建"主命令面板下的"复合对象"创建面板，在"对象类型"卷展栏中单击"放样"按钮，如图7-4所示。

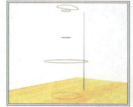

图7-3　　　　　　　　图7-4

03 在出现的"创建方法"卷展栏中单击"获取路径"按钮，并在视图中的Line01对象上单击，将其拾取，创建出一个放样对象，如图7-5所示。

图7-5

04 在"路径参数"卷展栏中，将"路径"参数设置为38，更改路径的级别，如图7-6所示。

05 在"创建方法"卷展栏中单击"获取图形"按钮，并在视图中的Circle02对象上单击，拾取

第2个放样截面，效果如图7-7所示。

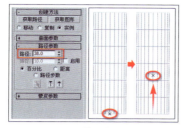

图7-6

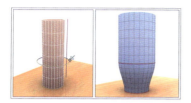

图7-7

06 在"路径参数"卷展栏中将"路径"参数设置为65，接着在视图中拾取Circle03对象，拾取第3个截面型，如图7-8所示。

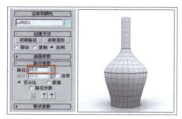

图7-8

07 依次设置"路径参数"卷展栏中的"路径"参数为95和100，并分别在视图中拾取Circle04和Ellipse01对象，指定放样对象的第4个和第5个截面型，效果如图7-9所示。

图7-9

08 在"路径参数"卷展栏中启用"捕捉"选项右侧的"启用"复选框，"捕捉"选项将成为可编辑状态，该参数可用于设置沿着路径图形之间的恒定距离。"捕捉"值默认为10，此时"路径"参数只能以10个单位的间隔距离进行设置，例如0、10、20、30、…

> **注意**
> "捕捉"值依赖于所选择的测量方法，更改测量方法将导致路径值的改变。

09 "路径参数"卷展栏下侧的3个选项用于设置路径的测量方法。"百分比"选项是按照整个路径总长度的百分比来测量路径的；"距离"选项是根据路径第一个顶点的绝对距离来测量路径的。选择"距离"选项，"路径"参数值将变成距离值，如图7-10所示。

10 选择"路径步数"选项，由于放样对象已经包含了多个图形，而且路径步数是有限制的，并且在一个步长或顶点上只能有一个图形，所以会弹出的一个警告对话框，如图7-11所示，告知该操作可能会重新定位图形。

图7-10　　　　　　　　　　图7-11

11 单击"是"按钮将重新定位截面图形，图形将置于路径步数和顶点上，而不是作为沿着路径的一个百分比或距离，如图7-12所示。

图7-12

12 单击 "拾取图形"按钮，移动光标至视图中的一个截面图形上单击，可将指定的图形设置为当前级别，如图7-13所示。

图7-13

13 单击 "上一个图形"或 "下一个图形"按钮，可将当前路径级别切换到上一个图形或下一个图形。

7.3 控制放样对象表面

在放样对象的编辑命令面板中，通过"蒙皮参数"卷展栏的设置选项，不仅可以控制放样对象表面的网格密度和渲染方式，还可以控制放样对象的显示。

01 将本书附带光盘中的Chapter-07/"躺椅.max"文件打开。选择场景中的放样对象，并在"修改"命令面板中，展开"蒙皮参数"卷展栏，如图7-14所示。通过该卷展栏中的参数来控制放样对象的网格数和表面属性。

图7-14

02 在"封口"选项组中，"封口始端"和"封口末端"复选框默认为启用状态，表示对路径第一个和最后一个顶点处的放样端进行封口。禁用"封口始端"复选框，第一个顶点处的放样端将呈开口状态，如图7-15所示。

图7-15

03 启用"封口始端"复选框，在"选项"组中，通过调整"图形步数"参数，可以设置横截面图形每个顶点之间的步数。将该值分别设置为1和6，观察对象的平滑效果，如图7-16所示。

图7-16

04 通过调整"路径步数"参数可以设置路径每个主分段之间的步数。将该参数分别设置为0和4，其效果如图7-17所示。

图7-17

05 启用"优化图形"复选框，将对横截面图形上的直线分段进行优化，如图7-18所示。启用"优化路径"复选框可以对放样路径上的直线分段进行优化，该复选框只有在"路径步数"模式下才可用。

图7-18

06 禁用"优化图形"复选框。"自适应路径步数"复选框默认为启用状态，表示对放样进行分析，并调整路径分段的数目，以生成最佳蒙皮；禁用"自适应路径步数"复选框，则主分段将只出现在路径的顶点处，如图7-19所示。

图7-19

07 启用"自适应路径步数"复选框时，启用"轮廓"复选框可使每个图形遵循路径的曲率；禁用"轮廓"复选框后，图形保持平行，它与放置在第一个顶点处的图形方向保持一致，如图7-20所示。

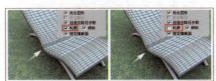

图7-20

08 启用"倾斜"复选框，只要路径弯曲并改变其局部Z轴的高度，图形便能围绕路径旋转。该选项只对3D路径有效。启用"恒定横截面"复选框后，将在路径中的角处缩放横截面，以保持路径宽度一致；如果将其禁用，则横截面保持其原来的局部尺寸，从而在路径角处产生收缩。

09 启用"线性插值"复选框，将使每个图形之间的放样蒙皮呈直边显示；禁用该复选框后，每个图形之间的放样蒙皮将呈平滑曲线显示，如图7-21所示。

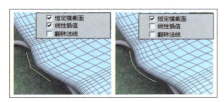

图7-21

10 启用"翻转法线"复选框，整个放样对象的面法线翻转180°。如果面的法线向外，将其翻转后，面将显示为黑色或不可见，如图7-22所示。也可通过"翻转法线"复选框来修正内部外翻的对象。

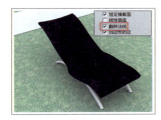

图7-22

11 禁用"翻转法线"复选框，通过"四边形的边"复选框，可设置放样对象的表面是由四边形面组成，还是由三角形面组成。如图7-23所示为启用和禁用"四边形的边"复选框时的效果。

12 在"显示"选项组中可控制蒙皮在视图中的显示情况。启用"蒙皮"复选框后，可在任意视图中显示放样蒙皮；禁用"蒙皮"复选框后，在视图中只显示放样子对象，如图7-24所示。

图7-23

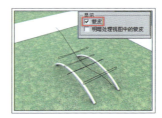

图7-24

13 启用"着色视图中的蒙皮"复选框，即使"蒙皮"复选框被禁用也会在着色视图中显示放样蒙皮。

14 展开"曲面参数"卷展栏，通过"平滑"选项组中的"平滑长度"和"平滑宽度"复选框，可以沿着路径的长度和围绕横截面图形的周界提供平滑曲面。禁用"平滑长度"复选框，沿着路径长度方向上的平滑曲面将成为线性曲面，如图7-25所示。

15 禁用"平滑宽度"复选框，此时横截面图形的周界将产生棱角鲜明的线性曲面，如图7-26所示。

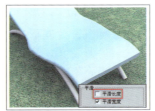　　

图7-25　　　　　　　图7-26

7.4　调整放样对象的外形

放样对象包含了"路径"和"图形"两种子对象，在"修改"命令面板中，可以进入这两种子对象层级，并对其进行编辑。本节将通过具体实例操作，学习放样子对象的编辑方法。

01 打开本书附带光盘中的Chapter-07/"沙发.max"文件，如图7-27所示。

02 在视图中选择组成沙发的放样对象，进入"修改"命令面板，在修改器堆栈栏中单击Loft选项

前的 + 图标，将其展开后，可看到放样对象的两个子对象层级，如图7-28所示。

图7-27

图7-28

03 选择"图形"选项，进入"图形"子对象层级。在视图中的"图形"子对象上单击将其选中，子对象将呈红色显示，如图7-29所示。

图7-29

04 选择"图形"子对象后，"图形命令"卷展栏中的参数全部成为可编辑状态，如图7-30所示。

图7-30

05 通过"路径级别"参数可以设置图形在路径上的位置。所选图形的"路径级别"为0，表示该图形位于路径的起始顶点处。设置"路径级别"值为3.5，效果如图7-31所示。

图7-31

06 在"对齐"选项组中，可通过提供的6个按钮使选定图形与路径对齐。单击"居中"按钮，将基于图形的边界框，使图形在路径上居中，如图7-32所示。

图7-32

07 单击"左"按钮，将图形的左边缘与路径对齐；单击"右"按钮，可将图形的右边缘与路径对齐，如图7-33所示。

图7-33

08 单击"居中"按钮，将图形与路径居中对齐；单击"顶"按钮，可将图形的下边缘与路径对齐；单击"底"按钮，可将图形的上边缘与路径对齐，如图7-34所示。

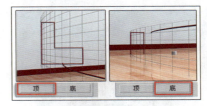

图7-34

09 单击"默认"按钮，将图形返回到初次创建放样对象时所放置在路径上的位置。在"输出"选项组中单击"输出"按钮，可打开"输出到场景"对话框，如图7-35所示。

图7-35

10 单击"确定"按钮，可将选定的图形作为独立的对象输出到场景中。在修改器堆栈栏中选择Line选项，并进入图形的"顶点"子对象层级，如图7-36所示。

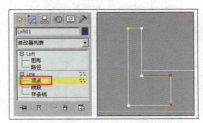

图7-36

11 在左视图中选择3个"顶点"子对象，进入命令面板中的"几何体"卷展栏，在"圆角"按钮右侧的文本框中输入4.5，按Enter键应用圆角效果，如图7-37所示。

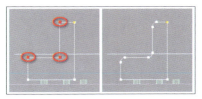

图7-37

12 更改图形的形状后，将直接影响到放样对象的形态，如图7-38所示。

图7-38

13 回到放样对象的"图形"子对象层级，按下Shift键的同时在视图中沿选定图形的局部Z轴负方向拖曳，将其拖曳至路径的3.5级别位置，释放鼠标后弹出"复制图形"对话框，如图7-39所示。

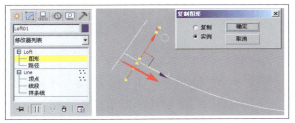

图7-39

14 在对话框中选择"复制"选项，单击"确定"按钮复制选定的图形，再次复制一个图形，并在"图形命令"卷展栏中将第2次复制图形的"路径级别"设置为2.5，如图7-40所示。

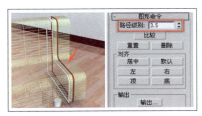

图7-40

提示

当复制出"图形"子对象后，"图形命令"卷展栏中的"路径级别"参数可能会处于禁用状态，用户只要重新选择复制的图形，或者重新进入"图形"子对象层次，"路径级别"参数就会成为可编辑状态。

15 进入复制图形的"顶点"子对象层级，参照前面编辑二维型的方法，在左视图中对该图形的形状进行编辑，制作出扶手，如图7-41所示。

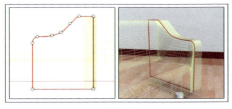

图7-41

注意

在编辑样条线时，要注意保持样条线上的顶点数目不变，否则将会出现破面的现象。

16 退出"顶点"子对象编辑状态，回到放样对象的"图形"子对象层级，分别对两个"图形"子对象进行复制操作，将位于2.5路径级别的图形复制到97.5路径级别处，将位于3.5路径级别的图形复制到96.5路径级别处，制作出沙发另一侧的扶手，如图7-42所示。

17 选择路径级别为3.5的图形，将图形复制两次，分配到路径的3.55和3.6级别处，选择3.55级别处的图形，进入该图形"顶点"子对象层级，在左视图中对复制路径的形状进行调整，如图7-43所示。

图7-42　　　　　　图7-43

18 调整完毕后，退出"顶点"子对象编辑状态，回到放样对象的"图形"子对象层级。在着色视图中将会看到沙发上出现一个缝隙，如图7-44所示。

19 保持路径级别为3.55的图形为选中状态，按住Ctrl键依次在路径级别为3.5和3.6的图形上单击，将3个截面图形同时选中，并将其复制5次，并分别调整复制出的几组图形的位置，制作出沙发上的其他缝隙，如图7-45所示。

图7-44　　　　　　图7-45

20 沙发另一侧扶手处的缝隙可通过复制组成缝隙的其中两个相邻图形来完成，在此就不再详细讲述。

21 确定放样对象处在"图形"子对象层级，在"图形命令"卷展栏中单击"比较"按钮，打开"比较"对话框，如图7-46所示。通过该对话框可以查看放样对象中，图形的第一个顶点的对齐情况。

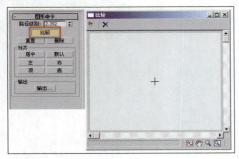

图7-46

22 在"比较"对话框中，单击左上角的 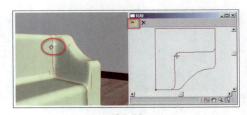 "拾取图形"按钮，移动光标至视图中的任意一个图形上，当指针变成 ↔ 状态时单击，该图形的形状将出现在"比较"对话框中，如图7-47所示。

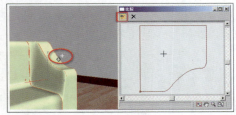

图7-47

23 使用"拾取图形"按钮单击其他图形，可将不同形状的截面图形拾取到对话框中，如图7-48所示。

图7-48

提示

如果再次移动鼠标至拾取的图形上，指针将变成 状态，单击鼠标可将图形从"比较"对话框中的删除。

24 如果模型出现了错误的放样结果，很有可能是图形的首顶点没有对齐，在"比较"对话框中可观察到拾取图形的首顶点所处的位置。使用"选择并旋转"工具在视图中调整拾取的任意一个图形的角度，可以观察到"比较"对话框中的首顶点也随之移动，如图7-49所示。

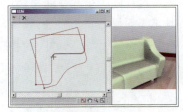

图7-49

25 在"图形命令"卷展栏中单击"重置"按钮，将对图形执行的旋转和缩放操作重置，恢复到默认状态。"删除"按钮用来删除选定的图形，也可以通过按Delete键来删除图形。

7.5 使用变形曲线

变形曲线是对放样对象进行编辑的一个重要工具，利用变形曲线可以改变放样对象在路径上不同位置的形态。选择一个放样对象后，进入"修改"面板，在该面板下"放样"编辑命令面板的"变形"卷展栏中，共有5个变形曲线命令按钮，分别是："缩放"、"扭曲"、"倾斜"、"倒角"和"拟合"，在本节中，将介绍前4种变形曲线命令。

01 在快速访问工具栏中单击 📂 "打开文件"按钮，打开本书附带光盘中的Chapter-07/"螺丝钉.max"文件，如图7-50所示。

02 选中场景中的放样对象，进入"修改"命令面板，在该面板内的"变形"卷展栏下单击"缩放"按钮，打开"缩放变形"对话框，如图7-51所示。

图7-50

图7-51

03 单击"插入角点"按钮，在对话框中的曲线上任意单击，添加两个控制点，并使用"移动控制点"工具对控制点进行移动，如图7-52所示。

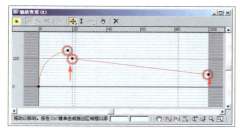

图7-52

04 完成缩放变形效果的设置，如图7-53所示为设置缩放变形后的效果。

图7-53

05 进入"修改"命令面板，在该面板内的"变形"卷展栏下单击"扭曲"按钮，打开"扭曲变形"对话框，如图7-54所示。

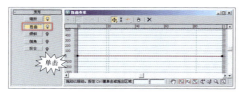

图7-54

06 单击"插入角点"按钮，在对话框中的曲线上任意位置单击，添加一个控制点。选中该控制点，在"扭曲变形"对话框底部左侧的文本框输入22，如图7-55所示。

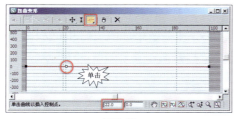

图7-55

07 选择"扭曲变形"对话框最右侧的顶点，在"扭曲变形"对话框底部右侧的文本框输入720，如图7-56所示。

08 完成扭曲变形效果的设置，如图7-57所示为设置扭曲变型后的效果。

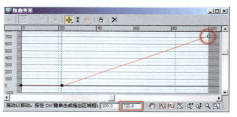

图7-56

图7-57

09 "倾斜"变形能够使模型绕垂直于路径的X轴和Y轴旋转。在"变形"卷展栏单击"倾斜"按钮后，可以打开"倾斜变形"对话框，并进行设置，如图7-58所示。

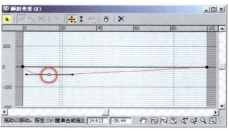

图7-58

10 如图7-59所示为使用"倾斜"变形前后的对比效果。

图7-59

提示

执行"倾斜"变形操作前，模型的角度进行了调整。

11 在"变形"卷展栏下单击"倾斜"按钮右侧的 💡 "启用/禁用"按钮，可禁用"倾斜"变形效果，如图7-60所示。

图7-60

12 "倒角"变形曲线主要用于为放样对象添加倒角效果。在"变形"卷展栏中单击"倒角"按钮后，可以打开"倒角变形"对话框，并进行设置，如图7-61所示。

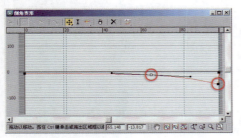

图7-61

13 如图7-62所示为使用"倒角"变形前后的对比效果。

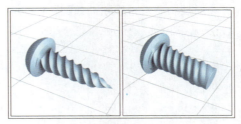

图7-62

7.6 使用拟合命令

"拟合"变形是一个能够借助二维型来控制放样对象形态的变形工具。该变形命令与其他4个变形命令的最大区别在于，在使用"拟合"变形时，只要为放样对象指定顶视和俯视侧剖面的轮廓线，即可将放样对象编辑为合适的三维对象。

"拟合"变形是一个很实用的编辑工具，使用该工具可以很轻松地完成一些不规则模型的创建，在本章中将讲解有关"拟合"变形的知识，并准备了一个实例练习，以使读者了解"拟合"变形的实际操作方法。

01 打开本书附带光盘中的Chapter-07/"线框.max"文件，如图7-63所示。

02 首先，使用视图中右侧的线条制作出放样对象。在场景中选择Circle01对象，然后进入"创建"主命令面板下的"复合对象"创建面板，在"对象类型"卷展栏中单击"放样"按钮，如图7-64所示。

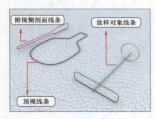

图7-63   图7-64

03 在出现的"创建方法"卷展栏中单击"拾取路径"按钮，并在视图中的Line01对象上单击，将其拾取，创建出一个放样对象，如图7-65所示。

图7-65

04 在"路径参数"卷展栏中，将"路径"参数设置为44，如图7-66所示。

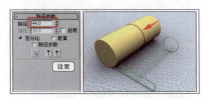

图7-66

05 在"创建方法"卷展栏中单击"获取图形"按钮，并在视图中的Rectangle02对象上单击，拾取第2个放样截面，效果如图7-67所示。

图7-67

06 保持放样对象的选中状态，进入"修改"面板。打开"变形"卷展栏，单击"拟合"按钮，此时会弹出"拟合变形"对话框，并在工具栏内关闭"均衡"按钮，如图7-68所示。

图7-68

07 在"拟合变形"对话框中单击激活"显示X轴"按钮，在工具栏中单击"获取图形"按钮。在视图中单击顶视图线条，单击"生成路径"按钮，使放样型适配顶视图，如图7-69所示。

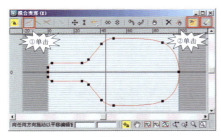

图7-69

08 拾取顶视图线条后，将得到如图7-70所示的效果。

图7-70

提示

如果发现形状不合适，可以通过 ✛ ✣ ✐ ↙ 4个按钮对变形曲线进行编辑，直到得到合理的形状。

09 单击激活"显示Y轴"按钮，使用相同的方法拾取侧剖面线条，并对其方向进行编辑，变形曲线在"拟合变形"窗口的显示，如图7-71所示。

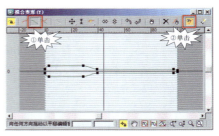

图7-71

10 拾取侧剖面线条后，得到如图7-72所示的结果。

图7-72

11 单击"显示XY轴"按钮，使两个型同时显示在窗口中，如图7-73所示。调节各个顶点的手柄可以对模型细部进行调整。

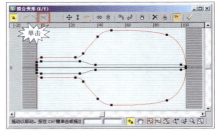

图7-73

12 可以对完成的模型添加局部细节和材质效果，如图7-74所示。

图7-74

7.7　实例操作——螺丝刀和鼠标模型

在本节中，将指导读者制作螺丝刀和鼠标的模型，螺丝刀的各个截面形状不相同，所以使用旋转二维线的方法无法完成，通过对3个基本的截面形进行复制、移动、旋转等操作，完成螺丝刀的创建。鼠标则是使用"拟合"变形。

7.7.1 创建螺丝刀模型

01 首先打开本书附带光盘中的Chapter-07/"螺丝刀.max"文件，本节场景中包括一个路径型和3个截面形，如图7-75所示。

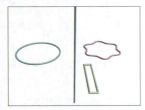

图7-75

02 在场景中选择Line01对象，进入"创建"主命令面板下的"几何体"次命令面板，在该面板内的下拉列表中选择"复合对象"选项，打开"复合对象"命令面板。在该面板中单击"放样"按钮，进入"创建方法"卷展栏，单击激活"获取图形"按钮，在视图中单击Rectangle01对象，如图7-76所示。

图7-76

03 进入"路径参数"卷展栏，将"路径"参数设置为50。单击激活"获取图形"按钮，在视图中单击Star01对象，如图7-77所示。

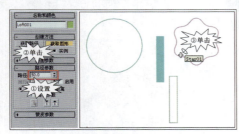

图7-77

04 在"路径参数"卷展栏中，将"路径"参数设置为100。使用同样的操作方法，在场景中捡取Circle01对象，效果如图7-78所示。

图7-78

05 现在的放样对象外形很不规则，首先需要使各截面形的第一顶点对齐，确定放样对象为选中状态。进入"修改"命令面板，展开Loft选项，进入"图形"次对象编辑状态。单击"图形命令"卷展栏内的"比较"按钮，在打开"比较"编辑窗口中单击"拾取图形"按钮，如图7-79所示。

图7-79

06 在视图中依次拾取3个截面形，从"比较"编辑窗口内可以观察到，3个截面形的第一顶点没有对齐，如图7-80所示。

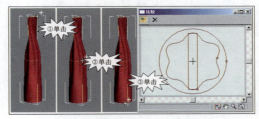

图7-80

07 使用"选择并旋转"工具，在顶视图中沿X轴旋转3个截面形，使3个截面形的第一顶点对齐，如图7-81所示。

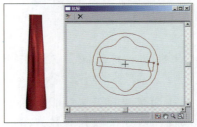

图7-81

08 使用"选择并均匀缩放"工具，依次将3个截面缩小，使其成为如图7-82所示的形态。

图7-82

09 在前视图中选择圆形截面图形，按住Shift键沿Z轴向上拖曳，弹出"复制图形"对话框，在对话框内选中"复制"单选按钮，单击"确定"按钮，关闭对话框，复制圆形截面图形。使用同样的操作方法，再次复制圆形截面图形，效果如图7-83所示。

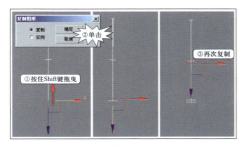

图7-83

10 使用"选择并均匀缩放"工具，选择底部的截面图形，将其缩小，效果如图7-84所示。

11 在前视图中将星形截面形复制，并放置于如图7-85所示的位置。

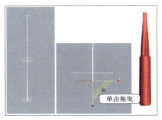 

图7-84　　　　　　　　图7-85

12 在前视图中将最顶部的圆形截面图形复制，参照如图7-86所示调整其位置，并使用"选择并均匀缩放"工具在顶视图中将其缩小。

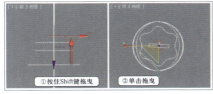

图7-86

13 保持复制圆形截面的选中状态，再次将其复制，参照如图7-87所示调整其位置，完毕后在顶视图中将其稍微放大。

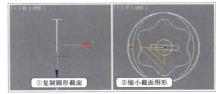

图7-87

14 参照以上方法，将顶部的矩形截面向下复制，适当调整两个矩形截面的大小，完成放样型的编辑，如图7-88所示。

15 至此螺丝刀就制作完成了，如图7-89所示效果为添加了材质和灯光后的模型。

图7-88　　　　　　　　图7-89

7.7.2　制作鼠标模型

下面将使用"拟合"变形创建一个鼠标模型，在模型的创建过程中，将使用"拟合"变形中常用的编辑工具，使读者了解"拟合"变形的实际操作方法。

01 首先创建基本的放样型，进入"创建"主命令面板下的"图形"次命令面板，单击"对象类型"卷展栏中的"线"按钮，在顶视图中绘制鼠标一侧的轮廓线，如图7-90所示。

图7-90

02 保持轮廓线的选中状态，单击主工具栏中的"镜像"命令按钮，弹出"镜像：屏幕坐标"对话框，参照如图7-91所示设置对话框，并单击"确定"按钮关闭对话框。使用"选择并移动"工具，将复制的轮廓线条向右移动。

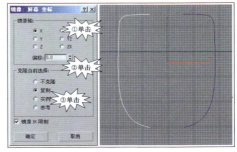

图7-91

03 在主工具栏单击激活"捕捉开关"按钮，接着在"捕捉"按钮上右击，弹出"栅格和捕捉设置"对话框，在对话框中勾选"端点"复选框，设置捕捉类型，完毕后关闭对话框。使用"选择并移动"工具，在顶视图中，利用捕捉功能将两条样条曲线精确拼合在一起，如图7-92所示。

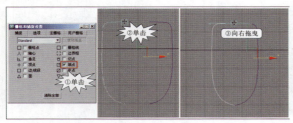

图7-92

04 选择视图中任意一条样条曲线，进入"修改"命令面板，在"几何体"卷展栏中单击"附加"按钮，在场景中拣取另一条样条曲线，使其成为原样条曲线的附加型，如图7-93所示。

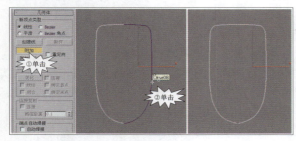

图7-93

05 进入样条曲线的"顶点"子对象层级，选择两条样条曲线接缝处的顶点，在"几何体"卷展栏中"焊接"按钮右侧的文本框中输入10，接着单击"焊接"按钮，将顶点焊接，使用同样的操作方法，再将底部的两个顶点焊接，如图7-94所示。

图7-94

06 参照以上方法，依次在左视图中创建鼠标侧面的轮廓线。在前视图中，创建对象的截面图形，如图7-95所示。

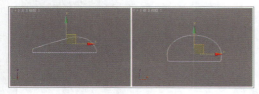

图7-95

07 在顶视图中绘制一条样条曲线作为放样路径，选择新创建的样条曲线，进入"创建"主命令面板下的"几何体"次命令面板，在该面板的下拉列表中选择"复合对象"选项，在"对象类型"卷展栏中单击"放样"按钮，如图7-96所示。

图7-96

08 单击"创建方法"卷展栏中的"获取图形"按钮，并在前视图中拾取创建的截面图形，放样出如图7-97所示的对象。

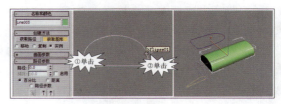

图7-97

09 保持放样对象的选中状态，进入"修改"命令面板。将"变形"卷展栏展开，单击"拟合"按钮，弹出"拟合变形"对话框，如图7-98所示。

图7-98

10 在"拟合变形"对话框的工具栏内关闭"均衡"按钮，单击激活"显示 X 轴"按钮，在工具栏单击"获取图形"按钮，在视图中选择顶视图轮廓线。

11 单击"生成路径"按钮，使放样型适配顶视图型，单击"最大化显示"按钮，使变形曲线能够全部显示于对话框内，效果如图7-99所示。

图7-99

12 如果发现形状不合适，可以通过 ⊕ ⊗ ✎ 4个按钮进行对变形曲线进行编辑，直到得到合理的形状。

提示

适配后过程中出现错误的结果，通常是由于捡取的二维型沿Z轴与放样对象交叉，而不是平行。通过以上的几个命令按钮，可以调整二维型的方向，得到正确的结果。

13 单击激活"显示Y轴"按钮，使用相同的方法拾取侧面图形。并对其方向进行编辑，变形曲线在"拟合变形"窗口的显示如图7-100所示，效果如图7-101所示。

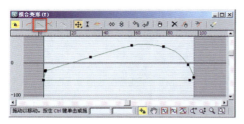

图7-100

图7-101

14 接下来需要对放样型进行更为细致的编辑，首先需要把转折出的顶点转化为"Bezier平滑"类型，并对各个顶点进行编辑，如图7-102所示。

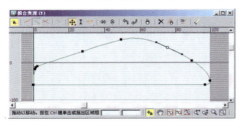

图7-102

15 调节各个顶点的手柄使表面平滑后，单击"显示X轴"按钮，显示顶面变型曲线，单击 ⚡ "插入角点"按钮，在鼠标下部轮廓添加一个控制点，并将顶点类型设置为"Bezier平滑"类型，按住"移动控制点"按钮，在其下拉列表中选择 ⫶ 按钮。

> **提示**
>
> 选择"移动控制点"按钮后，只能沿Y轴移动控制点，可以避免移动控制点是在X轴方向上的偏差。

16 选择新添加的控制点，在Y轴沿正方向移动该控制点，使其内侧向内凹陷，如图7-103所示。

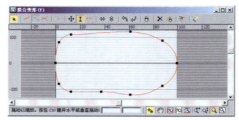

图7-103

17 单击"显示XY轴"按钮，使两个型同时显示在窗口中，整体对其细部进行调整，效果如图7-104所示。

图7-104

18 至此本练习就制作完成了，最后可以为场景添加细节和材质，并设置灯光，最终场景的渲染效果如图7-105所示。在本书附带光盘中的Chapter-07/"鼠标.max"文件中包含了场景中的所有模型，可打开进行查看。

图7-105

第8章
多边形建模

从本章开始，将讲述3ds Max 2012中的高级建模方法，高级建模方法包括：多边形和面片。这两种高级建模方法都可以进入到其子对象模式下进行编辑，其中多边形建模是高级建模方式中，相对较为简单和易于掌握的建模方式。对于一些初学者来说，熟练应用这两种建模方式进行建模也不是那么容易的，因为其随机性很强，建模时主要依靠用户的经验和对形体的把握能力，不像基础型建模那样通过参数来控制对象的外形。正因为其自由的编辑模式，大大拓展了用户的创作思维，从而创建出更为丰富的三维模型。

8.1　了解多边形建模

多边形建模方式包含了5种子对象可供编辑，并提供了多种编辑多边形及子对象的命令。多边形建模方式取消了三角面的概念，它不仅可以定义三角形面，还可以定义四边形面和多边形面。本节首先来了解多边形建模工作模式和使用方法。

8.1.1　多边形建模的工作模式

多边形对象与网格对象最根本的区别就是形体基础面的定义不同，网格对象将"面"子对象定义为三角形，而多边形对象将"面"子对象定义为多边形。在对"面"子对象进行编辑时，多边形将任何面定义为一个独立的子对象进行编辑。如图8-1所示为使用网格定义的对象和使用多边形定义的对象。

图8-1

另外，多边形建模增加了平滑功能，并有多种平滑和细化方式，可以很容易地对多边形对象进行平滑和细化处理，如图8-2所示为几种多边形建模的平滑和细分方式。

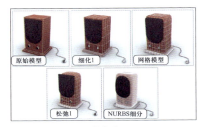

图8-2

多边形建模"边界"子对象也解决了建模时产生的开边界难以处理的问题，多边形建模的这些特点，大大方便了用户的建模工作，使多边形建模成为创建低级模型首选的建模方法。

8.1.2　创建多边形对象

多边形对象的创建方法与网格对象的创建方法基本相同，都是通过塌陷对象或添加编辑修改器的方式来创建的，本节将讲述塌陷对象为多边形对象的3种方法。

01 在视图中右击对象，在弹出的快捷菜单中选择"转换为"→"转换为可编辑多边形"选项，该对象被塌陷为多边形对象，如图8-3所示。

图8-3

02 在堆栈栏中塌陷对象，选择对象后，进入"修改"命令面板，在编辑修改器显示窗中右击该对象的名称，在弹出的快捷菜单中选择"编辑多边形"选项，该对象被塌陷为网格对象，如图8-4所示。

图8-4

03 选中对象后，进入"修改"命令面板，从该面板内的下拉列表内选择"编辑多边形"选项，为对象添加"编辑多边形"编辑修改器，如图8-5所示，通过"编辑多边形"编辑修改器对其子对象进行编辑。

图8-5

8.2　关于多边形建模

当对象被塌陷为多边形对象，或为对象添加"编辑多边形"编辑修改器后，即可进入多边形对象的编辑模式对其子对象进行编辑，在本节将为读者介绍多边形子对象的种类。

8.2.1　多边形对象的子对象

多边形对象共有5种子对象类型，分别为："顶点"、"边"、"边界"、"多边形"和"元素"。多边形对象中增加了"边界"子对象层，通过该子对象可以对模型中的开边界进行很好的处理，如图8-6所示为这5种子对象类型。

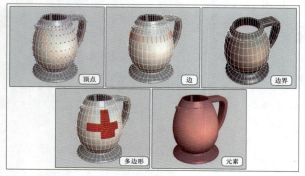

图8-6

8.2.2　"边界"子对象的定义

"边界"子对象为一条线段，通常存在于对象表面的孔洞边缘，例如，一个圆柱体塌陷为多边形对象后没有"边界"子对象，当删除其顶部的面之后，便有了一个"边界"子对象，如图8-7所示。

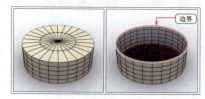

图8-7

一个"茶壶"对象塌陷为多边形对象后，表面有6个"边界"子对象，壶把的部分有两个"边界"子对象，壶嘴的部分有两个"边界"子对象，壶盖的部分有两个"边界"子对象，如图8-8所示。

图8-8

8.3　编辑多边形对象的子对象

本节将讲解多边形对象及其子对象的编辑方法，由于多边形对象的编辑命令与网格对象的部分编辑命令功能相同，所以在本节中不再重复介绍网格对象时讲解过的命令。

8.3.1　多边形对象的公共命令

本节首先讲述针对多边形对象及多边形子对象的公共编辑命令，包括选择命令、细分曲面、绘制变形等。

1.多边形对象的选择

01 打开本书附带光盘中的Chapter-08/"小狗.max"文件，该场景中已经包含了所要使用的三维图形，如图8-9所示。

02 选择"多边形"对象后，进入"修改"命令面板，在"选择"卷展栏下为有关子对象选择的命令，如图8-10所示为"选择"卷展栏。

图8-9　　　　　图8-10

03 "按角度"复选框功能相似于网格的"忽略可见边"复选框，在子对象层进行选择时该工具能够根据面的转折度来选择子对象。该复选框的参数决定了转折角度的范围，如图8-11所示。

图8-11

04　选择子对象的集合后，单击"收缩"按钮，可以从选择集的最外围开始缩小选择集，当选择集无法再减少时，将取消选择集，如图8-12所示。

图8-12

05　"扩大"命令的功能与"收缩"命令功能相反，选择子对象后，单击"扩大"按钮，选择范围将沿被选中对象的边缘扩大，如图8-13所示。

图8-13

06　"环形"命令用于选择与所选子对象平行的子对象，选择子对象后，单击"环形"按钮，所有与所选子对象平行的子对象将被选中，如图8-14所示。该命令只针对于"边"和"边界"子对象层。

图8-14

07　"循环"命令与"环形"命令功能相似，选择子对象后，单击"循环"按钮，将沿被选中的子对象形成一个环形的选择集，如图8-15所示。该选择集与使用"环形"命令选择的选择集呈垂直排列。该命令也只针对于"边"和"边界"子对象层。

08　在可编辑多边形对象中，"软选择"卷展栏下增加了"绘制软选择"选项组，如图8-16所示，

通过该选项组内的命令，可以通过手工绘制的方法设定选择区域，大大提高了选择子对象的灵活性，"绘制软选择"命令还可以与"软选择"命令配合使用，得到更好的效果。

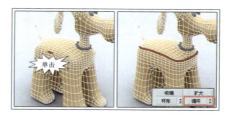

图8-15

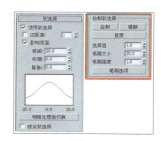

图8-16

09　当启用"软选择"卷展栏下的"使用软选择"复选框后，单击激活"绘制"按钮，当鼠标移动至对象表面后，出现"绘制"图标，此时即可绘制选择区域了，如图8-17所示。

图8-17

10　单击激活"模糊"按钮后，可以通过手工绘制方法对选区进行柔化处理，此时绘制区域边缘的蓝色部分增多，如图8-18所示。

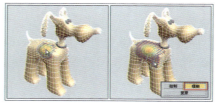

图8-18

11　单击激活"复原"按钮，可以通过手工绘制方法取消选区，如图8-19所示。其作用类似于橡皮。

12　"选择值"的参数用于设置选择区域的最大选择程度，当"选择值"数值为1.0时，选择区域为最大状态，当选择值为0时，将不进行选择，如图8-20所示。

图8-19

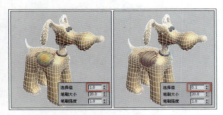

图8-20

13 "笔刷大小"参数用于设置画笔尺寸；"笔刷强度"参数用于设置画笔的影响力度，如图8-21所示。

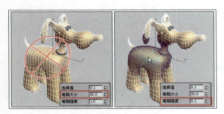

图8-21

2. 细分曲面

如果当前多边形对象是由塌陷产生的，在"修改"面板内会出现"细分曲面"卷展栏，如果是通过添加编辑修改器产生的，则不会出现该卷展栏。

"细分曲面"卷展栏下的各项命令能够细分对象表面，这样使用户能够使用较少的网格数，观察到只有使用较多的网格才能够实现的平滑表面，或将对象渲染为平滑的表面，但这些命令只能应用于对象的显示和渲染，由细化产生的新子对象是不能够直接被编辑的。该卷展栏下的命令能够应用于所有的子对象层。

01 打开本书附带光盘中的Chapter-08/"玩具.max"文件，该场景中已经包含了所要使用的三维图形，如图8-22所示。

图8-22

02 当"使用NURMS细分"复选框被选中后，将使用NURMS方式来对表面进行平滑处理，视图中

的模型显示为平滑状态，如图8-23所示。

图8-23

03 当"平滑结果"复选框未被选中，细分后的对象将保持原有的平滑组，选择"平滑结果"复选框后，所有的子对象将使用同一个平滑组，如图8-24所示为选择和不选择"平滑结果"复选框的效果。

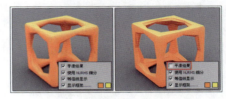

图8-24

04 "显示"选项组内的"迭代次数"参数决定细化面的反复次数，该数值的取值范围为0~10，该参数越大，对象的细化程度就越高。如图8-25所示为将"迭代次数"参数设置为3时，对象显示的变化。

图8-25

05 如果"等值线显示"复选框未被选中，视图中将显示对象细化后生成的所有面，如果"等值线显示"复选框处于选中状态，则平滑后的对象以等值线方式显示，即只显示对象细化之前的边界，如图8-26所示。

图8-26

06 "显示"选项组中，"平滑度"数值用于设置平滑的角度，该数值用于设置细化的角度，该数值的取直范围为0~1，当该数值为0时，执行细化命令时，不会增加任何面，所以也就不会出现细化效果，如果该数值为1，执行细化命令时在所有的点增加面，如图8-27所示。

07 "渲染"选项组内有"迭代次数"和"平

滑度"两个复选框，这两个属性的作用与"显示"选项组相同，只要"渲染"选项组内"迭代次数"和"平滑度"的复选框被选中，其参数设置只能影响渲染后的结果。

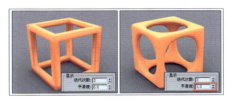

图8-27

技巧

可以在"显示"选项组内设置一个较小的细化值，在"渲染"选项组设置较大的细化值，这样既保证了编辑的速度，又保证了渲染的质量。

08 "分隔方式"选项组内的"平滑组"复选框决定执行细化命令时，属于不同的平滑组的子对象是否共享边界，如果"平滑组"复选框为不选状态，执行细化命令时，属于不同平滑组的子对象将共享边界，如果选中"平滑组"复选框，执行细化命令时，属于不同平滑组的面将不共享边界，如图8-28所示。

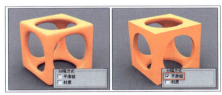

图8-28

09 如果"材质"复选框为不选状态，执行细化命令时，拥有不同ID值的子对象将共享边界，边界比较平滑；如果选中"材质"复选框，执行细化命令时，拥有不同ID值的子对象将不共享边界，如图8-29所示。

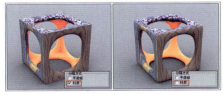

图8-29

3. 绘图变形

　　"绘图变形"是通过使用鼠标在多边形模型上推、拉或拖曳来影响顶点。该工具就像雕塑家使用刻刀在泥胚上进行雕刻，不过这种工具对操作者的要求较高，效果控制比较困难，适合于制作生物组织器官等表面不规则的模型。

01 打开本书附带光盘中的Chapter-08/"金属勺.max"文件，该场景中已经包含了所要使用的三维图形，如图8-30所示。

图8-30

02 "绘制变形"命令的编辑参数位于"绘制变形"卷展栏中，在卷展栏中单击激活"推/拉"按钮后，可以使用画笔工具手动编辑对象形态；单击激活"松弛"按钮后，可以松弛对象表面，如图8-31所示。

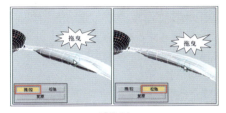

图8-31

03 单击激活"复原"按钮后，可以对"推拉"、"松弛"过的对象表面进行恢复，如图8-32所示。

图8-32

04 "推/拉方向"选项组内的选项用于控制绘图变形效果的方向。默认的"原始法线"单选按钮，将沿X、Y、Z三个轴向变形，当选中"变形法线变换轴"单选按钮后，在不设置轴向的情况下，其变形效果与"原始法线"命令相同，当选中X、Y、Z单选按钮后，将按照特定的轴向变形，如图8-33所示。

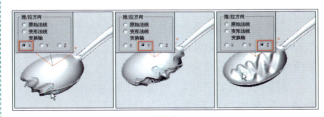

图8-33

05 "推/拉值"数值用于设置绘图变形的量，当该数值大于0时，绘图变形为凸起效果；当该数值小于0时，绘图变形为凹陷效果，如图8-34所示。

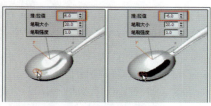

图8-34

06 "笔刷大小"参数用于设置画笔尺寸,如图8-35所示为"笔刷大小"数值分别为20和50时的显示状态。

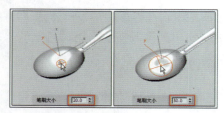

图8-35

07 "笔刷强度"参数用于设置画笔的影响力度,如图8-36所示。

图8-36

08 单击"提交"按钮,将不能再对绘图变形效果进行编辑;单击"取消"按钮,将清除绘图效果,恢复到对象最初的状态。

> **注意**
>
> 只有为对象执行绘图变形操作后,"提交"和"取消"按钮才处于可编辑状态,当执行"提交"后,就不能执行"取消"命令。

8.3.2 编辑"顶点"子对象

"顶点"也是多边形对象中最基本的组成单位,顶点可以定义和组成其他子对象的结构,当对顶点进行编辑时,顶点所在的几何体也会受到影响。网格对象中的顶点可以是独立存在的,这些孤立的顶点可以用来构建其他几何体,但是这些孤立的顶点是渲染不出来的。

01 打开本书附带光盘中的Chapter-08/"轮胎.max"文件,该场景中已经包含了所要使用的三维图形,如图8-37所示。

02 进入"顶点"子对象层级,选择场景中轮胎表面的顶点子对象,在"编辑顶点"卷展栏中单击"移除"按钮将所选择的顶点移除,如图8-38所示。

图8-37

图8-38

> **提示**
>
> 需要注意的是,移除和删除是不同的,删除顶点后,与顶点相邻的边界和面会消失,在顶点的位置会形成"空洞",而执行移除顶点的操作仅使顶点消失。

03 在"顶点"子对象层也可以执行"挤出"命令,单击激活"挤出"按钮后,将鼠标移动至某个顶点,当属标指针改变形状后,拖曳鼠标,即可对该顶点执行挤压操作,挤压后的顶点底部产生一个由4个顶点组成的面,垂直拖曳鼠标,将控制挤压后顶点的高度,水平拖曳鼠标,将控制底部面的大小,如图8-39所示。

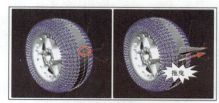

图8-39

04 如果需要精确地控制挤压效果,可以单击"挤出"按钮后的"设置"按钮,打开"挤出顶点"设置选项,如图8-40所示。该对话框内"挤出高度"参数控制顶点挤压的高度,"挤出基面宽度"参数控制底部面的尺寸,单击"应用"按钮,将重复执行挤压命令。

图8-40

05 执行"连接"命令能在一对被选中的顶点之间创建新的边界,选择一对顶点,单击"连接"按钮,顶点间会出现新的边界,如图8-41所示。

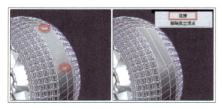

图8-41

06 在"顶点"子对象层级，选择顶点子对象后，单击"重复上一个"按钮，将重复最后一次执行的命令，如图8-42所示。

图8-42

07 "约束"选项组中的命令可以将顶点的变换操作（移动、转动、缩放）约束在边界、面或法线上。"约束"选项组内有4个选项，当选择"无"选项时没有约束控制；当选择"边"选项时，约束顶点的变换跟随边界；当选择"面"选项时，约束顶点的变换跟随面；当选择"法线"选项时，约束顶点的变换跟随法线，如图8-43所示。

图8-43

08 单击"创建"按钮，可以在视图中单击创建孤立顶点，孤立的顶点在渲染时是不能显示的，但孤立顶点可以辅助创建其他类型的子对象，如图8-44所示。

图8-44

8.3.3　编辑"边"子对象

边是连接两个顶点的直线，通过3条或3条以上的边界可以确定一个面，但是边不能由两个以上的多边形共享。

01 打开本书附带光盘中的Chapter-08/"显示

屏.max"文件，该场景中已经包含了所要使用的三维图形，如图8-45所示。

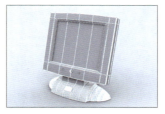

图8-45

02 进入"边"子对象层级，选择场景中模型表面的边子对象，在"编辑边"卷展栏中单击"移除"按钮可以移除所选择的边界，如图8-46所示。

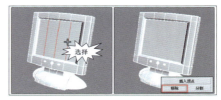

图8-46

03 "边"子对象层的"挤出"命令与"顶点"子对象层的命令相同，挤压后也会生成底部的面和高度，如图8-47所示。

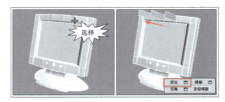

图8-47

04 使用"连接"命令能够在一对被选中的边界之间创建新的边界，选择一对边界，单击"连接"按钮，即可在这一对边界之间创建新的边界，如图8-48所示。

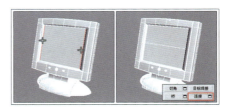

图8-48

05 如果需要编辑新边界的数量，单击"连接"右侧的"设置"按钮，此时会打开"连接边"对话框，如图8-49所示。"分段"数值决定新边界的数量。

06 如果需要编辑新边界之间的距离，可在"收缩"文本框内设置参数，负值使边靠得更近，正值使边离得更远，如图8-50所示。

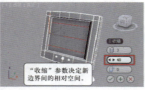

图8-49　　　　　　　图8-50

07　如果需要编辑新边界之间的位置，可在"滑块"文本框内设置参数，正值使边朝一个方向移动，而负值使边朝相反方向移动，如图8-51所示。新边不能移出现有边的范围。

图8-51

08　"编辑三角形"命令使用户能够编辑多边形细分为三角形后的内部边界。单击激活"编辑三角形"按钮后，多边形对象表面显示三角形边界，单击一个顶点，并拖曳至对角的另一个顶点，三角形边界发生了改变，如图8-52所示。

图8-52

09　"旋转"命令适用于通过单击对角线修改多边形细分为三角形的方式。单击激活"旋转"按钮后，单击线框和面中显示的虚线，即可改变多边形的细分方式，如图8-53所示。

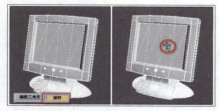

图8-53

8.3.4　编辑"边界"子对象

　　"边界"子对象只有一侧与面相连的边序列，而另一侧通常没有任何边或面，如图8-54所示。

　　"封口"命令按钮的功能，可以为"边界"子对象，添加一个盖子使其封闭。选择"边界"子对象后，单击"编辑几何体"卷展栏中的"封口"

命令按钮，此时会沿"边界"子对象出现一个新的面，形成封闭的多边形对象，如图8-55所示。当封闭"边界"子对象后，该多边形对象将不再包含"边界"子对象成分。

图8-54

图8-55

8.3.5　编辑"多边形""元素"子对象

　　多边形对象的"多边形"和"元素"子对象编辑命令完全相同，本节将对这些编辑命令综合进行讲述。

　　01　打开本书附带光盘中的Chapter-08/"飞艇.max"文件，该场景中已经包含了所要使用的三维图形，如图8-56所示。

图8-56

　　02　进入"多边形"子对象层级，选择模型中的多边形子对象后，在"编辑多边形"卷展栏下单击激活"挤出"按钮后，将鼠标指针移动至需要挤压的面，单击拖曳，即可对面执行挤压操作，如图8-57所示。

图8-57

　　03　如果需要对面进行更为精确的操作，可以选择面后单击"挤出"右侧的"设置"按钮，打开"挤出多边形"对话框，设置挤出的高度，如图8-58所示。

图8-58

04 选择"组"单选按钮后，挤压根据面选择
集的平均法线移动选择集；当选择"局部法线"选
项后，挤压根据每个面的法线平均值进行；当选择
"按多边形"单选按钮后，挤压操作将根据每个多
边形面独立执行，如图8-59所示为使用3种不同挤压
方式的挤压效果。

图8-59

05 "倒角"命令能够使选择面生成斜角，
执行倒角操作时，在选择面单击拖曳，此时将执
行"挤出"命令，释放鼠标并拖曳，即可执行"倒
角"命令，如图8-60所示。

图8-60

06 使用"轮廓"命令能够增大或缩小所选择
面的边界，单击激活"轮廓"按钮，将鼠标指针移
动至被选中的面，单击拖曳即可对所选面的边界执
行放大或缩小的操作，如图8-61所示。

图8-61

07 如果需要对面子对象进行更为精确的操
作，可以单击"轮廓"按钮右侧的"设置"按钮，
打开"多边形加轮廓"对话框，如图8-62所示。通过
"轮廓量"数值，精确调节"轮廓量"命令的数值。

图8-62

08 使用"插入"命令，可以在选择的面内部
插入面。单击激活"插入"按钮后，单击面并拖曳
鼠标，会在所选面插入面，如图8-63所示。

图8-63

提示

在此已将选择面中的边子对象移除。

09 如果需要更精确地设置"插入"参数，可
以单击"插入"右侧的"设置"按钮，打开"插入
多边形"对话框，如图8-64所示。

10 在"插入多边形"对话框中，选择"组"
单选按钮后，"插入"操作将根据面选择集的平均
法线执行；选择"按多边形"单选按钮后，挤压操
作将根据每个多边形面独立执行，如图8-65所示。

图8-64   图8-65

11 选择"多边形"子对象层，在"编辑几何
体"卷展栏中单击"全部取消隐藏"按钮，将所有
对象取消隐藏。

12 "桥"命令针对于"多边形"子对象层，
使用该命令可以在子对象层级上生成边或面之间的
"连接面"、"过渡面"。如图8-66所示，选择多边
形对象的两个"多边形"子对象后，单击"桥"按
钮，会在两个被选中的面之间形成连接面。

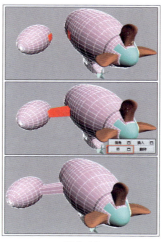

图8-66

提示

即使起始面和结束面的顶点和边界数目不相同，依然可以形成正确的过渡面，"过渡面"形成后，原始面会被删除。

13 如果需要对"桥"命令进行更精确的设置，可以单击"桥"右侧的"设置"按钮，打开"桥"对话框，如图8-67所示。

图8-67

14 默认状态下，"使用多边形选择"单选按钮处于被选中状态，该单选按钮可以确定被选择的两个面之间会形成连接面。"分段"参数用于设置连接面的分段数，如图8-68所示为"分段"数值为1和10时对象的分段数。

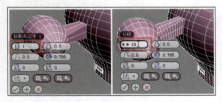

图8-68

15 "锥化"参数只用于设置连接面的锥化值，当改为正值时，连接面向外膨胀，当改为负值时，连接面向内收缩，如图8-69所示。

图8-69

16 "偏移"参数值与"锥化"参数配合使用，用于设置锥化的偏移程度，如图8-70所示。

图8-70

17 "平滑"参数值用于设置连接面的平滑效果，在"平滑"文本框内输入一个阈值后，凡是小于该阈值的面将被分配同一个平滑组，如图8-71所示。

图8-71

18 当选择"使用特定多边形"单选按钮后，"多边形1"和"多边形2"右侧的"拾取多边形"按钮处于可编辑状态，此时可以单击"拾取多边形"按钮，拾取起始面和结束面，在两个面之间创建连接面，如图8-72所示。

图8-72

提示

使用"使用指定多边形"命令创建连接面时，不需要预先选择面。

19 使用"从边旋转"命令使选择面沿某一条边界旋转。具体操作方法为首先选择面，单击"从边旋转"按钮，并将鼠标指针移动至作为旋转轴的边界，当鼠标指针接近边界时，变为十字形，拖曳鼠标，选择面沿所选边界旋转，并形成新的面。如图8-73所示。

图8-73

20 如果需要更精确地对所选择的面进行编辑，可以单击"从边旋转"按钮右侧的"设置"按钮，打开"从边旋转多边形"对话框，如图8-74所示。

21 在"从边旋转多边形"对话框中，"角度"参数决定旋转的高度；"分段"参数决定轨迹的分段数，设置完成这两个参数后，单击"拾取转枢"按钮，在视图中单击作为旋转轴的边界，即可完成"从边旋转"操作，如图8-75所示。

图8-74

图8-75

使用"沿样条线挤出"命令能够沿当前选择的二维曲线挤压面,其具体操作方法为首先在视图中创建一条二维曲线,选择要挤压的面,单击"沿样条线挤出"按钮,再单击二维曲线,所选面沿为曲线的形状挤压,如图8-76所示。

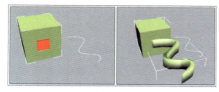

图8-76

接下来使用 "沿样条线挤出"命令编辑一个章鱼的模型。

01 打开本书附带光盘中的Chapter-08/ "章鱼.max"文件,该场景中已经包含了所要使用的三维图形,如图8-77所示。

02 在视图中选择"章鱼"对象,进入"多边形"子对象层,在透视图中选择如图8-78所示的面,单击"沿样条线挤出"按钮右侧的"设置"按钮,打开"沿样条线挤出多边形"对话框。

图8-77   图8-78

03 单击"拾取样条线"按钮,在视图中捡选二维曲线,在"分段"文本框内输入15,在"锥化量"文本框内输入-1,使触手的前端变细,在"锥

化曲线"文本框内输入1,选择"对齐到面法线"复选框,在"旋转"文本框内输入26,使触手旋转至合适的位置,单击"确定"按钮退出该对话框,触手效果如图8-79所示。

图8-79

04 使用同样的方法编辑其他的触手,并在"细分曲面"卷展栏中选择"使用NIRBS细分"复选框,并设置"迭代次数"数值为2,将网格平滑,如图8-80所示。

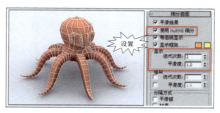

图8-80

05 最后的效果如图8-81所示,如果在设置过程中遇到了什么问题,可以打开本书本书附带光盘中的Chapter-08/ "章鱼演示.max"文件,这是本练习完成后的文件。

图8-81

8.4 实例操作——美洲虎坦克模型

本章将指导读者使用网格建模的方法,制作一辆坦克的模型。该模型较为复杂,由于网格建模占用的系统资源少,更易于控制,所以常被由来创建低级计数模型,例如电子游戏中的角色和场景等。由于坦克形状规则、造型简单,所以非常适合使用网格建模的方法来创建,在建模过程中,将再次对网格建模中的各种编辑命令做一个整体的回顾。如图8-82所示为坦克完成并渲染后的效果。

坦克的创建分为4个部分进行:一、主体部分的

创建;二、炮塔部分的创建;三、履带和轮子部分的创建;四、细节的修饰。以下就进入本次练习。

图8-82

坦克的主体部分左右对称,所以可以先创建一

半，然后使用镜像复制的方法创建出另一半，最后将两部分焊接在一起，完成模型的创建，这也是面片建模方法常用的一种编辑方法。主体部分的创建从一个"长方体"对象开始，经过不断地编辑完成其复杂的外形。

8.4.1 制作车身部分

主体部分看上去很复杂，其实是由一些边界较为明显的面组成的，只需创建完成模型后，为各个面分配不同的平滑组，即可实现这种效果，以下进入本节练习。

01 进入"创建"主命令面板下的"几何体"次命令面板，在该面板内的下拉列表中选择"标准基本体"选项，进入标准几何体创建面板，单击"对象类型"卷展栏中的"长方体"命令按钮。在顶视图窗口中创建一个"长方体"对象，并在名称栏中将其命名为"主体"，如图8-83所示。

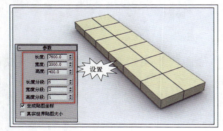

图8-83

02 在"修改"面板的下拉列表中为选择对象添加一个"编辑网格"编辑修改器。在"修改"面板的堆栈中单击"修改网格"选项左侧的展开符号，在展开的层级选项中选择"顶点"选项，进入"顶点"子对象层。在顶图对上表面的顶点进行编辑，得到如图8-84所示的形状。

图8-84

03 在前和左视图中移动顶点的位置，使主体部分前端具有一定的坡度，如图8-85所示。

04 由于对象上表面的面属于同一个平滑组，所以显得过于平滑，以下需要把不同的面设置为不同的平滑组，凸出面的边界。进入"多边形"子对象层，在透视图中选择如图8-86所示的面。

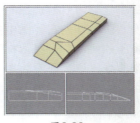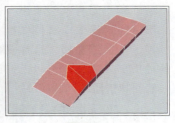

图8-85　　　　图8-86

05 在"曲面属性"卷展栏下进入"平滑组"选项组。读者会发现其中一个按钮处于激活状态，首先单击该按钮，清除选择对象的平滑组，然后再单击激活另外的一个按钮，此时这个面就被重新分配了一个平滑组，如图8-87所示。

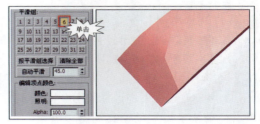

图8-87

06 对其他的几个面也使用相同的方法进行编辑，使对象表面出现明显的边界。主体部分前端重新分配平滑组后的效果如图8-88所示。

图8-88

07 在顶视图选择对象底部方形的表面，单击激活"编辑几何体"卷展栏中的"切片平面"命令按钮，视图中出现黄色的方框，使用该方框对表面进行切割。可以通过 "选择并旋转"命令对其进行旋转，移动到合适的位置，最后单击其右侧的"切片"按钮，切割后的效果如图8-89所示。

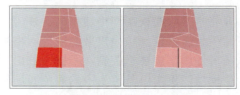

图8-89

08 退出"多边形"的子对象层，进入"顶点"子对象层，读者会发现除了面的边界交点上增加了顶点，边界上也增加了顶点。

注

这是因为网格形式的物体是以三角面定义表面的，所有的面都被定义为若干个三角形的面，但三角形面位于内部的边界默认状态下是不显示的，所以当切割四边形的表面时，三角面内部的边界也会被切割，边界上会增加顶点。

09　在顶视图中选择对象底部的顶点，并将其移动到如图8-90所示的位置，然后把被切割的两部分面分别设置为不同的平滑组。

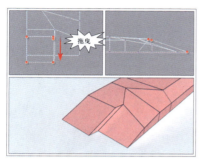

图8-90

10　进入"顶点"编辑的子对象，进入顶视图，单击"切片平面"按钮，在主体部分的纵向左侧切割出一条边，单击"切片"按钮结束操作。再次使用"切片"命令，在主体部分最前端的面内进行横向的切割。结果如图8-91所示。

图8-91

11　进入"多边形"子对象层，选择侧面的多边形子对象，按下Delete键，将其删除，如图8-92所示。

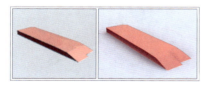

图8-92

12　在"多边形"子对象层，选择如图8-93所示的面，在"编辑几何体"卷展栏下单击"挤出"按钮，在"挤出"按钮右边的文本框中输入−120，对象成为如图8-93所示的形态。

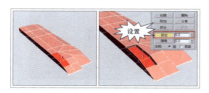

图8-93

13　选择侧面多余的多边形子对象，按Delete键将其删除，如图8-94所示。

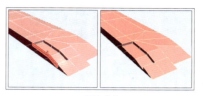

图8-94

14　进入"顶点"子对象层编辑子对象，选择如图8-95所示的顶点。在"编辑几何体"卷展栏下单击"塌陷"按钮，所选顶点塌陷为一个顶点。

图8-95

15　使用相同的方法将另一侧顶角的顶点也塌陷为一个顶点。在左视图中调整各顶点的位置，使执行挤压操作后的面变得平整。如图8-96所示。

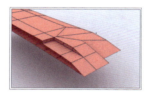

图8-96

16　下面对主体部分后部的表面进行编辑，使用和编辑前端相同的方法对需要编辑的表面进行挤压和切割。调整顶点的位置，得到需要的形状，由于方法与前端的设置较为相似，这里不再赘述，制作过程如图8-97和图8-98所示。

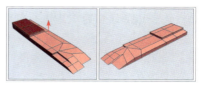

图8-97

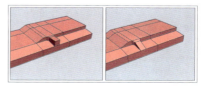

图8-98

17　为了在对象表面添加更多的细节，需要对表面进行切片操作。使用与前面步骤中相同的挤压方法来创建前端的凸出部位，最后效果如图8-99所示。

图8-99

18 挤压出侧面的护板，对顶点进行调整，得到如图8-100所示的形状。

图8-100

19 进入"多边形"子对象层级，对主体底盘部分的面进行挤压操作，创建出底盘。最后效果如图8-101所示。主体部分的创建就结束了。

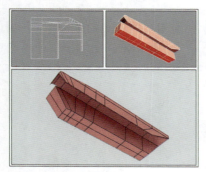

图8-101

8.4.2 多边形建模创建炮塔部分

接下来需要创建炮塔部分，与主体部分的创建过程相似，炮塔也是从一个"长方体"对象开始创建的。由于炮塔部分相对主体比较复杂，所以使用了更具灵活性的多边形建模方式来进行创建。

01 进入"创建"主命令面板下的"几何体"次面板，在该面板内的下拉列表内选择"标准基本体"选项，进入标准几何体创建面板，单击"对象类型"卷展栏中的"长方体"命令按钮，在顶视图窗口中创建一个长方体对象，并将其命名为"炮塔"，如图8-102所示。

图8-102

02 将该对象塌陷为多边形对象，并进入"顶点"子对象层级，首先在顶视图对整体形态进行调整，得到如图8-103所示的形状。

图8-103

03 在透视图中选择前端上部的两个端点，沿Z轴向下移动选中的顶点，分别将其与下部对应的顶点焊接，使炮塔前端产生坡度，如图8-104所示。

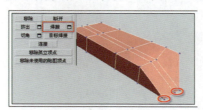

图8-104

04 使用"切片平面"命令，在如图8-105所示的位置进行一次切片操作。

图8-105

05 在透视图中选择炮塔内侧的面，在水平的方向上进行一次切片操作，如图8-106所示。

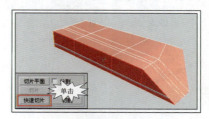

图8-106

06 进入"边"的子对象层。选择如图8-107所示的边界，在"编辑多边形"卷展栏下单击"切角"按钮，此时边就被分割为两条线段。

图8-107

07 选中炮塔内侧的多边形，并沿X轴向外侧移动，在其前部创建一处凹陷，如图8-108所示。

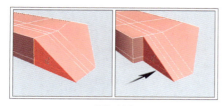

图8-108

08 使用同样的方法对其下方的多边形进行切片操作，并选择分割出来的顶点，沿X轴向外侧移动，如图8-109所示。

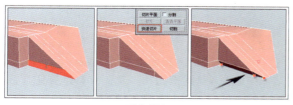

图8-109

09 进入"顶点"子对象层级，调整局部顶点的位置，对表面顶点进行一系列编辑，如图8-110所示。

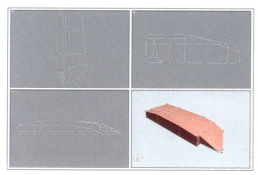

图8-110

提示

读者不一定要做得与实例中所示的一模一样，只需要保证大致比例的准确性就可以了。

10 使用同样的方法在炮塔后部也创建一个类似的凹陷，如图8-111所示。因为坦克表面的变化比较多，所以会有很多类似的凹陷和凸出。

11 为对象的表面分配不同的平滑组，使对象表面的边界更明显。调整完毕后，可适当对模型表面的顶点进行细微调节，如图8-112所示。

图8-111

图8-112

注意

处于同一水平面上的面，即使设置为不同的平滑组，也不会出现明显的边界，只有当两个面的角度有差别时，设置不同平滑组后才会显示效果。

12 进入"多边形"的子对象层，在顶视图选择上表面中间靠后的一排面，使用"切片平面"命令，在如图8-113所示的位置对这一排表面进行横向的切割。

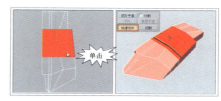

图8-113

13 在顶视图中调节顶点的位置在透视图选择分割后产生的顶点和上表面后部的所有顶点，将这些顶点沿Z轴整体向下移动，在表面生成一处起伏，然后为不同的面设置不同的平滑组。如图8-114所示。

图8-114

14 进入"边"子对象层级，在顶视图选择如图8-115所示的线段，单击"编辑边"卷展栏下的"连接"按钮，创建出一条线段。

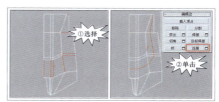

图8-115

15 进入"顶点"子对象层级，调整顶点的位置，如图8-116所示。

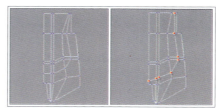

图8-116

16 进入"边"子对象层级，选择如图8-117所示的边子对象，单击"编辑边"卷展栏下的"切角"按钮，在该边子对象上拖曳，创建出另外一条边。

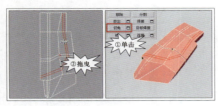

图8-117

17 进入"顶点"子对象层，选择如图8-118左图所示的顶点，在透视图沿Z轴向下移动这些顶点。将移动后产生的面设置为不同的平滑组，得到如图8-118右图所示的形态。

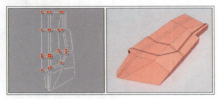

图8-118

18 进入"创建"主命令面板下的"图形"次命令面板，单击"线"命令按钮，在顶视图中创建出如图8-119所示的图形。

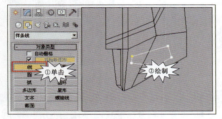

图8-119

19 选择"炮塔"模型，进入"创建"主命令面板下的"几何体"次命令面板，在该面板内的下拉列表内选择"复合对象"选项，单击"对象类型"卷展栏中的"图形合并"命令按钮，按下"拾取图形"按钮，在视图中拾取创建的曲线，此时这条曲线就被投影到炮塔表面，如图8-120所示。

图8-120

20 将炮塔转换为多边形对象，进入"多边形"的子对象。选择投影的面，向内挤压从而出现一个凹槽，如图8-121所示。

21 参照前面的方法使用"图形合并"命令，投影一个方框到前端表面上，然后向外挤压方框形

的表面，创建出导弹孔，如图8-122所示。

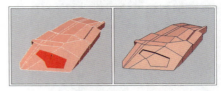

图8-121

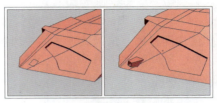

图8-122

22 在顶视图选择炮塔对象，在主工具栏中单击 "镜像"按钮，在弹出的"镜像：屏幕 坐标"对话框中选择X单选按钮和"复制"单选按钮，镜像复制出炮塔的另一半，如图8-123所示。

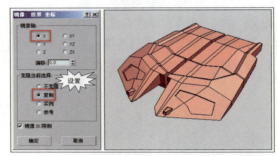

图8-123

23 在透视图中分别将炮塔内侧的两个面删除，通过"编辑顶点"卷展栏下的"焊接"命令将炮塔的两半精确地焊接到一起，如图8-124所示。

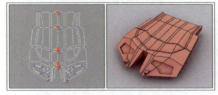

图8-124

24 炮塔表面并不是完全对称的，所以对镜像出来的另一半要再次进行调整。选择如图8-125所示的面，对其执行挤压操作，在其上表面创建一个凹槽，这个部分是坦克上的观察窗口。

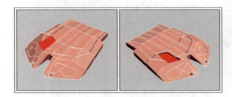

图8-125

25 最后再次应用二维投影法，在镜像出来的一半的边缘部分创建一个方形凹陷，如图8-126所示，现在炮塔创建结束。

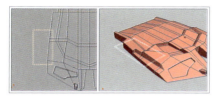

图8-126

26 最后，使用"选择并非均匀缩放"按钮，对炮塔的外形再次进行调整，使炮塔外形更具夸张感和立体感，如图8-127和图8-128所示。

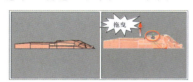 

图8-127　　　　　　　图8-128

8.4.3 轮子和履带的创建

由于履带的外壳部分为薄片状的对象，所以在建模时使用了"壳"编辑修改器，该编辑修改器能够根据对象现有的表面，在其内部或外部添加面。为了使履带能够适应车轮，使用了"路径变形WSM"编辑修改器，该编辑修改器能够使对象适应二维路径，从而改变形状。

01 在左视图窗口中创建一个半径为400，高为600的圆柱体对象，在"参数"卷展栏下设置参数，并将其塌陷为多边形对象，如图8-129所示。

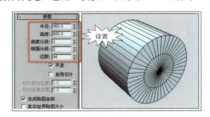

图8-129

02 将左视图转化为右视图，进入"顶点"子对象层，选择"忽略背面"复选框，忽略背面的顶点，对顶点进行选择，利用缩放工具把截面上第2圈的顶点整体向外扩张，并靠近外圆，如图8-130所示。

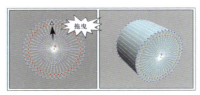

图8-130

03 进入"多边形"子对象层，选择截面上如图8-131所示的面，在"编辑多边形"卷展栏下单击"倒角"命令按钮右侧的设置块，在弹出的对话框中进行设置。

04 再次单击"倒角"命令按钮，进行这样重复的操作，直到挤压出如图8-132所示形态为止。

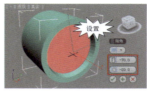 

图8-131　　　　　　　图8-132

05 为每一圈面都设置一个独立的平滑组，最后得到如图8-133所示的效果。

06 下面在为其轮子内圈表面制作一圈螺钉，螺钉由一个六边形拉伸体和一个圆柱组成，属于基本形体的组合。如图8-134所示。

图8-133　　　　　　　图8-134

07 选择轮子和轮子上的所有螺钉，在主菜单中执行"组"→"成组"命令，在弹出的"组"对话框内将群组后的对象命名为"车轮"，单击"确定"按钮退出该对话框。最后将轮子复制，并将复制后轮子摆放至如图8-135所示的效果。

08 接下来需要创建履带部分，履带的长度至少是车长的2倍，在顶视图创建一个"长方体"对象，具体参数参照如图8-136所示进行设置，并将该对象转化为多边形对象。

图8-135　　　　　　　图8-136

09 进入转化后对象的"多边形"的子对象，在顶视图选择面，每一个选择面要间隔一个未选择的面，并且需要上下面同时选择，如图8-137所示。

10 在"编辑多边形"卷展栏下单击"倒角"按钮右侧的小方框，在弹出的对话框中设置参数，如图8-138所示。

图8-137　　　　　图8-138

11 在右视图创建一条如图8-139所示的样条曲线，该曲线为封闭曲线，作为履带适应的路径。选择履带，在"修改"命令面板的编辑修改器下拉列表中选择"路径变形WSM"选项，为其添加一个"路径变形WSM"编辑修改器。

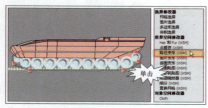

图8-139

12 在"参数"卷展栏下单击"拾取路径"按钮，并在视图中拾取封闭的二维曲线，在"旋转"文本框中输入180，在"路径变形轴"选项栏下选择X单选按钮，使对象沿X轴适配路径，履带适配路径后的效果如图8-140所示。

13 下面创建履带的前挡板和后挡板，过程非常简单，基本上都是由"长方体"对象挤压生成，如图8-141所示。

 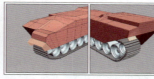

图8-140　　　　　图8-141

提示

通过调整X轴和Y轴的位置，可改变适配履带的大小和方向。

8.4.4　整体细节处理

现在坦克的主体部分已经基本完成了，以下需要对主体部分进行镜像复制并焊接，然后添加炮筒、车灯等细节，在创建这些细节的过程中，由于仍旧使用了常用的挤压、倒角、焊接等操作，再此就不重复讲述，读者可自行添加细节，或使用本书附带光盘中的素材。

01 在顶视图选择主体和履带对象，在主工具栏中选择 "镜像"按钮，在弹出的"镜像：屏幕坐标"对话框中选择X单选按钮和"复制"单选按钮，镜像复制主体的另一半，如图8-142所示。

图8-142

02 首先将复制的主体进行附加操作后，进入该对象的"顶点"子对象层，选中接缝处的所有顶点，在"编辑几何体"卷展栏下单击"焊接"面板下的"选定项"按钮，将两部分焊接在一起，如图8-143所示。

03 将炮塔摆放至如图8-144所示的位置。

图8-143　　　　　图8-144

注意

执行焊接操作前，为了保证焊接面的完整性，一定要将焊接处内部的面清除干净，并检查有没有多余的残留面，再进行焊接操作。

04 最后需要在坦克表面创建诸如炮筒、机枪、防护装甲、子弹带、遥感装置等细节，由于这些对象的创建没有涉及新的工具，且制作过程较为简单，所以这里不再进行详细讲述，读者可以参考如图8-145和图8-146所示来创建这些对象，也可打开本书附带光盘中的Chapter-08/"坦克附件.max"文件进行合并。

图8-145　　　　　图8-146

05 现在本练习已经全部完成了，如图8-147所示为添加材质后的效果，如果在建模过程中遇到了什么问题，可以打开本书附带光盘中的Chapter-08/"坦克.max"文件进行查看。

图8-147

第9章
使用面片建模

面片建模较上一章讲过的多边形建模更为复杂，该建模方式也是基于子对象进行编辑的。面片建模能够基于Bezier曲线建模，可以利用较少的顶点创建出光滑的曲面，因此常被用来创建拥有光滑、流线表面的形体，例如工业造型、器官模型等。因为以上特点，所以该建模方法常用于角色动画的模型创建中，因为较少的控制点使模型更易于控制。

9.1 面片建模原理

面片建模能够基于Bezier曲线创建出复杂的平滑曲面，这一特性使其在角色建模和不规则平滑形体建模方面大大优于网格建模和多边形建模；面片建模比NURBS建模更容易控制并且可以大大地节省系统资源。所以，面片建模成为一种深受用户欢迎的建模方式，在本节将介绍有关面片建模的基本知识。

9.1.1 面片的两种形式

在3ds Max中，能够创建两种类型的面片，分别为"四边形面片"和"三角形面片"，这两种面片类型都基于Bezier曲线，在编辑时会产生不同的结果。三角形面片只影响共享边界的顶点，对角顶点的表面不受影响，因而当弯曲对象时其边界较锐利，能够形成明显的褶皱。四边形面片在编辑时，对角的顶点也相互影响，能够产生较为平滑的表面。如图9-1所示为这两种类型面片创建的对象。

图9-1

9.1.2 了解Bezier曲线

Bezier曲线可以由多个顶点来定义，一般情况下3个顶点即可创建出一条典型的Bezier曲线，中间顶点的两个控制柄决定了曲线的弯曲方式，如图9-2所示。

图9-2

面片模型中的顶点是Bezier曲线通过的端点，顶点是对象表面的一部分，格子上的矢量手柄可以定义样条曲线的其他两个控制点，如图9-3所示为面片模型中的矢量手柄。

图9-3

面片实际上是由Bezier曲线控制的样条曲线所组成的面，可以通过移动顶点和矢量手柄来编辑这个面。Bezier曲线的顶点有两种编辑状态，分别为"共面"和"角点"，如图9-4所示。

图9-4

选择一个顶点，在该顶点上右击，在弹出的快捷菜单中选择"共面"选项。此时移动所选顶点上的一个矢量手柄，其他矢量手柄也跟着移动。如果在快捷菜单中选择"角点"选项，则移动一个矢量手柄时其他矢量手柄将不受影响。如图9-5所示为Bezier曲线顶点的两种状态。

图9-5

> **注意**
> 当顶点只有两个手柄时，只能以"角点"方式进行调整和编辑。

9.1.3 创建面片对象

在3ds Max中，提供了多种创建面片对象的方法，下面将分别为读者介绍这些创建面片对象的方法。

1. 塌陷对象

使用塌陷的方法可以将基本几何体或其他类型的对象转化为面片对象，其方法和塌陷网格、多边形对象的方法一致。

01 在快速访问工具栏中单击 📂 "打开文件"按钮，打开本书附带光盘中的Chapter-09/"瓷瓶.max"文件，该场景中已经包含了所要使用的三维图形，如图9-6所示。

02 在视图中选中"把手001"对象，在该对象上右击，从弹出的快捷菜单中选择"转换为可编辑面片"选项，如图9-7所示，对象被塌陷为面片对象。

图9-6

图9-7

03 也可以在"修改"面板中塌陷对象，按快捷键Ctrl+Z，恢复上一步操作，选中"把手001"对象，进入 ✏ "修改"面板，在编辑修改器显示窗中右击，在弹出的快捷菜单中选择"可编辑面片"选项，将该对象塌陷为面片对象，如图9-8所示。

图9-8

2. 创建面片对象

也可以直接创建"四边形面片"和"三角形面片"对象并将其塌陷为面片对象，"四边形面片"和"三角形面片"对象可以直接塌陷为面片对象，"四边形对象"塌陷后的面片对象为四边类型的面片对象，"三角形面片"塌陷后的面片对象为三角类型的面片对象。

在 ✳ "创建"面板中的 ⬤ "几何体"层级面板内的下拉列表中选择"面片栅格"选项。此时在"对象类型"卷展栏内出现"四边形面片"和"三角形面片"命令按钮，如图9-9所示。单击任意一个命令按钮，即可在场景中创建相应类型的对象。

图9-9

3. 使用编辑修改器输出面片对象

二维编辑修改器在将二维图形生成三维形体时，可以设置生成对象的属性，如果选择"面片"选项，在执行塌陷操作后，对象将转化为面片对象。

01 再次打开"瓷瓶.max"素材文件，选择"瓶身"对象，该对象已经添加了一个"车削"修改器，如图9-10所示。

02 在编辑修改器显示窗内选择"车削"选项，此时会显示该修改器的创建参数，在"输出"选项组内选择"面片"单选按钮，如图9-11所示。

图9-10

图9-11

03 右击"瓶身"对象，在弹出的快捷菜单中选择"转换为可编辑面片"选项，将该对象塌陷为面片对象，如图9-12所示。

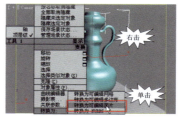
图9-12

4. 添加"编辑面片"编辑修改器

选择对象后，进入"修改"面板，在该面板内可以为对象添加"编辑面片"编辑修改器，使用该修改器后，可以将对象作为面片对象进行编辑，并且可以随时访问添加"编辑面片"修改器前对象的原始参数，如果需要恢复添加修改器前的对象状态，只需要删除"编辑面片"修改器即可。

继续上一节的操作，选中"把手002"对象，进入 "修改"面板，为"把手002"对象添加一个"编辑面片"修改器，如图9-13所示。

图9-13

9.2　面片对象的子对象

在本节将介绍有关面片对象子对象的有关知识，其中包括面片对象的子对象类型和"控制柄"子对象的定义。

9.2.1　面片对象的子对象类型

面片对象包含5种子对象类型，这5种子对象类型分别为 "顶点"、 "边"、 "面片"和 "元素"、 "控制柄"，如图9-14所示。

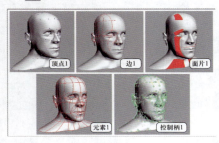

图9-14

9.2.2　关于"控制柄"子对象

"控制柄"子对象能够在不进入"顶点"子对象层的情况下，对顶点的手柄或向量进行编辑，虽然该子对象层与"顶点"子对象较为接近，但以下操作只有在"控制柄"子对象层才能实现。

● 同时选择多个手柄。
● 使用变换工具（移动、选转、缩放）对手柄进行编辑。
● 在编辑手柄的过程中防止对顶点的误操作。
● 将手柄的选择集命名并存储，在操作中随时可以使用存储的选择集。
● 复制和粘贴手柄。
● 使用 "对齐"工具对齐手柄。

下面通过一个小实例来介绍将顶点的选择集命名并存储的方法。

01　首选将本书附带光盘中的Chapter-09/"头盔.max"文件打开，选择"头盔"对象，进入 "修改"面板，进入该对象的"控制柄"子对象层，在左视图中选择头盔底部的控制柄，如图9-15所示。

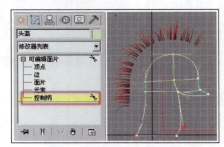

图9-15

02　在主工具栏内的"命名选择集"下拉列表中输入"底部控制柄"字样，将选择集命名为"底部控制柄"，如图9-16所示。

图9-16

03　在前视图中选择头盔前沿部分的控制柄，并在主工具栏内的"命名选择集"下拉列表内输入"前沿控制柄"字样，如图9-17所示。

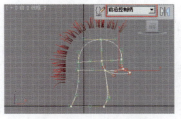

图9-17

04 取消控制柄的选择,在主工具栏内的"命名选择集"下拉列表中选择"底部控制柄",底部控制柄被选中;在主工具栏内的"命名选择集"下拉列表中选择"前沿控制柄",前沿控制柄被选中,如图9-18所示。

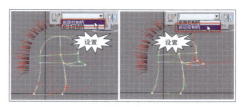

图9-18

9.3 编辑面片对象

本节将介绍面片对象及面片子对象的编辑方法,面片对象的一些编辑命令与网格和多边形是相同的,例如某些选择命令、"软选择"命令等,在本章中对这些命令不再进行赘述,而只讲解面片对象独有的命令。

9.3.1 面片对象的公共命令

1. 选择卷展栏

当选择一个面片对象后,进入"修改"命令面板,"选择"卷展栏下的各项命令用来设置对象的选择,如图9-19所示。

图9-19

"命名选择集"选项组内的"复制"和"粘贴"命令针对于所有的子对象层,"复制"命令能够将主工具栏中"命名选择集"下拉列表内的选择集名称存储并放置于缓冲器中,使用"粘贴"命令能够将存储的选择集粘贴。

下面通过一个小实例来使读者了解"复制"和"粘贴"命令的具体操作方法。

01 首先在"快速访问"工具栏中单击 "打开文件"按钮,打开本书附带光盘中的Chapter-09/"酒杯.max"文件,该文件为两个酒杯的模型,如图9-20所示。

02 选择"酒杯01"对象,进入该对象的"控制柄"子对象层,在前视图中选择"酒杯01"顶部的一排控制手柄,如图9-21所示。

图9-20 　　　　　　　　　图9-21

03 在主工具栏内的"命名选择集"下拉列表内输入01,并按Enter键,将选择集命名为01,如图9-22所示。

图9-22

04 在"命名选择"选项组内单击"复制"按钮,此时会弹出"复制命名选择"对话框,如图9-23所示。在该对话框内选择01选项,单击"确定"按钮退出该对话框。

05 取消对子对象的选择,在主工具栏单击 "编辑命名选择集"按钮,打开"编辑命名选择集"对话框,如图9-24所示。选择01选项,单击"删除"按钮将选择集删除,单击"确定"按钮退出该对话框。

图9-23 　　　　　　　　　图9-24

06 进入"酒杯01"对象的"控制柄"子对象层，在"命名选择集"选项组内单击"粘贴"按钮，01选择集重新被选中，且"编辑命名选择集"对话框内再次出现01选择集的名称，如图9-25所示。

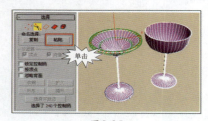

图9-25

07 进入"酒杯02"对象的"控制柄"子对象层，此时"编辑命名选择集"对话框内没有任何选择集的名称，单击"命名选择集"选项组内的"粘贴"按钮，"编辑命名选择集"对话框内出现了01选择集的名称，"酒杯02"对象相应的子对象被选中，如图9-26所示。

图9-26

在"选择"卷展栏下的"过滤器"选项组为筛选功能区，这一功能区只针对面片对象的"顶点"子对象层级。在"过滤器"选项组内分别有两个复选框，分别为"顶点"和"向量"，如图9-27所示。

图9-27

如果选中"顶点"复选框，表示所选择对象只针对顶点。选择"向量"复选框时，表示选择对象只针对矢量手柄。这两个复选框可以同时被选中，当同时被选择后，即表示顶点和矢量手柄均可以被选中。

下面通过一个小实例来了解面片对象相关的公共命令。

01 首先打开本书附带光盘中的Chapter-09/"犀牛.max"文件，该文件为一个犀牛的头部模型，如图9-28所示。

02 选择场景中的犀牛模型，进入对象的"顶点"子对象层级，在左视图中调整如图9-29所示的矢量手柄。

图9-28　　　　　　　　图9-29

03 "锁定控制柄"复选框的功能主要是用来锁定矢量手柄。选择"锁定控制柄"复选框后，再次调整该矢量手柄的位置，发现其他的矢量手柄也随之变动，如图9-30所示。

图9-30

> **提示**
>
> "锁定控制柄"复选框的功能同"共面"类型顶点的移动矢量手柄的效果相同。只有在"角点"类型的顶点情况下，才能起作用。

04 当选择"边"子对象层级后，"选择开放边"命令按钮将被激活，该命令与多边形对象的开放边命令相同。单击"选择开放边"命令按钮后，模型中一侧与面相连的边界将被单独选择出来，如图9-31所示。

图9-31

05 "选择开放边"命令按钮其下的信息，可显示所选择子对象的类型与数量，如图9-32所示。

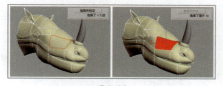

图9-32

2. 控制面片对象的表面属性

"曲面"选项组的各项命令用来控制面片对象的表面属性，如图9-33所示为"曲面"选项组。

图9-33

01 "视图步数"参数用于控制视图中面片对象包含的网格数，该数值的取值范围在0～100，数值越大，面片对象包含的网格数就越多，面片对象的细节也就越多，如图9-34所示为"视图步数"参数为1和5时，对象在视图中的显示状态。

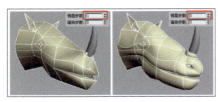

图9-34

02 "渲染步数"参数用于控制渲染后面片对象包含的网格数，该数值的取值范围在0～100，数值越大，面片对象包含的网格数就越多。如图9-35所示为"渲染步数"参数为1和5时，对象渲染后的形态。

图9-35

03 选择"显示内部边"复选框后，在线框显示模式下，将显示对象内部的边界，如果"显示内部边"复选框为被选中状态，则只显示对象外部轮廓，默认状态下"显示内部边"复选框处于未被选中的状态。如图9-36所示为不选择和选择"显示内部边"复选框时对象的显示状态。

图9-36

04 "使用真面片法线"复选框决定面片间边界的平滑方式，如图9-37所示。

图9-37

9.3.2 编辑"顶点"子对象

在"顶点"子对象层级，可以选择一个或多个顶

点，并可以对选择的顶点和顶点控制柄进行调整。调整顶点后，将影响与顶点连接的所有面片的形状。

编辑顶点和控制手柄，首先要选择一个面片对象，进入"修改"命令面板，在编辑修改器显示窗内选择"顶点"选项，或在"选择"卷展栏下单击"顶点"按钮，即可进入"顶点"子对象层级，如图9-38所示。

图9-38

1. "绑定"命令

"绑定"命令用于顶点的捆绑，使用该命令，能够在两个相邻的面片顶点数目不同时，将顶点较多的面片上的顶点捆绑到顶点较少的相邻面片的边界上。从而使顶点数目不同的两个相邻面片产生同无缝连接相同的平滑效果，如图9-39所示。

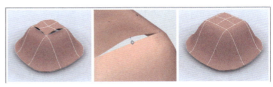

图9-39

- 在执行"绑定"命令时需要注意以下几点。
- 执行捆绑命令的顶点与边界必须分属不同的面片，在同一个面片上不能执行捆绑命令。
- 当一个边界上两个顶点之间只有一个顶点，且相邻边界两端的顶点与这一边界相连，边界上没有其他顶点时，才可以执行"绑定"命令。
- 被捆绑的顶点只能调节矢量手柄，而不能移动顶点的位置。

以下将通过一个实例练习讲解该命令的使用方法。

01 打开本书附带光盘中的Chapter-09/"鱼头.max"文件，该场景为一个鱼头的模型，可以看到鱼头有一个面因为顶点数目与其相邻的面不一致，产生了撕裂现象，如图9-40所示。

图9-40

02 选择鱼头，进入该对象的"顶点"子对象层，单击激活"绑定"按钮，选择如图9-24左图所示的顶点，拖曳至其相邻的边，当鼠标指针变为十字形时，释放鼠标，顶点被绑定，绑定后的顶点呈黑色显示，如图9-41右图所示。

图9-41

03 使用同样的方法绑定其他3个顶点，最后效果如图9-42所示。

图9-42

04 选择绑定后的顶点，单击"取消绑定"按钮，可以解除顶点的绑定状态。

2. 焊接命令

以下将通过一个实例练习讲解焊接命令的使用方法。

01 打开本书附带光盘中的Chapter-09/"座椅.max"文件，该场景为一个座椅的模型，读者可以看到，椅子的坐垫部位产生了开放的边界和挡板，如图9-43所示。

02 在"焊接"选项组中，有"选定"和"目标"两个按钮。这两个按钮控制两种不同的焊接方法。下面进入到"顶点"子对象层级，选择如图9-44所示的两个顶点子对象。

图9-43　　　　　　　图9-44

03 在"选定"命令右侧的文本框中输入数值，单击"选定"按钮，如图9-45所示，两个顶点将进行焊接。"选定"命令针对"顶点"和"边"两个子对象层级，"选定"命令按钮右侧的参数用来设置其阈值范围。

04 "目标"命令只针对"顶点"子对象层。当选择需要焊接的顶点后，拖曳视图中的该顶点到另外一个顶点的位置，如图9-46所示。当两个顶点的位置处于阈值范围内时，这两个子对象将被合并。

图9-45　　　　　　　图9-46

> **提示**
>
> "目标"命令按钮右侧参数，用来设置两个顶点间的像素值。该值决定多少像素以内的顶点可以进行有效焊接，该值越大，焊接的范围就越大。

05 具体操作方法为：选择需要合并的顶点，单击"目标"命令按钮，当光标移动到顶点上时转变为十字形后，单击拖曳，将光标拖曳到目标顶点上，光标再次转变为十字形，释放鼠标。所选对象如果在目标对象的阈值范围内，这两个顶点将会焊接在一起，如图9-47所示。

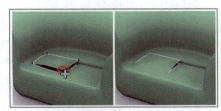

图9-47

9.3.3　编辑"边"子对象

边界是面片对象两个顶点间的部分，在"边"子对象层级，除了可以对边界执行变换操作之外，还可以通过挤压、延伸等操作创建新的面。

下面通过一组操作，讲解"边"子对象层级"拓扑"选项组中的相关命令。

01 打开本书附带光盘中的Chapter-09/"小丑帽.max"文件，该场景为一个面片对象，如图9-48所示。

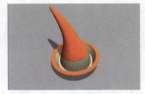

图9-48

02 选择"小丑帽"对象，进入该对象的

"边"子对象层，在"选择"卷展栏内单击"选择开放边"按钮，帽子外边缘所有的边被选中，如图9-49所示。

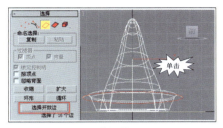

图9-49

03 在"几何体"卷展栏内单击"添加三角形"按钮，会沿所有的开放边延伸形成三角形面，如图9-50所示。

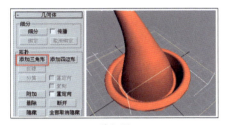

图9-50

04 进入"点"子对象层，选择所有三角形面外侧的顶点，如图9-51所示。

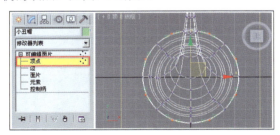

图9-51

05 在"顶"视图中沿X、Y轴缩放所选顶点，如图9-52所示。

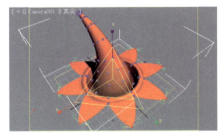

图9-52

06 按快捷键Ctrl+Z恢复上一步操作，确定帽子外边缘所有的边被选中，在"几何体"卷展栏内单击"添加四边形"按钮，会沿所有的开放边延伸形成四边形面，如图9-53所示。

图9-53

提示

"添加三角形"和"添加四边形"只作用于开边界，如果边界不是开边界，这两个命令无效。

下面通过一组操作，讲解"杂项"选项组中的相关命令。

01 打开本书附带光盘中的Chapter-09/"车座.max"文件，该场景为一个自行车座的模型，如图9-54所示。

图9-54

02 "杂项"选项组中有"创建图形"和"面片平滑"两个命令按钮。"创建图形"命令能够基于所选择的边界创建样条曲线，如图9-55所示。

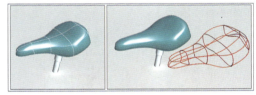

图9-55

03 其具体操作方法是：选中边界后，单击"创建图形"按钮，会弹出"创建图形"对话框，如图9-56所示，在"图形名"文本框输入样条曲线的名称，单击"确定"按钮，所选边界被分离为样条曲线。

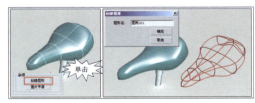

图9-56

04 使用"面片平滑"命令可以通过调整所选边界的切线手柄，使面片表面呈现平滑效果，如图9-57所示。选择边界后，单击"面片平滑"按钮，即可实现这种效果。

图9-57

9.3.4 编辑"面片"和"元素"子对象

由于"面片"或"元素"子对象层的编辑命令完全相同，所以本节将综合讲述这两个子对象层的编辑命令。

下面通过一组操作，讲解"面片"和"元素"子对象的相关命令。

01 打开本书附带光盘中的Chapter-09/"卡通角色.max"文件，可以看到该场景为一个卡通角色头部的模型，如图9-58所示。

图9-58

02 单击选择模型后，进入"修改"命令面板，在编辑修改器显示窗内选择"面片"或"元素"选项，或在"选择"卷展栏下单击"面片"或"元素"按钮，即可进入"面片"或"元素"子对象层，如图9-59所示。

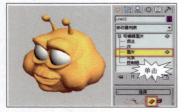

图9-59

03 "几何体"卷展栏内的"细分"命令按钮，用于将选中的面进行细化，以达到增加顶点和面片细节的目的。执行"细分"命令时，首先需要选择准备细化的子对象，单击"几何体"卷展栏内的"细分"命令按钮，此时所选子对象会被细化，如图9-60所示。

图9-60

在编辑面片时一定要慎重地使用细化功能，因为如果两个相邻的面，其顶点数目不同，执行细化命令后会在面片之间出现裂缝。

04 "细分"按钮右侧的"传播"复选框决定了在执行细化操作时，所选面周围的面是否被细化。选择"传播"复选框后，选择面并单击"细分"命令按钮，可以使所有与选择对象相邻的子对象一起被细化，这样可以保持相邻面顶点数目的一致，避免了撕裂现象的发生，如图9-61所示。

图9-61

"创建"命令针对"边"子对象层以外的所有子对象层。当"创建"命令作用于"面片"和"元素"子对象层时，可以通过连接顶点的方法来创建面对象。

选择对象模型，进入"面片"子对象层或"元素"子对象层，单击"几何体"卷展栏内的"创建"命令按钮。子对象上会出现顶点，单击一个顶点，并拖曳鼠标，此时光标拖曳出一条虚线，将光标移至另一个顶点，光标会变为十字形，单击鼠标即可确定第2个顶点，如图9-62所示。

图9-62

在"面片"子对象层3个顶点确定一个面，在"元素"子对象层4个顶点确定一个面。"创建"命令常用来创建新的面，或修补受损的面，如图9-63所示为在"元素"子对象层，使用"创建"命令修补开边界的效果。

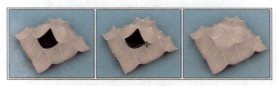

图9-63

接下来将通过一个小实例讲解"创建"命令的具体使用方法。

01 首先打开本书附带光盘中的Chapter-09/"人头.max"文件，观察场景可以看到模型面部有一个空洞，如图9-64所示。

图9-64

02 选择人头模型，进入"修改"命令面板，进入"元素"子对象层级，如图9-65所示。

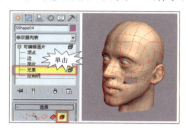

图9-65

03 单击激活"几何体"卷展栏内的"创建"命令按钮，单击如图9-66所示的顶点。

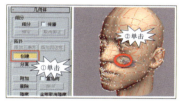

图9-66

04 单击拖曳，此时光标拖曳一条虚线，将光标移至另一个顶点，光标会变为十字形，单击鼠标，确定第2个顶点，如图9-67左图所示。使用同样的方法依次单击空洞上的4个顶点，单击第4个顶点后，会创建一个新的面，如图9-67右图所示。

图9-67

05 观察新创建的面，会发现该面与其他面之间有明显的边界，这是因为这些面属于不同的平滑组，进入"面片"子对象层，选择新创建的面，进入"曲面属性"卷展栏，在"平滑组"栏下可以看到该面属于2号平滑组，取消2号按钮的激活状态，单击1号按钮，使该面属于1号平滑组，观察对象，面变得平滑了，如图9-68所示。

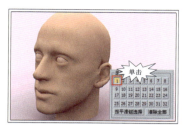

图9-68

9.3.5 **编辑"控制柄"子对象**

在"控制柄"子对象层级可以对顶点的手柄和向量进行编辑，并且比"顶点"子对象层更容易操作。

下面通过一组操作，讲解"控制柄"子对象层级的相关命令。

01 打开本书附带光盘中的Chapter-09/"鱼.max"文件，该场景为一个鱼的模型，如图9-69所示。

图9-69

02 选择对象后，进入"修改"命令面板，在编辑修改器显示窗内选择"控制柄"选项，或在"选择"卷展栏下单击"控制柄"按钮，即可进入"控制柄"子对象层级，如图9-70所示。

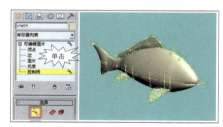

图9-70

03 在"切线"选项组下的"复制"和"粘贴"命令，用于对子对象变换设置的复制和粘贴。其具体使用方法为：首先单击"复制"按钮，将鼠标指针移动至一个"控制柄"子对象，当鼠标指针改变形状时，单击鼠标，该"控制柄"子对象的变换数据被复制，如图9-71所示。

图9-71

04 此时"粘贴"按钮处于可编辑状态,单击激活"粘贴"按钮,将鼠标指针移向另一个"控制柄"子对象,当鼠标指针改变形状时单击鼠标,复制的变换数据被粘贴给当前子对象,如图9-72所示。

图9-72

05 "粘贴长度"命令用于决定粘贴变换数据时是否复制长度,如果该复选框处于关闭状态,在粘贴时只复制方向,而不复制长度,如果该复选框被选中,在粘贴时将复制长度,如图9-73所示。

图9-73

9.4 了解"曲面"编辑修改器

使用"曲面"编辑修改器,可以利用对象的拓扑线快速、准确地创建对象,并将其转化为面片对象,因为面片对象可以使用较少顶点产生平滑曲面、易于编辑和控制,所以这种建模方法被广泛地应用于角色动画的建模中。在本节中就将讲解有关"曲面"编辑修改器的知识。

9.4.1 应用"曲面"编辑修改器

"曲面"编辑修改器只能作用于二维型,下面通过一组操作来讲述"曲面"编辑修改器的相关命令。

01 打开本书附带光盘中的Chapter-09/"鱼身线条.max"文件,该场景为一个鱼身二维线的模型,如图9-74所示。

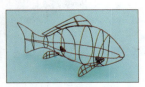

图9-74

02 选择场景中的二维型,进入"修改"命令面板,在编辑修改器显示窗内选择"曲面"选项,会赋予对象"曲面"编辑修改器,在"修改"命令面板出现"曲面"编辑修改器的创建参数,如图9-75所示。

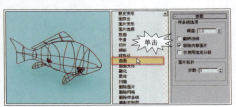

图9-75

03 此时,场景中的二维线条会转换为曲面效果,成为一个三维对象,如图9-76所示。

图9-76

04 在"参数"卷展栏中,"阈值"参数值决定了顶点间距的范围,如果顶点的间距小于该参数,在将拓扑线转化为面片时,这些顶点将被焊接在一起,如图9-77所示。

图9-77

> **提示**
>
> 有时在添加"曲面"编辑修改器后,拓扑线未能转化为面片,可能是由于顶点的间距大于该数值,可以尝试增大该数值,但如果该数值过大,会将距离较远的点定义为一个顶点,有可能产生错误的面。

05 当选择"翻转法线"复选框后,由拓扑线生成的面会翻转法线,如图9-78所示为选择和不选择"翻转法线"复选框对象表面的效果。

06 选择"移除内部面片"复选框后,将移除对象内部的面,使对象表面更平滑,如图9-79所示为选择和不选择"移除内部面片"复选框对象表面的效果。

图9-78

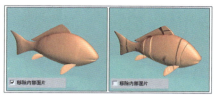

图9-79

07 在使用"曲面"编辑修改器之前，线框模型通常都是样条曲线编辑完成的，"仅使用选定分段"复选框只作用于拥有子对象的样条曲线，当选择"仅使用选定分段"复选框后，只有在"曲面"编辑修改器之前，样条曲线中被选择的"分段"子对象能够生成面，如图9-80所示。

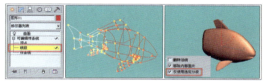

图9-80

08 "面片拓扑"中的"步数"参数值决定了组成面的顶点间的步数，该参数值越大，生成面的密度也就越大，如图9-81所示为"步数"参数值分别为1和6时对象的形态。

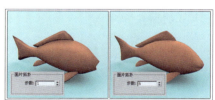

图9-81

9.4.2 使用"曲面"编辑修改器受到的限制条件

在使用"曲面"编辑修改器时，对拓扑线有如下要求。

● 拓扑线定义的面最多不能超过4个顶点，如果超过4个顶点，将无法转化为面片对象。3个顶点定义的面将转化为三角形面片，4个顶点定义的面将转化为四边形面片，如图9-82所示。

● 不同的拓扑线间重合的顶点距离必须在限定的"阈值"参数范围之内，如果顶点间的距离过大，拓扑线无法转化为面片，如图9-83所示。

图9-82

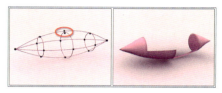

图9-83

● 如果出现两条线段相交的情况，每条线段必须在交点的位置有一个顶点，如果在交点的位置没有顶点，在定义面时，将忽略这个点而无法形成面。

9.4.3 "横截面"编辑修改器

"横截面"修改器可以创建出穿过多个样条线的曲面。它的工作方式是连接3D样条线的顶点形成曲面。

下面通过一组操作，讲述"横截面"编辑修改器的相关命令。

01 打开本书附带光盘中的Chapter-09/"船身拓扑.max"文件，该场景为一个二维船身拓扑线，如图9-84所示。

02 使用"曲面"编辑修改器之前，必须要保证二维拓扑线创建顺序的准确性，这些拓扑线类似于地球仪表面的经纬线，必须向着一个方向进行绘制，否则将不能形成正确的补充线条，如图9-85所示。

图9-84

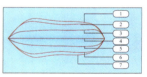

图9-85

03 当添加"横截面"编辑修改器后，编辑修改器可以根据已经创建完成的样条曲线，补充另外的样条曲线，使其适应"曲面"编辑修改器的要求，类似于根据经线创建纬线，或根据纬线创建经线，如图9-86所示。

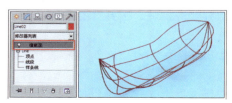

图9-86

04 在"横截面"编辑修改器中的"参数"卷展栏中，还可以设置新创建的样条曲线的类型，如图9-87所示。

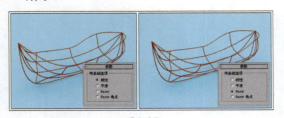

图9-87

05 添加完毕"横截面"编辑修改器后，即可添加"曲面"编辑修改器了，此时可以形成完美的立体曲面效果。如图9-88所示为使用"横截面"编辑修改器的具体流程。

图9-88

9.5 实例操作——创建卡通宠物模型

利用"曲面"修改器建模的方法，可以利用对象的拓扑线，快速、准确地创建不规则形体，并将其转化为面片对象，因为面片对象可以使用较少顶点产生光滑曲面、易于编辑和控制，所以这种建模方法被广泛地应用于角色动画的建模中。

在本节练习中，将指导读者创建一个虚幻海豚的模型，建模过程将分为两部分进行，第1部分将创建拓扑线，第2部分将使用"曲面"修改器将对象转化为面片对象，并对其进行编辑。

9.5.1 创建拓扑线

对象的拓扑线类似于地球表面的经纬线，使用二维曲线定义对象的拓扑线后，将所有的二维曲线合并，添加"曲面"修改器后即可将二维曲线定义的拓扑线转化为面片对象，如图9-89所示为对象的拓扑线和转化为面片对象的模型。

图9-89

创建拓扑线是本节练习中最复杂的部分，因为创建拓扑线的过程有很强的随机性，所以在本节不进行特别细致地讲解，主要目的是使读者掌握创建拓扑线的方法。

01 启动3ds Max 2012，进入 ![创建]"创建"主命令面板下的 ![图形]"图形"次命令面板，在"对象类型"卷展栏下单击"线"按钮，在左视图中沿背景图片创建一个线对象——Line01，如图9-90所示。

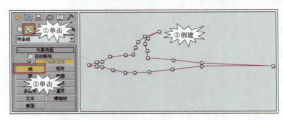

图9-90

02 选择Line01，进入"修改"命令面板，再进入Line01的"顶点"子对象层，为了将定义面的顶点控制在4个以下，轮廓线上下的顶点要两两相对，尽可能使用Bezier类型的顶点，以确保生成光滑的面片，如图9-91所示。

03 在"顶"视图中创建一个Line对象——Line02，如图9-92所示。

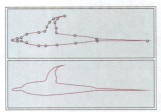

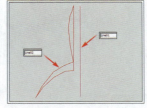

图9-91   图9-92

> **提示**
>
> 在建模时只需要创建一半拓扑线即可，在将拓扑线转化为面片后，可以使用镜像复制的方法来创建另一半对象。

04 通过细化和转换顶点类型，对Line02的顶点进行编辑（创建出夸张的尾鳍和胸鳍），最后效果如图9-93所示。

05 分别在左视图和前视图中对胸鳍上的"顶点"子对象进行调节，得到如图9-94所示的效果。

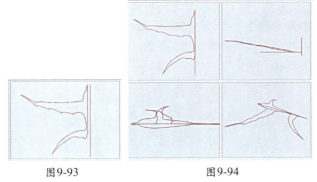

图9-93　　　　　　　　图9-94

06 在"几何体"卷展栏内单击"附加"按钮，在视图中选择Line01对象，将该对象添加到Line02对象中来，在工具栏中单击 ³⁰ "捕捉开关"按钮，打开捕捉，并在该按钮上右击，此时会打开"栅格和捕捉设置"对话框，如图9-95所示。在该对话框内选择"端点"复选框，使其能够捕捉到二维对象上的端点。

图9-95

07 进入"顶点"子对象层，选择原来Line02的第1个顶点，移动顶点向原来Line01的第1个顶点，当Line02的第1个顶点靠近Line01的第1个顶点时，Line02的第1个顶点会自动吸附在Line01的第1个顶点上，如图9-96所示。

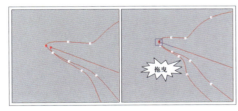

图9-96

08 选择原来Line02的最后一个顶点，也就是海豚尾部的顶点，使其吸附于原来Line01的最后一个顶点，如图9-97所示。

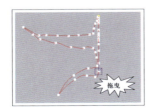

图9-97

技巧

在合并顶点时，为了使顶点能够准确地重叠在一起，通常需要单击激活 ³⁰ "捕捉开关"按钮，以便于捕捉顶点，但在编辑顶点时，如果仍旧激活"捕捉开关"按钮，很容易使顶点移动至错误的位置，所以在编辑顶点时，通常"捕捉开关"按钮是被关闭的，按S键能够快速激活或关闭"捕捉开关"按钮。

09 现在拓扑线的大致轮廓已经确定了，下面需要添加拓扑线的细节，定义细部的面。

10 在"透视"视图，单击激活 ³⁰ "捕捉开关"按钮，选择线框对象，在"几何体"卷展栏中单击"创建线"按钮，沿海豚鼻部最前端的3个顶点创建一个"线"对象——Line03，如图9-98所示。

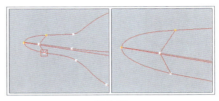

图9-98

11 关闭 ³⁰ "捕捉开关"按钮，将3个顶点都转化为Bezier类型的顶点，并对顶点进行编辑，最后结果如图9-99所示。

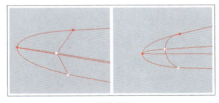

图9-99

12 再次单击 ³⁰ "捕捉开关"按钮，单击"创建线"按钮，连接如图9-100所示的顶点子对象，单击关闭 ³⁰ "捕捉开关"按钮，在3个视图中，对各个顶点进行调节。

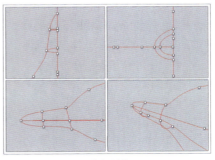

图9-100

13 依照上面的方法创建海豚主干上的拓扑线，如图9-101所示。

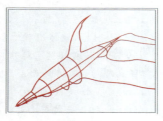

图9-101

注意

如果出现两条线段相交的情况，每条线段必须在交点的位置有一个顶点，如果在交点的位置没有顶点，在定义面时，将忽略这个点，使定义面的点超过4个，而无法形成面。

14 下面开始创建背鳍上的拓扑线，单击开启 [3m] "捕捉开关"按钮，单击"创建线"按钮，创建如图9-102所示的拓扑线。

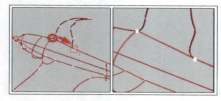

图9-102

15 单击关闭"捕捉开关"按钮，将新添加的线顶点转换为Bezier类型，对其进行调整，得到如图9-103所示的形状。

16 依照相同的方法，创建出背鳍上其他的拓扑线，不再重复，如图9-104所示。

图9-103　　　　　图9-104

17 下面进行胸鳍部位拓扑线的创建，该部位的拓扑线创建比较复杂，需要仔细观察，不过创建的原理和前面的拓扑线创建一样，如图9-105所示。

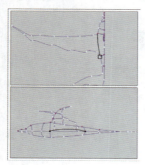

图9-105

18 为了与主体上的顶点对象的数目相一致，确保生成面，所以要在新添加的线上增加1个顶点子对象，将其转化为Bezier类型，调整为如图9-106所示的形状。

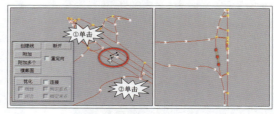

图9-106

19 在与其对应的胸鳍下端创建出另一半，如图9-107所示，形成一个闭合的形状。

20 依据上面的方法，将其他的拓扑线创建出来，如图9-108所示。

图9-107　　　　　　　图9-108

21 利用"创建线"命令，在单击打开"捕捉开关"按钮的情况下，将这一组拓扑线的中间顶点连接并调节平滑。效果如图9-109所示。

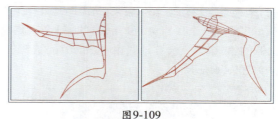

图9-109

提示

倘若不能用一根线连接，可以分为几段分别连接，一定要保证端点连接在一起。

22 最后对尾鳍部位的拓扑线进行创建，该部位的拓扑线比较复杂。首先在海豚尾部的主干部位添加4个顶点子对象，以便可以顺利地生成表面。如图9-110所示。

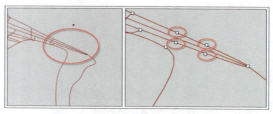

图9-110

23 单击打开"捕捉开关"按钮，单击"创建线"按钮，创建如图9-111所示的拓扑线，并将各顶点子对象转换为Bezier类型，调节控制手柄，使该拓扑线平滑过渡。

24 接着，参照创建胸鳍时的方法，创建出尾鳍拓扑线，如图9-112和图9-113所示。

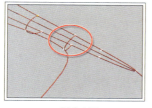 

图9-111　　　　　　图9-112

图9-113

25 最后创建连接线，一定要确保各个顶点的连接。完成拓扑线的创建工作，效果如图9-114所示。

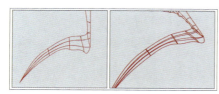

图9-114

26 现在拓扑线的创建工作已经结束，整体的造型如图9-115所示。

图9-115

9.5.2 转换为面片对象

当对象的拓扑线创建完成后，需要为其添加"曲面"修改器，将拓扑线转化为光滑曲面。"曲面"修改器对对象的编辑功能是很有限的，模型最后的效果仍旧取决于拓扑线的创建，因此一定要认真、细致地创建拓扑线。

01 在视图中选择Line002，进入"修改"命令面板，从修改器下拉列表内选择"曲面"选项，为

Line02添加一个"曲面"修改器。当添加"曲面"修改器后，拓扑线变为了如图9-116所示的样子，现在需要对"曲面"修改器的数据做一些调整。

图9-116

02 当为Line002添加"曲面"修改器后，在"修改"命令面板下会出现"参数"卷展栏。在该卷展栏内选择"样条线选项"内的"翻转法线"复选框，如图9-117所示。

图9-117

03 在修改器的堆栈栏内右击"曲面"项，在弹出的快捷菜单中选择"塌陷全部"命令，将Line02塌陷为面片对象，如图9-118所示。

图9-118

04 进入"边"子对象的编辑状态，选择如图9-119所示的"边"子对象。展开"几何体"卷展栏，在"细分"选项组中选择"传播"复选框，单击"细分"按钮，进行细化处理。

图9-119

05 选择如图9-120所示的边子对象，仍然在"细分"选项组中选择"传播"复选框，再次进行细化处理。

06 继续进行细化处理，最终该部位的拓扑结构为如图9-121所示的形状。

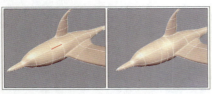

图9-120

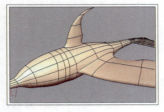

图9-121

07 进入"控制柄"子对象的编辑状态，在海豚主体编辑出近似圆形的区域作为眼眶，如图9-122所示。

图9-122

08 退出"控制柄"子对象层，进入"面片"子对象层，选择圆形面片，在"挤出和倒角"选项组中的"挤出"文本框内输入1，然后在轮廓文本框内输入－4，继续在"挤出"文本框内输入－14，在"轮廓"文本框内输入－3，创建出眼眶的形状，如图9-123所示。

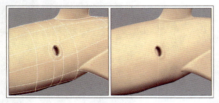

图9-123

09 退出子对象的编辑状态，激活前视图，在工具栏中单击 "镜像"按钮，在打开的"镜像：世界 坐标"对话框中的"克隆当前选择"选项组中选择"复制"单选按钮，单击"确定"按钮，退出该对话框，如图9-124所示。

10 选择其中的一个对象，在"几何体"卷展栏中单击"附加"按钮，在视图中选择另一个对象，将两个对象合并为一个对象，进入"顶点"子对象层，选择中心轴上的顶点子对象，在"焊接"选项组内单击"选定"按钮，对相应的顶点进行焊接，如图9-125所示。

11 使用同样的方法，对焊接的所有顶点子对象进行调整，这里不再细讲，完成效果如图9-126所示。

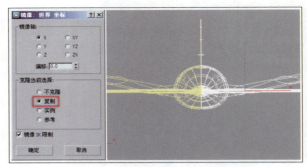

图9-124

图9-125

图9-126

12 退出子对象的编辑状态，展开"曲面属性"卷展栏，选择"松弛"和"松弛视口"复选框，在"松弛值"和"迭代次数"文本框内分别输入1.0和8，如图9-127所示。

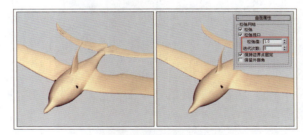

图9-127

13 最后利用"球体"对象，为海豚对象添加两个眼睛，完成本次练习，如图9-128所示。如果在制作该练习时遇到了什么问题，可以打开本书附带光盘中的Chapter-09/"虚幻海豚完成.max"文件，如图9-129所示，这是本练习添加材质后的效果图。

图9-128

图9-129

第10章
材质基础知识

现实生活中的对象，材质属性是千变万化的，即使是同一质感的对象，在不同的环境下也会显示出不同的效果，所以要在计算机虚拟的环境中真实再现对象材质，就要求软件在材质设置方面有很强大的功能，3ds Max 2012有着强大的材质编辑功能，较以前的版本也有了很大的改进，其中最大的变化是新增了Slate材质编辑器，该编辑修改器以节点、连线、列表的方式来显示材质层级，是一种全新的材质编辑模式，使材质的编辑变得更为直观，操作更为简便。

3ds Max 2012中创建材质的方法非常灵活自由，除了Slate材质编辑器以外，之前版本中的精简材质编辑器也被保留，可以根据自己的工作习惯和任务要求来选择材质编辑器，更好地完成材质设置工作。在本章将对3ds Max 2012中有关材质的知识进行整体介绍。

10.1　材质的概念

在3ds Max中材质编辑是一项非常重要的工作，通过对材质的编辑，可以设置对象的表面属性，使对象在渲染后实现更为逼真的效果，在进入本书实例之前，首先需要对有关材质的基础知识有一个大致的了解，以下将介绍一些有关材质的基本知识。

10.1.1　材质原理

材质是指物体的表面特性。例如，岩石表面很粗糙，反光能弱；玻璃表面非常光滑，能产生强烈的反光效果等。充分了解这些特点后，才能准确、生动地设置对象材质。3ds Max提供了丰富的材质类型，使用这些材质命令可以模拟现实生活中任何质感的效果。如图10-1所示为3ds Max创建的不同材质效果。

图10-1

在3ds Max中的材质不仅可以应用于对象，还可以应用灯光或大气环境效果。另外材质的一些参数还可以被设置为动画，辅助动画的编辑。

很多初学者无法分清材质与贴图的区别。简单地讲，材质主要针对与对象表面的质感特点进行设置，例如，设置对象表面的反光程度、调整对象的高光亮度、控制对象表面的凹凸效果等。而贴图服务于材质，为材质提供可视化的图像信息。例如，两个对象同样是大理石材质，但表面的花纹是不同的，这样就需要不同的贴图来进行设置，如图10-2所示。

图10-2

当然3ds Max中的贴图并不是像一幅纹理图像那么简单，其中还有很多功能非常强大的贴图命令，例如合成贴图、折射贴图等。这些知识在之后的章节中将进行详细讲述。

10.1.2　编辑和观察材质

3ds Max中所有的材质编辑工作都是在"材质编辑器"对话框中完成的，Slate材质编辑器和精简材质编辑器均是如此，以下将通过一个实例介绍怎样通过Slate材质编辑器编辑和观察材质。

01 单击"快速访问"工具栏中的 "打开文件"按钮，打开本书附带光盘中的Chapter-10/"图钉.max"文件，该文件的内容为一个图钉在桌面上，钉住两张素描，如图10-3所示。

图10-3

02 "材质编辑器"按钮为下拉式按钮，单击 "材质编辑器"按钮，打开材质编辑器，如图10-4所示。

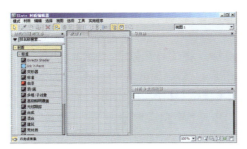

图10-4

技巧

也可以按下M键，快速打开Slate材质编辑器。

03　材质/贴图浏览器的"示例窗"卷展栏内显示材质示例窗，材质示例窗内为材质样本球，通过对材质样本球的编辑，可以看到材质和最终效果，如图10-5所示。

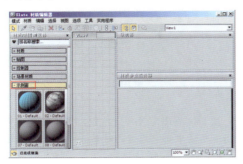

图10-5

04　双击01-Default材质示例窗，在Slate材质编辑器的活动视图内会以节点和关联的方式显示材质的相关数据，如图10-6所示。

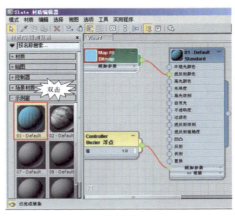

图10-6

05　双击01-Default节点，在Slate材质编辑器的参数编辑器会出现01-Default材质的创建参数，可以通过设置这些参数对材质进行编辑，如图10-7所示。

图10-7

10.2　使用材质编辑器

在3ds Max中，材质编辑器是专门编辑修改材质而特设的编辑工具。场景中所需的一切材质都将在这里编辑生成，并通过编辑修改器，将编辑好的材质指定给场景中的对象。当编辑好材质后，可以随时返回到材质编辑器中，对所编辑的材质进行修改，修改效果将同时反映在材质编辑器的示例窗中和场景中的对象上。

在3ds Max 2012中，有Slate材质编辑器和精简材质编辑器两种材质编辑器，Slate材质编辑器为3ds Max 2012新增的材质编辑器，也是默认的材质编辑器，该编辑器使用节点和关联的方式将材质显示在活动视图中，使材质的编辑变得更为简便和直观。在本节中，将介绍Slate材质编辑器的相关知识点。

10.2.1　Slate材质编辑器界面

运行3ds Max 2012后，在默认状态下，单击主工具栏中的 "材质编辑器"按钮，打开Slate材质编辑器，可以在该对话框中创建和编辑材质，如图10-8所示。

图10-8

10.2.2 Slate材质编辑器的工具栏

Slate材质编辑器的工具栏包含对材质的编辑工具，在本实例中，将介绍这些工具的使用方法。

01 单击快速访问工具栏中的"打开文件"按钮，将本书附带光盘中的Chapter-10/"室内场景.max"文件打开，如图10-9所示。

图10-9

02 在主工具栏单击 "材质编辑器"按钮，打开Slate材质编辑器。在默认状态下，Slate材质编辑器工具栏内的 "选择工具"按钮处于激活状态，该按钮用于选择Slate材质编辑器内的各种对象，如图10-10所示。

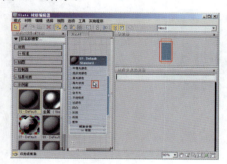

图10-10

03 单击激活 "从对象拾取材质"按钮，在场景中单击"茶几框架"对象，该对象的材质显示在Slate材质编辑器的活动视图中，如图10-11所示。

图10-11

提示

"从对象拾取材质"按钮可以从场景中的一个对象选择材质。单击"滴管"按钮，并将滴管光标移动到场景中的对象上，当滴管光标位于包含材质的对象上时，滴管充满"墨水"，并且弹出对象名称的工具提示。单击对象后，对象材质会显示在活动视图中。

04 在场景中选择"金属框01"对象，在活动视图中选择"金属"节点，单击 "将材质指定给选定对象"按钮，将该材质赋予"金属框01"对象，如图10-12所示。渲染Camera001视图，可以看到"金属框01"对象被赋予材质后的效果，如图10-13所示。

图10-12

图10-13

提示

"将材质指定给选定对象"按钮，用于将当前选择的材质应用于场景中当前选定的对象。

05 框选"金属"节点及其所有的子节点，单击 "删除选定对象"按钮，将该节点删除，如图10-14所示。

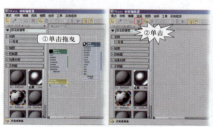

图10-14

提示

单击 "删除选定对象"按钮后，能够将选择的材质从活动视图删除，被删除的材质只是从活动视图删除，材质仍旧保留在材质编辑器中。

06 双击材质/贴图浏览器的"示例窗"卷展栏内的07-Default材质示例窗，在活动视图内会显示该材质节点，如图10-15所示。

07 使用 "移动子对象"工具移动一个节点时，其子节点是否跟随其一起移动。默认状态下， "移动子动象"按钮处于激活状态，移动07-Default节点，其子节点会跟随其一起移动，如图10-16所示。

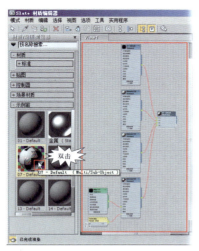

图10-15

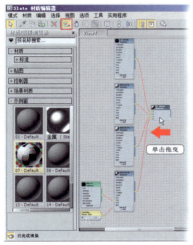

图10-16

08 单击关闭 "移动子对象"按钮，移动07-Default节点，其子节点未跟随其一起移动，如图10-17所示。

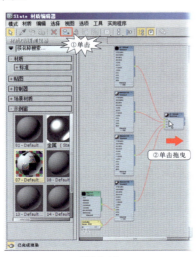

图10-17

09 "隐藏未使用节点的示例窗"按钮决定在节点是否显示节点中未使用的贴图通道。选择Material #30子节点，单击 "隐藏未使用的节点示例窗"按钮，Material#30子节点未使用的贴图通道被隐藏，如图10-18所示。

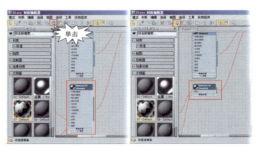

图10-18

10 删除07-Default节点及其所有的子节点，双击材质/贴图浏览器的"示例窗"卷展栏内的05-Default材质示例窗，在活动视图内会显示该材质节点，如图10-19所示。

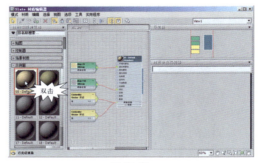

图10-19

11 "在视口中显示标准贴图"按钮为下拉式按钮，单击激活 "在视口中显示标准贴图"按钮，使用旧软件显示并启用活动材质的所有贴图的显示；单击激活 "在视口中显示硬件贴图"按钮后，使用硬件显示并启用活动材质所有贴图的视口显示。选择05-Default材质节点，被选中的材质贴图在视图中显示。当某材质贴图在视图中显示后，材质节点的一角呈红色显示，如图10-20所示。

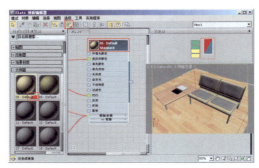

图10-20

12 删除05-Default节点及其所有的子节点，双击材质/贴图浏览器的"示例窗"卷展栏内的"金属"材质示例窗，在活动视图内会显示该材质节点，如图10-21所示。

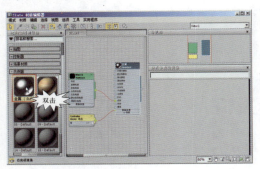

图10-21

13 双击"金属"材质节点的材质示例窗，该示例窗会放大显示，如图10-22所示。

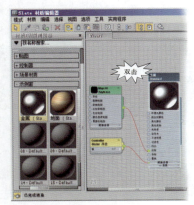

图10-22

14 单击激活 "在预览中显示背景"按钮，材质示例窗内显示多颜色的方格背景，如图10-23所示。

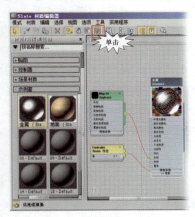

图10-23

提示

单击激活 "在预览中显示背景"按钮后，会将多颜色的方格背景添加到活动示例窗中。如果要查看不透明度或反射折射的效果，该图案背景会很有帮助。

15 双击材质/贴图浏览器的"示例窗"卷展栏内的06-Default材质示例窗，现在活动视图会显示两个节点及其子节点，如图10-24所示。

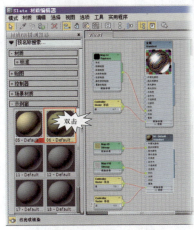

图10-24

16 "布局全部-水平"按钮为下拉式按钮，单击该按钮后，所有的节点及其子节点全部在Slate材质编辑器的活动视图中最大化显示，并呈水平排列；单击 "布局全部-垂直"按钮后，所有的节点及其子节点均在Slate材质编辑器的活动视图中最大化显示，并呈垂直排列；单击 "布局全部-水平"按钮，将所有的节点及其子节点均按层级在Slate材质编辑器的活动视图中呈水平排列，如图10-25所示。

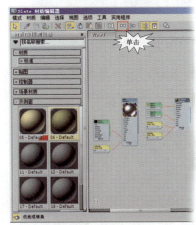

图10-25

17 单击 "布局全部-垂直"按钮，所有的节点及其子节点均按层级在Slate材质编辑器的活动视图中呈垂直排列，如图10-26所示。

18 使用"选择"工具移动06-Default节点的子节点，使其变得凌乱，如图10-27所示。

19 单击 "布局子对象"按钮后，能够自动展开并排列当前节点的子节点。选择06-Default节点，单击 "布局子对象"按钮，使其子节点展开并整齐排列，如图10-28所示。

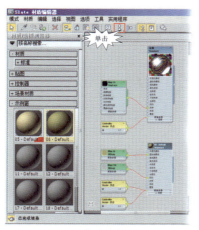

图10-26

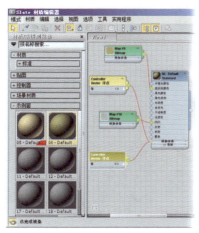

图10-27

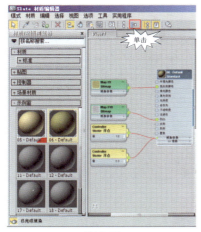

图10-28

20 默认状态下，"材质/贴图浏览器"按钮处于激活状态，单击关闭该按钮，"材质/贴图浏览器"将会隐藏，如图10-29所示。

21 "参数编辑器"按钮决定是否显示"参数编辑栏"。默认状态下，"参数编辑器"按钮处

于激活状态，单击关闭该按钮，"参数编辑栏"将隐藏，如图10-30所示。

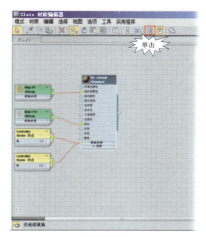

图10-29

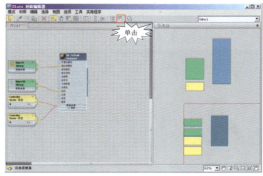

图10-30

22 在活动视图中选择06-Default节点，单击"按材质选择"按钮，此时会打开Select Objects对话框，应用该材质的对象在列表中高亮显示，如图10-31所示。

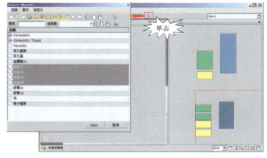

图10-31

提示

使用"按材质选择"按钮可以基于"材质编辑器"中的活动材质选择对象。除非活动示例窗包含场景中使用的材质，否则此命令不可用。执行此命令将打开Select Objects对话框，所有应用选定材质的对象在列表中高亮显示。

10.2.3 使用视图导航工具栏

Slate材质编辑器内视图导航工具栏内的各种工具，用于控制活动视图中各种元素的导航和显示，以下将通过一个实例练习讲解这些按钮的应用方法。

01 将本书附带光盘中的Chapter-10/"哨子.max"文件打开，如图10-32所示。

图10-32

02 在主工具栏单击 "材质编辑器"按钮，打开Slate材质编辑器，双击材质/贴图浏览器的"示例窗"卷展栏内的01-Default材质示例窗，在活动视图内会显示该材质节点，如图10-33所示。

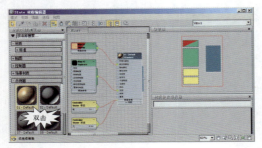

图10-33

03 视图导航工具栏的下拉列表中定义视图的显示比例，在该下拉列表内选择5%选项，观察活动视图的显示，如图10-34所示。

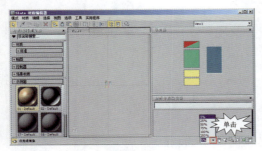

图10-34

04 在该下拉列表内选择100%选项，观察活动视图的显示，如图10-35所示。

05 "平移工具"按钮用于在活动视图平移视图。单击激活该按钮平移视图，如图10-36所示。

06 "缩放工具"按钮用于调整视图的缩放比例，单击激活 "缩放工具"按钮，通过单击拖曳的方式缩放视图，如图10-37所示。

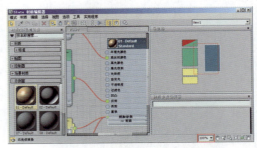

图10-35

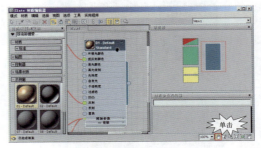

图10-36

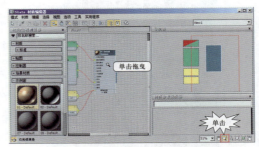

图10-37

07 "缩放区域工具"按钮 用于放大在视口内单击拖曳的矩形区域。单击激活该按钮，在活动视图单击拖曳形成一个矩形区域，释放鼠标，该矩形区域被放大，如图10-38所示。

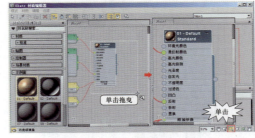

图10-38

08 "最大化显示"按钮 用于将所有可见对象在活动视图中最大化居中显示，单击该按钮，所有对象在活动视图中最大化居中显示，如图10-39所示。

09 "选定最大化显示"按钮 用于将所有选中对象在活动视图中最大化居中显示。选择01-Default节点，单击"选定最大化显示"按钮，该面板在活动视图中最大化居中显示，如图10-40所示。

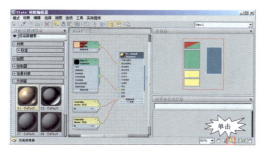

图10-39

图10-40

10 "平移选定项"按钮 用于使选中的对象在活动视图居中显示。与"最大化显示"按钮 的区别在于，对象不会被缩放。在活动视图选择Map#1子节点，单击"平移选定项"按钮，该节点在活动视图居中显示，如图10-41所示。

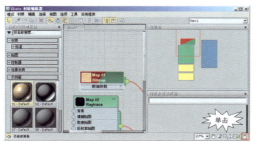

图10-41

11 无论视图导航工具栏中的任何按钮是否被激活，都可以通过滚动鼠标滚轮的方法缩放视图。

10.2.4　应用Slate材质编辑器设置材质

使用Slate材质编辑器编辑材质与传统的精简材质编辑器有着很大的差别，其工作模式更为灵活、直观，为了使读者能够了解其具体的操作方法，以下将通过一个实例练习讲解相关知识。

01 将本书附带光盘中的Chapter-10/"调查表源文件.max"文件打开。该文件为一个调查表的立体显示场景，以下将使用Slate材质编辑器为场景中的对象设置材质，如图10-42所示。

02 在主工具栏单击 "材质编辑器"按钮，打开Slate材质编辑器。双击材质/贴图浏览器的"示

例窗"卷展栏内的01-Default材质示例窗，在活动视图内会显示该材质节点，如图10-43所示。

图10-42

图10-43

03 双击01-Default节点，在Slate材质编辑器的参数编辑器会出现01-Default材质的编辑参数。将01-Default材质命名为"数据条01"，如图10-44所示。

图10-44

04 在参数编辑器内单击环境光右侧的颜色块，在弹出的"颜色选择器"对话框中，将材质设置为黄色，如图10-45所示。

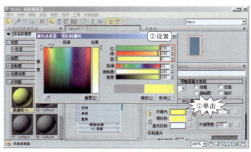

图10-45

05 参照如图10-46所示设置材质的其他参数。

06 将该材质赋予场景中的"数据条01"对象，渲染Camera001视图，观察材质效果，如图10-47所示。

图10-46

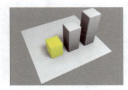

图10-47

07 此时可以编辑其他材质，为了使活动视图有更多的空间显示新节点，此时可以选择"数据条01"节点，单击 ⊠ "删除选定对象"按钮，将该节点删除，如图10-48所示。

图10-48

08 在活动视图内会显示02-Defaul节点，并双击02-Default节点，在Slate材质编辑器的参数编辑器会出现02-Default材质的编辑参数，将02-Default材质命名为"数据条02"，如图10-49所示。

图10-49

09 将材质颜色设置为绿色，并设置其他参数，如图10-50所示。

10 将该材质赋予场景中的"数据条02"对象，渲染Camera001视图，观察材质效果，如图10-51所示。

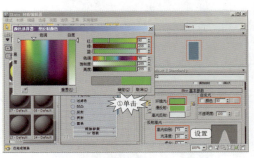

图10-50

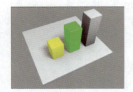

图10-51

11 也可以直接将材质样本球拖曳至活动视图进行编辑，进入材质/贴图浏览器的"示例窗"卷展栏内将03-Default材质拖曳至活动视图，释放鼠标会弹出"实例材质"对话框，在该对话框内选择"实例"单选按钮，单击"确定"按钮，退出该对话框。如图10-52所示。

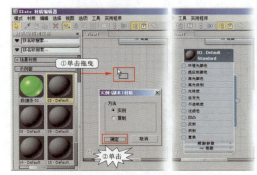

图10-52

12 双击03-Default节点，在Slate材质编辑器的参数编辑器会出现03-Default材质的编辑参数，将03-Default材质命名为"数据条03"，如图10-53所示。

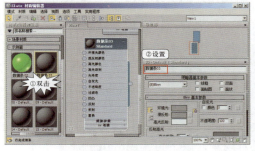

图10-53

13 参照以上方法，设置材质颜色为蓝色，并设置其他参数，如图10-54所示。

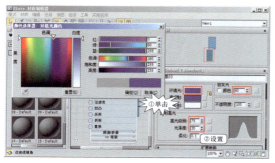

图 10-54

14 将该材质赋予场景中的"数据条03"对象，渲染Camera001视图，观察材质效果，如图10-55所示。

15 如果需要保留节点，又不想影响对新材质的观察和编辑，可以创建新的活动视图来编辑材质，右击活动视图标签，在弹出的快捷菜单中选择"创建新视图"选项，如图10-56所示。

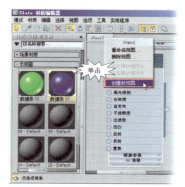

图 10-55　　　　　　　　图 10-56

16 执行"创建新视图"命令后，会弹出"创建新视图"对话框，命名新视图，单击"确定"按钮，退出该对话框，创建新视图，如图10-57所示。

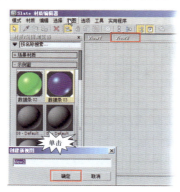

图 10-57

17 双击材质/贴图浏览器的"示例窗"卷展栏内的04-Default材质示例窗，在新创建的视图内会显示该节点，并双击节点显示该材质的编辑参数，如图10-58所示。

图 10-58

18 将该材质重命名为"数据板"后，从"贴图"卷展栏内的"标准"卷展栏内将"位图"选项拖曳至"数据板"节点"环境光颜色"贴图通道的"输入套接字"，如图10-59所示。

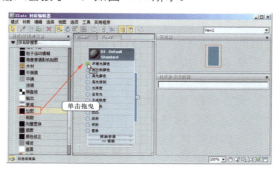

图 10-59

19 释放鼠标弹出"选择位图文件"对话框，从该对话框内导入"表格.jpg"文件，在"数据板"节点会出现次面板，如图10-60和图10-61所示。

图 10-60

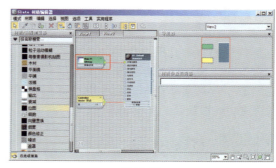

图 10-61

20 将该材质赋予场景中的"数据板"对象，渲染Camera001视图，观察材质效果，如图10-62所示。

图10-62

10.3 精简材质编辑器

在3ds Max 2012中仍然保留了传统的精简材质编辑器，在主工具栏中单击 "材质编辑器"按钮，打开"材质编辑器"对话框，如图10-63所示。位于最上部的是菜单栏，菜单栏提供了所有编辑材质的命令；菜单栏下为材质示例窗，可以在示例窗选择材质样本球对材质进行设置，当选择某个材质样本球后，会在参数区显示该材质样本球的创建参数；其他部分为功能按钮区，该区域显示控制显示属性，层级切换等常用工具按钮，这些操作大多数用来观察和显示材质，接下来将讲述精简材质编辑器的相关知识。

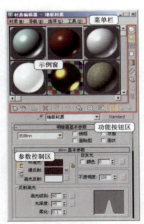

图10-63

10.3.1 菜单栏

菜单栏的命令几乎与功能按钮区的命令完全相同，由于功能按钮区的各按钮更为方便和直观，所以在本节不再对菜单栏内的命令进行详细介绍，而重点讲述功能按钮区的各按钮。

10.3.2 材质示例窗

材质示例窗的主要功能为显示当前材质样本和

观察材质的效果。在示例窗显示窗中单击一个示例窗，该材质示例窗被激活，其四周边界变成白色显示，该示例窗处于当前编辑状态。

如果示例窗中所显示的材质被场景中的对象使用，在示例窗的4个角上会显示出4个白色三角形，将本书附带光盘中的Chapter-10/"卧室.max"文件打开，观察效果，如图10-64所示。

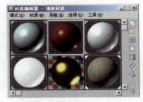

图10-64

在系统默认状态下，一次可显示6个示例窗。如果需要显示更多的示例窗，可以右击示例窗，在弹出的快捷菜单中选择5×3示例窗或6×4示例窗选项，便可调节示例窗的显示数量，如图10-65所示。

图10-65

为了更方便用户观察材质的编辑情况，3ds Max提供有示例窗的放大功能。右击需要放大的示例窗，在弹出的快捷菜单中选择"放大"选项，或双击该材质示例窗，便可打开该材质示例窗的放大显示窗，在材质编辑器中对该示例窗中的材质进行的编辑，其效果将即时显示于材质示例窗的放大显示窗中。

10.3.3 功能按钮区

功能按钮区包括垂直工具按钮列和水平工具按

钮行，这些工具对材质属性的编辑影响很小，主要用于材质的显示、存储、选择等，在本节将介绍这些按钮的功能，有些按钮在Slate材质编辑器相关内容中已经讲述，在接下来将不再赘述。

01 单击"采样类型"按钮 ◻ ，在其下拉按钮中包含了 ◻ "圆柱"和 ◻ "立方体"两个按钮，这三个按钮控制材质样本球的显示形状，当单击 ◻ "球体"按钮时，材质样本球以球形显示；当单击 ◻ "圆柱"按钮时，材质样本球以圆柱体显示；当单击 ◻ "立方体"按钮时，材质样本球以立方体显示，如图10-66所示。

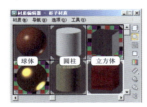

图10-66

02 选择一个材质示例窗，单击 ◻ "背光"按钮，可以切换在示例窗中是否使用后方光照效果。当该按钮被关闭时，不显示后方光照效果，该按钮被激活时，显示后方光照效果。如图10-67所示。

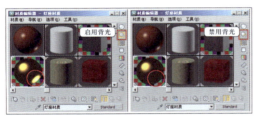

图10-67

提示

背光能够很好地体现出材质的光效，以及提醒用户在编辑某些材质时可能会出现的强亮光情况。在系统默认状态下，"背光"按钮始终处于激活状态。

03 单击"快速访问"工具栏中的"打开文件"按钮，将本书附带光盘中的Chapter-10/"餐厅.max"文件打开，按下M键，打开"材质编辑器"对话框。

04 选择材质示例窗，单击 ◻ "采样UV平铺"按钮，在展开的工具条中提供了4种平铺方式以供选择，该按钮可以改变示例窗的平铺重复次数，而对材质本身没有影响，如图10-68所示展示了选择这4种平铺方式后的效果。

05 单击"快速访问"工具栏中的"打开文件"按钮，将本书附带光盘中的Chapter-10/"跳跃动画.max"文件打开，按下M键，打开"材质编辑器"对话框。

06 参照如图10-69所示，选择一个材质示例窗，单击 ◻ "视频颜色检查"按钮，可以自动测试预览图内的材质，并显示输出结果，通过检测前后显示结果的对比，即可判断当前材质是否能够在视频设备上正常地显示。

图10-68

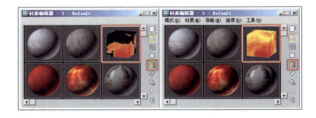

图10-69

07 ◻ "生成预览"按钮，可以用于观察设置动画后的材质效果。单击该按钮，将打开"创建材质预览"对话框，如图10-70所示。

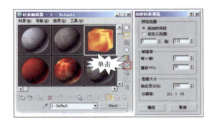

图10-70

08 选择"活动时间段"单选按钮后，将根据时间滑条的长度设置生成材质动画的长度，选择"自定义范围"单选按钮后，可以在其下的文本框内设置生成的材质动画开始和结束时的帧数。

09 "每N帧"参数决定了动画渲染次序的取样数；"播放FPS"参数决定了生成的材质动画每秒播放的帧数。

10 "输出百分比"参数决定了输出图像的百分比。

11 保持"创建材质预览"对话框的默认设置，单击"确定"按钮，将创建材质预览并自动打开Windows Media Player播放器，播放材质的动画效果，如图10-71所示。

12 单击 ◻ "生成预览"按钮，在展开的工具条中还提供了 ◻ "播放预览"和 ◻ "保存预览"两个按钮，如图10-72所示。单击"播放预览"按钮，将播放当前材质动画；单击"保存预览"按钮，可以将当前材质动画储存。

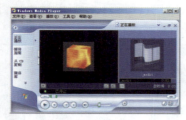

图10-71

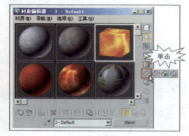

图10-72

13 单击 "选项"按钮，可以打开包含"材质编辑器"全部选项设置的"材质编辑器选项"对话框，如图10-73所示。

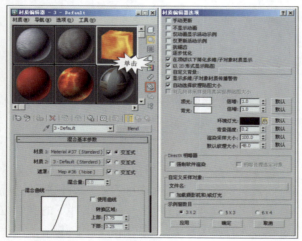

图10-73

当选择"手动更新"复选框后，只有单击材质样本球后，对材质的编辑才会更新，否则将不显示材质的变化，但该选项不会影响导入位图的显示。在默认状态下，该复选框未被选中。

当选择"不显示动画"复选框后，在播放动画或移动时间滑条时，如果为贴图设置了动画，材质样本球将不会显示动画，在3ds Max中，可以将AVI或IFL格式的视频片断作为贴图赋予材质，该选项对这种类型的动画是没有影响的。

当选择"仅动画显示活动示例"复选框后，如

果场景中有多个材质设置了动画效果，在播放动画或移动时间滑条时，只有当前被选中的材质样本球才会显示动画。

选择"仅更新活动示例"复选框，在未编辑某个材质样本球之前，该材质样本球不能够显示，每一次更新材质样本球的显示数量后，编辑过的材质样本球再次处于不可显示的状态，只有当再次编辑该材质样本球之后才可以显示，当材质编辑修改器中设置了较多的材质样本球后，该选项可以加快显示的速度。

选择"抗锯齿"复选框后，材质样本球启动"反走样"设置，避免材质样本球边缘锯齿状的显示效果。如图10-74所示展示了启用该复选框前后材质样本的显示状态。

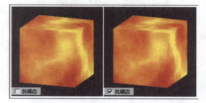

图10-74

选择"逐步优化"复选框后，将以较大的像素点显示材质样本球，加快其显示速度。

当选择"在顶级以下简化多维/子对象材质显示"复选框后，如果一个材质为"多维/子对象"材质类型，其子材质中仍旧包含"多维/子对象"材质类型时，进入"多维/子对象"材质类型子材质层，会显示该子材质的状态，如果不选择"在顶级以下简化多维/子对象材质"复选框，在进入"多维/子对象"材质类型子材质层后，将只显示顶层材质状态。

当选择"以2D形式显示贴图"复选框后，材质中应用的贴图或独立的贴图将以二维方式显示，图案充满材质示例窗，如果"以2D形式显示贴图"复选框未被选中，材质中应用的贴图或独立的贴图将以样本球的方式显示，如图10-75所示。

图10-75

启用"自定义背景"复选框后，单击其右侧的按钮，此时会打开"选择背景位图文件"对话框。在该对话框中可以导入位图来代替彩色的方格图案背景，如图10-76所示。

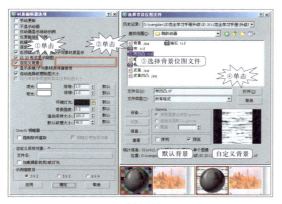

图10-76

"顶光"显示窗内的颜色决定材质示例窗内顶部灯光的颜色，"倍增"参数决定灯光强度的倍增值，单击"默认值"按钮，恢复到默认设置。

"背光"显示窗内的颜色决定材质示例窗内底部灯光的颜色，"倍增"参数决定灯光强度的倍增值，单击"默认值"按钮，恢复到默认设置。

"环境灯光"参数决定材质示例窗内环境光的强度。

"背景强度"参数决定材质示例窗内背景的亮度，该数值的取值范围在0~1，当该参数为0时，材质示例窗内背景为黑色；当该参数为1时，材质示例窗内背景为黑色，该数值的默认值为0.2。

"渲染采样大小"参数，可以将示例球的比例设置为任意大小，使它与其他对象或场景中带有纹理的对象相一致。该设置将影响2D和3D贴图的显示方式，提供要设置为显示真实比例的示例球。

"默认纹理大小"参数，控制着新创建的真实纹理的初始大小。

"自定义采样对象"选项组内的命令用于设置用任意三维对象代替材质样本球。

01 单击"文件名"右侧的按钮，可以打开"打开文件"对话框，参照如图10-77所示，在该对话框内选择max类型的文件，可以使用文件内的三维模型代替材质样本球。

图10-77

02 单击 "采样类型"按钮，在展开的工具条中单击 "自定义"按钮，被激活的材质示例窗内的材质样本球，将变为环形结，如图10-78所示。

图10-78

03 单击 "选项"按钮，打开"材质编辑器选项"对话框，在"自定义采样对象"选项组中，启用"加载摄影机和/或灯光"复选框，将导入场景中的摄像机和灯光代替材质示例窗中的设置，效果如图10-79所示。

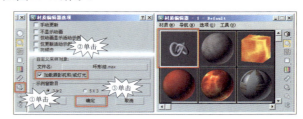

图10-79

单击 "按材质选择"按钮，将打开"选择对象"对话框，可以根据场景中对象的材质来选择对象。

01 单击"快速访问"工具栏中的"打开文件"按钮，将本书附带光盘中的Chapter-10/"楼间.max"文件打开，打开"材质编辑器"对话框并选择一个材质示例窗，如图10-80所示。

图10-80

02 单击 "按材质选择"按钮，打开"选择对象"对话框，如图10-81所示，在该对话框的显示窗内会选择场景中所有使用该种材质的对象，单击"选择"按钮退出该对话框，这些对象将被选中。

图10-81

提示

为了便于更好地观察选中的对象，暂时调整选择对象的位置。

单击 "材质/贴图导航器" 按钮，打开 "材质/贴图导航器" 对话框，如图10-82所示。3ds Max在该对话框内将材质的编辑过程以目录树的形式进行排列。用户在 "材质/贴图导航器" 对话框中，通过单击各编辑层级名称，随时切换到选择的层级编辑状态。

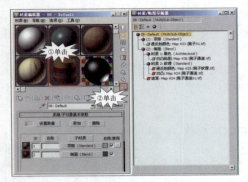

图10-82

在 "材质/贴图导航器" 对话框的目录树有4种显示方式，单击 "查看列表" 按钮，目录树以目录格式显示材质层次，名称前的蓝色小球表示该层为材质，绿色平行四边形表示该层为贴图，红色平行四边形表示该层为显示于场景中的贴图；单击 "查看列表+图标" 按钮，目录树以目录格式加图标的方式显示；单击 "查看小图标" 按钮，目录树以小图标的方式显示；单击 "查看大图标" 按钮，目录树以大图标的方式显示。如图10-83所示展示了这4种显示方式。

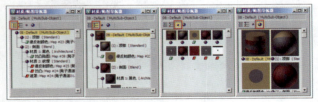

图10-83

单击 "获取材质" 按钮，将打开 "材质/贴图浏览器" 对话框，如图10-84所示。在该对话框中选择新的材质或贴图，从而替换被选择示例窗中的材质。

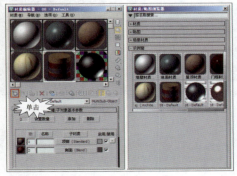

图10-84

单击 "将材质放入场景" 按钮，可以更换场景中对象正在使用的材质。该按钮只有在当前材质的复制状态或当前编辑状态的材质上时才能使用。当材质为材质的复制或编辑状态材质时，单击该按钮，当前编辑材质将变成当前场景中对象使用的材质。

单击 "将材质指定给选定对象" 按钮，即可将活动示例窗中的材质应用于场景当中当前选定的对象。

单击 "重置贴图/材质为默认设置" 按钮，可以清除当前选择示例窗中的材质，并使其恢复为默认状态。激活一个材质示例窗，并单击 "重置贴图/材质为默认设置" 按钮后，会打开 "重置材质/贴图参数" 对话框，如图10-85所示，该对话框询问是要连同场景中使用该材质对象的材质一同被清除？还是只清除材质编辑器中所编辑材质，而不影响场景中的对象材质。

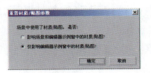

图10-85

单击 "生成材质副本" 按钮，可以复制当前使用的材质。对当前使用材质进行复制后，当前材质将处于被编辑状态。编辑复制后的材质，将不影响场景中对象的材质效果，当对材质的编辑结果感到满意后，再将材质赋予场景中的对象。

"使唯一" 按钮，应用于 "多维/子对象" 材质类型中。通过单击该按钮，可以将关联复制的子材质转换为独立的子材质。

单击 "放入库" 按钮，将打开 "放置到库" 对话框，如图10-86所示。在该对话框内的 "名称" 文本框中输入需要保存的材质名称，再单击 "确定" 按钮，便可将编辑好的材质保存到材质库中。这样该材质被保存，并可以在其他场景中使用。

图10-86

单击 "材质ID通道" 按钮，将打开材质效果信道，在3ds Max中的每一个材质都包含一个材质效果通道，这个效果信道可以被Video Post对话框用来控制后期处理效果的位置。

在赋予对象材质后，单击 "在视口中显示标准贴图" 按钮，可以把贴图效果显示在视图中的对象上，这样，便于更直观地观察贴图的实际应用效果，如图10-87所示。

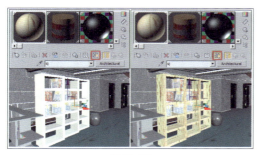

图10-87

单击 "显示最终效果" 按钮，可以切换在示例窗中显示/不显示材质的编辑效果。该按钮为激活状态时 ，示例窗将始终显示材质编辑的最后效果。如果该按钮为关闭状态时 ，示例窗仅显示当前层级的编辑效果。如图10-88所示。

图10-88

单击 "转到父对象" 按钮，可以切换到当前材质层的父层级，最终将回到材质的最顶层。

单击 "转到下一个同级项" 按钮，将移动到当前材质中相同层级的下一个贴图或材质。

10.4　材质的基本属性

"标准" 材质类型为3ds Max中默认的材质类型，该材质适用于大多数材质的设置情况，是3ds Max中最为常用的材质类型。该材质的常见参数较为复杂，包含8种明暗模式和12种贴图信道，能够设置各种复杂质感的材质。"标准" 材质的基本参数设置包括在 "明暗基本参数" 和 "Blinn基本参数" 两个卷展栏内，如图10-89所示。在本部分将讲解材质基本属性相关知识，为了便于观察和操作，使用了精简材质编辑器。

图10-89

10.4.1　明暗器基本参数

在 "明暗器基本参数" 卷展栏提供8种明暗模式和4种材质效果，通过这些控件能够设置对象的阴影计算方法和一些基本的表面属性，如图10-90所示为8种明暗器类型。系统默认状态下所使用的是Blinn明暗器类型，接下来所要介绍的 "Blinn基本参数" 卷展栏就是Blinn明暗器类型的参数设置，对于其他的明暗器类型，将在本章后面的小节进行介绍。

图10-90

01 单击 "快速访问" 工具栏中的 "打开文件" 按钮，将本书附带光盘中的Chapter-10/ "天体.max" 文件打开。按下M键，打开 "材质编辑器" 对话框，并激活一个示例窗，如图10-91所示。

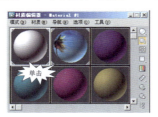

图10-91

02 在 "明暗基本参数" 卷展栏中启用 "线框" 复选框，场景中将以网格线框的方式来渲染对象，如图10-92所示。

图10-92

03 在场景中选择"天体"模型，在"材质编辑器"对话框中的"明暗器基本参数"卷展栏中，禁用"线框"复选框并启用"双面"复选框，并对模型进行渲染，效果如图10-93所示。可以发现天体的另一面也进行了渲染。

图10-93

04 在场景中选择"几何球体"模型，并在"材质编辑器"对话框中激活第2个示例窗，并在"明暗基本参数"卷展栏中启用"面贴图"复选框，此时对模型进行渲染，模型上的材质将应用到几何体的各个面，如图10-94所示。

图10-94

05 在"材质编辑器"对话框中激活第1个示例窗，启用"面状"复选框，此时天体模型的每个表面将以平面化进行渲染，如图10-95所示。

图10-95

10.4.2 基本参数卷展栏

在基本参数卷展栏内，可以设置材质的颜色、不透明度、自发光、高光和反光等属性，它是标准材质中最为常用的卷展栏。该卷展栏内的内容会根据选择的明暗器类型的不同，产生相应的变化，本节将讲解Blinn明暗类型下"Blinn基本参数"卷展栏的内容。

01 单击"快速访问"工具栏中的"打开文件"按钮，将本书附带光盘中的Chapter-10/"保龄球.max"文件打开。按下M键，打开"材质编辑器"对话框，选择第1个示例窗。

02 在"Blinn基本参数"卷展栏中，材质的颜色由"环境光"、"漫反射"和"高光反射"3种颜色成分组成，如图10-96所示。"环境光"控制着对象表面阴影区域的颜色；"漫反射"控制着对象表面过渡区域的颜色；"高光反射"控制着对象表面高光区域的颜色。

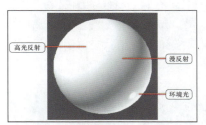

图10-96

03 单击"环境光"选项右侧的色样，打开"颜色选择器"对话框，如图10-97所示。

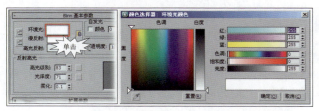

图10-97

04 在"颜色选择器"对话框中进行设置时，示例窗和场景模型的材质都会进行效果的即时更新，如图10-98所示。

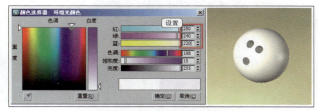

图10-98

05 参照如图10-99所示，观察"环境光"和"漫反射"选项的颜色，可以发现在更改"环境光"颜色的同时，"漫反射"也产生了相应的变化，这是因为对"环境光"和"漫反射"进行锁定所导致的。

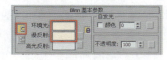

图10-99

06 在"环境光"、"漫反射"、"高光反射"选项左侧有两个 ▣ "锁定"按钮，用于锁定"环境光"、"漫反射"和"高光反射"3种材质中的2种或3种全部锁定，被锁定的2个区域颜色将保持一致，调节一个时另一个也会随之变化。单击 ▣ "锁定"按钮对其进行锁定时，会弹出一个提示对话框，单击"是"按钮即可将其锁定，如图10-100所示。

图10-100

07 单击"快速访问"工具栏中的"打开文件"按钮，将本书附带光盘中的Chapter-10/ "灯.max"文件打开。按下M键，打开"材质编辑器"对话框，并激活一个示例窗，如图10-101所示。

图10-101

08 在"Blinn基本参数"卷展栏下的"自发光"选项组中，设置参数为50，此时在场景中灯泡对象将变得非常明亮，创建出白炽灯的效果，如图10-102所示。

图10-102

09 将"自发光"参数设置为100，对象在场景中不受来自其他对象的投影影响，自身也不受灯光的影响，只表现出纯白色的反射高光。用户还可通过另一种方式来指定自发光，启用前面的复选框，通过调整色样中的颜色，创建出带有颜色的自发光效果，如图10-103所示。

图10-103

10 单击"快速访问"工具栏中的"打开文件"按钮，将本书附带光盘中的Chapter-10/ "茶几.max"文件打开。打开"材质编辑器"对话框并激活一个示例窗，如图10-104所示。

图10-104

11 在"Blinn基本参数"卷展栏下，设置材质的"不透明度"为50，场景中的桌面变为了透明的玻璃桌面，如图10-105所示。

图10-105

12 该参数默认值为100，即不透明材质。降低该参数值可以使透明度增加，当值为0时，将变为完全透明材质。如图10-106所示展示了设置不同"不透明度"参数后的效果。

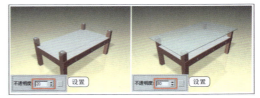

图10-106

13 单击"快速访问"工具栏中的"打开文件"按钮，打开本书附带光盘中的Chapter-10/ "浴缸.max"文件。打开"材质编辑器"对话框并激活一个示例窗，如图10-107所示。

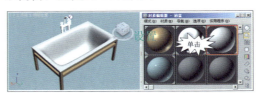

图10-107

14 在"Blinn基本参数"卷展栏下的"反射高光"选项组中，"高光级别"参数可以设置高光的强度；"光泽度"参数可以设置反射高光的范围，值越大，高光范围越小；"柔化"参数可以对反射高光进行柔化处理，使它变得模糊、柔和。如图10-108所示展示了设置"反射高光"选项组中参数后的效果。

> **提示**
>
> 该选项组右侧的曲线直观地表现出高光和光泽度的变化情况。

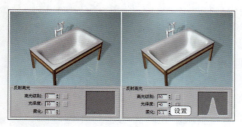

图10-108

10.4.3 扩展参数卷展栏

在"扩展参数"卷展栏内，能够对不透明、折射和线框模式等选项，进行复杂的设置，如图10-109所示展示了"扩展参数"卷展栏。

图10-109

1.高级透明

在该选项组中，可以控制具有透明度的材质，包括透明类型、衰减方式及程度和折射系数。

01 单击"快速访问"工具栏中的"打开文件"按钮，将本书附带光盘中的Chapter-10/"水晶饰品.max"文件打开。按下M键，打开"材质编辑器"对话框并激活一个示例窗，如图10-110所示。

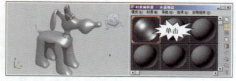

图10-110

提示

观察场景中的对象可以发现已经添加了透明效果。

02 在"材质编辑器"对话框中，展开"扩展参数"卷展栏，在"高级透明"选项组中选择"衰减"中的"内"单选按钮，此时材质将从对象边缘向中心增强透明的程度，然后在"数量"文本框中输入100，进一步增强对象中心的透明程度，如图10-111所示。

图10-111

03 选择"外"单选按钮，可以使对象的中心向边缘增强透明的程度，如图10-112所示。

图10-112

04 在"类型"选项中，选中"过滤"单选按钮，将计算与透明曲面后面的颜色相乘的过滤色。单击"过滤"选项右侧的色块，将打开"颜色过滤器"对话框，通过设置该对话框，可以改变过滤的颜色，如图10-113所示。

图10-113

05 在"类型"选项中，选中"相减"单选按钮，场景中的对象材质显示为：从背景颜色中减去材质的颜色，该材质背后的颜色变深，如图10-114所示。

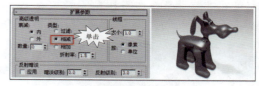

图10-114

06 选中"相加"单选按钮，将根据背景色做递增色彩的处理，使材料的颜色变亮，效果如图10-115所示。

图10-115

07 单击"快速访问"工具栏中的"打开文件"按钮，将本书附带光盘中的Chapter-10/"水晶.max"文件打开，然后渲染场景，效果如图10-116所示。

图10-116

提示

观察渲染后的效果，可以发现场景中对象的材质已经设置了反射贴图，只有在设置了该材质贴图后，"折射率"参数才能够使用。

08　在"扩展参数"卷展栏中，"折射率"参数用于设置折射贴图和光线跟踪所使用的折射率，使材质模拟不同物质产生的不同折射效果。一般情况下，数值为1.5~1.7时，表示玻璃的折射率；数值为1.0时，表示空气的折射率；数值为2.4时，为钻石的折射率，如图10-117所示。

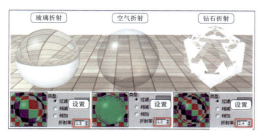

图10-117

2.线框

"线框"选项组内的参数用于控制线框的宽度和设置方式。

01　单击"快速访问"工具栏中的"打开文件"按钮，打开本书附带光盘中的Chapter-10/ "火车.max"文件。

02　打开"材质编辑器"对话框并选择第1个示例窗，在"明暗器基本参数"卷展栏中，启用"线框"复选框。

03　在"扩展参数"卷展栏下的"线框"选项组中，设置"大小"参数，用于以控制线框的粗细，可以按照"像素"或"单位"两种方式来设置线框，如果选择"像素"选项，模型无论距离镜头多远，其线框宽度在渲染时都是相同的；如果选择"单位"选项，在渲染时会根据模型与镜头的距离计算线框宽度，如图10-118所示。

图10-118

3.反射暗淡

"反射暗淡"选项组用于设置反射贴图的阴影效果。

01　单击"快速访问"工具栏中的"打开文

件"按钮，打开本书附带光盘中的Chapter-10/ "酒杯.max"文件，并渲染场景，效果如图10-119所示。

图10-119

提示

场景中酒杯对象由于添加了反射材质贴图，反射材质会在对象表面进行全方位反射计算，这样将失去了投影的影响，使对象表面变得通体光亮，场景也显得不真实。此时可以通过设置"反射暗淡"选项组中的参数，从而控制对象投影区域的反射强度。

02　打开"材质编辑器"对话框，激活第1个示例窗。在"扩展参数"卷展栏下的"反射暗淡"选项组中，启用"应用"复选框，将启用"反射暗淡"选项组内的各项命令。

03　"暗淡级别"参数取值范围在0~1，当该参数值为0时，反射贴图的阴影效果最重；当该参数值为1时，反射贴图没有阴影效果。如图10-120所示。

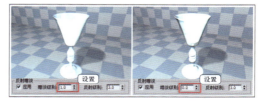

图10-120

04　"反射级别"参数值控制反射的亮度，该数值的取值范围在0~10，较高的参数值可以提高反射的亮度，补偿反射对象暗淡的部分，如图10-121所示。

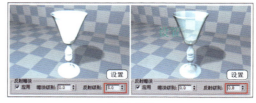

图10-121

10.4.4　材质明暗器类型

Blinn明暗器类型是默认的类型，在之前的操作中已经对其相关的选项参数进行了讲解，接下来将介绍其他几种常用的明暗器类型。

1.金属明暗器

"金属"明暗类型能够模拟真实的金属质感，

该明暗类型去除了高光颜色和量值，高光颜色直接来源于它们的漫反射颜色成分和高光曲线形状，能够获得高对比度和高亮度的表面质感。

01 单击"快速访问"工具栏中的"打开文件"按钮，将本书附带光盘中的Chapter-10/"车轮.max"文件打开。

02 按下M键，打开"材质编辑器"对话框并激活第1个示例窗，在"明暗器基本参数"卷展栏中选择"金属"明暗器，如图10-122所示。

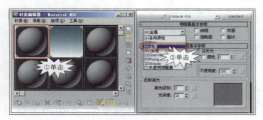

图10-122

03 在"金属基本参数"卷展栏中，取消"环境光"和"漫反射"的锁定状态并分别设置颜色。在"反射高光"选项组中，分别设置"高光控制"和"光泽度"参数，完毕后渲染场景，效果如图10-123所示。

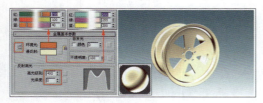

图10-123

2.Phong明暗器

Phong明暗器与Blinn明暗器类型具有相同的材质特性，使用Phong明暗器类型能够设置对象表面强烈的圆形高光，适于设置玻璃、陶瓷等具有很强高光的光滑材质,如图10-124所示。

读者可以打开本书附带光盘中的Chapter-10/"茶具.max"文件，查看该模型中材质的参数设置。

图10-124

3.多层明暗器

"多层"明暗器与"各向异性"明暗器效果相似，所不同的是，"多层"明暗器能够提供两个椭圆形的高光，形成更为复杂的反光效果，该明暗器适用于高度磨光的曲面模型，如图10-125所示。

图10-125

在"多层基本参数"卷展栏中，"漫反射级别"参数，控制漫反射部分的亮度；"粗糙度"参数设置由漫反射部分向阴影色部分进行调和。

可以打开本书附带光盘中的Chapter-10/"飞行器.max"文件，查看该模型中材质的参数设置。

4.Oren-Nayar-Blinn明暗器

Oren-Nayar-Blinn明暗器是Blinn明暗器的变体，该明暗器中添加了"漫反射级别"和"粗糙度"参数控制，该明暗器适合设置不光滑的表面，例如纺织品、毛皮等，如图10-126所示。

读者可以打开本书附带光盘中的Chapter-10/"沙发.max"文件，查看该模型中材质的参数设置。

图10-126

10.5 生动地设置各种材质

在了解了标准材质基础的相关知识后，本节将指导读者制作几种常用的材质效果。在材质的设置过程中，使用了标准材质类型的各项设置参数。通过本节实例的练习，使读者巩固本章所学习的内容并将所学内容灵活地运用到实际工作中。

10.5.1　设置塑料材质

光滑的塑料表面不仅拥有柔和的高光还具有一定的反射，在设置塑料材质时应抓住这两点，从而塑造出逼真的塑料效果。接下来将通过实例的操作来讲解塑料材质的设置方法。

01　打开本书附带光盘中的Chapter-10/"塑料材质.max"文件，如图10-127所示。

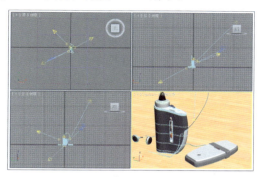

图10-127

02　按下M键，打开Slate材质编辑器，在活动视图中显示01-Default材质节点，并双击其节点，显示01-Default材质的编辑参数，如图10-128所示。

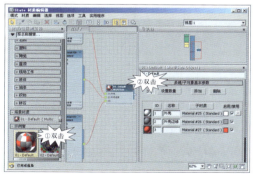

图10-128

03　在"多维/子对象基本参数"卷展栏中，单击"外壳边缘"子材质右侧的按钮。进入当前材质的子材质层级，如图10-129所示。

图10-129

04　在"明暗器基本参数"卷展栏中的下拉列表中选择Phong明暗器类型，并参照如图10-130所示，设置"Phong基本参数"卷展栏。

05　展开"贴图"卷展栏，启用"反射"复选框并设置"数量"参数，单击右侧的长按钮，在

打开的"材质/贴图浏览器"对话框中双击"光线跟踪"选项，如图10-131所示。

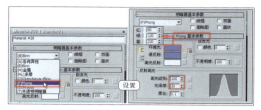

图10-130

图10-131

06　完毕后，按下F9键渲染场景，如图10-132所示。至此完成该实例的制作，在制作过程中如果遇到什么问题，可以打开本书附带光盘中的Chapter-10/"塑料材质完成效果.max"文件进行查看。

图10-132

10.5.2　设置金属材质

接下来将通过一个实例的操作，讲解金属材质的设置方法。

01　打开本书附带光盘中的Chapter-10/"掌上电脑.max"文件，如图10-133所示。

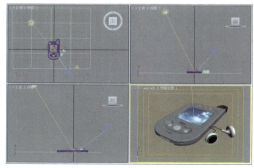

图10-133

02　按下M键，打开Slate材质编辑器，在活动视图中显示"掌上电脑"材质节点，并双击其节点，显示"掌上电脑"材质的编辑参数，如图10-134所示。

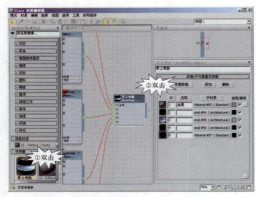

图10-134

03 在"多维/子对象基本参数"卷展栏中，单击"金属"右侧的按钮，进入当前材质的子对象层级，并参照如图10-135所示进行设置。

图10-135

04 展开"贴图"卷展栏，启用"反射"复选框并设置"数量"参数，单击右侧的长按钮，在打开的"材质/贴图浏览器"对话框中双击"光线跟踪"选项，如图10-136所示。

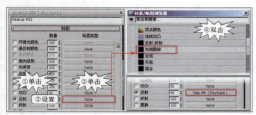

图10-136

05 按下F9键渲染场景，如图10-137所示。至此完成本实例的制作，在制作过程中如果遇到什么问题，可以打开本书附带光盘中的Chapter-10/"掌上电脑完成效果.max"文件，进行查看。

图10-137

10.5.3 设置透明材质

接下来将通过实例的操作，讲解透明材质的设

置方法。

01 打开本书附带光盘中的Chapter-10/"酒杯2.max"文件，如图10-138所示。

图10-138

02 按下M键，打开Slate材质编辑器，选择第1个材质示例窗，在活动视图中显示"杯子材质"材质节点，并双击其节点，显示其编辑参数。如图10-139所示。

图10-139

03 在"明暗器基本参数"卷展栏中的下拉列表中选择Phong明暗器类型，并参照如图10-140所示，设置"Phong基本参数"卷展栏。

图10-140

04 展开"贴图"卷展栏，启用"折射"复选框并设置"数量"参数，单击右侧的长按钮，在打开的"材质/贴图浏览器"对话框中双击"光线跟踪"选项，如图10-141所示。

图10-141

05 按下F9键渲染场景，如图10-142所示。至此完成本实例的制作，在制作过程中如果遇到什么问题，可以打开本书附带光盘中的Chapter-10/"酒杯2完成效果.max"文件，进行查看。

图10-142

10.6　实例操作——为游戏场景设置材质

通过对前面理论知识的学习，相信已经对材质基础知识有了较为全面的认识，下面将指导读者完成一个实例练习，在实例中通过为一幅游戏场景设计效果图设置材质，巩固对本章知识的掌握。

1. 设置金属材质

01 运行3ds Max 2012，在快速访问工具栏中单击 "打开"按钮，打开本书附带光盘中的Chapter-10/"静物.max"文件，如图10-143所示。

图10-143

02 单击主工具栏中的 "材质编辑器"按钮，打开Slate材质编辑器，在活动视图内显示"02-Default"材质节点，并双击其节点，显示编辑参数，如图10-144所示。

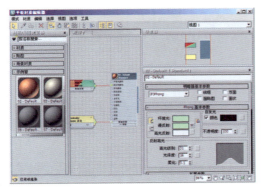

图10-144

03 更改材质名称为"属性"后在"明暗器基本参数"卷展栏中的"明暗模式"下拉列表内选择"（M）金属"选项，参照如图10-145所示在展开的"金属基本参数"卷展栏中设置相应选项的参数。

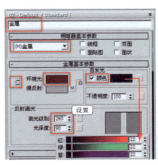

图10-145

04 展开"贴图"卷展栏，单击"反射"选项右侧的None按钮，打开"材质/贴图浏览器"对话框，设置贴图类型为"光线跟踪"，如图10-146所示。

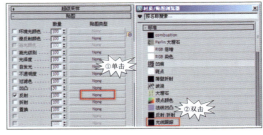

图10-146

05 在视图中选择地板上的"铁丝"对象，并在Slate材质编辑器的工具栏上单击 "将材质指定给选定对象"按钮，将该材质赋予"铁丝"对象。完毕后对摄影机视图进行渲染，效果如图10-147所示。

图10-147

06 接下来将要介绍设置有色金属的具体操作方法，首先打开Slate材质编辑器，在活动视图中显

示05-Default材质示例窗，并显示其编辑参数，更改该材质名称，如图10-148所示。

图10-148

07 在"明暗器基本参数"卷展栏中的"明暗模式"下拉列表内选择"（M）金属"选项，参照如图10-149所示在展开的"金属基本参数"卷展栏中设置相应选项参数。

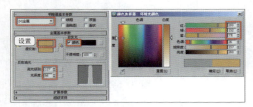

图10-149

08 在"贴图"卷展栏中启用"反射"复选框，并设置"数量"参数为60°单击右侧的None按钮，在打开的"材质/贴图浏览器"对话框中选择"光线跟踪"贴图类型，如图10-150所示。

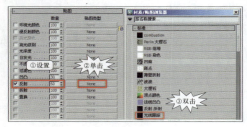

图10-150

09 在视图中选中如图10-151所示的对象，在"材质编辑器"对话框中单击"将材质指定给选定对象"按钮，将该材质赋予选中的对象上。完毕后对场景进行渲染，效果如图10-152所示。

图10-151　　　　　图10-152

2. 设置水晶材质

01 在Slate材质编辑器的活动视口中选择一个未使用的材质示例窗，显示其编辑参数后更改材质名称，如图10-153所示。

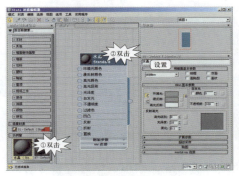

图10-153

02 在"明暗器基本参数"卷展栏中的"明暗模式"下拉列表内选择（P）Phong选项，参照如图10-154所示在"Phong基本参数"和"扩展参数"卷展栏中设置相应选项参数。

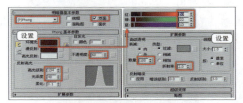

图10-154

03 在"贴图"卷展栏中单击"反射"右侧的None按钮，在打开的"材质/贴图浏览器"对话框中设置贴图类型为"光线跟踪"，如图10-155所示。

图10-155

04 在展开的"光线跟踪器参数"卷展栏中的"背景"选项组中选中"无"单选按钮，双击"水晶"材质节点，切换到该材质层的父层级，设置"反射"参数，如图10-156所示。

图10-156

05 参照以上方法，从"折射"贴图通道导入"反射/折射"贴图，如图10-157所示。

图10-157

06 展开"反射/折射参数"卷展栏，设置"来源"选项组中的"大小"参数，双击该材质节点，切换到该材质层的父层级，设置"折射"参数，如图10-158所示。

图10-158

07 在视图中选中"水晶01"和"水晶02"对象，单击"将材质指定给选定对象"按钮，将该材质赋予"水晶01"和"水晶02"对象，如图10-159所示。

图10-159

3. 设置蜡烛材质

01 首先打开Slate材质编辑器，双击材质/贴图浏览器折叠栏中的"混合"材质，将其在活动视图中显示，如图10-160所示。

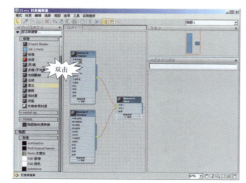

图10-160

02 双击Material# 8节点，显示其编辑参数，更改该材质名称为"蜡烛"，如图10-161所示。

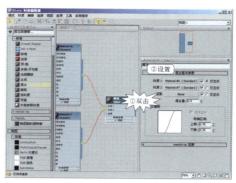

图10-161

03 双击混合材质的第1种子材质节点，显示其编辑参数，如图10-162所示。

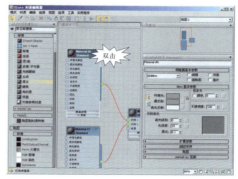

图10-162

04 在"明暗器基本参数"卷展栏中的"明暗模式"下拉列表内选择"（r）半透明明暗器"选项，并选中右侧的"双面"复选框。完毕后参照如图10-163所示设置展开的"半透明基本参数"卷展栏中的相应选项参数。

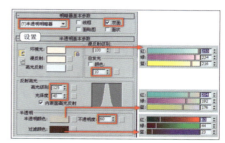

图10-163

05 在"贴图"卷展栏中设置"反射"参数，并设置贴图类型为"光线跟踪"，如图10-164所示。

图10-164

06 双击混合材质的第2种子材质节点，显示其编辑参数，参照如图10-165所示在"Bilnn基本参数"卷展栏中设置相应选项参数。

图10-165

07 在"贴图"卷展栏中单击"漫反射颜色"右侧的None按钮，在打开的"材质/贴图浏览器"对话框中设置贴图类型为"噪波"，如图10-166所示。

图10-166

08 在展开的"噪波参数"卷展栏中，设置噪波类型为"湍流"，"大小"参数为150，并参照如图10-167所示对颜色进行设置。

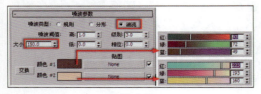

图10-167

09 双击混合材质节点，显示其编辑参数，在"混合基本参数"卷展栏中单击"遮罩"选项右侧的None按钮，在弹出的"材质/贴图浏览器"对话框中选择"渐变"贴图类型，如图10-168所示。

图10-168

10 在打开的"渐变参数"卷展栏中对"颜色2"和"颜色3"进行设置，如图10-169所示。

11 在视图中选择"蜡烛"对象，单击Slate材质编辑器工具栏中的"将材质指定给选定对象"按钮，将该材质赋予"蜡烛"对象，效果如图10-170所示。

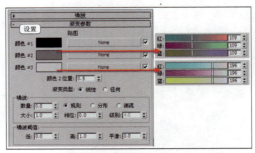

图10-169

图10-170

4. 设置陶瓷材质

01 首先在Slate材质编辑器中将一个未使用的材质示例窗在活动视图中显示，重新命名该材质为"陶瓷"，如图10-171所示。

图10-171

02 在"明暗器基本参数"卷展栏中的"明暗模式"下拉列表内选择（P）Phong选项，参照如图10-172所示在"Phong基本参数"卷展栏中设置相应选项参数。

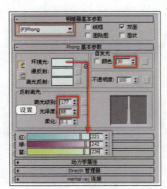

图10-172

03 在"贴图"卷展栏中单击"反射"右侧的None按钮，在打开的"材质/贴图浏览器"对话框中设置贴图类型为"光线跟踪"，如图10-173所示。

图10-173

04 在"光线跟踪器参数"卷展栏中进行设置，并切换到"陶瓷"编辑参数下，在"贴图"中调整"反射"参数为10，如图10-174所示。

05 在视图中选择"罐子"对象，将该材质赋予"罐子"对象上，完成陶瓷材质的制作。至此，

本实例就制作完成了，对场景进行渲染，效果如图10-175所示。读者可打开本书附带光盘中的Chapter-10/"静物完成.max"文件进行查看。

图10-174

图10-175

第11章
材质类型

　　在上一章学习了"材质编辑器"的使用方法，在讲述过程中使用的是3ds Max的"标准"材质。"标准"材质的设置效果相对比较基础，如果要使场景内的景物更加真实、生动，还需要使用更多材质来编辑。在3ds Max默认的扫描线渲染方式下，有16种材质类型，使用这16种材质类型，可以实现各种特殊材质类型的效果，在本章中将对这些材质类型进行逐一讲解。

11.1　指定材质

　　在3ds Max中，当基础的"标准"材质无法满足用户的需求时，还可以指定其他的材质类型来满足设置材质的需要。接下来将通过具体的操作来讲述指定其他材质类型的操作方法。

　　01 启动3ds Max 2012，按下M键，打开Slate材质编辑器，如图11-1所示。

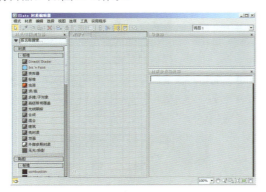

图11-1

　　02 将"材质"卷展栏展开，双击Ink'n Paint材质类型，使其在活动视图中显示，如图11-2所示。

　　03 双击活动视图中材质的节点，即可显示其编辑参数，如图11-3所示。

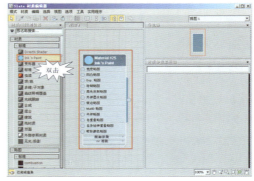

图11-2

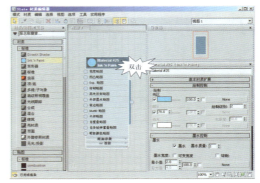

图11-3

11.2　Ink'n Paint材质类型

　　Ink'n Paint材质类型可以使三维对象产生类似于二维图案的效果。它可以使对象的阴影产生类似墨水喷涂的效果。

　　在Ink'n Paint材质类型中"墨水"和"绘制"是分离的两部分，可以单独进行设置，如图11-4所示。

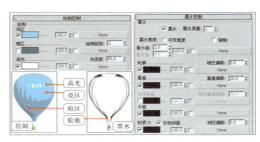

图11-4

11.2.1 绘制控制卷展栏

"绘制控制"卷展栏内的选项参数，用于设置对象的颜色。

01 打开本书附带光盘中的Chapter-11/"摩托车.max"文件，如图11-5所示。

图11-5

02 按下M键，打开Slate材质编辑器，在材质/贴图浏览器中双击Ink'n Paint材质，使其在活动视图中显示。

03 双击Ink'n Paint材质节点，显示其编辑参数，更改材质名称为"摩托车"，如图11-6所示。

图11-6

04 在"绘制控制"卷展栏中，单击"亮区"选项下方的色样，打开"颜色选择器"对话框，对亮区的颜色进行设置，如图11-7所示。

图11-7

05 在"绘制级别"文本框中输入4，此时选中的材质示例窗中的示例球将发生变化，示例球中显示从亮区到暗区阴影颜色的数量增加，如图11-8所示。

图11-8

06 在"暗区"选项下方的参数可以控制暗区

颜色的强弱，数值越大，该暗部区域将与亮部区域的颜色越接近，如图11-9所示展示了设置不同参数后的效果。

图11-9

07 禁用"暗区"选项下方的复选框，此时在该复选框右侧会出现一个颜色块，通过该颜色块可以直接为暗部区域指定与亮区截然不同的颜色，如图11-10所示。

图11-10

08 启用"高光"选项下方的复选框，此时在对象上将出现高光效果，如图11-11所示。高光默认的颜色为白色。

图11-11

09 设置"光泽度"参数，可以控制高光的大小，该数值越小，则高光的面积就会越大。如图11-12所示展示了设置不同"光泽度"参数后的高光效果。

图11-12

11.2.2 墨水控制卷展栏

在该卷展栏中的参数主要用来控制模型外围轮廓的效果。

01 在"墨水控制"卷展栏中，单击"墨水"选项组中的"墨水"复选框将其关闭，渲染后的材质将不进行勾线处理，如图11-13所示。

图11-13

02 启用"墨水"复选框，在"墨水宽度"选项下方的数值可以使用像素单位设置勾线的宽度，如图11-14所示。

03 在"墨水"选项组中，启用"可变宽度"复选框，将激活"最大值"参数，设置"最小值"和"最大值"参数，可以使轮廓线的宽度在最小值和最大值之间变化，显示出一种类似手绘的不均匀轮廓线，如图11-15所示。

图11-14　　　　　　图11-15

注意

在启用了"可变宽度"后，有时场景照明会使一些墨水线变得很细，以至于几乎不可见。

04 启用"钳制"复选框，可以强制墨水宽度始终保持在"最大值"和"最小值"之间，避免受照明影响出现的部分墨水线不可见的现象，如图11-16所示。

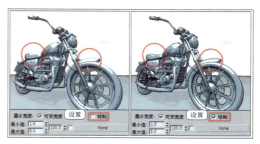

图11-16

05 单击"轮廓"选项下方的色块，打开"颜色选择器"对话框，可以对对象轮廓的墨水颜色进行设置；禁用该选项下方的复选框，对象将禁用墨水轮廓，如图11-17所示。

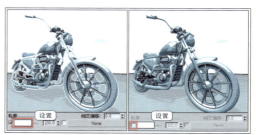

图11-17

11.3 高级照明覆盖材质类型

高级照明覆盖材质类型，使用户可以直接控制对象材质的辐射度效果，它是基本材质的一种补充。该材质类型对普通渲染不会产生任何影响，它主要影响"光能传递"或"光跟踪器"渲染方式。该材质类型主要有两种用途：改变应用于"光能传递"或"光跟踪器"中的材质特性；或产生特效，例如自发光的物体，为辐射度的场景提供能源。需要注意的是Mental Ray渲染方式不支持高级照明覆盖材质类型。

01 打开本书附带光盘中的Chapter-11/"霓红灯.max"文件。

02 按下M键，打开Slate材质编辑器，在材质贴图浏览器中双击"材质"卷展栏中的"高级照明覆盖"材质，将其在活动视图中显示，并显示其编辑参数，如图11-18所示。

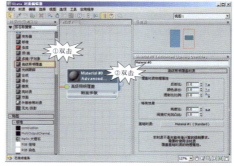

图11-18

03 在"高级照明覆盖材质"中单击"基础材质"右侧的长按钮，对基础材质进行编辑，如图11-19所示。

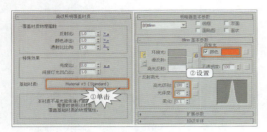

图11-19

04 双击活视图中的材质节点，回到父层级。在"特殊效果"选项组中，设置"亮度比"参数，控制自发光对象在"光能传递"渲染方式或"光跟踪器"渲染方式中的物体物理量，如图11-20所示。

图11-20

05 "间接灯光凹凸比"参数，控制间接被灯光照到部位的凹凸贴图效果。当其值为0时，没有凹凸效果，增加该数值可以增强凹凸贴图的效果。

06 在"覆盖材质物理属性"选项组中，设置"反射比"参数，可以增加或减少材质的反射能量。如图11-21所示展示了设置不同"反射比"参数的效果。

图11-21

07 设置"颜色溢出"参数，用于增加或减少反射的色彩饱和度。如图11-22所示展示了设置不同"颜色溢出"参数效果。

图11-22

08 "透射比比例"参数，用于增加或减少材质的传递能量。

> **注意**
> 该参数只影响光能传递，对光线跟踪没有影响。

09 参照之前同样的操作方法，再制作出其他霓红灯效果，如图11-23所示。也可以打开本书附带光盘中的Chapter-11/"霓红灯完成效果.max"文件进行查看。

图11-23

11.4 光线跟踪材质类型

"光线跟踪"材质类型是一种在对象表面产生高级投影的材质，可以在对象的表面展现逼真的反射和折射的效果。反射和折射的效果要比在标准材质类型中的"反射"通道使用"反射/折射"贴图的效果好，但渲染速度也更慢一些。

应用光线跟踪材质或应用光线跟踪贴图的对象表面的法线方向决定光线的方向是进入还是射出。

如果翻转表面的法线，可能会得到意想不到的效果。应用双面材质并不能解决标准材质中经常遇到的反射和折射的一些问题。

"光线跟踪"材质类型的创建参数较为复杂，共包括6个卷展栏，接下来分别对这些卷展栏中的选项参数进行介绍。

11.4.1　光线跟踪基本参数卷展栏

"光线跟踪基本参数"卷展栏内的各项参数用于设置"光线跟踪"材质类型的基本属性。

01　在"快速访问"工具栏中单击 "打开文件"按钮，打开本书附带光盘中的Chapter-11/"静物.max"文件。

02　按下M键，打开Slate材质编辑器，在材质/贴图浏览器中的"材质"卷展栏中双击"光线跟踪"材质类型，使其在活动视图显示，显示该材质的编辑参数，如图11-24所示。

图11-24

03　在"光线跟踪基本参数"卷展栏中，通过"明暗处理"下拉列表可以为材质选择一种明暗器类型；"双面"、"面贴图"、"线框"、"面状"复选框的功能也在介绍标准材质时进行了讲述，在这里就不再进行赘述。

04　"环境光"与标准材质的环境光含义完全不同，对于光线跟踪材质，它控制着材质吸收环境光的多少。如果将其设置为白色，那么就相当于在标准材质中将"环境光"和"漫反射"显示窗锁定的效果。

05　单击"环境光"复选框，可以启用或禁用环境光。

06　"漫反射"可以指定对象反射的颜色，不包括高光反射。如图11-25所示展示了设置"漫反射"后的效果。

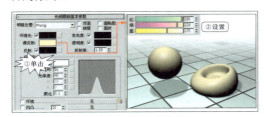

图11-25

07　"反射"颜色可以控制镜面反射的颜色。如果反射颜色是一种饱和色而"漫反射"的颜色是黑色，则会表现出类似圣诞树上的彩球效果。如图11-26

所示展示了设置"反射"颜色后的效果。

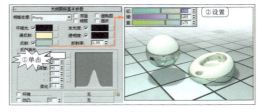

图11-26

08　"发光度"与标准材质的自发光组件相似，但它不依赖于漫反射颜色。蓝色的漫反射对象可以具有红色的发光度。如图11-27所示展示了设置"发光度"颜色后的效果。

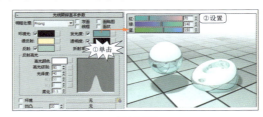

图11-27

09　"透明度"与标准材质中的过滤色相似，它控制在光线跟踪材质背后经过颜色过滤所表现的色彩，黑色为完全不透明，白色为完全透明。如图11-28所示展示了设置"透明度"颜色后的效果。

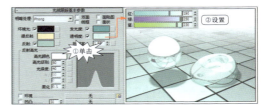

图11-28

10　"折射率"参数，可以控制光线折射的剧烈程度。例如：空气的折射率为1，在折射对象之后的物体不会产生变形；玻璃的折射率为1.5，在折射对象之后的物体会产生很大的变形。

11　在"反射高光"选项组中，可以对高光的颜色、强度、范围、柔化程度等参数进行设置，由于在之前的标准材质中已经进行了详细讲述，在此就不再赘述。如图11-29所示展示了设置"反射高光"选项组中各选项参数后的效果。

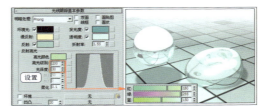

图11-29

12 启用"环境"复选框，单击其右侧的长按钮，打开"材质/贴图浏览器"对话框，参照如图11-30所示设置为环境指定贴图，完毕后渲染场景，效果如图11-31所示。

图11-30

图11-31

13 在该选项的右侧还提供了一个 "锁定"按钮，启用该按钮后，"透明环境"贴图控件将被禁用，应用于"光线跟踪环境"的贴图也会被应用于"透明环境"。禁用该按钮后，启用"透明环境"贴图控件，将另一个贴图指定给"透明环境"。

14 "凹凸"贴图通道其用途相当于标准材质中的"凹凸"贴图通道效果，通过其右侧的按钮可以导入凹凸贴图，设置其凹凸效果。如图11-32所示展示了导入本书附带光盘中的Chapter-11/"凸凹.jpg"文件后的效果。

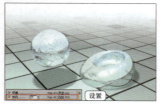

图11-32

11.4.2 扩展参数卷展栏

"扩展参数"卷展栏内的选项参数用于设置"光线跟踪"材质类型的扩展属性。如图11-33所示展示了"扩展参数"卷展栏。

图11-33

1.特殊效果选项组

该选项组用于对进行"光线跟踪"材质类型特殊效果的设置，功能非常强大。

01 打开本书附带光盘中的Chapter-11/"静物2.max"文件，如图11-34所示。

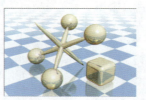

图11-34

02 按下M键，打开Slate材质编辑器，在活动视图中显示例窗中的"静物"材质示例窗，并显示其编辑参数，如图11-35所示。

图11-35

03 在"特殊效果"选项组中，设置"附加光"颜色，可以在材质表面增加光照的效果，通过应用右侧的"贴图"通道，可以导入位图代替颜色。如图11-36所示展示了设置"附加光"后的效果。

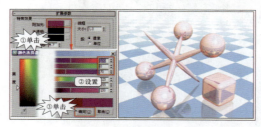

图11-36

04 "半透明"用于设置材质的透明效果。如

图11-37所示展示了设置该选项颜色后的效果。

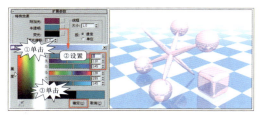

图11-37

05 "荧光"可以创建一种类似黑色灯光海报上的黑色灯光的效果。黑光中的光主要是紫外线，位于可见光谱之外。"光线跟踪"材质中的荧光会吸收场景中的任何光，对它们应用"偏移"后，不考虑场景中光的颜色，好像白光一样照明荧光材质。如图11-38所示展示了设置该选项参数后的效果。

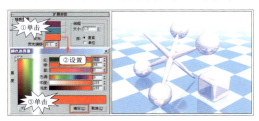

图11-38

2.高级透明选项组

该选项组内的选项参数用于更深入地控制透明材质的效果。

01 打开本书附带光盘中的Chapter-11/"静物3.max"文件，如图11-39所示。

图11-39

02 按下M键，打开Slate材质编辑器，在活动视图中显示"静物"材质，并显示其编辑参数，如图11-40所示。

03 展开"扩展参数"卷展栏，"透明环境"复选框与基本参数栏中的"环境"通道的功能和用法相同，但不考虑场景中的"透明"贴图的影响。当该复选框被选中后，通过其右侧的长按钮可以导

入位图，被赋予材质的对象仍然反射整个场景，但折射导入的贴图。

图11-40

04 "密度"选项用于控制透明材质的密度，如果材质是不透明的，那么，这项将失去作用。启用"颜色"复选框，可以根据厚度设置过滤色；启用"雾"复选框，也是基于硬度的效果。如图11-41所示展示了设置选项参数后的效果。

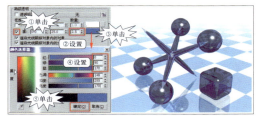

图11-41

05 "渲染光线跟踪对象内的对象"复选框，可以启用或禁用光线跟踪对象内部的对象渲染。默认为启用状态。

06 "渲染光线跟踪对象内的大气"复选框，可以启用或禁用光线跟踪对象内部大气效果的渲染。大气效果包括火、雾、体积光等。默认为启用状态。

3.反射选项组

该选项组内的参数可以控制反射的效果。

01 当选中"默认值"单选按钮时，反射是根据漫反射的色彩分层进行的。当材质是不透明并且完全反射时，那么，将不会呈现漫反射的色彩。当选中"相加"单选按钮时，反射是被添加到漫反射中的，所以无论什么情况下漫反射的色彩都会呈现出来。

02 "增益"参数控制着反射的亮度，该参数值越低，则反射的亮度越高。

11.4.3 光线跟踪器控制卷展栏

"光线跟踪器控制"卷展栏，可以对光线跟踪器自身进行控制，提高渲染性能。如图11-42所示展示了该卷展栏。

图11-42

1.局部选项选项组

01 打开本书附带光盘中的Chapter-11/"苹果.max"文件。渲染场景如图11-43所示，可以发现场景中的水果盘已经添加光线跟踪类型的材质。

02 按下M键打开Slate材质编辑器，显示"静物"材质，并显示其编辑参数。

03 展开"光线跟踪器控制"卷展栏，在"局部选项"选项组中，启用"光线跟踪"复选框，控制是否应用光线跟踪效果，默认状态下处于激活状态。如图11-44所示展示了禁用该复选框后的效果。

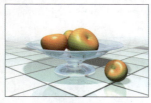

图11-43   图11-44

提示

在该步骤操作完毕后，可以启用"启用光线跟踪"复选框，以便于接下来的操作。

04 "光线跟踪大气"复选框，控制是否应用大气系统的光线跟踪效果，其中包括火、雾、体积光等效果。如图11-45所示展示了启用该复选框前后的对比效果。

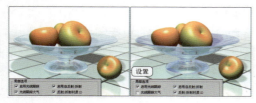

图11-45

05 "启用自反射/折射"复选框，控制一个对象是否反射它自己本身，例如茶壶的主体可以反射茶壶把手，又如一个球体就不会反射到其自身。如

果关闭该复选框，将会提高渲染速度。如图11-46所示展示了启用与禁用该复选框后的效果。

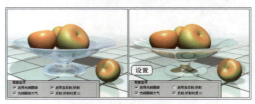

图11-46

06 "反射/折射材质ID"复选框，在默认状态下为启用状态，将渲染反射或折射设置的通道特效。

2.启用光线跟踪器选项组

在该选项组中提供了这两个选项，分别是"光线跟踪反射"和"光线跟踪折射"复选框，用于控制是否在光线跟踪的材质中应用折射或反射，如图11-47所示。

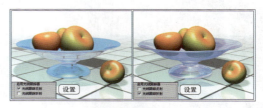

图11-47

3.局部排除命令

单击"局部排除"按钮，可以打开"排除/包含"对话框，如图11-48所示。在该对话框内可以将场景中的某个物体排除在光线跟踪的范围之外。

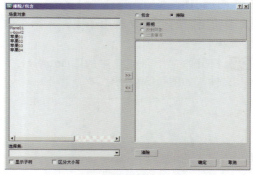

图11-48

4.衰减末端距离选项组

01 启用"反射"复选框，在其右侧的文本框中可以设置一个距离范围，在这个距离范围内反射具有衰减效果，如图11-49所示。

02 启用"折射"复选框，在其右侧的文本框中可以设置一个距离范围，在这个距离范围内折射具有衰减效果，如图11-50所示。

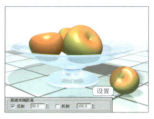

图11-49　　　　　图11-50

5.全局禁用光线抗锯齿选项组

通常情况下，该选项组是处于不可编辑状态，只有执行菜单栏的"渲染"→"光线跟踪器设置"命令，打开"渲染设置"对话框。在"光线跟踪器全局参数"卷展栏中选择"全局光线抗锯齿器"选项组中的"启用"选项后，"全局禁用光线抗锯齿"设置才处于可编辑状态。

11.5　建筑材质类型

"建筑"材质能够根据物理属性设置对象材质，并有多种模板可供选择，可以快速设置各种质感的材质，当该材质与"光度学"灯光类型和"光能传递"渲染方式配合使用时，能够设置具有非常逼真质感的材质。

建议不要使用该材质与3ds Max中的标准灯光、"光线跟踪"渲染类型一起使用。使用Mental Ray渲染方式渲染"建筑"材质时，在某些方面会有些限制。

11.5.1　模板卷展栏

"模板"卷展栏的下拉列表中提供了不同的材质模板，每个模板预置了相应的材质参数，可以更为方便地进行材质的设置工作。

01 打开本书附带光盘中的Chapter-11/"沙发.max"文件。按下M键，打开Slate材质编辑器，在活动视图中显示"地面"材质节点，并显示其编辑参数，如图11-51所示，可以发现当前已经添加了建筑材质。

图11-51

02 在"模板"卷展栏的下拉列表中提供了不同的材质模板，参照如图11-52所示选择模板并渲染场景，观察应用模板后的效果。

图11-52

11.5.2　物理性质卷展栏

在创建新的或编辑已有的"建筑"材质时，"物理性质"卷展栏中的参数决定了材质的最终特性。由于"物理性质"卷展栏中的参数同标准材质的卷展栏有许多相似之处，在此只对该卷展栏所独有的选项进行讲解。

01 打开本书附带光盘中的Chapter-11/"儿童乐园.max"文件。按下M键，打开Slate材质编辑器，在活动视图中显示01-Default材质示节点，并双击节点，显示其参数，如图11-53所示。

图11-53

02 在"物理性质"卷展栏中，设置"亮度cd/m2"参数为500，材质的亮度将增加，表现为自发光效果，如图11-54所示。

图11-54

03 单击"亮度cd/m2"右侧的长按钮，将弹出"材质/贴图浏览器"对话框，在该对话框中选择"平铺"贴图类型，并单击"确定"按钮，如图11-55所示。

图11-55

04 在"物理性质"卷展栏中，单击启用 "由灯光设置亮度"按钮，可以通过选中的某个灯光为材质指定一个"亮度"，如图11-56所示。

图11-56

11.5.3 特殊效果卷展栏

该卷展栏内的贴图通道用于设置材质的特殊效果。

01 继续上一小节的操作，在"材质编辑器"对话框中，展开"特殊效果"卷展栏，单击"凹凸"选项右侧的长按钮，可以指定一个贴图效果，如图11-57所示。

图11-57

02 "凹凸"数值可以控制材质的凹凸强度，该数值的范围在−1000～1000。如图11-58所示展示了设置"凹凸"参数为50的效果。

图11-58

03 "置换"选项可以指定一个贴图来控制置换效果，该数值可以控制置换贴图的强度。参照如图11-59所示，单击"置换"选项右侧的长按钮，打开"材质/贴图浏览器"对话框，为其指定一个"烟雾"贴图。

图11-59

04 禁用"置换"复选框。单击"强度"选项右侧的长按钮，指定"漩涡"贴图为强度贴图，控制材质的亮度，如图11-60所示。

图11-60

05 单击"裁切"选项右侧的长按钮，选择"棋盘格"贴图类型为裁切贴图，如图11-61所示。裁切贴图可以使材质产生部分透明的效果，其中"棋盘格"贴图中的黑色部分将变为透明，白色部分将保留。

图11-61

11.6　壳材质类型

　　"壳材质"可以烘烤贴图纹理。当使用"渲染到纹理"对话框烘烤一个纹理时，它将创建一个"壳材质"。它包含最初和烘烤的材质。"烘焙"材质可以在场景中没有灯光的情况下，保留对象表面的光源照射效果和阴影。

　　"壳材质"类似于其他材质的集合，例如"多维/子对象"材质类型。它同样允许用户控制最初和烘烤的材质运用哪一种渲染方法。

　　"壳材质"类型主要与"渲染到纹理"对话框配合使用，该材质类型的编辑参数非常简单。如图11-62所示展示了"壳材质参数"卷展栏。

图11-62

　　"原始材质"用于显示最初材质的名称。单击下面的长按钮，可以对最初材质进行编辑。

　　"烘焙材质"用于显示烘烤材质的名称。单击该选项下面的按钮，可以对烘烤材质进行编辑。

　　"视口"选项组中可以选择在明暗处理视口中出现的材质，原始材质（上方按钮）或烘焙材质（下方按钮）。

　　"渲染"选项组可以选择在渲染中出现的材质，原始材质（上方按钮）或烘焙材质（下方按钮）。

　　"壳材质"不仅可以在视图中直接显示渲染后的贴图，还可以使用"烘焙"材质使纹理贴图替代较为复杂的材质，并保留对象的光照和阴影效果，该功能能被广泛应用于游戏行业，以使用较少的渲染时间实现华丽的视觉效果，以下将指导读者使用"壳材质"设置沙发的场景，设置完成后，能够使用较为简单的材质替换原材质，快速渲染场景，其渲染效果几乎与使用复杂材质的效果没有差别。

　　01 将本书附带光盘中的Chapter-11/"沙发02.max"文件打开，该场景中的对象均已设置了贴图坐标，如图11-63所示。

　　02 在视图中选择"沙发面"对象，在菜单栏执行"渲染"→"渲染到纹理"命令，打开"渲染到纹理"对话框，如图11-64所示。

图11-63　　　　　　　　　图11-64

　　03 单击"路径"右侧的 按钮，打开"浏览文件夹"对话框，在该对话框内设置渲染纹理的保存路径，如图11-65所示。

　　04 在"烘焙"卷展栏内的显示窗内显示"沙发面"对象名称，在"选定对象设置"选项组内选择"启用"复选框，在"投影贴图"选项组内选择"启用"复选框，如图11-66所示。

图11-65　　　　　　　　　图11-66

提示

　　选择"设置选定对象"选项组内的"启用"复选框后，"通道"和"填充"控件可用于单个对象、所有选定对象及所有准备的对象。选中"投影贴图"选项组内的"启用"复选框后，将使用投影修改器启用法线凹凸投影。

　　05 进入"输出"卷展栏，单击"添加"按钮，打开"添加纹理元素"对话框，在该对话框中列出了可以渲染的、不同类型的纹理元素。通常，用户会将所有元素合并为一个纹理，所以要需要选择"CompleteMap"选项，并单击"添加元素"按钮，退出该对话框，如图11-67所示。

06 在"目标贴图位置"下拉列表内选择"漫反射颜色"选项，设置贴图应用于漫反射贴图通道，如图11-68所示。

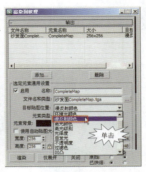

图11-67　　　　　　　图11-68

07 在靠近"输出"卷展栏底部的地方单击512×512按钮，设置渲染纹理的尺寸，如图11-69所示。

08 单击"渲染"按钮，将短暂地出现警告，显示展平UV和烘焙纹理的进度，然后将打开一个虚拟帧缓冲区窗口，其中显示新渲染的CompleteMap纹理。这个图像与用户在"编辑UVW"窗口中看到的图像很相似，但是纹理以不同方式细分，如图11-70所示。

图11-69　　　　　　　图11-70

09 视图中的"沙发面"对象已经应用了渲染的渲染纹理贴图，如图11-71所示。

10 使用同样的方法设置"沙发腿"和"地面"对象的渲染纹理贴图，在视图中显示了对象的光源和阴影效果，如图11-72所示。

图11-71　　　　　　　图11-72

11 当前对象已经应用了"壳材质"，接下来需要对其材质进行编辑。单击 "材质编辑器"按钮，打开Slate材质编辑器，单击激活 "从对象拾取材质"按钮，在场景中单击"沙发面"对象，该对象的材质显示在活动视图中，如图11-73所示。

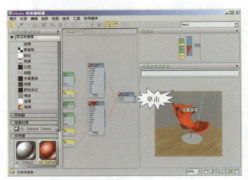

图11-73

12 双击"02-Default［沙发面］"节点，显示其编辑参数，在Render选项组内选择底部的单选按钮，使渲染时使用渲染纹理贴图，如图11-74所示。

图11-74

13 双击baked_02－Default材质面板，显示其编辑参数，删除"凹凸"贴图通道使用的贴图，如图11-75所示。

图11-75

14 在Blinn卷展栏的"颜色"文本框内输入100，使材质使用100%的自发光效果，如图11-76所示。

图11-76

15 使用同样的方法设置"沙发腿"和"地面"对象使用的"壳材质"。删除视图中所有的光源，渲染Camera001视图，观察渲染后的效果，如图11-77所示。因为场景中没有了光源，所以渲染速度较快，渲染效果并没有太大差别。

图11-77

11.7　无光/投影材质类型

应用"无光/投影"材质类型的对象，在渲染时将被隐藏。而被该对象所遮挡的其他对象在渲染时也是不可见的，但背景贴图不会被遮挡，如图11-78所示。

图11-78

还可以将赋予"无光/投影"材质类型的对象设置为通道以便于后期的合成与编辑工作。"无光/投影"材质也经常作为对象的阴影使用，在渲染时直接在背景贴图上产生对象的阴影效果。

01 打开本书附带光盘中的Chapter-11/"电脑.max"文件。

02 按下M键，打开Slate材质编辑器，在材质/贴图浏览器中展开"材质"卷展栏并双击"无光/投影"材质类型，使其在活动视图中显示，并显示其编辑参数，如图11-79所示。

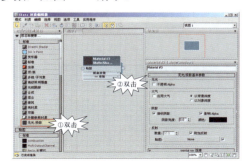

图11-79

03 在添加"无光/投影"材质后，渲染场景观察将对象的阴影融入到环境贴图中的效果，如图11-80所示。

图11-80

04 "无光/投影"材质的设置较为简单，基本上无须再设置卷展栏中的参数，只需添加材质即可实现"无光/投影"效果，所以在此就不再详细介绍。如图11-81所示展示了"无光/投影基本参数"卷展栏。

图11-81

05 "阴影"选项栏用于设置"无光/投影"材质产生的阴影效果。在使用阴影前，首先要启用"接收阴影"复选框，确定"无光/投影"材质对象接受场景中对象的投影效果。如图11-82所示展示了启用与禁用该复选框后的效果。

图11-82

06 "阴影亮度"参数用于设置阴影的亮度，阴影亮度随该参数的增大而变得更亮更透明，如图11-83所示。"颜色"调整框用来设置阴影的颜色，以便和背景图像中的阴影颜色相匹配。

图11-83

07 "反射"选项组决定了是否设置反射贴图效果。单击"贴图"右侧的长按钮,将为其指定所需的贴图。通过调节"数量"参数,设定反射贴图

的强度,如图11-84所示为加入反射贴图后的"无光/投影"材质。

图11-84

11.8 复合材质类型

在本节将讲解有关复合材质类型的知识,复合材质类型属于较为复杂的材质类型,该种材质类型包含两种或两种以上的材质类型,复合材质类型的应用范围非常广泛,使用复合材质类型可以设置层次较为丰富的材质或为对象的次对象分配不同的材质等,还可以将多个复合材质类型嵌套,编辑更为细致、逼真的材质。

11.8.1 混合材质类型

"混合"材质类型可以以百分比的形式混合两种材质,并可以启用"遮罩"贴图通道来控制两种材质混合发生的位置和效果,如图11-85所示。

图11-85

01 打开本书附带光盘中的Chapter-11/ "破旧房间.max"文件。

02 按下M键,打开Slate材质编辑器,在材质/贴图浏览器中展开"材质"卷展栏,双击"混合"材质类型,使其在活动视图中显示,并显示其编辑参数,如图11-86所示。

03 "混合基本参数"卷展栏用于设置混合材质的效果,如图11-87所示。

04 在活动视图中双击第1种材质的节点,显示其编辑参数,在这里可以设定第一种材质的贴图、参数等设置选项,如图11-88所示。

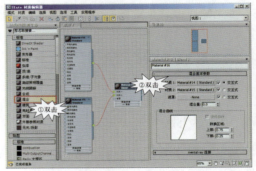

图11-86

图11-87

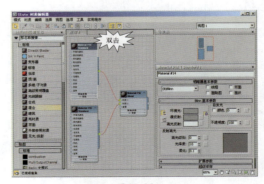

图11-88

05 在"贴图"卷展栏中,单击"漫反射颜色"选项右侧的长按钮,在打开的"材质/贴图浏览器"对话框中选择"位图"贴图选项,如图11-89所示。

图11-89

06 单击"确定"按钮，在打开的"选择位图图像文件"对话框中选择本书附带光盘中的/Chapter-11/"壁纸.jpg"文件，单击"打开"按钮，如图11-90所示。

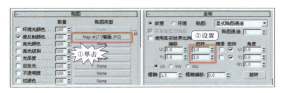

图11-90

07 参照前面的操作方法显示第2种材的编辑参数，并对该材质的"漫反射颜色"贴图设置"墙面.jpg"文件，在"坐标"卷展栏中设置"平铺"参数，如图11-91所示。

图11-91

08 双击混合材质，显示其编辑参数，设置"混合量"参数，可以调整两个材质的混合百分比，如图11-92所示展示了设置不同"混合量"参数后的效果。

图11-92

09 单击"遮罩"选项右侧的长按钮，在打开的"材质/贴图浏览器"对话框中选择"位图"贴图选项，在弹出的"选择位图图像文件"对话框中选择本书附带光盘中的Chapter-11/"遮罩.tif"文件，如图11-93所示。

图11-93

10 在设置遮罩贴图通道后，这两种材质将根据"遮罩"图像内容进行分布，如图11-94所示，遮罩贴图的黑色区域完全透出第1种材质，遮罩贴图的白色区域则完全透出第2种材质。

11 如果所使用的"遮罩"贴图中有介于黑色和白色的灰色部分，那么，介于两者之间的灰度区域，将按照自身的灰色强度对两种材质进行混合，如图11-95所示。当使用"遮罩"贴图的时候，"混合量"数值为不可使用状态。

图11-94　　　　　　图11-95

12 在"混合基本参数"卷展栏的"混合曲线"选项组中，启用"使用曲线"复选框，可以通过使用曲线的方式来调节黑白过渡区域造成材质融合的尖锐或柔和程度，如图11-96所示。

图11-96

> **提示**
> 只有使用了遮罩后，"混合曲线"选项组才能起作用。

11.8.2 合成材质类型

"合成"材质类型和"混合"材质类型的功能相似，但比"混合"材质类型的功能更强大。该材质最多可将10种材质复合叠加在一起，通过控制增加不透明度、相减不透明度和基于数量这3种方式，设置材质叠加的效果，这3种控制选项分别用A、S和M表示。如图11-97所示展示了"合成"材质的效果。

图11-97

01 打开本书附带光盘中的Chapter-11/"巧克力.max"文件。

02 按下M键，打开Slate材质编辑器，在"示例窗"卷展栏内双击"巧克力材质"示例窗，使其在活动视图中显示，并显示其编辑参数，如图11-98所示。

图11-98

提示

> 在"合成基本参数"卷展栏中可以发现除了"基础材质"外已经添加了两个合成子材质。

03 在"合成基本参数"卷展栏中，可以看到 A 按钮处于高亮显示状态，这也是3ds Max的默认设置，该合成方式可以使材质中的颜色基于其不透明度进行相加。当单击 S 按钮后，该材质将使用相减不透明度，材质中的颜色基于其不透明度进行相减。如图11-99所示展示了在"材质 1"选项中单击启用 S 按钮后，材质明显变暗，并产生类似反相的效果。

图11-99

04 单击 M 按钮后，该材质将基于数量混合材质，颜色和不透明度将和无遮罩贴图的混合材质时的样式进行混合，如图11-100所示展示了单击启用 M 按钮后，材质的渲染效果。

图11-100

05 在每个合成材质选项的后方都有个数值，该数值用于控制混合的数量，默认设置为100。除了M合成方式的数量范围为100外，A和S合成方式的数量范围都为0～200。当数量为0时，不产生合成效果，材质将不可见，如果数量为100时，将完全进行混合。如图11-101所示展示了单击A按钮后，将"材质 1"中"数量"数值分别更改为0、50、100时材质的效果。

图11-101

11.8.3 双面材质类型

通常情况下，3ds max中为了加快显示速度，只显示和渲染与法线方向相一致的面，而忽略背离法线方向的面。"双面"材质类型可以在对象的正反两面分配两种不同的材质，为一个对象指定材质时，材质将被指定在内部和外部的面，这种方法设置的材质，在不选择"双面"复选框的情况下，也能够同时显示与法线方向保持一致和背离的面，如图11-102所示展示了"双面"材质的效果。

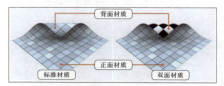

图11-102

01 打开本书附带光盘中的Chapter-11/"画.max"文件。

02 按下M键，打开Slate材质编辑器，在材质/贴图浏览器中展开"材质"卷展栏，双击"双面"材质类型，使其在活动视图中显示，并显示其编辑参数，如图11-103所示。

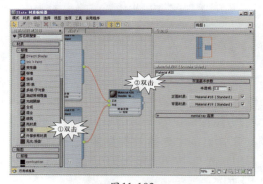

图11-103

03 单击"正面材质"右侧的长按钮，将弹出"正面"材质的编辑参数，在这里将本书附带光盘中的Chapter-11/"画.jpg"文件，指定为正面材质的贴图，如图11-104所示。

图11-104

04 双击"双面"材质类型，显示其编辑参数，单击"背面材质"右侧的长按钮，参照如图11-105所示，将本书附带光盘中的Chapter-11/"背景纹理.jpg"文件，指定为背面材质。

图11-105

05 再次显示"双面"材质的编辑参数，设置"半透明"参数，混合"正面"和"背面"材质，如果该参数为0时，双面材质的两种子材质将不进行混合；当该参数在0～50时，将使两种材质混合；当该参数值大于50时，混合背面材质多一些，其效果就像反转了材质设置。该效果逐渐增强，直到该参数达到100时反置材质设置。如图11-106所示展示了设置不同"半透明"参数后的效果。

图11-106

11.8.4 变形器材质类型

该材质通常与"变形器"编辑修改器一起使用。用于配合对象的变形效果设置材质的动画，例如制作脸红的表情形态，或者当眉头凸起时前额出现皱纹等。将"变形器"编辑修改器与"变形器"材质类型配合使用，材质将根据对象的变形设置而生成动画。

在"变形器"材质类型中有100个材质通道，这些材质通道将直接应用于"变形器"编辑修改器的

100个通道。一旦将"变形器"材质赋予一个对象并且绑定到"变形器"编辑修改器，它们将应用这个编辑修改器的微调通道到"变形器"材质和对象。

01 打开本书附带光盘中的Chapter-11/"卡通头部.max"文件。

02 按下M键，打开精简材质编辑器，选择第1个示例窗。单击Standard按钮，在打开的"材质/贴图浏览器"对话框中，双击"变形器"材质，如图11-107所示。

图11-107

03 在选择"变形器"材质后，在"材质编辑器"对话框中将出现该材质的编辑参数，如图11-108所示。

图11-108

04 在"变形器基本参数"卷展栏中，单击"选择变形对象"按钮，单击卡通的头部模型对象，将弹出"选择变形修改器"对话框，选择"变形器"选项并单击"绑定"按钮，关闭对话框，如图11-109所示。此时材质将与对象的动画绑定在一起。

图11-109

05 在"基础材质"选项组中，单击"基础"选项右侧的长按钮，将弹出"基础"材质的编辑参数，可以为对象应用一个基础材质，如图11-110所示。

图11-110

06 在"通道材质设置"选项组中，默认的情况下共有100种材质通道可以使用。每一个长按钮都可以导入一种材质类型，最右侧的复选框确定左侧的材质是否被启用。单击"材质 1"选项右侧的长按钮并参照如图11-111所示进行设置。

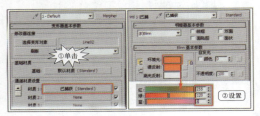

图11-111

07 完毕后，渲染不同时间段上的帧，观察变形对象的效果，如图11-112所示。

图11-112

> **提示**
>
> 也可以将动画输出为视频文件，从而更直观地观察设置"变形器"材质后的效果。

11.8.5 多维/子对象材质类型

"多维/子对象"材质类型，可以根据几何体的子对象级别分配不同的材质。该类型材质通常应用于整个对象，并在对象的子对象层使用分配材质ID号的方法将材质分配给次对象。

"多维/子对象基本参数"卷展栏中的ID号与在"编辑网格"、"编辑面片"或"编辑多边形"编辑修改器中为对象指定的ID号是相互对照的，如图11-113所示。

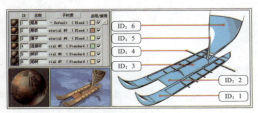

图11-113

01 单击"快速访问"工具栏中的 "打开文件"按钮，打开本书附带光盘中的Chapter-11/"掌上电脑.max"文件。场景中的掌上电脑主体对象的表面已经指定过了ID号，如图11-114所示。

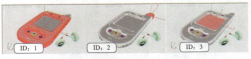

图11-114

02 按下M键，打开Slate材质编辑器。在材质/贴图浏览器的"材质"卷展栏中双击"多维/子对象"材质类型，使其在活动视图中显示，并显示其编辑参数，如图11-115所示。

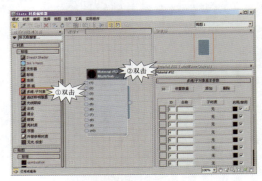

图11-115

03 在材质编辑器中单击"设置数量"按钮，在弹出的"设置材质数量"对话框中将"材质数量"参数设置为3，然后单击"确定"按钮，退出对话框，如图11-116所示。

图11-116

04 在"多维/子对象基本参数"卷展栏的"名称"按钮下方，分别为这3个材质ID进行命名，如图11-117所示。

图11-117

05 单击"机身"右侧的长按钮，导入"标准"材质类型，再次单击长按钮，进入其子材质层级进行参数的设置，如图11-118所示。

图11-118

06 单击 "转到父对象"按钮，向上移动到材质的父对象层次，参照同样的操作方法再对"天线"和"屏幕"指定材质贴图，完毕后渲染场景，效果如图11-119所示。

图11-119

> **提示**
>
> 也可以打开本书附带光盘中的Chapter-11/"掌上电脑完成效果.max"文件进行查看。

11.8.6　虫漆材质类型

应用"虫漆"材质类型可以在对象表面混合两种材质，一种材质是底部材质，另一种材质是覆盖在底部材质上的"虫漆"材质。通过调节两种颜色的混合值来确定对象表面的材质，如图11-120所示。

图11-120

01 单击"快捷访问"工具栏中的"打开文件"按钮，打开本书附带光盘中的Chapter-11/"枪.max"文件，如图11-121所示。

图11-121

02 按下M键，打开Slate材质编辑器，将"枪身材质"示例窗在活动视图中显示，可以发现当前枪身已经赋予了"虫漆"材质。

03 设置"虫漆颜色混合"参数，可以用来控制颜色的混合程度，当值为0时，虫漆材质不起作用，随着数值的增加，虫漆材质颜色融合到基本材质的程度就越高，如图11-122所示。

图11-122

11.8.7　顶/底材质类型

应用"顶/底"材质类型可以为目标对象的顶部和底部分配两种不同的材质，并且可以把两种材质进行混合，在两种材质的交界处形成自然的过渡。"顶/底"材质类型根据对象的表面所处的世界坐标系或自身坐标系中的Z轴方向来决定顶和底。也就是说Z轴的正半轴的面使用"顶"材质，Z轴的负半轴所在的面使用"底"材质，如图11-123所示。

图11-123

01 单击"快速访问"工具栏中的"打开文件"按钮，打开本书附带光盘中的Chapter-11/"恐龙.max"文件，渲染场景可以发现恐龙已经赋予了"顶/底"材质，如图11-124所示。

图11-124

02 按下M键，打开Slate材质编辑器，双击材质贴图浏览器的"示例窗"卷展栏中的"恐龙"材质示例窗，使其在活动视图中显示，双击材质"恐龙"节点，即可在参数编辑器中显示出"顶/底"材质的相关选项参数，如图11-125所示。

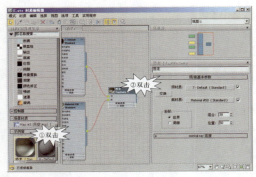

图 11-125

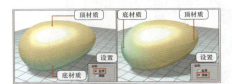

图 11-127

为了便于更好地观察设置该选项后的效果，可以打开本书附带光盘中的Chapter-11/"金蛋.max"文件，查看设置不同坐标选项后的效果。

03 单击"顶材质"和"底材质"选项右侧的长按钮，可以设置顶面和底面材质。单击"交换"按钮，可以将顶面材质与底面材质进行交换，如图11-126所示展示了交换顶面和底面材质前后的对比效果。

05 设置"混合"数值，可以控制顶面和底面材质边缘的混合程度，随着数值的增大，两种材质边缘的混合程度和混合范围也逐渐增大。

06 设置"位置"数值，可以确定两种材质交界的位置，当其值为0时，相交位置在底端，对象只显示顶部的材质，当其值为100时，相交位置在顶端，对象只显示底部的材质，默认值为50。如图11-128所示展示了设置"混合"和"位置"参数后的效果。

图 11-126

04 在"坐标"选项组中，选择"世界"单选按钮后使用世界坐标系，当旋转物体时，顶面和底面的边界线位置保持不变；选择"局部"单选按钮后，将使用对象自身坐标系，当旋转物体时，顶面和底面的边界线位置也会随之改变。如图11-127所示展示了设置不同坐标选项后的效果。

图 11-128

11.9 实例操作——创建一幅科幻插图

在本节中安排了一个设置机械人材质的实例，场景内容为一个机械人从书页中冲出来，书页中的部分为二维形态，冲出来的部分为三维形态。在本节实例的设置过程中，使用了"无光/投影"、Ink'n Paint、"多维/子对象"等多种材质类型，这些材质类型也是在设置材质的过程中较为常用的材质类型。

接下来将指导读者来完成对场景对象的材质设置。首先打开本书附带光盘中的Chapter-11/"机械人01.max"文件，如图11-129所示。

图 11-129

11.9.1 地面材质设置

在设置地面材质时，使用了"无光/投影"材质类型，这种材质类型本身是不能被渲染的，但可以保留投射到其表面的阴影，使地面和背景很好地融合在一起。

01 首先单击工具栏上的 "材质编辑器"按钮，打开Slate材质编辑器。

02 在材质/贴图浏览器中双击"无光/投影"材质类型，使其在活动视图中显示，并在显示其编辑参数后，更改材质名称为"地面材质"，如图11-130所示。

03 为了方便观察参数的变化，将材质先赋予对象。在任意视图窗口中选择"地面"对象，单击"材质编辑器"水平工具行上的 "将材质指定给选定对象"按钮，将材质赋予选择对象，如图11-131所示。

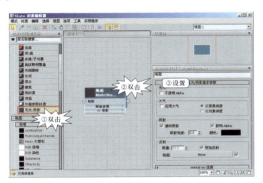

图11-130

图11-131

04 被赋予"无光/投影"复合材质后，地面在渲染时不显示，但会显示投射到其表面的阴影，"标准材质"与"无光/投影"类型的复合材质赋予地面对象的视图渲染效果，如图11-132所示，其中左图的地面使用了标准材质，右图的地面使用了无光/投影复合材质。地面材质设置结束。

图11-132

11.9.2 身体后部的材质与纸材质的设置

身体的后部的材质与纸材质使用的是同一材质类型——Ink'n Paint，这种材质使对象呈现一种二维卡通画的效果，并且能够对颜色和轮廓线进行深入设置。

01 在活动视图中显示Ink'n Paint材质类型，并显示其编辑参数，更改材质名称为"纸材质"，如图11-133所示。

02 在任意视图窗口中选择"纸"对象，单击工具栏上的"将材质指定给选定对象"按钮，将材质赋予选择对象。

03 在Ink'n Paint材质的参数编辑器中单击"绘制控制"卷展栏中的"亮区"显示窗，在打开的对话框中将"红"、"绿"、"蓝"参数均设为255，

单击"关闭"按钮退出该对话框，如图11-134所示。

图11-133

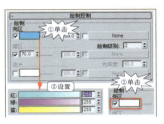

图11-134

04 确定材质亮部的表面属性。将"绘制级别"参数设为1，该参数决定材质色彩的层次。如图11-135所示。

图11-135

05 关闭"墨水控制"卷展栏中的"墨水"复选框，使对象没有轮廓线。"纸"材质设置完毕，效果如图11-136所示。

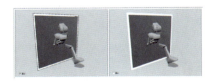

图11-136

06 现在开始身体后部材质的设置，再次在活动视图中显示Ink'n Paint材质类型，显示其编辑参数后，更改材质名称为"身体后部材质"，如图11-137所示。

07 在任意视图窗口中选择"身体后部"对象，并把"身体后部材质"赋予选中的对象。

08 在"绘制控制"卷展栏单击"亮区"颜色显示窗，在打开的对话框中将"红"、"绿"、"蓝"参数分别设为255、225、145，如图11-138所示。将"绘制级别"参数设为5，如图11-139所示。

图 11-137

图 11-138

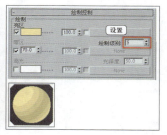

图 11-139

09 将"暗区"参数设为30，选中"高光"复选框，把"光泽度"参数设为30，如图11-140所示。

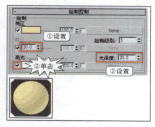

图 11-140

10 将"墨水控制"卷展栏中的"最小值"参数设为0.5，以决定轮廓线的宽度。身体后部材质设置结束，如图11-141所示为设置"最小值"参数前后效果的对比。

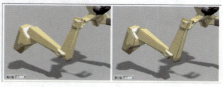

图 11-141

11.9.3 屏障材质的设置

屏障材质的设置使用了标准材质类型，为了实现屏障表面的透明效果，启用了"不透明度"贴图通道。

01 在Slate材质编辑器中将一个材质示例窗在活动视图中显示，并显示其编辑参数后，将其命名

为"屏障材质"，如图11-142所示。

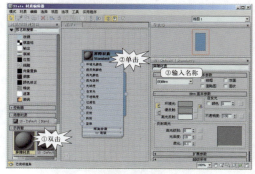

图 11-142

02 在任意视图窗口中选择"屏障"对象，并把"屏障材质"材质赋予选中的对象。

03 使用系统默认的Blinn明暗模式，单击"漫反射"显示窗，在打开的对话框中将"红"、"绿"、"蓝"参数均设为255，单击"关闭"按钮退出该对话框，如图11-143所示。

图 11-143

04 把"自发光"选项组中的"颜色"参数设为80，并将"不透明度"参数设为50，如图11-144所示，效果如图11-145所示。

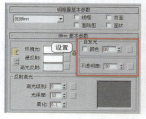

图 11-144

图 11-145

05 展开"贴图"卷展栏，单击"不透明度"复选框右侧的None按钮，在打开的"材质/贴图浏览器"对话框中选择"位图"选项，单击"确定"按钮退出该对话框，如图11-146所示。

06 退出"材质/贴图浏览器"对话框，出现"选择位图图像文件"对话框，从该对话框中选择本书附带光盘中的Chapter-11/"透明度.tif"文件，如

图11-147所示。

图11-146

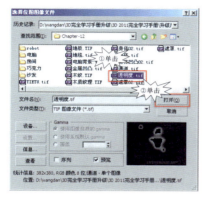

图11-147

07 添加透明度贴图后，渲染视图效果，如图11-148所示。

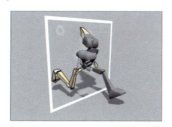

图11-148

08 下面需要启用"高光颜色"贴图通道，使对象透明部分不产生反光效果。拖曳"不透明度"通道贴图至"高光颜色"贴图通道，在打开的对话框中选择"实例"单选按钮，单击"确定"按钮退出该对话框，如图11-149所示。

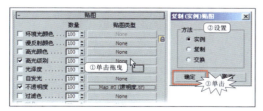

图11-149

09 "屏障材质"设置完毕，渲染视图后的效果，如图11-150所示。

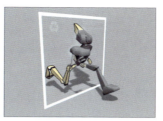

图11-150

11.9.4 镜头材质的设置

镜头材质的设置主要用到了"多维/子材质"材质类型，该材质类型能够根据材质的ID号为次对象分配不同的材质。

继续上一小节的操作，也可以打开本书附带光盘中的Chapter-11/"机械人02.max"文件，继续接下来的操作。

01 在设置材质以前，首先需要分配材质ID号。在前视图中选择"镜头"对象使其处于选中状态，单击"修改"面板堆栈栏内"可编辑网格"选项左侧的展开符号，在展开的层级选项中单击"多边形"选项，进入"多边形"次对象编辑状态，如图11-151所示。

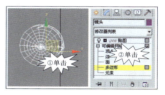

图11-151

提示

为了便于观看选中的"镜头"对象，暂时将其他的对象隐藏。

02 在前视图选择镜片部分的次对象，如图11-152所示，在"材质"选项组中的"设置ID"文本框中输入"2"。

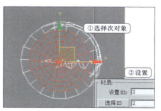

图11-152

03 按快捷键Ctrl+I，反选镜框部分，在"材质"选项组中的"设置ID"右侧的文本框输入1，再次单击"多边形"选项退出次对象编辑状态，如图11-153所示。

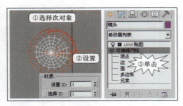

图11-153

04 在材质/贴图浏览器的"材质"卷展栏中双击"多维子对象"材质类型，使其在活动视图中显示，并在显示其编辑参数后，为材质重命名，如图11-154所示。

图11-154

05 在任意视图窗口中选择"镜头"对象，并把"镜头材质"赋予选中的对象。

06 在"多维/子对象"材质类型参数编辑器中，展开"多维/子对象基本参数"卷展栏。单击"设置数量"按钮，在打开对话框的"材质数量"文本框中输入2，如图11-155所示，单击"确定"按钮退出该对话框，确定材质的数目。

07 单击1号子材质右侧的长按钮，导入"标准"材质类型，再次单击长按钮，进入其子材质层级进行参数的设置，在"名称"文本框中输入"镜框材质"，如图11-156所示。

图11-155　　　　　图11-156

08 使用系统默认的Blinn明暗模式。单击"漫反射"显示窗，在打开的对话框中将"红"、"绿"、"蓝"参数均设为0。单击"确定"按钮退出该对话框，如图11-157所示。

09 将"反射高光"选项组中的"高光级别"参数设为70，"光泽度"参数设为10，如图11-158所示。

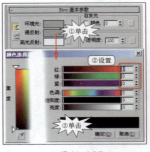 

图11-157　　　　　　　　图11-158

10 展开"贴图"卷展栏，单击"凹凸"复选框右侧的None按钮，在打开的"材质/贴图浏览器"对话框中选择"噪波"选项，单击"确定"按钮退出该对话框，如图11-159所示。

图11-159

11 将"噪波参数"卷展栏中的"大小"参数设为0.11，如图11-160所示。

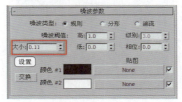

图11-160

12 在活动视图中双击"镜框材质"节点，显示其编辑参数，在"贴图"卷展栏的"凹凸"通道中的"数量"文本框中输入5，"镜框材质"设置结束。对视图进行渲染，如图11-161所示。

图11-161

13 "镜框"子材质设置完毕，接着是对镜片材质进行设置。单击2号子材质右侧的长按钮，导入"标准"材质类型，再次单击长按钮，进入其子材质层级进行参数的设置，为其重命名，如图11-162所示。

14 选择"明暗器基本参数"卷展栏下拉列表中的Phong选项，使"镜片"子材质为Phong明暗模式，如图11-163所示。

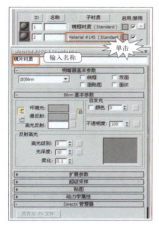

图11-162

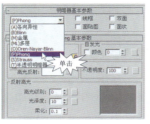

图11-163

15 单击"Phong基本参数"卷展栏中的"漫反射"显示窗，在打开的对话框中将"红"、"绿"、"蓝"参数分别设为0、40、255，设置完毕后单击"确定"按钮退出该对话框，如图11-164所示。

16 将"自发光"选项组中的"颜色"参数设为100，如图11-165所示。

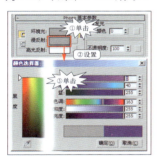

图11-164

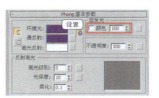

图11-165

17 将"反射高光"选组中的"高光级别"参数设为155，"光泽度"参数设为55，如图11-166所示。完毕后对场景进行渲染，效果如图11-167所示。

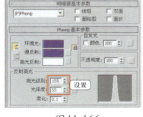

图11-166

图11-167

18 展开"贴图"卷展栏，单击"反射"复选框右侧的None按钮，在打开的"材质/贴图浏览器"对话框中选择"位图"选项，单击"确定"按钮退出该对话框，如图11-168所示。

图11-168

19 退出"材质/贴图浏览器"对话框，出现"选择位图图像文件"对话框，在该对话框中选择本书附带光盘中的Chapter-11/"反射.jpg"文件，如图11-169所示。

图11-169

20 在"贴图"卷展栏中设置"反射"通道的"数量"参数为60，如图11-170所示。

21 设置完毕后对场景进行渲染，镜头效果如图11-171所示。

图11-170

图11-171

11.9.5　身体前部材质的设置

身体材质的设置主要运用了"混合"材质，在"混合"材质中还嵌套了其他材质类型。

继续上一小节的操作，也可以打开本书附带光盘中的Chapter-11/"机械人03.max"文件，继续接下来的操作。

01 在Slate材质编辑器中的活动视图中显示"混合"材质类型，并显示其编辑参数，并为该材

质重新命名为"身体材质",如图11-172所示。

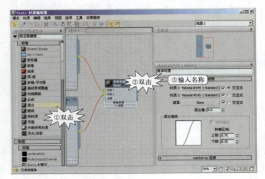

图11-172

02 在任意视图窗口中选择"身体"对象,单击工具栏上的"将材质指定给选择对象"按钮,将材质赋予选中的对象。

03 在进行设置材质的同时,首先分析身体材质的特点,一个带灰尘的金属外壳。这样就需要将材质分为灰尘和金属外壳两个子材质。

04 在参数编辑器中单击"材质2"选项右侧长按钮,进入第2种材质编辑窗口,在名称下拉列表栏中输入"灰尘",如图11-173所示。

图11-173

05 使用系统默认的Blinn明暗模式,单击"贴图"卷展栏中"漫反射颜色"通道右侧的None按钮,在打开的"材质/贴图浏览器"对话框中选择"噪波"选项,单击"确定"按钮关闭该对话框,如图11-174所示。

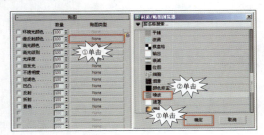

图11-174

06 机械人掉漆的部分应略低于原来的表面,灰尘部分也不例外。此时可以通过"凹凸"通道来表现这种特点。

07 单击"贴图"卷展栏中"凹凸"通道右侧的None按钮,在打开的"材质/贴图浏览器"对话框中选择"位图"选项,单击"确定"按钮关闭该对话框,如图11-175所示。

图11-175

08 退出"材质/贴图浏览器"对话框,出现"选择位图图像文件"对话框。在该对话框中选择本书附带光盘中的Chapter-11/"身体凹凸02.tif"文件,如图11-176所示。"灰尘"子材质设置完毕。

图11-176

09 因为金属壳分为漆壳和掉漆的铁壳两种材质,所以仍需要启用"混合"材质类型。在活动视图中选择第1种材质,按下Delete键将其删除,如图11-177所示。

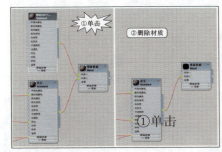

图11-177

10 参照以上方法将"混合"材质在活动视图中显示,单击拖曳该混合材质的输出"套接字"至"身体材质"节点的"材质1"的输入"套接字"上,如图11-178所示。

11 接下来开始金属壳的材质设置,在活动视图中双击"身体材质"节点,显示其编辑参数,如图11-179所示。

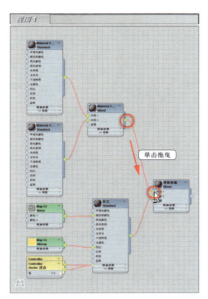

图 11-178

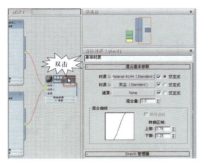

图 11-179

12 单击"材质1"选项右侧的长按钮，进入第1种材质编辑窗口，在"名称"文本框中输入"金属壳材质"，如图11-180所示。

13 在混合基本参数卷展栏中单击"材质1"右侧的长按钮，显示该子材质的编辑参数，为其重新命名，如图11-181所示。

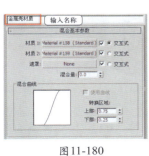

图 11-180　　　　图 11-181

14 选择"明暗器基本参数"卷展栏下拉列表中的"金属"选项，此时铁壳材质将使用"金属"明暗模式，如图11-182所示。

15 将"反射高光"选项组中的"高光级别"参数设为115，"光泽度"参数设为55，如图11-183所示。

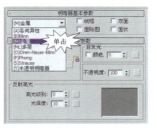 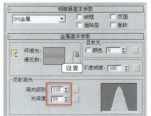

图 11-182　　　　　　图 11-183

16 展开"贴图"卷展栏，从"漫反射颜色"贴图通道导入"噪波"贴图。

17 单击"噪波参数"卷展栏中的"颜色#1"显示窗，在打开的对话框中将"红"、"绿"、"蓝"的参数分别设为210、200、195，完毕后单击"确定"按钮关闭对话框，如图11-184所示。

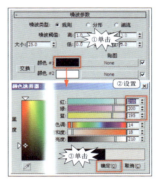

图 11-184

18 使用同样的操作方法，单击"颜色#2"显示窗，在打开的对话框中将"红"、"绿"、"蓝"的参数分别设为250、245、235，完毕后单击"确定"按钮关闭该对话框，如图11-185所示。

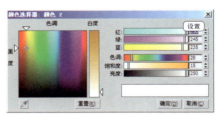

图 11-185

19 碰掉漆的铁壳略低于正常表面，可以启用"凹凸"通道来实现这种效果。在活动视图中双击"铁壳材质"节点，显示其编辑参数。

20 在"贴图"卷展栏中选择"凹凸"复选框，单击该复选框右侧的None按钮，在打开的"材质/贴图浏览器"对话框中选择"位图"选项，并双击该选项退出该对话框，如图11-186所示。

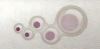

图11-186

21 打开"选择位图图像文件"对话框，在该对话框中选择本书附带光盘中的Chapter-11/"太空船外壳凹凸.jpg"文件，如图11-187所示。

图11-187

22 下面需要启用"反射"通道，为铁壳表面添加反射效果。再次在"材质/贴图导航器"对话框中选中"铁壳材质"选项，进入铁壳层级材质编辑中。从"反射"通道导入"反射/折射"贴图，如图11-188所示。

图11-188

23 把"反射"通道的"数量"参数设为30。"铁壳"材质设置完毕，其效果如图11-189所示。

图11-189

24 在活动视图中双击"金属壳"材质类型，显示其编辑参数，然后单击第2种材质右侧的长按

钮，显示该材质的编辑参数，并为其重新命名，如图11-190所示。

图11-190

25 启用"各向异性"明暗模式类型，如图11-191所示。单击"漫反射"显示窗，在打开的对话框中将"红"、"绿"、"蓝"的参数分别设为255、200、25，设置完毕后单击"确定"按钮关闭该对话框，如图11-192所示。

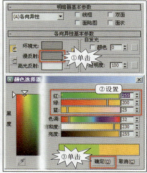

图11-191　　　　　　图11-192

26 将"自发光"选项组中的"颜色"参数设为50，将"反射高光"选项组中的"高光级别"参数设为115，"光泽度"参数设为0，"各向异性"参数设为65，"方向"参数设为30。如图11-193所示。

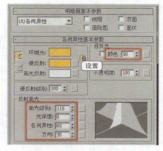

图11-193

27 从"漫反射颜色"贴图通道中导入本书附带光盘中的Chapter-11/"身体02.tif"文件，如图11-194所示。

28 接下来需要启用"凹凸"通道，使机械人胸部的牌子向外凸出。从"凹凸"贴图通道导入本书附带光盘中的Chapter-11/"身体02.tif"文件，并把"凹凸"贴图通道的"数量"参数设为50，如图11-195所示。

图11-194

图11-195

29 从"置换"通道中导入本书附带光盘中的Chapter-11/"身体.tif"文件，如图11-196所示，使身体产生很强烈的凹凸效果。

图11-196

30 选择"材质/贴图导航器"对话框中的"漆壳"选项，此时"材质编辑器"对话框中将会出现该层材质的编辑参数。把"置换"通道的"数量"参数设为8，如图11-197所示。

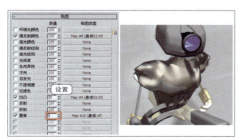

图11-197

31 在活动视图中双击"金属壳材质"材质类型节点，显示其编辑参数，进入该层材质编辑中，如图11-198所示。

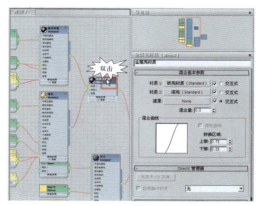

图11-198

提示

"遮罩"右侧的贴图，白色遮挡第1种材质，黑色遮挡第2种材质。

32 单击"混和基本参数"卷展栏中"遮罩"选项右侧的None按钮，在打开的"材质/贴图浏览器"对话框中双击"位图"选项退出该对话框，如图11-199所示。

33 打开"选择位图图像文件"对话框，在该对话框中选择本书附带光盘中的Chapter-11/"身体.tif"文件，如图11-200所示。

图11-199

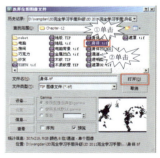

图11-200

34 在活动视图中双击"身体材质"节点，显示其编辑参数，在"混合基本参数"卷展栏中将"混合量"参数设为10，如图11-201所示，"身体材质"全部设置完毕。

35 为了使材质的贴图更好地适应对象的表面，可以为"身体"添加"UVW贴图"编辑修改器，使用系统默认的"平面"平铺方式。单击"适配"按钮，使贴图更好地适应对象，效果如图11-202所示。

图11-201 　　　　　　图11-202

11.9.6 头部的材质设置

由于头部包含多种类型的材质，所以在设置头部材质时仍然使用了"多维/子对象"材质类型。

继续上一小节的操作，也可以打开本书附带光盘中的Chapter-11/"机械人04.max"文件，继续接下来的操作。

01 接下来开始头部的材质设置，这部分的设置与身体材质的设置方法基本相同，首先分配材质ID号。

02 选择"头部"对象使其处于选中状态，单击"修改"面板堆栈栏内"可编辑多边形"选项左侧的展开符号，在展开的层级选项中单击"多边形"选项，进入"多边形"次对象编辑状态，如图11-203所示。

图11-203

03 选择如图11-204所示的次对象，在"材质"选项组中的"设置ID"右侧的文本框输入"1"。

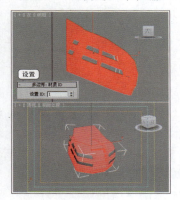

图11-204

04 按快捷键Ctrl+I，反选次对象，在"材质"选项组中的"设置ID"右侧的文本框输入2，如图11-205所示。再次单击"多边形"选项退出次对象编辑状态。

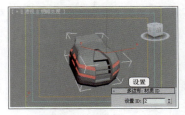

图11-205

05 打开Slate材质编辑器，在材质贴图浏览器的材质卷展栏中双击"多维/子对象"材质类型，使其在活动视图中显示，并显示其编辑参数，为该材质重新命名，如图11-206所示。

图11-206

06 在任意视图窗口中选择"头部"对象，并把"头部材质"赋予选中的对象。

07 在"多维/子对象基本参数"卷展栏中单击"设置数量"按钮，在打开的"设置材质数量"对话框中，将"材质数量"参数设置为2，设置完毕后单击"确定"按钮关闭对话框，以确定子材质的数目，如图11-207所示。

图11-207

08 单击2号子材质右侧的长按钮，导入"标准"材质类型，再次单击长按钮，进入其子材质层级进行参数的设置，在"名称"下拉列表中输入"头部02"，如图11-208所示。

图11-208

09 启用"各向异性"明暗模式,把"漫反射"显示窗的颜色设置为白色,如图11-209所示。

10 把"自发光"选项组中的"颜色"参数设为60,将"反射高光"选项组中的"高光级别"参数设为125,"光泽度"参数设为0,"各向异性"参数设为80,"方向"参数设为0。"头部02材质"设置完毕,如图11-210所示。

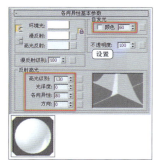

图11-209   图11-210

11 头部1号子材质与身体材质设置大致相同,只是少了腹部的花纹。再次重新创建材质太麻烦了,此时可以展开"场景材质"卷展栏,拖曳身体材质到"头部材质"的1号材质按钮上,如图11-211所示。

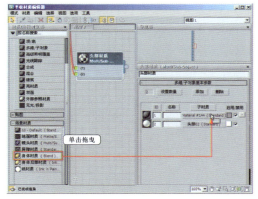

图11-211

12 当释放鼠标后将会弹出"实例(副本)材质"对话框,在该对话框中选择"复制"单选按钮,如图11-212所示,完毕后单击"确定"按钮退出该对话框。

图11-212

13 单击1号子材质右侧的Blend按钮,进入该子材质编辑窗口。在"名称"下拉列表中输入"头部01材质",如图11-213所示。

图11-213

14 在活动视图中双击"漆壳"材质的节点,显示其编辑参数,如图11-214所示。

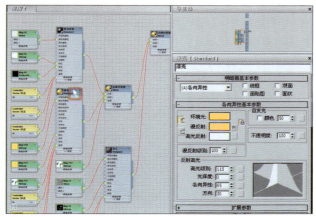

图11-214

15 关闭"贴图"卷展栏中的"漫反射颜色"和"凹凸"复选框,禁用这两个通道。为了便于管理可以使用在通道中拖曳复制贴图的方法,拖曳复制None按钮至这两个贴图按钮上,如图11-215所示。

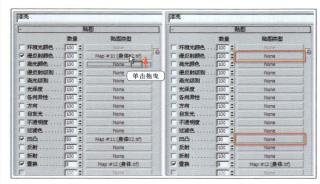

图11-215

16 使用同样的操作方法,双击"灰尘"材质类型,显示其编辑参数,关闭"贴图"卷展栏中的"凹凸"复选框,禁用该通道,并去掉该通道中的贴图。

17 再次显示"漆壳"材质的编辑参数,在贴图卷展栏中单击"置换"复选框右侧的长按钮,显示"身体"贴图的编辑参数,如图11-216所示。

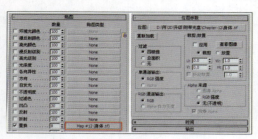

图11-216

18 在"材质编辑器"中单击"位图参数"卷展栏中"位图"选项右侧的贴图路径及名称按钮,在打开的"选择位图图像文件"对话框中选择本书附带光盘中的Chapter-11/"通道.jpg"文件,如图11-217所示。

图11-217

19 下面将通过拖曳的方法,为"金属壳材质"层的"遮罩"通道添加贴图。

20 在活动视图中拖曳"金属壳材质"的"通道.jpg"子节点的输出"套接字"至"头部材质"节点的遮罩输入"套接字"上,"头部材质"设置结束,如图11-218所示。

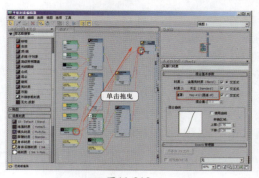

图11-218

21 确定头部对象处于选中状态,在"修改"面板中为其添加"UVW贴图"编辑修改器,选择"贴图"选项组中的"长方体"单选按钮,使贴图以长方体的形式铺于对象表面。单击"对齐"选项组中的"适配"按钮,使贴图适应对象。最终效果如图11-219所示。

22 最后需要设置左腿、右臂、上臂的材质,这部分材质的设置与头部01材质完全相同,此时即可将头部01材质材质赋予这3个对象并进行调整与设置。效果如图11-220所示。

23 至此完成本实例的制作,在制作过程中如果遇到什么问题,可以打开本书附带光盘中的Chapter-11/"机械人05.max"文件进行查看。

图11-219　　　　　　　图11-220

第12章
贴图通道和贴图类型

12.1　贴图通道

当为场景对象指定了材质后，在材质内部罗列出了多种贴图通道，用于导入贴图，如图12-1所示为"贴图"卷展栏下的各贴图通道。贴图通道内设定的贴图内容可以定义材质表面的特点。例如定义材质表面的花纹、透明效果、凹凸效果，以及反射效果等。

图12-1

接下通过一组操作来对贴图的操作方法进行介绍。

01 单击"快速访问"工具栏中的 "打开文件"按钮，打开本书附带光盘中的Chapter-12/"沙发.max"文件。

02 按下M键，打开Slate材质编辑器。双击材质/贴图浏览器的"示例窗"卷展栏内的第1个示例窗，并在参数编辑器显示其参数，如图12-2所示。

图12-2

03 在Slate材质编辑器的"贴图"卷展栏中，单击"漫反射颜色"贴图通道右侧的长按钮，在打开的"材质/贴图浏览器"对话框中双击"木材"贴图，如图12-3所示。

图12-3

> **提示**
>
> 在"材质/贴图浏览器"对话框中，提供了30多种贴图类型，都可以应用在不同的贴图通道上。

04 再次单击"漫反射颜色"贴图通道右侧的长按钮，进入"木材"贴图设置层级，在这里可以对贴图相应的参数进行设置，如图12-4所示。

图12-4

05 在活动视图中双击01-Default节点，进入"贴图"卷展栏，在"漫反射颜色"贴图通道右侧的按钮上将显示贴图类型的名称，当前贴图通道左侧的复选框会自动启用，表示当前贴图通道处于启用状态；禁用贴图通道左侧的复选框，会关闭该贴图通道对场景对象的影响，如图12-5所示。

图12-5

06 在每个贴图通道名称的后面都有一个"数量"文本框，该参数用来控制使用贴图的程度。如图12-6所示展示了设置不同"数量"参数后的效果。

图12-6

07 通过单击拖曳操作，可以在各贴图通道之间交换或复制贴图，如图12-7所示。

图12-7

12.1.1　环境光颜色贴图通道

"环境光颜色"贴图通道用于控制材质阴影区域的颜色，它比漫反射区域颜色暗一些。在系统默认情况下，"漫反射颜色"贴图通道同样是"环境光颜色"组成部分，所以通常很少运用不同的贴图在"环境光颜色"和"漫反射颜色"通道。如果需要运用一个分开环境的贴图，首先关闭"环境光颜色"和"漫反射颜色"选项右侧的 锁定按钮，使"环境光颜色"和"漫反射颜色"贴图通道解除锁定，然后单击"环境光颜色"选项右侧的长按钮导入贴图即可。

需要注意是，在系统默认的状态下，环境光颜色或贴图在视图和渲染中是看不见的，除非环境光不是绝对的黑色。可以通过执行"渲染"→"环境"命令，打开"环境"设置面板，对环境颜色进行设置，如图12-8所示。

图12-8

12.1.2　漫反射颜色贴图通道

"漫反射颜色"贴图通道是最常用的通道，它代表材质表面高光区域与阴影区域之间的区域，该区域是影响材质表面颜色最为显著的区域，并且控制着材质表面大部分的颜色，它将贴图通道的结果像绘画或墙纸指定到对象的表面，所以它通常被称为"纹理贴图通道"。如图12-9所示展示了为"漫反射颜色"通道添加贴图后的效果。

图12-9

12.1.3　高光颜色贴图通道

"高光颜色"贴图通道主要用于材质的高光区域，它可以把一个程序贴图或位图作为高光贴图指定给材质的高光区域，可以产生细微的反射或高光经过表面时的变化。当该通道的贴图最大强度显示时，将完全代替原来高光的颜色。该区域通常是材质本身颜色增亮之后的颜色，大多接近白色。基本参数中的"高光级别"和"光泽度"参数控制着高光区域的大小和强度。

因为金属阴影中没有高光成分，所以在"金属"明暗模式下，"高光颜色"贴图通道显示出灰色，处于不可编辑状态。如图12-10所示展示了设置"高光颜色"贴图后的效果。

图12-10

12.1.4　高光级别贴图通道

"高光级别"贴图通道控制着材质高光的强度。可以选择一张位图文件或程序贴图来代替高光的强度，它以颜色的灰度值来决定材质的高光效果。基于导入贴图的灰度值，贴图的白色区域可以产生完整的高光，黑色的部分将移除高光，中间的强度值将会按照一定的层次减少高光。如图12-11所示。

图12-11

"高光级别"贴图通道通常与"光泽度"贴图通道一起使用，并使用相同的贴图，才能产生最好的效果。

"高光级别"通道与"不透明度"通道一起使用，可以产生局部受光的效果。

12.1.5 光泽度贴图通道

"光泽度"贴图通道影响材质高光区域的大小，该通道与"高光级别"通道一样，只计算贴图的灰度值。导入的位图文件根据自身的灰度强度来决定对象哪些部分具有光泽效果，白色的部分将移除光泽效果，黑色的部分将会产生完全的光泽效果，而介于中间的灰色部分将会减少光泽度。如图12-12所示展示了为"光泽度"贴图的效果。

图12-12

12.1.6 自发光贴图通道

"自发光"通道同样是以灰度值来计算的，启用该通道可以使用材质局部产生自发光效果。贴图中白色的区域将具有完全的自发光效果，而黑色区域将没有任何自发光效果，中间的灰度值将传递一定程度的自发光效果。完全的自发光效果将不受场景中灯光的影响，并且表面不接受阴影。如图12-13所示展示了设置"自发光"贴图的效果。

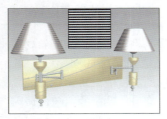

图12-13

12.1.7 不透明度贴图通道

"不透明度"贴图通道可以定义材质的部分透明效果，常用于制作镂空对象的效果。"不透明度"通道与基本参数中的"不透明度"参数一起决定着对象的透明性，白色区域是完全不透明的，100%的黑色区域是完全透明的，介于两者之间的灰度区域将按照自身的强度传递一定程度的不透明度值。如图12-14所示展示了应用"不透明度"贴图后的效果。

图12-14

12.1.8 过滤色贴图通道

"过滤色"贴图通道通常与"不透明度"贴图通道配合使用，它可以为对象及其阴影着色。只有材质具有一定的透明属性，并且"高级透明"选项组中"过滤"透明类型处于选中状态时，"过滤色"贴图通道才会生效，它将为透明贴图区域进行着色，使透明效果更加逼真，透明贴图的颜色更为鲜亮。

当场景中使用光线追踪阴影时，着色区域将会最终转换为阴影。

实际上，"过滤色"贴图几乎总是与"不透明度"贴图相匹配（使两个贴图通道使用同一张贴图），这种匹配对于正确地将"不透明"贴图的颜色描绘到投射的阴影上是必不可少的。如果"高级透明"选项组中"类型"透明类型为"相加"和"相减"时，"过滤色"贴图将被忽略。当"过滤色"贴图通道与体积光配合使用，可以创建有色光穿过染色玻璃的效果。如图12-15所示展示了应用"过滤色"贴图后的效果。

图12-15

12.1.9 凹凸贴图通道

"凹凸"贴图通道可以在对象表面创建一个凹凸或不规则的效果，例如，砖墙的接缝、布纹理的凹凸等。该通道的贴图是以灰度计算的，贴图中白色的区域将会出现凸起效果，黑色区域将会出现凹陷效果，中间的灰度层级将传递一定程度的凹凸效果。

使用"凹凸"贴图通道的材质不影响对象本身，在对象表面产生的凹凸效果只是一种视觉的幻象，所以凹凸效果在视图窗口中是不能看见的，该通道只是一种模拟高光和阴影的渲染效果，所以必

须渲染场景后才能观察到凹凸效果。如图12-16所示展示了应用"凹凸"贴图后的效果。

图12-16

12.1.10　反射贴图通道

反射是对象映射自身和周围环境的效果。在3ds Max中可以创建3种不同的反射效果，即基本反射、自动反射、镜面反射。

1.基本反射贴图

基本反射可以使用一张位图文件来模拟铬合金、玻璃或金属效果，使用这种反射贴图可以节省渲染时间，但是当对象移动时反射的图像将保持不变，所以该反射通常用在静帧图像中，如图12-17所示。

图12-17

2.自动反射贴图

自动反射不需要贴图映射，因为其他类型的贴图固定在对象的表面，而反射贴图依赖于镜头相对于对象的观察位置，如果绕对象中心旋转对象，反射将保持不变。这种反射效果在3ds Max中是最为真实的反射效果，它通常用在曲面反射或动画中。

自动反射贴图包括两种，分别是"反射/折射"和"光线跟踪"贴图方式。"反射/折射"贴图方式并不像"光线跟踪"贴图那样追踪反射光线，真实地计算反射效果，而是采用一种六面贴图方式模拟反射/折射效果，在空间中产生6个不同方向的90°视图，再分别按不同的方向将6张贴图投影在场景对象上，所以"反射/折射"贴图没有"光线跟踪"贴图生成的反射效果真实，但在渲染时计算速度较快。如图12-18所示，分别展示了两种不同贴图方式所产生的金属反射效果。

3.平面镜反射贴图

平面镜反射可以在平坦的表面模拟非常逼真的反射效果，例如桌面、地板及镜子的反射效果。该

反射不需要贴图坐标，因为它锁定的是世界坐标。如图12-19所示。

图12-18　　　　　　　　　图12-19

12.1.11　折射贴图通道

"折射"贴图通道通常用来设置具有透明属性的材质产生的折射效果，例如通过一个玻璃杯、一个透明的酒瓶、一个放大镜看场景时，它后面的对象产生的扭曲变形，这就是折射效果，如图12-20所示。

图12-20

"折射"通道近似于"反射"通道，它只是将周围环境中的景象以一定的扭曲形式显示在使用了反射贴图的对象表面。该通道同样可以导入位图文件和程序贴图，其中"光线跟踪"和"薄壁折射"贴图类型通道用于折射通道，而前者反射效果要真实一些，其渲染时间也要相对延长。

当"折射"贴图通道最大强度激活时，"漫反射"、"环境光"、"不透明度"贴图将被忽略。使用折射效果除了启用折射通道外，还需要调整"扩展参数"卷展栏中的"折射率"参数，该参数控制着材质的折射率。

12.1.12　置换贴图通道

置换贴图通道可以置换几何体的表面，根据使用的贴图影响对象的表面，使其产生凹凸效果。该贴图与"凹凸"贴图不同，置换贴图实际上是通过改变几何表面或面片上多边形的分布，在每个表面上创建很多三角面来实现的，因此置换贴图的计算量很大，有时生成的面的数量甚至会超过100万，但该贴图可以产生较真实的效果，不过要耗费大量的内存和渲染时间。如图12-21所示展示了置换贴图的效果。

在3ds Max中"置换"贴图通道可以应用于面片、网格、NURBS表面对象；其他如多边形对象、标准基本体、扩展基本体、组合对象等，不能直接

应用该通道，如果这些对象需要应用置换通道，可以申请一个"置换近似"编辑修改器。因为它可以将这些对象转换为网格对象，并在对象表面创建置换效果。

图12-21

12.2 贴图类型

在上一小节中，已经为读者讲解了贴图通道的有关知识，在设置材质时，贴图通道只有与贴图相配合，才能够影响材质的效果，通过上一小节的学习，已经清楚地了解这一点，同时也接触到了一些常用的贴图类型。在本节中将讲解默认的扫描线渲染方式，以及3ds Max 2012所包含的全部35种贴图类型，使读者能够更好地设置各种类型的材质。

12.2.1 公共参数卷展栏

1. "坐标"卷展栏

"坐标"卷展栏内的参数决定贴图的平铺次数、投影方式等属性，如图12-22所示。接下来将介绍该卷展栏内的各项命令。

图12-22

01 单击"快速访问"工具栏中的 "打开文件"按钮，打开本书附带光盘中的Chapter-12/"材质.max"文件。

02 按下M键，打开Slate材质编辑器，参照如图12-23所示，选择09 - Default示例窗，并展开该材质的编辑参数。

图12-23

03 在"贴图"卷展栏中单击"漫反射颜色"右侧的长按钮，进入"坐标"卷展栏，可发现"纹理"单选按钮处于选中状态，表明位图将作为纹理贴图指定到场景中的对象表面，位图受到UVW贴图坐标的控制，并且可以选择4种坐标方式，如图12-24所示。

04 启用"使用真实世界比例"复选框，将使用真实的"宽度"和"高度"值，而不是UV值将贴图应用于对象，如图12-25所示，其下方的U、V和"瓷砖"将改变为宽度、高度和大小。

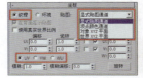 

图12-24   图12-25

05 禁用"使用真实世界比例"复选框，在"偏移"选项下方有U、V两个文本框，U和V分别代表水平和垂直方向，这两个参数控制贴图U和V方向上的偏移量，可以通过改变U和V方向上的偏移量来调整位图的位置，如图12-26所示。

图12-26

06 在Slate材质编辑器的活动视图中删除09-Default面板及其子节点，选择第2个示例窗，该示例窗中的材质所对应的对象，如图12-27所示。

图12-27

07 在"贴图"卷展栏中单击"漫反射颜色"右侧的长按钮，进入"坐标"卷展栏，在"镜像"选项下包括U、V两个复选框，当U或V两个复选框处于选中状态时，贴图沿U或V方向产生镜像效果，如图12-28所示。

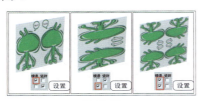

图12-28

08 在Slate材质编辑器选择第3个示例窗，在"角度"选项的U、V、W文本框中分别输入数值，可以观察到场景中对象材质的变化。如图12-29所示，通过调节这3个文本框内的参数，可以调整位图沿x、y、z轴的角度变化。

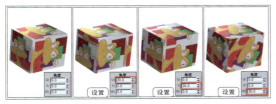

图12-29

09 在Slate材质编辑器选择第1个示例窗，在"坐标"卷展栏中的"模糊"文本框中输入10，示例窗中的贴图将变得模糊，如图12-30所示，该数值主要用于位图的抗锯齿处理。

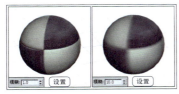

图12-30

10 在Slate材质编辑器删除04-Default面板及其子节点，选择第3个示例窗，并进入"坐标"卷展栏，在"模糊偏移"文本框中输入0.2，示例窗中的贴图将变得非常模糊，如图12-31所示。调节该参数可以对图像整体进行大幅度的模糊处理，该数值常用于产生柔化或散焦效果，一般用于反射贴图的模糊处理。

图12-31

在"坐标"卷展栏中选择"环境"单选按钮后，位图将不受UVW贴图坐标的控制，而是由计算机自动将位图指定给一个包围整个场景的表面。该选项常被应用于背景贴图的设置，其中有4种环境贴图方式可供用户选择，如图12-32所示。接下来将通过一组实例的操作，介绍这4种环境贴图方式。

图12-32

01 打开本书附带光盘中的Chapter-12/"材质2.max"文件，在前视图中可以看到一个在"球体"对象内部放置的"摄像机"对象，按下M键，打开Slate材质编辑器，并选择如图12-33所示的07 - Default材质示例窗。

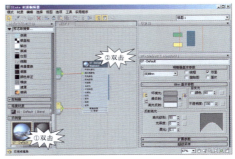

图12-33

02 在场景中单击"球体"对象，并在Slate材质编辑器的工具按钮栏中单击 "将材质指定给选定对象"按钮，将材质贴图指定给球体对象，接着在"贴图"卷展栏中单击"漫反射颜色"右侧的长按钮，如图12-34所示。

图12-34

03 在"坐标"卷展栏中选择"环境"单选按钮，此时右侧的"贴图"下拉列表中将自动显示为"屏幕"环境贴图方式，按下F9键进行快速渲染，渲染后的效果如图12-35所示。"屏幕"环境贴图方式可以将图像不变形地直接指向视角，就像一面悬挂在背景上的巨大幕布。

04 在"贴图"下拉列表中选择"球形环境"贴图方式，按下F9键进行快速渲染，渲染后的效果如图12-36所示。"球形环境"贴图方式会在两端产生撕裂现象。

图12-35

图12-36

05 在"贴图"下拉列表中选择"柱形环境"贴图方式，按下F9键进行快速渲染，渲染后的效果如图12-37所示。"柱形环境"贴图方式则像一个巨大的柱体围绕在场景周围，与"球形环境"贴图方式很相似。

图12-37

06 在"贴图"下拉列表中选择"收缩包裹环境"贴图方式，按下F9键进行快速渲染，渲染后的效果如图12-38所示。"收缩包囊环境"贴图方式最适合进行摄像机移动，因为它只有一端会出现少许的撕裂现象。

图12-38

2. "噪波"卷展栏

通过设置"噪波"卷展栏内的各项参数设置，可以设置材质表面不规则的噪波效果，噪波效果沿UV方向影响贴图，如图12-39所示展示了"噪波"卷展栏。

图12-39

01 打开本书附带光盘中的Chapter-12/ "材质3.max"文件，按下M键，打开Slate材质编辑器，参照如图12-40所示，选择材质示例窗。

图12-40

02 在"贴图"卷展栏中单击"漫反射颜色"右侧的长按钮，此时在Slate材质编辑器的参数编辑器中出现"噪波"卷展栏，如图12-41所示。

图12-41

03 在该卷展栏中单击"启用"复选框，并在"数量"文本框中输入100，如图12-42所示。"启用"复选框控制着噪波效果的开关；"数量"数值控制着分形计算的强度，值为0.001时不产生噪波效果，值为100时位图将被完全噪化。

图12-42

04 "级别"数值可以设置函数被指定的次数，与"数量"参数值有紧密联系，"数量"参数值越大，"级别"值的影响也就越强烈，如图12-43所示。

图12-43

05 "大小"数值可以设置噪波函数相对于几何造型的比例，值越大，波形越缓；值越小，波形越碎，如图12-44所示。

图12-44

3."时间"卷展栏

在设置材质时，不仅可以导入静帧的图案，还可以导入FLIC和AVI等格式的视频文件，"时间"卷展栏内的命令用于控制这些视频文件的时间。如图12-45所示展示了"时间"卷展栏。

图12-45

4."输出"卷展栏

"输出"卷展栏可以调节贴图输出时的最终效果，如图12-46所示展示了"输出"卷展栏。

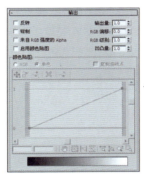

图12-46

在"输出"卷展栏中，启用"反转"复选框，可以将位图的色调反转，如同照片的负片效果，对于"凹凸"贴图，可以将凹凸纹理反转，如图12-47所示。

图12-47

当选择"钳制"复选框后，限制颜色值的参数将不能超过1.0；当选择"来自RGB强度的Alpha"复选框后，将为基于位图RGB通道的明度产生一个Alpha通道，黑色为透明，而白色为不透明，中间色根据其明度显示出不同程度的半透明效果，如图12-48所示。

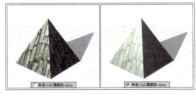

图12-48

"输出量"数值控制着位图融入到一个合成材

质中的程度，该数值还影响着贴图的饱和度，如图12-49所示。

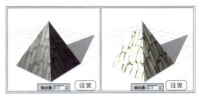

图12-49

"RGB偏移"数值可设置位图RGB的强度偏移，值为0时不发生强度偏移；大于0时，位图RGB强度增大，趋向于白色；小于0时，位图RGB强度减小，趋向于黑色，如图12-50所示。

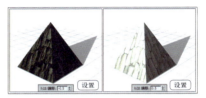

图12-50

"RGB级别"数值可设置位图RGB色彩的倍增量，它影响的是图像饱和度，数值越高，贴图的颜色越鲜艳，如图12-51所示。

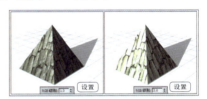

图12-51

"凹凸量"参数只针对"凹凸"贴图起作用，它可以调节凹凸的强度，如图12-52所示。

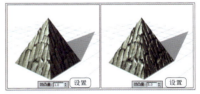

图12-52

当选择"启用颜色贴图"复选框后，可以激活"颜色贴图"选项组，如图12-53所示。

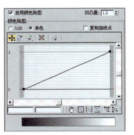

图12-53

"颜色贴图"选项栏中的颜色图表可以用于调节图像的色彩范围。通过在曲线上添加、移动、缩放点来改变曲线的形状，从而达到修改贴图颜色的目的，如图12-54所示。

在"颜色贴图"选项栏中选择RGB单选按钮后，指定贴图曲线分类将单独滤过RGB通道，可以对RGB的每个通道进行单独调节，如图12-55所示。如果选择"单色"单选按钮，则以联合滤过RGB的方式进行调节。

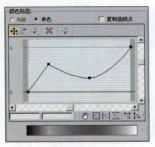
图12-54

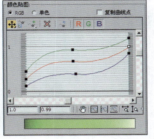
图12-55

12.2.2 2D贴图

在"材质/贴图浏览器"对话框中2D贴图类型为最常使用的贴图类型，从外部导入的位图就属于2D贴图类型，如图12-56所示展示了2D贴图材质类型。

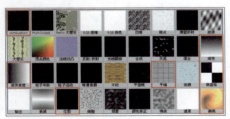
图12-56

1.位图贴图类型

"位图"贴图类型是一种最基本的贴图类型，可以使用一张位图图像来作为贴图，如图12-57所示。位图贴图支持多种格式，包括FLC、AVI、BMP、DDS、GIF、JPEG、PNG、PSD、TIFF等主流图像格式。

图12-57

"位图参数"卷展栏是"位图"贴图类型特有

的控制参数，该卷展栏内的参数控制"位图"贴图类型的各项功能，如图12-58所示展示了"位图参数"卷展栏。

图12-58

01 打开本书附带光盘中的Chapter-12/"材质4.max"文件，按下M键，打开Slate材质编辑器。双击材质/贴图浏览器的"示例窗"卷展栏内第1个材质示例窗，在参数编辑器显示其参数，如图12-59所示。

图12-59

02 在"贴图"卷展栏中单击"凹凸"选项右侧的长按钮，如图12-60所示。

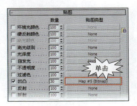
图12-60

03 在"位图参数"卷展栏中单击"位图"选项右侧的长按钮，打开"选择位图图像文件"对话框，参照如图12-61所示，选择本书附带光盘中的Chapter-12/"纹样.jpg"文件，将其作为凹凸纹理贴图。

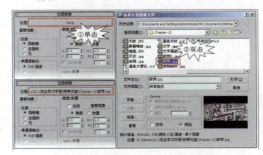
图12-61

提示

当选择位图后，在"位图参数"卷展栏中，"位图"选项右侧的长按钮上将显示出位图文件的路径。

04 单击"位图"选项下方的"重新加载"按钮，将按照相同的路径和名称将上面的位图重新调入，该选项在位图进行改动过的情况下才有效。

05 在"过滤"选项组中，提供了3个选项可以确定对位图进行抗锯齿处理的方式，一般情况下"四棱锥"过滤方式已经足够了；"总面积"过滤方式可以提供更加强大的过滤效果，它是3ds Max提高渲染效果的一个重要参数；选择"无"选项，则不会对贴图进行过滤。如图12-62所示展示了选择这3个选项后贴图所表现出的效果。

图12-62

06 在Slate材质编辑器中删除01-Default面板及其子节点，选择第2个材质示例窗，并在"贴图"卷展栏中单击"漫反射颜色"选项右侧的长按钮，如图12-63所示。

图12-63

07 在"位图参数"卷展栏下，单击"裁剪/放置"选项组中的"查看图像"按钮，将打开"指定裁剪/放置"显示窗，如图12-64所示。

图12-64

08 在该对话框内可以设置位图的裁剪范围，将位图上任意剪切部分作为贴图来进行使用。如图12-65所示，确保"裁剪/放置"选项组中的"裁剪"单选按钮被选中，移动该对话框内的范围显示框，选择"应用"复选框，即可完成对位图的裁剪工作。

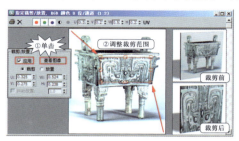

图12-65

09 在该选项组中，"应用"复选框用来控制全部的裁剪和定位设置的启用或关闭。

10 当选择"放置"单选按钮后，在"指定裁剪/放置"显示窗移动范围显示框，将在材质编辑器中改变贴图整体的比例，如图12-66所示。

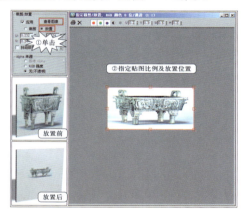

图12-66

11 当"放置"单选按钮处于选中状态时，"抖动放置"复选框将处于可编辑状态。启用"抖动放置"复选框，可以在其右侧的文本框中输入数值，设置位图的偏移，如图12-67所示。

图12-67

2.平铺贴图类型

"平铺"贴图类型适用于在对象表面创建各种形式的方格组合图案，可以创建瓷砖、地板等，如图12-68所示。用户不仅可以使用预设的图案类型，也可以自定义调节出更有个性的图案。如图12-69所示展示了"平铺"贴图类型的"标准控制"卷展栏。

图12-68　　　　　　图12-69

在"预设类型"下拉列表中，提供了7种预设的砖墙图案，此外可以选择"自定义平铺"选项，自己设置图案的式样，如图12-70所示。

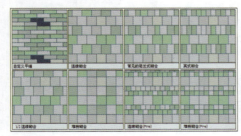

图12-70

在"高级控制"卷展栏中，可以指定墙砖平铺、砖缝的纹理和颜色，以及每行和每列的砖块数等参数，如图12-71所示。

图12-71

接下来将通过一组实例的操作，讲解"高级控制"卷展栏中的各选项参数。

01 打开本书附带光盘中的Chapter-12/"魔方.max"文件。按下M键，打开Slate材质编辑器。双击材质/贴图浏览器的"示例窗"卷展栏内的第1个材质示例窗，在参数编辑器显示其参数，如图12-72所示。

图12-72

02 在"贴图"卷展栏中单击"漫反射颜色"选项右侧的长按钮，如图12-73所示。

03 展开"高级控制"卷展栏，在"平铺设置"选项组中，设置"水平数"和"垂直数"参数后，可以发现场景中模型的砖块列数和行数都发生了变化，如图12-74所示。

图12-73

图12-74

04 单击"纹理"选项右侧的色块，可以在打开的"颜色选择器"对话框中设置砖块的颜色，如图12-75所示。色块右侧的长按钮用来指定纹理贴图。

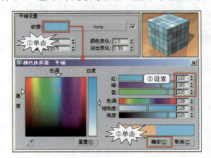

图12-75

05 设置"颜色变化"参数，砖墙的颜色将随数值的大小产生不同程度的变化；设置"淡出变化"参数，可以控制砖墙的退色变化程度，如图12-76所示。

图12-76

06 在"砖缝设置"选项组中，"水平间距"和"垂直间距"参数用来设置砖块之间水平方向和垂直方向砖缝的大小，默认情况下两个参数设置是锁定在一起的，如图12-77所示。

图12-77

07 "％孔"数值可以设置砖墙表面因没有墙砖而造成空洞的百分比程度；"粗糙度"数值可以

设置墙缝的粗糙程度，如图12-78所示。

图12-78

08 在"杂项"选项组中，"随机种子"参数可以将颜色变化的图案随机应用到砖墙上，不需要任何其他设置就可以产生完全不同的图案。"交换纹理条目"按钮可以交换砖墙与砖缝之间的贴图或颜色设置，如图12-79所示。

图12-79

3.棋盘格贴图类型

"棋盘格"贴图类型是一种常用的贴图类型，该贴图类型主要通过两种色彩的方格组合生成类似于网格状的图案，常用于制作一些格状纹理，如图12-80所示。

在"棋盘格参数"卷展栏中，可以分别设置两个区域的颜色和贴图，并将两个区域的颜色进行调换。如图12-81所示展示了"棋盘格参数"卷展栏。

图12-80　　　　图12-81

"柔化"数值，可以控制两个颜色区域之间的模糊程度，如图12-82所示。

图12-82

4.漩涡贴图类型

"漩涡"贴图类型利用两种基本的色彩构成整体的图像，其中的色彩也可以用位图来代替，该贴图类型适合创建水流等漩涡效果，如图12-83所示。如图12-84

所示展示了"漩涡"贴图类型的创建参数。

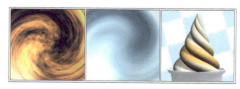

图12-83

图12-84

01 打开本书附带光盘中的Chapter-12/"漩涡.max"文件。按下M键，打开Slate材质编辑器。双击材质/贴图浏览器的"示例窗"卷展栏内的第1个材质示例窗，在参数编辑器显示其参数，如图12-85所示。

图12-85

02 在"贴图"卷展栏中单击"漫反射颜色"选项右侧的长按钮，如图12-86所示。

图12-86

03 在"漩涡参数"卷展栏下的"漩涡颜色设置"选项组中，设置"基本"选项和"漩涡"选项右侧的色块颜色，如图12-87所示。

图12-87

04 在"漩涡颜色设置"选项组中，设置"颜色对比度"、"漩涡强度"和"漩涡量"参数，如图12-88所示。这3个数值主要控制漩涡的颜色对比度、亮度和混合量。

图12-88

05 在"漩涡外观"选项组中，设置"扭曲"参数可以控制漩涡的扭曲效果；设置"恒定细节"参数可以控制漩涡中螺旋纹理的程度。如图12-89所示展示了设置这两个参数后的效果。

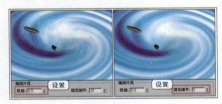

图12-89

06 在"漩涡位置"选项组中，设置"中心位置X"和"中心位置Y"参数可以控制漩涡中心在物体上的位置，如图12-90所示。

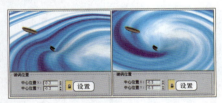

图12-90

5.渐变贴图类型

"渐变"贴图类型可以设置对象颜色间过渡的效果，通过嵌套"渐变"贴图类型可以在对象表面创建非常丰富的色彩和图案，如图12-91所示。如图12-92所示展示了"渐变"贴图类型的参数卷展栏。

图12-91

图12-92

接下来将通过一个实例的操作，介绍"渐变参数"卷展栏中的各选项参数。

01 打开本书附带光盘中的Chapter-12/"花瓶.max"文件，如图12-93所示。

图12-93

02 按下M键，打开Slate材质编辑器。双击材质/贴图浏览器的"示例窗"卷展栏内的第1个材质示例窗，在参数编辑器显示其参数，在"贴图"卷展栏中，单击"漫反射颜色"选项右侧的长按钮，如图12-94所示。

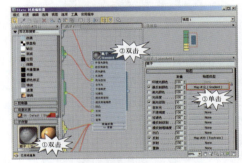

图12-94

03 在"渐变参数"卷展栏中，"颜色 #1"、"颜色 #2"和"颜色 #3"选项可以分别设置3个渐变区域，可以通过单击其右侧的色块按钮来设置颜色，如图12-95所示。

图12-95

04 在"渐变参数"卷展栏中设置"颜色 2位置"参数，可以调整中间颜色的位置。如图12-96所示展示了设置不同"颜色 2位置"参数后的效果。

图12-96

05 选择"径向"单选按钮，渐变类型将从线性更改为径向，如图12-97所示。

图12-97

06 在"噪波"选项组中，"数量"参数控制着噪波的变化程度；"大小"参数控制着噪波碎块的密度，如图12-98所示。

图12-98

07 在"噪波"选项组中，提供了3种强度不同的噪波生成方式，如图12-99所示展示了这3种噪波生成方式的对比效果。

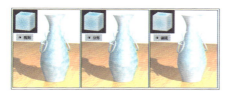

图12-99

08 "相位"参数用于控制噪波的变化速度，可以用于动画的设置；"级别"数值只针对"分形"和"湍流"噪波计算方式，主要用于控制迭代计算的次数，值越大，噪波越复杂，如图12-100所示。

图12-100

6.渐变坡度贴图类型

"渐变坡度"贴图类型与"渐变"贴图类型很相似，但"渐变坡度"贴图类型能创建出色彩更加丰富的图像，如图12-101所示。

图12-101

在使用"渐变"贴图类型时，想要得到超过3种色彩的颜色过渡图像，需要在"渐变"贴图类型里

面再嵌套"渐变"贴图类型，因为在"渐变"的参数卷展栏中一次最多可以设置3种颜色。而"渐变坡度"贴图则要灵活得多，可以任意调节多种色彩的过渡效果，而且"渐变坡度"提供了很多种颜色的分布方式。这使得"渐变坡度"贴图类型成为一个创建复杂图像不可缺少的工具。如图12-102所示展示了"渐变坡度"贴图类型的参数卷展栏。

图12-102

接下来将通过一组实例的操作，讲解"渐变坡度参数"卷展栏中的各选项参数。

01 打开本书附带光盘中的Chapter-12/"蘑菇.max"文件。按下M键，打开Slate材质编辑器。双击材质/贴图浏览器的"示例窗"卷展栏内的第3个材质示例窗，在参数编辑器显示其参数，并在"贴图"卷展栏中单击"漫反射颜色"选项右侧的长按钮，如图12-103所示。

图12-103

02 在"渐变坡度参数"卷展栏中的"渐变条"内可以设置各种色彩的位置。在渐变条上任意的位置单击，即可在这个位置添加一个颜色滑块，如图12-104所示。

图12-104

> **技巧**
>
> 拖曳添加的颜色滑块到对话框的外边，即可删除颜色滑块。需注意的是起始与结束位置的颜色滑块不能被移动或删除。

03 在色块上双击，即可弹出"颜色选择器"对话框，参照如图12-105所示进行设置，改变该色块颜色。

图12-105

04 参照同样的操作方法在渐变条上添加其他色块，丰富"蘑菇"颜色，如图12-106所示。

图12-106

05 在渐变条下方的"渐变类型"下拉列表中可以更改渐变的类型，如图12-107所示展示了其中几种渐变类型的效果。

图12-107

06 在"插值"下拉列表中可以选择插值的类型，如图12-108所示展示了选择不同插值类型后的渐变条效果。

图12-108

07 分别将"渐变类型"和"插值"设置为默

认的"线性"类型。

08 "噪波"选项组与"渐变"贴图类型中的"噪波"选项组类似，在此就不再进行赘述，如图12-109所示展示了设置"噪波"选项组中选项参数后的效果。

图12-109

12.2.3 3D贴图

3D贴图是根据程序以三维方式生成的图案，例如，将指定了"木材"贴图的几何体切分开后，切除部分的纹理与对象其他部分的纹理相一致。3D贴图共享一套参数，定义其在对象表面的效果。

1. "坐标"卷展栏

三维贴图的贴图坐标与二维贴图有所不同，它的参数是相对于物体的体积对贴图进行定位的，如图12-110所示展示了3D贴图类型的"坐标"卷展栏。

图12-110

在"坐标"选项组的"源"选项右侧的下拉列表中有4种坐标方式供用户选择，如图12-111所示。

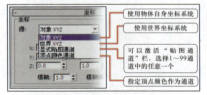

图12-111

其他参数与二维贴图坐标的参数相同，在此就不再进行赘述。

2. "细胞"贴图

"细胞"贴图类型用于创建细碎表面的组合，例如瓷砖碎片、鹅卵石和皮革表面等，如图12-112所示。

图12-112

在"细胞参数"卷展栏中共有4个选项组，分别用来控制细胞贴图的效果，如图12-113所示。

图12-113

接下来将通过一组实例的操作，讲解"细胞参数"卷展栏中的各选项参数。

01 打开本书附带光盘中的Chapter-12/"沙发02.max"文件，按下M键，打开Slate材质编辑器。双击材质/贴图浏览器的"示例窗"卷展栏内的第1个材质示例窗，在参数编辑器显示其参数，并在"贴图"卷展栏中单击"漫反射颜色"选项右侧的长按钮，如图12-114所示。

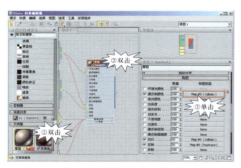

图12-114

02 在"细胞参数"卷展栏中，"细胞颜色"选项组中的色块可以设置细胞自身的颜色，"变化"参数可以通过改变RGB中的3种颜色的比例，随意改变细胞的色彩，数值越高变化的效果越明显，如图12-115所示。

图12-115

03 在活动视图中将所有节点删除，然后选择第3个材质示例窗，并在"贴图"卷展栏中单击"凹凸"选项右侧的长按钮，如图12-116所示。

04 在"细胞特性"选项组中，"圆形"和"碎片"单选按钮分别控制细胞的两种形态。"圆

形"是一种类似于泡沫的圆形细胞形态；"碎片"类似于碎玻璃拼图和马赛克效果。如图12-117所示展示了这两种形态的效果。

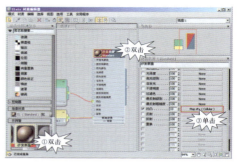

图12-116

图12-117

05 设置"大小"参数可以控制整个细胞贴图的比例大小，如图12-118所示。

图12-118

06 "扩散"参数可以控制单个细胞的大小。增加"凹凸平滑"参数可以控制细胞贴图锯齿和毛边现象的产生，使细胞表面更加平滑，如图12-119所示。

图12-119

07 参照如图12-120所示设置参数，对"细胞特性"选项组中的参数进行调整，并在"细胞特性"选项组中启用"分形"复选框，细胞会进行进一步的分形迭代计算，产生更细腻的贴图。

图12-120

08 在"分形"复选框下方的"迭代次数"和

"粗糙度"参数分别控制分形计算的迭代次数和细胞的粗糙程度，如图12-121所示展示了更改这两个数值后，细胞材质的显示效果。

图12-121

3."凹痕"贴图

"凹痕"贴图类型可以根据分形噪波产生随机的不规则图案。常用于"凹凸"贴图，可以制作出岩石、风化腐蚀的金属等效果。如图12-122所示展示了应用"凹痕"贴图的模型效果。

"凹痕"贴图的设置参数较为简单，如图12-123所示展示了用于控制凹痕效果的"凹痕参数"卷展栏。

图12-122　　　　图12-123

接下来将通过一组实例的操作，讲解"凹痕参数"卷展栏中的各选项参数。

01 打开本书附带光盘中的Chapter-12/"消防栓.max"文件。按下M键，打开Slate材质编辑器。双击材质/贴图浏览器的"示例窗"卷展栏内的第1个材质示例窗，在参数编辑器显示其参数，并在"贴图"卷展栏中单击"凹凸"选项右侧的长按钮，如图12-124所示。

图12-124

02 在"凹痕参数"卷展栏中，设置"大小"参数可以控制凹痕纹理的大小，如图12-125所示。

图12-125

03 设置"强度"参数可以设置凹痕的数量，值越大，凹痕就越密集，如图12-126所示。

图12-126

04 "迭代次数"参数可以设置凹痕反复出现的次数，值越大，凹痕就越复杂，如图12-127所示。

图12-127

05 "颜色 #1"和"颜色 #2"选项右侧的色块，可以分别设置暗部和亮部两个区域的颜色。由于"凹凸"贴图是采用灰度来表现凹凸程度的，在这里如果设置两个区域的颜色，将会改变"凹痕"贴图凹凸的程度。单击"交换"按钮后，会将两个区域的颜色设置进行交换，如图12-128所示。

图12-128

4."衰减"贴图

"衰减"贴图类型基于几何体曲面上面的角度衰减来生成从白到黑的效果。该贴图常用于"自发光"、"不透明度"和"过滤色"贴图通道。如图12-129所示展示了使用"衰减"贴图的模型效果。

图12-129

影响"衰减"贴图参数主要有两个卷展栏，分别为"衰减参数"和"混合曲线"卷展栏，如图12-130所示。

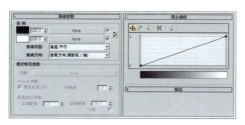

图12-130

接下来将通过一组实例的操作，讲解这两个卷展栏中的各选项参数。

01　打开本书附带光盘中的Chapter-12/"船.max"文件，按下M键，打开Slate材质编辑器。双击材质/贴图浏览器的"示例窗"卷展栏内的第一个材质示例窗，在参数编辑器显示其参数，并在"贴图"卷展栏中单击"自发光"选项右侧的长按钮，如图12-131所示。

图12-131

02　在"衰减参数"卷展栏中，"前：侧"代表"垂直/平行"类型衰减，如果更改"衰减类型"下拉列表中的选项为"朝向/背离"，则该选项组名称也将改变为"朝向：背离"，如图12-132所示。

图12-132

03　在"衰减类型"下拉列表中提供了5种衰减类型，如图12-133所示展示了这几种衰减类型的效果。

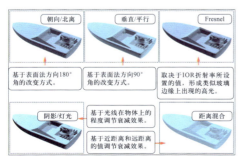

图12-133

04　在活动视图中双击材质节点，进入"贴图"卷展栏，参照如图12-134所示进行操作。

图12-134

05　在"贴图"卷展栏中单击"不透明度"选项右侧的长按钮。在"衰减方向"下拉列表中的选项可以明确衰减的方向，并允许有多种方向控制，如图12-135所示展示了选择其中几种类型方向后的效果。

图12-135

06　在"衰减方向"下拉列表中选择"对象"选项后，将激活"模式特定参数"选项组中的"对象"选项。单击"对象"选项右侧的长按钮，参照如图12-136所示，在场景中拾取一个对象，以该对象的方向确定衰减方向，效果如图12-137所示。

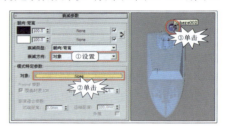

图12-136

图12-137

07　在"混合曲线"卷展栏内，可以使用曲线方式控制衰减的渐变，如图12-138所示。

图12-138

5."大理石"贴图

"大理石"贴图类型适合于在对象表面创建类似于大理石的纹理贴图，如图12-139所示。

"大理石"贴图的设置较为简单，在此就不再详细讲述了，如图12-140所示展示了"大理石参数"卷展栏。

图12-139

图12-140

6. "噪波"贴图

"噪波"贴图是一种常用的贴图类型，该贴图类型基于两种颜色或贴图在对象表面产生随机的不规则图案。如图12-141所示为使用"噪波"贴图的模型效果。

该贴图类型常用于与"凹凸"贴图通道配合使用，产生对象表面的凹凸效果，还可以与复合材质一起制作对象表面的灰尘。如图12-142所示展示了"噪波"贴图的"噪波参数"卷展栏。

图12-141

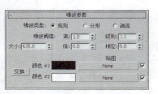

图12-142

01 打开本书附带光盘中的Chapter-12/ "温泉.max"文件。按下M键，打开Slate材质编辑器。双击材质/贴图浏览器的"示例窗"卷展栏内的第2个材质示例窗，在参数编辑器显示其参数，并在"贴图"卷展栏中单击"漫反射颜色"选项右侧的长按钮，如图12-143所示。

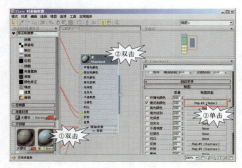

图12-143

02 在"噪波参数"卷展栏中的"噪波类型"选项右侧有"规则"、"分形"和"湍流"3个单选按钮，这3个按钮用来控制噪波的类型。"规则"类型为较规则的噪波贴图，"分形"类型形成的噪波

贴图较为混乱；"湍流"类型形成的噪波贴图最为混乱，如图12-144所示。

图12-144

03 设置"大小"参数以控制噪波纹理的大小，如图12-145所示。

图12-145

04 在"噪波阈值"选项右侧的"高"和"低"文本框中输入参数，可以改变噪波贴图中两种颜色邻近阈值的大小，如果降低"高"数值，可以使"颜色 #2"更强烈；增加"低"数值，可以使"颜色 #1"更强烈，如图12-146所示。

图12-146

05 设置"级别"数值可以控制分形运算时迭代计算的次数，数值越大，噪波就越复杂。如图12-147所示展示了设置不同"级别"参数后的效果。

图12-147

06 在了解了"噪波参数"卷展栏后，参照如图12-148所示进行设置。

图12-148

07 在活动视图中双击材质节点，进入"贴图"卷展栏，参照如图12-149所示进行操作，复制"漫反射颜色"贴图通道的"噪波"贴图到"凹凸"贴图通道，单击"反射"和"折射"贴图通道前的复选框将其启用。

图12-149

图12-153

08 设置完毕后，渲染场景效果如图12-150所示。可以发现噪波贴图加入了凹凸的质感。

图12-150

图12-154

7."粒子年龄"贴图

"粒子年龄"贴图类型是一种针对于粒子系统的贴图类型，该贴图类型可以基于粒子的寿命改变材质的颜色或图案，粒子生成时是一种颜色，生长时转变为另一种颜色，消亡时转变为第3种颜色，该贴图类型常被用于粒子动画中。如图12-151所示展示了使用"粒子年龄"贴图的效果。

在"粒子年龄参数"卷展栏中，可以对粒子开始的颜色、中间期的颜色和消亡时的颜色及整个寿命进行设置。如图12-152所示展示了"粒子年龄参数"卷展栏。

图12-155

04 使用同样的操作方法，设置"颜色 #2"、"年龄 #2"、"颜色 #3"和"年龄 #3"，效果如图12-156所示。

图12-151　　　　　　图12-152

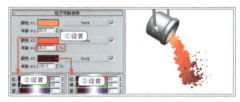

图12-156

接下来将通过一个实例的操作，讲解"粒子年龄参数"卷展栏中的选项参数。

01 打开本书附带光盘中的Chapter-12/"钢水.max"文件。按下M键，打开Slate材质编辑器。双击材质/贴图浏览器的"示例窗"卷展栏内的第1个材质示例窗，在参数编辑器显示其参数，并在"贴图"卷展栏中单击"漫反射颜色"选项右侧的长按钮，如图12-153所示。

02 在"粒子年龄参数"卷展栏中，单击"颜色 #1"选项右侧的色块，可以更改粒子开始的颜色，如图12-154所示。

03 设置"年龄#1"参数可以控制"颜色 #1"开始转变为"颜色 #2"的时间在粒子寿命中的百分

8."粒子运用模糊"贴图

"粒子运动模糊"贴图类型也是一种针对于粒子的贴图类型，将"粒子运动模糊"贴图类型应用于对象的透明度贴图通道后，该贴图类型能够使粒子产生运动模糊的效果，如图12-157所示。

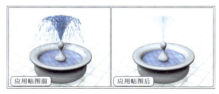

图12-157

该贴图的设置较为简单，在此就不在详细讲述了，如图12-158所示展示了"粒子运动模糊参数"卷展栏。也可以打开本书附带光盘中的Chapter-12/"喷泉.max"文件，进行查看与设置。

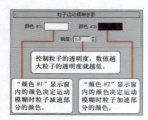

图12-158

使用该贴图类型时，需要注意以下问题。

● "粒子运动模糊"贴图类型只能应用于粒子系统的材质设置，并且只有应用于"不透明度"贴图通道才能产生运动模糊效果。

● 只有"粒子云"、"粒子阵列"、"超级喷射"和"喷射"这4种粒子类型支持"粒子运动模糊"贴图类型。

● 在粒子系统的创建参数中，在"旋转和碰撞"卷展栏下的"自旋轴控制"选项组中"运动方向/运动模糊"单选按钮必须处于选中状态。

● 同样在"自旋轴控制"选项组中，"拉伸"参数值必须大于0。

● "粒子运动模糊"贴图类型支持除了"变形球粒子"和"对象碎片"之外的所有粒子形态，当选择"标准粒子"粒子形态时，"粒子运动模糊"贴图类型不支持"恒量"、"面"、"三角形"、"六角形"选项。

● "粒子运动模糊"贴图类型不能应用于子材质层。

9."Perlin大理石"贴图

"Perlin大理石"贴图类型与"大理石"贴图类型相似，也是在对象表面创建大理石纹理的贴图类型。如图12-159所示展示了应用"Perlin大理石"贴图的模型效果。

"Perlin大理石"贴图的设置较为简单，在此就不再进行赘述，如图12-160所示展示了"大理石参数"卷展栏。也可以打开本书附带光盘中的Chapter-12/"酒杯.max"文件，对"Perlin大理石"贴图的参数进行设置。

图12-159

图12-160

10."烟雾"贴图

"烟雾"贴图类型能够生成不规则的图案，可以应用于透明度贴图通道或体积光、体积雾来模拟烟雾的效果，如图12-161所示展示了应用"烟雾"贴图后的环境效果。

在"烟雾参数"卷展栏中，可以对烟雾的大小、颜色、反复次数等参数进行设置，如图12-162所示。

图12-161　　　　　　图12-162

接下来将通过一组实例的操作，讲解"烟雾参数"卷展栏中的各选项参数。

01 打开本书附带光盘中的Chapter-12/"旅馆.max"文件。按下M键，打开Slate材质编辑器，参照如图12-163所示选择材质示例窗。

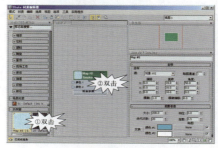

图12-163

02 在"烟雾参数"卷展栏中，设置"大小"参数可以控制烟雾团块的比例。如图12-164所示展示了设置不同"大小"参数后的烟雾效果。

图12-164

03 "相位"参数可以控制烟雾移动的位置，该参数通常应用于动画设置中。

04 "迭代次数"参数可以控制烟雾的反复次数，如图12-165所示。

图12-165

238

05 "指数"参数可以控制烟雾团块间的缝隙大小，该参数越大，烟雾团块间的缝隙也就越大。如图12-166所示。

图12-166

11."斑点"贴图

"斑点"贴图类型适合创建岩石之类的、具有斑点的贴图。如图12-167所示。

图12-167

"斑点"贴图的设置较为简单，主要通过对斑点的大小和颜色进行设置，在此就不再详细讲述了，如图12-168所示展示了"斑点参数"卷展栏。也可以打开本书附带光盘中的Chapter-12/"小岛.max"文件，进行查看与练习。

图12-168

12."泼溅"贴图

"泼溅"贴图通常用于"漫反射"贴图通道，从而模拟类似于油漆表层的污点。如图12-169所示展示了应用"泼溅"贴图的模型。

在"泼溅参数"卷展栏中，可以对"泼溅"的颜色、大小、反复次数等参数进行设置。由于各个参数设置较为简单、直观，所以在此就不再详细讲述了，如图12-170所示展示了"泼溅参数"卷展栏。也可以打开本书附带光盘中的Chapter-12/"冰淇淋.max"文件，进行查看与练习。

图12-169   图12-170

13."灰泥"贴图

"灰泥"贴图类型经常与"凹凸"贴图通道配

合使用，在对象表面创建凹凸不平的泥浆效果，如图12-171所示。

在"灰泥参数"卷展栏中，可以调整凹痕、背景的色彩、凹痕的大小、以及两种色彩边缘的柔和程度等，如图12-172所示展示了"灰泥参数"卷展栏。由于该贴图的设置参数较为简单，在此就不详细讲述了，可以打开本书附带光盘中的Chapter-12/"房间一角.max"文件，进行查看与设置。

图12-171   图12-172

14."波浪"贴图

"波浪"贴图是3D贴图中可以创建潮汐或波状效果，它可以通过数值产生环形波的中心和随意分布结束于环形。用户能够控制波浪的幅度和波浪的速度，使用该贴图类型可以同时产生两种不同的凹凸贴图。如图12-173所示展示了使用"波浪"贴图的模型。

在"波浪参数"卷展栏中，可以对波纹的数目、振幅、波动的速度等参数进行设置，如图12-174所示展示了"波浪参数"卷展栏。

 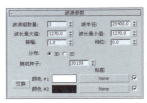

图12-173   图12-174

接下来将通过一组实例的操作，讲解"波浪参数"卷展栏中的各选项参数。

01 打开本书附带光盘中的Chapter-12/"水池.max"文件。按下M键，打开Slate材质编辑器。双击材质/贴图浏览器的"示例窗"卷展栏内的"水材质"材质示例窗，并在"贴图"卷展栏中单击"漫反射"选项右侧的长按钮，如图12-175所示。

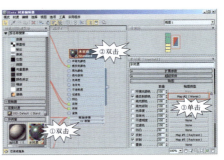

图12-175

02 在"波浪参数"卷展栏中，"波浪组数量"参数控制贴图中波纹的数目，对于平静的水面，该数值应当适当小一些，对于激烈的水面，值应当大一些。如图12-176所示展示了设置不同"波浪组数量"参数后的对比效果。

图12-176

03 "波半径"参数可以指定波纹的大小，大半径数值可以产生较大的圆形波浪图案，小半径数值产生的波浪小，但密度更大，如图12-177所示。

图12-177

04 "波长最大值"和"波长最小值"参数，可以设置波纹波长随机产生的范围，如果两个数值比较接近，波浪将显得较规则，反之波浪将显得无序，如图12-178所示。

图12-178

05 "振幅"参数可以调整"波浪"贴图中两种颜色的对比程度，对比越强烈，颜色越深，凹凸感就越强，如图12-179所示。

图12-179

06 在"分布"选项右侧有3D和2D两个单选按钮，这两个单选按钮用来确定波浪的分布形态，选择2D单选按钮后，只在一个平面内产生波浪振动影响；选择3D单选按钮后，对物体全部的方向都产生波浪振动影响，如图12-180所示。

07 设置"随机种子"参数，可以产生随机的波浪效果。

08 "颜色 #1"和"颜色 #2"分别确定波谷和波峰的颜色，单击右侧的长按钮，可以导入位图和程序贴图代替波谷和波峰的颜色。单击"交换"按钮，可以交换"颜色 #1"和"颜色 #2"颜色，如图 12-181 所示。

图12-180

图12-181

15."木材"贴图

"木材"贴图类型用于创建各种木纹图案。如图12-182所示展示了使用"木材"贴图的模型效果。

在"木材参数"卷展栏中，可以对木材的条纹颜色、宽度和杂乱程度等属性进行设置，如图12-183所示展示了"木材参数"卷展栏。

图12-182　　　　图12-183

接下来将通过一组实例的操作，讲解"木材参数"卷展栏中的各选项参数。

01 打开本书附带光盘中的Chapter-12/"椅子.max"文件，按下M键，打开Slate材质编辑器。双击材质/贴图浏览器的"示例窗"卷展栏内的第1个材质示例窗，在参数编辑器显示其参数，并在"贴图"卷展栏中单击"漫反射颜色"右侧的长按钮，如图12-184所示。

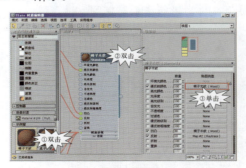

图12-184

02 在"木材参数"卷展栏中，设置"颗粒密度"参数可以控制条纹颜色的宽度，如图12-185所示。

图12-185

03 设置"径向噪波"参数，可以控制相关联的色彩之间，在水平面上垂直于条纹方向的杂乱程度；设置"轴向噪波"参数，可以控制相关联的色彩之间，在水平面上平行于条纹方向的杂乱程度。如图12-186所示展示了设置这两个参数后的效果。

图12-186

12.3　实例操作——制作一幅魔幻插图

本节将通过水晶球实例的制作，使读者进一步熟悉与了解贴图通道和贴图类型，以及在实际中的应用方法与技巧。

接下来将指导读者来完成对场景对象的贴图设置。首先打开本书附带光盘中的Chapter-12/"水晶球.max"文件，如图12-187所示。

图12-187

12.3.1　木板材质的设置

01 单击工具栏中的"材质编辑器"按钮，在打开的Slate材质编辑器的"示例窗"卷展栏中双击一个示例窗，在参数编辑器显示其参数，并在"名称"下拉列表中将其命名为"木板材质"，如图12-188所示。

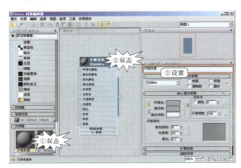

图12-188

02 在任意窗口中选择"木板"对象，单击Slate材质编辑器工具栏的 🎨 "将材质指定给选定对象"按钮，将材质赋予选择对象。

03 在"贴图"卷展栏中单击"漫反射颜色"选项右侧的长按钮，在弹出的"材质/贴图浏览器"对话框中双击"位图"选项，并在"选择位图图像文件"对话框中选择本书附带光盘中的Chapter-12/"木材.jpg"文件，如图12-189所示。

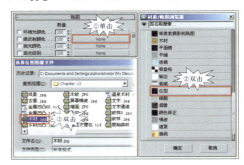

图12-189

04 再次单击"漫反射颜色"选项右侧的长按钮，进入"坐标"卷展栏，并对"瓷砖"参数进行设置，以确定贴图的重复值。完毕后渲染场景，如图12-190所示。

图12-190

05 在活动视图中双击"木板材质"节点，进入"贴图"卷展栏，设置"凹凸"选项中的"数量"参数为100，单击该选项右侧的长按钮，在弹出的"材质/贴图浏览器"对话框中双击"位图"选项，在打开的"材质/贴图浏览器"对话框中选择本书附带光盘中的Chapter-12/木材凹凸.jpg"文件，如图12-191所示。

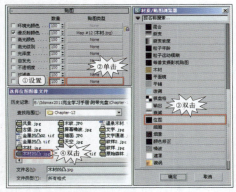

图12-191

06 单击"凹凸"选项右侧的长按钮，进入"坐标"卷展栏，并对"瓷砖"参数进行设置，以确定凹凸与纹理相适配。完毕后渲染场景，如图12-192所示。

图12-192

提示

在3ds Max中直接创建的几何体、放样，以及添加编辑修改器转换为三维形体的对象，系统将提供默认的贴图平铺方式。如果默认的贴图方式可以使用贴图很好地平铺，就不需要为贴图选择贴图的平铺方式。

12.3.2 羊皮书材质的设置

01 在Slate材质编辑器对话框中删除"木板材质"面板及其子节点，选择一个示例窗，并在名称下拉列表中将其命名为"书材质"，如图12-193所示。

图12-193

02 在任意窗口中选择"羊皮书"对象，单击"将材质指定给选定对象"按钮，将材质赋予选中的对象。

03 使用系统默认的Blinn明暗模式，选择"明暗器基本参数"卷展栏中的"双面"复选框，使羊皮书双面显示，如图12-194所示。

图12-194

04 单击"贴图"卷展栏中"漫反射颜色"选项右侧的长按钮，在打开的"材质/贴图浏览器"对话框中选择"噪波"选项，如图12-195所示。

图12-195

05 单击"漫反射颜色"选项右侧的长按钮，进入"噪波参数"卷展栏，选择"噪波类型"选项右侧的"分形"单选按钮，使噪音的效果更强烈。完毕后渲染场景，如图12-196所示。

图12-196

06 参照如图12-197所示，分别对"颜色#1"和"颜色#2"右侧的色块进行设置。

图12-197

07 双击"书材质"节点，进入"Blinn基本参数"卷展栏，并在该卷展栏中进行设置。完毕后渲染场景，如图12-198所示。

图12-198

08 在"贴图"卷展栏中单击"高光颜色"选项右侧的长按钮，在打开的"材质/贴图浏览器"对话框中双击"位图"选项，在"选择位图图像文件"对话框中选择本书附带光盘中的Chapter-12/"字体凹凸.tif"文件，如图12-199所示。

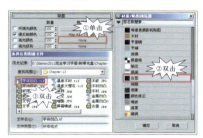

图12-199

技巧

"高光颜色"贴图通道主要作用于材质的高光区域。可以将一个位图文件作为高光贴图指定到对象的高光区域，同时，在对象的高光区域上将替代原有的高光显示使用的位图效果。

09 添加"凹凸"贴图，渲染视图后没有发现羊皮书高光部分出现文字。这是因为计算机无法确定该贴图以什么方式平铺于对象表面。此时可以为羊皮书对象添加"UVW贴图"编辑修改器进行编辑。

10 确定"羊皮书"对象处于选中状态，在"修改"面板的下拉列表内选择"UVW贴图"选项，此时便为该对象添加了此项编辑修改器。因对象为平面状，所以使用系统默认的是以"平面"形式平铺，如图12-200所示。

图12-200

11 在"参数"卷展栏内的"对齐"选项组中启用Z复选框，并单击"适配"按钮，使贴图适应路径，如图12-201所示。

12 设置完毕后对场景进行渲染，效果如图12-202所示。

图12-201　　　　图12-202

13 接下来需要为对象设置羊皮的凹凸纹理。在Slate材质编辑器中双击"书材质"节点，进入"贴图"卷展栏，单击"凹凸"选项右侧的长按钮，在打开的"材质/贴图浏览器"对话框中选择"细胞"选项，如图12-203所示。

图12-203

14 设置"凹凸"通道的"数量"参数为6，确定凹凸的深度。完毕后渲染场景，完成对羊皮书材质的设置，如图12-204所示。

图12-204

12.3.3 水晶球底座材质的设置

01 在Slate材质编辑器将"书材质"面板及其子节点删除，选择一个示例窗，并在名称下拉列表中将其命名为"底座材质"，完毕后如图12-205所示。

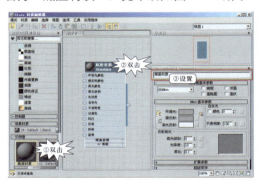

图12-205

02 在任意窗口中选择"底座"对象，单击Slate材质编辑器中的"将材质指定给选定对象"按钮，将材质赋予选择对象。

03 在"明暗器基本参数"卷展栏中设置明暗器类型为"金属"，并选择该卷展栏中的"双面"复选框，如图12-206所示。

04 参照如图12-207所示设置"金属基本参数"卷展栏，完毕后渲染场景。

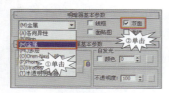

图 12-206

图 12-207

05 在"贴图"卷展栏中单击"高光级别"选项右侧的长按钮，在打开的"材质/贴图浏览器"对话框中双击"位图"选项，在"选择位图图像文件"对话框中选择本书附带光盘中的Chapter-12/"金属凹凸02.tif"文件，如图12-208所示。

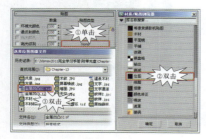

图 12-208

06 渲染场景，观察画面效果，如图12-209所示。

07 为了使贴图更好地适应对象，需要为对象添加"UVW贴图"编辑修改器。确定"底座"对象处于选中状态，在"修改"面板的下拉列表中选择"UVW贴图"选项，此时便为该对象添加了此项编辑修改器。完毕后在"参数"卷展栏中选择"贴图"选项组中的"柱形"单选按钮，如图12-210所示。

图 12-209　　　　图 12-210

提示

"柱形"类型的贴图平铺方式是以圆柱形式平铺于对象的表面。右侧的"封口"复选框处于选中状态，可以将用于柱体投影贴图再以平面平铺方式，平铺于柱体贴图的垂直表面上。该复选框默认状态下处于关闭状态。

08 在"对齐"选项组中单击"适配"按钮，使贴图适应路径，如图12-211所示。

09 添加此项编辑修改器后，对象的周围将会出现橙色线框。此时会发现该线框与对象不适应。可以单击"修改"面板堆栈栏中"UVW贴图"选项左侧的展开符号，在展开的层级选项中单击Gizmo选项，进入该次对象编辑状态，如图12-212所示。

图 12-211　　　　　　图 12-212

10 使用 ⟳ "选择并旋转"工具，在前视图中沿X轴将该子对象旋转90°。完毕后在"参数"选项组中将"高度"参数设置为18，降低次对象的高度，使贴图在对象的纵向排列更紧密，如图12-213所示。

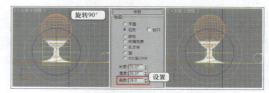

图 12-213

11 渲染场景，观察画面效果，如图12-214所示。

图 12-214

12 在Slate材质编辑器双击"底座材质"节点，进入"贴图"卷展栏，接下来通过启用"过滤色"和"凹凸"通道，分别为对象着色和添加凹凸效果。

13 拖曳"高光级别"通道中的贴图，分别到"过滤色"和"凹凸"通道贴图的位置，此时会打开"复制（实例）贴图"对话框，在该对话框中选择"实例"单选按钮，单击"确定"按钮退出该对话框。如图12-215所示。

14 设置完毕后渲染场景，效果如图12-216所示。

15 单击"贴图"卷展栏中的"反射"选项右侧的长按钮。在打开的"材质/贴图浏览器"对话框中选择"反射/折射"选项，如图12-217所示。

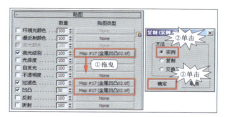

图12-215

图12-216

图12-217

16 设置"反射"通道的"数量"参数为30，确定反射的程度。完毕后渲染场景，完成底座材质的设置，效果如图12-218所示。

图12-218

12.3.4 水晶球材质的设置

01 在Slate材质编辑器中删除"底座材质"面板有其子节点，选择一个示例窗，并在名称下拉列表中将其命名为"水晶球"，如图12-219所示。

02 在任意窗口中选择"水晶球"对象，单击"将材质指定给选定对象"按钮，将材质赋予选中的对象。

03 在"明暗器基本参数"卷展栏中设置明暗器类型为Phong，在"Phong基本参数"卷展栏中对"漫反射"的颜色进行设置，如图12-220所示。

图12-219

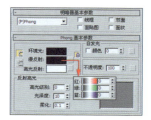

图12-220

04 参照如图12-221所示，再次对"Phong基本参数"卷展栏各选项参数进行设置，完毕后渲染场景。

图12-221

05 在"贴图"卷展栏中单击"高光颜色"选项右侧的长按钮，在打开的对话框中双击"位图"选项，并在"选择位图图像文件"对话框中选择本书附带光盘中的Chapter-12/"古堡.jpg"文件，如图12-222所示。

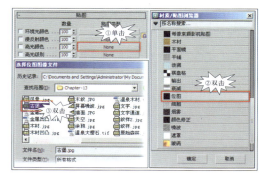

图12-222

06 在"修改"面板中为"水晶球"对象添加"UVW贴图"编辑修改器。添加完毕后对"参数"卷展栏进行设置。单击"适配"按钮，使贴图适应路径。设置完毕后渲染场景，如图12-223所示。

图12-223

07 进入Slate材质编辑器中的"贴图"卷展栏，单击"反射"选项右侧的长按钮，在打开的"材质/贴图浏览器"对话框中选择"光线跟踪"选项，如图12-224所示。

图12-224

08 单击"反射"选项右侧的长按钮，进入"光线跟踪器参数"卷展栏，单击"局部排除"按钮，打开"排除/包含"对话框。在左侧的显示窗中选择"水晶球"选项，接着单击 >> 按钮，选择选项将移到右侧的显示窗中，如图12-225所示。单击"确定"关闭该对话框，此时"水晶球"对象将反射自身。

09 双击"水晶球"节点，进入"贴图"卷展栏，在"反射"通道的"数量"文本框中输入35，确定反射的程度，如图12-226所示。

10 在"贴图"卷展栏中拖曳"反射"通道的

贴图至"折射"贴图位置，完成对"水晶球材质"的设置，如图12-227所示。

图12-225

图12-226　　　　　图12-227

11 至此，完成本实例的制作，效果如图12-228所示。在制作过程中如果遇到什么问题，可以打开本书附带光盘中的Chapter-12/"水晶球02.max"文件进行查看。

图12-228

第13章
贴图和贴图坐标的设置

在上一章介绍了3ds Max中的大部分贴图命令，但还有一些相对比较特殊的贴图，本章中就将讲解反射和折射贴图的使用方法。

贴图坐标功能可以定义贴图纹理在对象表面上的摆放方式和位置。在3ds Max中提供了多种用于定义贴图坐标的编辑修改器，编辑修改器所针对的功能各有不同，有些用于定义贴图的位置；有些则用于定义贴图的大小；而有些则可以将贴图与摄像机镜头相适配。本章将详细介绍上述知识。

13.1 反射和折射贴图

首先介绍其他贴图类型，这一类贴图类型包括"平面镜"、"光线跟踪"、"反射/折射"、"薄壁折射"、"法线凹凸"和"每像素摄像机贴图"6种贴图类型，在本小节中将着重讲述常用的几种贴图类型，这几种贴图可以辅助材质实现折射或反射效果。

1. "平面镜"贴图

"平面镜"贴图类型适合创建平面对象的反射效果。除了能够设置类似镜子的反射效果之外，还可以设置类似于水面的不规则反射效果。如图13-1所示展示了使用"平面镜"贴图的模型效果。接下来将通过一组实例的操作，介绍"平面镜"贴图的使用方法。

01 打开本书附带光盘中的Chapter-13/汽艇.max"文件，如图13-2所示。

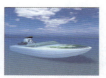

图13-1   图13-2

02 按下M键，打开板岩材质编辑器。双击材质/贴图浏览器的"示例窗"卷展栏内的第1个材质示例窗，在参数编辑器显示其参数，并在"贴图"卷展栏中单击"反射"选项右侧的长按钮，并在打开的"材质/贴图浏览器"中选择"平面镜"贴图类型，如图13-3所示。

图13-3

03 在"平面镜参数"卷展栏中的"模糊"选项组中的参数，可以根据反射图像离物体的距离远近，影响自身的模糊或尖锐程度，如图13-4所示。

图13-4

04 在"扭曲"选项组中选择"使用凹凸贴图"单选按钮，可以使用"凹凸"贴图对镜面反射的图像进行扭曲变形，如图13-5所示。

图13-5

05 在"扭曲"选项组中，选择"使用内置噪波"单选按钮后，将使用其下方的各项参数来控制镜面反射的扭曲效果，如图13-6所示。

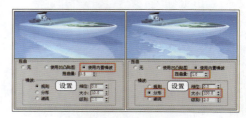

图13-6

2. "光线跟踪"贴图

"光影跟踪"贴图类型可以使对象的表面反射或折射周围环境的物体，还可以在反射过程中排除场景中的某一对象，使其不被反射，该贴图类型渲染的效果较为逼真，受到的限制条件也较少，是一种较为常用的反射贴图。如图13-7所示展示了使用"光线跟踪"贴图的模型效果。

图13-7

"光线跟踪"贴图拥有"光线跟踪器参数"、"衰减"、"基本材质扩展"和"折射材质扩展"4个卷展栏，如图13-8所示。

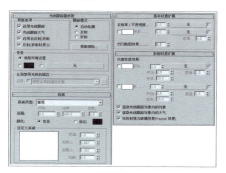

图13-8

接下来将通过一组实例的操作，介绍"光线跟踪"贴图的使用方法。

01　打开本书附带光盘中的Chapter-13/"保龄球.max"文件。按下M键，打开板岩材质编辑器。双击材质/贴图浏览器的"示例窗"卷展栏内的第1个材质示例窗，在参数编辑器显示其参数，并在"贴图"卷展栏中单击"反射"选项右侧的长按钮，如图13-9所示。

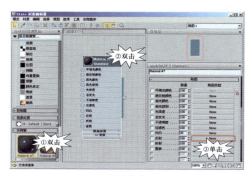

图13-9

02　在打开的"材质/贴图浏览器"中双击"光线跟踪"贴图，如图13-10所示。

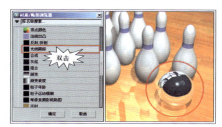

图13-10

03　设置"反射"选项右侧的"数量"参数为30，如图13-11所示。

图13-11

04　在"贴图"卷展栏中，再次单击"反射"选项右侧的长按钮，进入添加"光线跟踪"贴图的设置层级。单击"光线跟踪器参数"卷展栏中的"局部排除"按钮，在打开的"排除/包含"对话框中，选择如图13-12所示的对象，将其排除。

图13-12

05　此时保龄球将不再反射先前被排除的对象，如图13-13所示。

图13-13

06　观察地板的反光可以发现过于强烈，很容易产生材质的不真实。

07　在"板岩材质编辑器"对话框中，选择第2个材质示例窗，进入到"光线跟踪"贴图的设置层级，在"衰减"卷展栏中可以控制产生光线的衰减，根据距离的远近产生不同强度的反射和折射效果，如图13-14所示。

图13-14

08　在"基本材质扩展"卷展栏中，单击"反射率/不透明度"右侧的长按钮后，可以选择一个贴图来控制光线跟踪的数量，该贴图能够根据物体的表面来决定光线跟踪的强度，如图13-15所示。

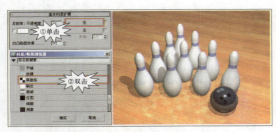

图13-15

3. "薄壁折射"贴图

"薄壁折射"贴图的折射效果主要用于模拟半透明玻璃、放大镜等玻璃的折射效果。如图13-16所示展示了使用"薄壁折射"贴图的模型效果。

"薄壁折射"贴图的设置比较简单，在"薄壁折射参数"卷展栏中，可以控制图像变形折射的大小和模糊程度，如图13-17所示为"遮罩参数"卷展栏。

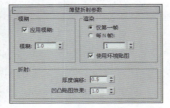

图13-16　　　　　　　　图13-17

接下来将通过一组实例的操作，讲述"遮罩参数"卷展栏中的各选项参数。

01 发打开本书附带光盘中的Chapter-13/放大镜.max"文件，按下M键，打开板岩材质编辑器。双击材质/贴图浏览器的"示例窗"卷展栏内的第1个材质示例窗，在参数编辑器显示其参数，并在"Blinn基本参数"卷展栏中设置"不透明度"选项中的数值，如图13-18所示。

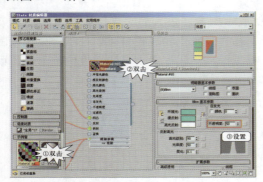

图13-18

02 在"贴图"卷展栏中单击"折射"选项右侧的长按钮，在打开的"材质/贴图浏览器"对话框中选择"薄壁折射"贴图类型，如图13-19所示。

03 此时场景中的模型就添加了"薄壁折射"贴图，如图13-20所示。

图13-19

图13-20

04 在"薄壁折射参数"卷展栏中，设置"折射"选项组中的"厚度偏移"参数，可以控制图形变形的大小，如图13-21所示。

图13-21

05 "模糊"选项组中的参数可以控制物体距离远近产生的模糊效果，通常都把它设置为一个非常小的值，以便得到良好的抗锯齿效果。如图13-22所示展示了设置不同"模糊"参数后的对比效果。

图13-22

06 "薄壁折射"贴图还可以对折射的图像进行扭曲变形。如果在"贴图"卷展栏中单击"凹凸"选项右侧的长按钮，即可在"材质/贴图浏览器"中选择"噪波"贴图作为"凹凸"贴图，如图13-23所示。

图13-23

07 在添加"凹凸"贴图后，可以在"折射"选项组中设置"凹凸贴图效果"参数，从而影响贴图的折射效果，如图13-24所示。

图13-24

13.2 实例练习——游戏场景设定

本节将利用前面所学习的材质知识，为一组游戏场景设定材质。实例场景为一个堆砌废物的街道一角，内容包括斑驳的金属箱、脱落的墙面、涂满污渍的地面等。这些材质内容看起来内容丰富、非常难以编辑制作，但是熟练地使用前面所学的贴图编辑知识，可以轻松且生动地编辑出实例中所需的材质内容。

1. 设置墙面材质

01 运行3ds Max 2011，在快速访问工具栏中单击"打开文件"按钮，打开本书附带光盘中的Chapter-13/"垃圾桶.max"文件，如图13-25所示。

图13-25

02 按下M键，打开板岩材质编辑器。双击材质/贴图浏览器的"示例窗"卷展栏内选择一个材质示例窗，并展开其设置参数，在"名称"下拉列表栏中将其命名为"墙面"，如图13-26所示。

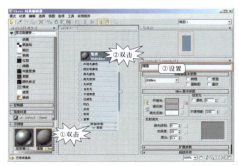

图13-26

03 在展开的"Blinn基本参数"卷展栏中，参照如图13-27所示对相应选项参数进行设置。

04 展开"贴图"卷展栏，单击"漫反射颜色"右侧的长按钮，在打开的"材质/贴图浏览器"对话框中，选择"混合"贴图类型，如图13-28所示。

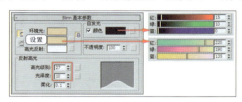

图13-27

图13-28

05 再次单击"漫反射颜色"右侧的长按钮，进入到"混合参数"卷展栏中，单击"颜色 #1"选项右侧的长按钮，在弹出的"材质/贴图浏览器"对话框中双击"位图"选项，将打开"材质/贴图浏览器"对话框，并在该对话框中选择本书附带光盘中的Chapter-13/cement seam01.jpg文件，如图13-29所示。

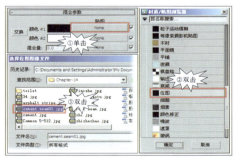

图13-29

06 单击"颜色 #1"选项右侧的长按钮，进入"坐标"卷展栏，并设置"瓷砖"参数，如图13-30所示。双击Map#68子节点，进入"混合参数"卷展栏，在该卷展栏中单击"颜色 #2"选项右侧的长按钮。

图13-30

07 在打开的"材质/贴图浏览器"对话框中选择"位图"贴图类型，选择本书附带光盘中的Chapter-13/common 5-512.jpg文件，如图13-31所示。

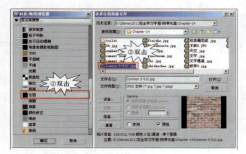

图13-31

08 再次单击"颜色 #2"选项右侧的长按钮，进入"坐标"卷展栏，并设置"瓷砖"参数，如图13-32所示。进入"混合参数"卷展栏，参照以上方法，将本书附带光盘中的cement.jpg文件导入到"混合量"贴图通道中。完毕后对"混合曲线"选项组中的参数进行设置。

图13-32

09 在任意视图中选中"墙面"对象，在"板岩材质编辑器"对话框中单击"将材质赋予选定对象"按钮，将该材质赋予"墙面"对象，对场景进行渲染，效果如图13-33所示。

图13-33

2. 设置垃圾桶材质

01 在"板岩材质编辑器"对话中将"墙面"面板及其所有子节点删除，并选择一个材质示例窗，在"名称"下拉列表中将其命名为"垃圾桶01"。参照如图13-34所示对"Blinn基本参数"卷展栏中的各选项参数进行设置。

图13-34

02 单击"贴图"卷展栏中"漫反射颜色"右侧的长按钮，在弹出的"材质/贴图浏览器"对话框中选择"合成"贴图类型，如图13-35所示。

图13-35

02 单击"漫反射颜色"右侧的长按钮，进入"层 1"卷展栏，单击左侧的"纹理"按钮，在弹出的"材质/贴图浏览器"对话框中双击"位图"选项，并在"选择位图图像文件"对话框中选择本书附带光盘中的Chapter-13/34.jpg文件，如图13-36所示。

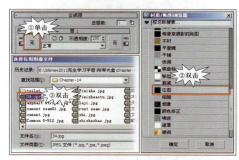

图13-36

04 观察"层 1"卷展栏，可以发现"纹理"按钮图像为贴图的缩略图。

05 在"层 1"卷展栏中，单击"遮罩"按钮，在弹出的"材质/贴图浏览器"对话框中选择"泼溅"贴图类型。进入"泼溅参数"卷展栏，参照如图13-37所示对各选项参数进行设置。

06 双击Map#72子节点，进入"合成层"卷展栏，单击 📋 "添加新层"按钮，添加贴图层数，得到"层 2"卷展栏，如图13-38所示。

07 在"层 2"卷展栏中，单击"纹理"按钮，在打开的"材质/贴图浏览器"对话框中双击

"位图"选项，在"选择位图图像文件"对话框中选择本书附带光盘中的Chapter-13/rust seam.jpg文件，如图13-39所示。

图13-37

图13-38

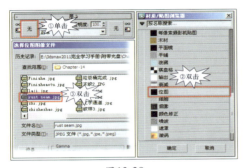

图13-39

08 单击"层 2"卷展栏中的"遮罩"按钮，在弹出的"材质/贴图浏览器"对话框中选择"渐变"贴图类型。展开"渐变参数"卷展栏，参照如图13-40所示对各选项参数进行设置。

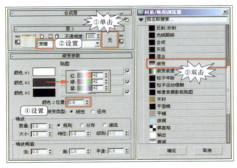

图13-40

09 在任意视图中选中黄色的垃圾桶对象，在"板岩材质编辑器"对话框中单击"将材质赋予选定对象"按钮，将该材质赋予选定的对象，对场景进行渲染，效果如图13-41所示。

10 参照以上方法，再为绿色垃圾桶添加材质，也可以直接赋予"板岩材质编辑器"中的"垃圾桶02"材质，最终效果如图13-42所示。

图13-41　　　　　　图13-42

3. 设置酒瓶材质

01 在"板岩材质编辑器"对话框中删除"垃圾桶"面板及其所有子节点，并选择一个材质示例窗，在名称下拉列表中将其命名为"酒瓶"。

02 在"明暗器基本参数"卷展栏中的"明暗模式"下拉列表内选择（P）Phong选项，参照如图13-43所示，在"Phong基本参数"卷展栏和"扩展"卷展栏中设置相应选项参数。

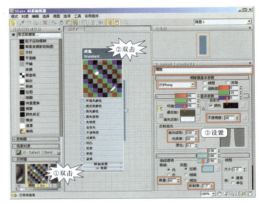

图13-43

03 在"贴图"卷展栏中单击"漫反射颜色"右侧的长按钮，在展开的"材质/贴图浏览器"对话框中选择"遮罩"贴图类型，如图13-44所示。

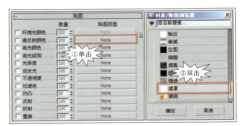

图13-44

04 进入"遮罩参数"卷展栏，单击"贴图"右侧的长按钮，在打开的"材质/贴图浏览器"对话框中双击"位图"选项，并在"选择位图图像文件"对话框中选择本书附带光盘中的Chapter-13/zhi.jpg文件，如图13-45所示。

05 参照以上方法，在"遮罩"右侧的通道中导入本书附带光盘中的zhizhezhao.jpg文件，如图13-46所示。

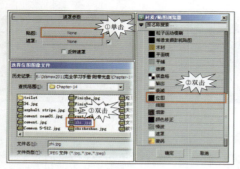

图13-45

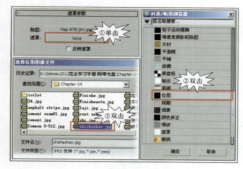

图13-46

06 在任意视图中选中"酒瓶"对象，并在"板岩材质编辑器"对话框中单击"将材质赋予选定对象"按钮，将该材质赋予"酒瓶"对象，对场景进行渲染，效果如图13-47所示。

图13-47

4. 设置台阶材质

01 在"板岩材质编辑器"对话中删除"酒瓶"面板及其所有子节点删除，并选择一个材质示例窗，在"名称"下拉列表中将其命名为"台阶"，如图13-48所示。

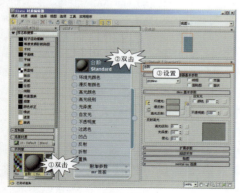

图13-48

02 在"贴图"卷展栏中单击"漫反射颜色"右侧的长按钮，在打开的"材质/贴图浏览器"对话框中选择"RGB倍增"贴图类型，如图13-49所示。

图13-49

03 单击"漫反射颜色"右侧的长按钮，进入"RGB倍增参数"卷展栏，从"颜色#1"贴图通道中导入本书附带光盘中的Finisheaotu.jpg文件，如图13-50所示。

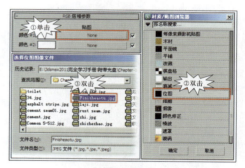

图13-50

04 进入"坐标"卷展栏，设置"瓷砖"选项参数，使用同样的操作方法，在"颜色#2"贴图通道中导入本书附带光盘中的Finishe.jpg文件，如图13-51所示。并在"坐标"卷展栏中设置"瓷砖"选项参数，与"颜色#1"贴图通道中相同。

图13-51

05 最后将该材质赋予场景中的"台阶"对象，对场景进行渲染，效果如图13-52所示，至此完成本实例的制作，可打开本书附带光盘中的Chapter-13/"垃圾桶完成.max"文件进行查看。

图13-52

13.3　设置贴图投影方式

在3ds Max 2011中，有两种常用的、针对于贴图投影方式的编辑修改器，这两种编辑修改器分别为"UVW贴图"编辑修改器和"UVW展开"编辑修改器。

13.3.1　认识UVW坐标空间

在3ds Max中世界坐标系和其中的对象都采用X、Y、Z坐标表述，而贴图采用U、V、W坐标表述，如图13-53所示。这样做的目的是为了把贴图和几何空间区分开。几何对象上的X、Y、Z坐标指的是世界坐标或对象自身空间的准确位置。贴图的U、V、W坐标表示贴图的比例。对于U、V、W坐标，计算的是贴图的增量，而不是外在的尺寸。

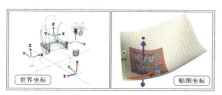

图13-53

在贴图坐标中，U、V和W坐标分别与X、Y和Z坐标的相关方向平行。如果查看2D贴图，U相当于X，代表着该贴图的水平方向；V相当于Y，代表着该贴图的垂直方向；W相当于Z，代表着与该贴图的UV平面垂直的方向，如图13-54所示。

图13-54

13.3.2　UVW贴图编辑修改器

"UVW贴图"编辑修改器控制贴图和程序材质以什么方式出现在对象的表面。

对于一个新添加或导入的对象，如果没有建立自己的贴图坐标，则创建贴图时可能会发生贴图错误或在渲染视图中不能显示的情况，如图13-55所示。

此时必须向对象指定"UVW贴图"编辑修改器来解决该问题。"UVW贴图"编辑修改器可以在模型的表面指定贴图坐标，以确定如何使材质投射在对象的表面，如图13-56所示。

图13-55

图13-56

接下来将通过一组实例的操作，介绍"UVW贴图"编辑修改器的使用方法。

01 打开本书附带光盘中的Chapter-13/"裤子.max"文件，选择裤子对象并在堆栈栏中选择添加的"UVW贴图"编辑修改器，此时场景中对象的周围将出现Gizmo贴图框，如图13-57所示。

图13-57

02 Gizmo贴图框还可以根据不同的贴图类型，在视图中显示不同的形态，如图13-58所示。

图13-58

03 在"修改"命令面板下方将会出现"参数"卷展栏，该卷展栏中的"贴图"选项栏中提供了7种类型的贴图坐标以供选择，如图13-59所示。

04 在"参数"卷展栏中，选择"贴图"选项组中的"平面"单选按钮，设置其下方的"长度"和"宽度"参数，可以调整贴图坐标中Gizmo对象的大小，如图13-60所示。

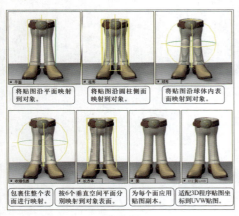

将贴图沿平面映射到对象。 | 将贴图沿圆柱侧面映射到对象。 | 将贴图沿球体内表面映射到对象。

包裹住整个表面进行映射。 | 按6个垂直空间平面分别映射到对象表面。 | 为每个面应用贴图副本。 | 适配3D程序贴图坐标到UVW贴图。

图13-59

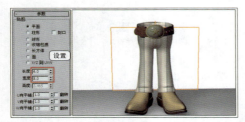

图13-60

05 在"创建"命令面板中的堆栈栏中单击"UVW贴图"编辑修改器名称前的**田**符号展开当前修改器，单击Gizmo即可进入Gizmo子对象和控制级别，此时便可以对场景中的贴图框进行移动、旋转和缩放等操作，如图13-61所示。

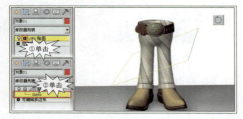

图13-61

06 在"对齐"选项组中单击"操纵"按钮，并将鼠标放置在视图中的Gizmo贴图框上进行拖曳，即可改变Gizmo对象的大小，如图13-62所示。

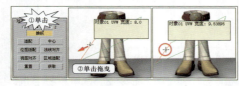

图13-62

07 在"参数"卷展栏中，如果设置"U向平铺"、"V向平铺"和"W向平铺"参数，则可以控制这3个方向上贴图的重复次数，如图13-63所示。

08 在"对齐"选项组中，X、Y、Z这3个单选按钮可以翻转贴图Gizmo，每个选项可以指定与对象

的局部Z轴对齐。如图13-64所示展示了分别选择这3个单选按钮后对象的Gizmo贴图框在场景中的变化。

图13-63

图13-64

09 在"对齐"选项组中单击"适配"按钮，可以将Gizmo贴图框适配到对象的范围并使其居中，如图13-65所示。

图13-65

10 移动对象的Gizmo贴图框后，单击"中心"按钮，可以将Gizmo贴图框移动至对象的中心，使其中心与对象的中心一致，如图13-66所示。

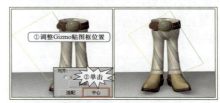

图13-66

11 单击"位图适配"按钮，可以打开"位图文件浏览器"对话框，选择一个位图图像，以该图像的纵横比来设置场景中的Gizmo贴图框，如图13-67所示。

图13-67

12 单击"法线对齐"按钮,在对象的曲面上单击拖曳,Gizmo贴图框的中心将放置在鼠标所指向的点上,如图13-68所示。

图13-68

13 单击"视图对齐"按钮后,将Gizmo贴图框定向为面向活动的视口,但Gizmo贴图框的大小将不会变,如图13-69所示。

图13-69

14 单击"区域适配"按钮,可以从中视口中拖曳以定义贴图Gizmo的区域,但不会影响Gizmo贴图框的方向,如图13-70所示。

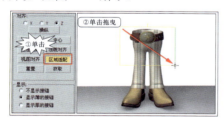

图13-70

15 单击"重置"按钮后,将删除当前的Gizmo贴图框,并插入使用"拟合"按钮初始化的Gizmo贴图框,如图13-71所示。

图13-71

16 选择场景中的模型对象,按下Shift键的同时单击拖曳,将该对象复制,如图13-72所示,将复制对象的Gizmo贴图框进行旋转操作。

17 选择场景中左侧的裤子模型,单击"获取"按钮激活该模式,单击复制对象,在弹出的提

示对话框中选择"获取相对值"单选按钮,此时选中的对象将获得复制对象的Gizmo贴图框,如图13-73所示。

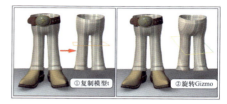

图13-72

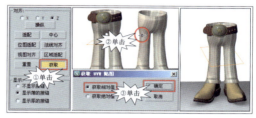

图13-73

13.3.3 UVW展开编辑修改器

"UVW展开"编辑修改器能够使用平面投影的方式指定到被选择的次对象,然后在次对象层编辑贴图的UVW坐标。对象的UVW坐标可以打开并灵活地对其进行编辑。

该项编辑修改器能运用自身包含的UVW贴图和UVW坐标编辑,或者配合"UVW贴图"编辑修改器对贴图的投影方式进行编辑。从而实现复杂的贴图坐标设置,例如仅使用一张贴图设置一个角色模型的贴图坐标。在本节中,将通过一个实例练习讲解UVW展开修改器的相关知识。

1. 添加UVW展开编辑修改器并设置背景

在为对象添加UVW展开编辑修改器后,主要的编辑工作将在Edit UVWs对话框内完成,在开始编辑工作之前,首先需要导入背景,以作为编辑贴图的参照。

01 打开本书附带光盘中的Chapter-13/"战舰.max"文件,该文件内为一个战舰的模型,模型尚未设置贴图坐标。选择"战舰"对象,在"修改"命令面板中为该对象添加"UVW展开"编辑修改器,如图13-74所示。

02 单击"编辑UV"卷展栏中的"打开UV编辑器"按钮,打开"编辑UVW"对话框,如图13-75所示。"UVW展开"编辑修改器的主要编辑工作均在该对话框内完成。在该对话框内的编辑器窗口中显示UVW簇布局,当前编辑窗口中未显示背景。

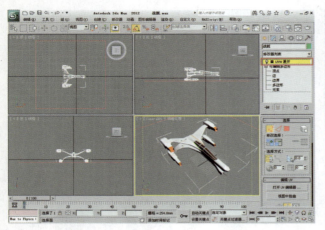

图13-74

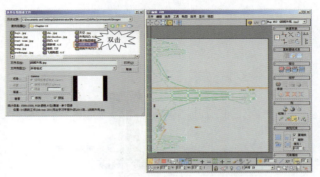

图13-77

05 选择"移除纹理"选项后，将从编辑器窗口中删除当前显示的纹理，参照如图13-78所示选择该选项，将背景图像删除。

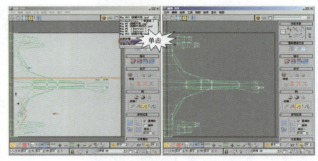

图13-78

06 选择"重置纹理列表"选项后，可以将纹理列表返回到应用材质的当前状态，移除任何添加的纹理，并且还原任何移除的、属于原始材质的纹理（如果其仍然存在于材质中）。参照如图13-79所示选择该选项，并恢复"战舰外壳.jpg"文件的显示。

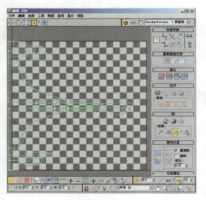

图13-75

03 在默认状态下，"编辑UVW"对话框的编辑器窗口中显示棋盘格纹理，在编辑窗口右上部的下拉列表中，可以设置编辑窗口的背景。在该下拉列表内选择"拾取纹理"选项，此时会打开"材质/贴图浏览器"对话框，可以从"材质/贴图浏览器"对话框中添加和显示纹理，如图13-76所示。

图13-79

提示

该命令主要用于背景图像，而非对象材质使用的贴图的情况。

2. UVW 展开编辑修改器的子对象

UVW展开编辑修改器适用于网格对象、多边形对象、面片、HSDS是NURBS对象，添加该修改器后，可以在其子对象层对贴图坐标进行编辑，不管何种类型的对象，添加UVW展开修改器后，均使用

图13-76

04 在"材质/贴图浏览器"中双击"位图"选项，打开"选择位图图像文件"对话框，从该对话框内导入本书附带光盘中的Chapter-13/"战舰外壳.jpg"文件，在编辑窗口中会显示该图像作为背景，如图13-77所示。

"顶点"、"边"和"面"3种子对象。

01 进入"UVW 展开"编辑修改器的"顶点"子对象层,此时可以在"编辑UVW"编辑窗口中编辑"顶点"子对象,如图13-80所示。

图13-80

提示

也可以通过在"编辑UVW"对话框中激活相应按钮的方法,进入到子对象层。

02 移动顶点,观察对象贴图坐标的变化,如图13-81所示。

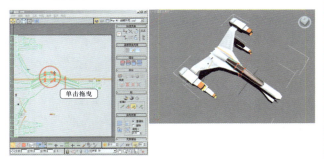

图13-81

03 撤销上一步移动顶点操作。在"修改"面板的堆栈栏中选择"边"子对象层,此时可以在编辑窗口中编辑"边"子对象,如图13-82所示。

图13-82

04 在"修改"面板的堆栈栏中选择"面"

子对象层,此时可以在编辑窗口中编辑"面"子对象,如图13-83所示。

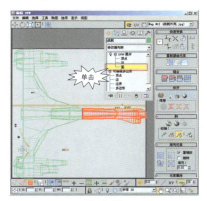

图13-83

05 进入某一子对象层后,在视图中可以选择子对象,但不能对其进行编辑,在"编辑UVW"对话框的编辑器窗口中指定给子对象的UVW簇变为高亮显示。可以在编辑窗口中对其进行编辑。同样,在编辑器窗口中选择UVW簇后,在视图中相应的子对象也被选中。参照如图13-84所示选择战舰的某个面,指定给子对象的UVW簇便将高亮显示。

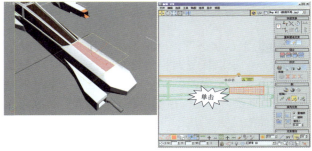

图13-84

提示

高亮显示簇可便于查看其轮廓与纹理贴图基本部分图形的匹配程度。

3. 设置贴图方法

使用"贴图"命令可以将3种不同类型的自动和程序贴图方法中的一种应用于模型,通过每一个方法提供的设置可以调整正在使用的几何体贴图。

"展平贴图"命令

01 进入"面"子对象层,确定没有任何子对象被选中,在"编辑UVW"对话框的菜单栏中执行"贴图"→"展平贴图"命令,打开"展平贴图"对话框,"面角度阈值"参数决定进行贴图的簇的角度,该数值越大,簇也越大;"间距"参数用于控制簇之间的间距,该参数越高,簇之间的缝隙看起来更大,如图13-85所示。

图13-85

注意

只有在"面"子对象层才可以执行"贴图"命令。

提示

"展平贴图"命令能够将平面贴图应用于指定角度阈值中的连续面组。

02 通过设置"面角度阈值"和"间距"参数，观察簇效果，如图13-86所示。

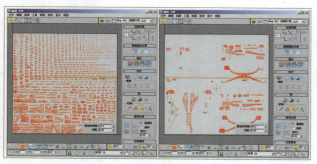

图13-86

03 默认状态下，"规格化群集"复选框处于选中状态，取消该复选框的选中状态，并在"面角度阈值"文本框内输入90，在"间距"文本框内输入0.05，单击"确定"按钮，簇变得很大，远远超出背景图像的范围，如图13-87所示。

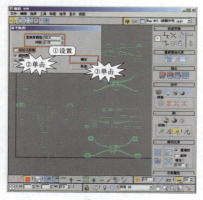

图13-87

提示

"规格化群集"复选框控制最终布局是否将缩小为1.0个单位，以在标准编辑器贴图区域内大小合适。如果禁用该选项，则簇的最终大小将在对象空间中，并且比在编辑器贴图区域中更大。

04 默认状态下，"旋转群集"复选框处于选

中状态，参照如图13-88所示取消该复选框的选中状态，并分别对"面角度阈值"和"间距"参数进行设置，观察簇效果。

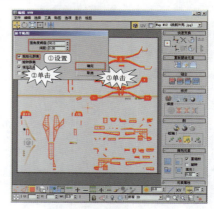

图13-88

提示

"旋转群集"复选框用于控制是否旋转簇，以使其边界框的尺寸最小。例如，旋转45°的矩形边界框比旋转90°的矩形边界框占据更多的区域。

05 默认状态下，"填充孔洞"复选框处于选中状态，参照如图13-89所示取消该复选框的选中状态，并分别对"面角度阈值"和"间距"参数进行设置，观察簇效果。

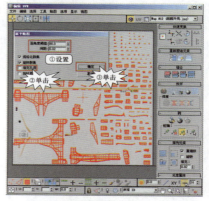

图13-89

提示

启用"填充孔洞"复选框后，较小的簇将放置较大簇的空白空间中，以充分利用可用的贴图空间。

"法线贴图"命令

01 在"编辑UVW"对话框的菜单栏中执行"贴图"→"法线贴图"命令，打开"法线贴图"对话框，在该对话框内的下拉列表内选择"后部/前部贴图"选项，选择该选项后，将从对象前部和后部的面投影贴图，单击"确定"按钮，观察簇效果，如图13-90所示。

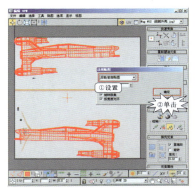

图13-90

02 默认状态下，"按宽度对齐"复选框处于
选中状态，参照如图13-91所示取消该复选框的选中
状态，单击"确定"按钮，观察簇效果。

图13-91

03 在"法线贴图"对话框内选择"左侧/右
侧贴图"选项后，将从对象左侧和右侧的面投影贴
图，当选择"顶/底贴图"选项后，将从对象顶部和
底部的面投影贴图，如图13-92所示。

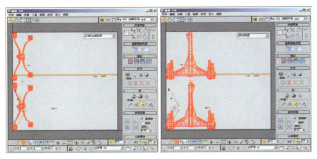

图13-92

04 在"法线贴图"对话框内选择"长方体无
顶面贴图"选项后，将从长方体除了顶部和底部的4
个侧面投影贴图；当选择"长方体贴图"选项后，
将从长方体的6个侧面投影贴图，如图13-93所示。

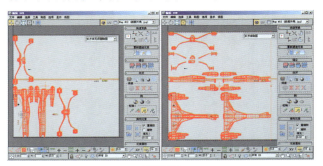

图13-93

05 在"法线贴图"对话框内的下拉列表内选
择"菱形贴图"选项，单击"确定"按钮，观察簇
效果，如图13-94所示。

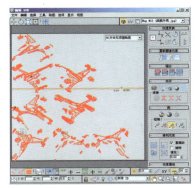

图13-94

"展开贴图"命令

01 选择所有"面"子对象，在"编辑UVW"
对话框的菜单栏中执行"贴图"→"展开贴图"命
令，打开"展开贴图"对话框，在该对话框内的下
拉列表内选择"移动到最近的面"选项，将指定3ds
Max对于距离最近的面角度开始展开。单击"确定"
按钮，观察簇效果，如图13-95所示。

02 在"展开贴图"对话框内的下拉列表内选
择"移动到最远的面"选项，选择该选项后，将指
定3ds Max对于距离最远的面角度开始展开。单击
"确定"按钮，观察簇效果，如图13-96所示。

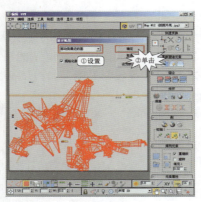

图13-95

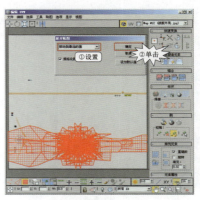

图13-96

13.4 实例操作——音响设备效果图

在本节中准备了一个静物实例,通过对不同物体灵活地定义贴图坐标,使读者进一步地熟悉与了解贴图坐标在实际中的应用方法与技巧。

1.设置音箱材质

01 启动3ds Max 2012,在"快速访问"工具栏中单击 "打开"按钮,打开本书附带光盘中的Chapter-13/"音箱模型.max"文件,如图13-97所示。

图13-97

02 按下M键,打开板岩材质编辑器。在材质/贴图浏览器的"示例窗"卷展栏内选择一个材质示例窗,在参数编辑器显示其参数,在"名称"下拉列表中输入"音箱",将该材质重命名,如图13-98所示。

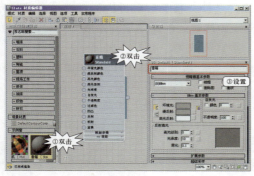

图13-98

03 在"Blinn基本参数"卷展栏中单击"环境光"与"漫反射"名称前面的 "锁定"按钮,取消环境光和漫反射的锁定状态。参照如图13-99所示,分别设置"环境光"和"漫反射"的颜色,并对"反射高光"选项组中的各参数进行设置。

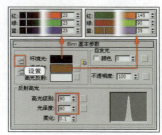

图13-99

04 在"贴图"卷展栏中单击"漫反射颜色"选项右侧的长按钮,从弹出的"材质/贴图浏览器"对话框中选择"位图"选项,如图13-100所示。

图13-100

05 此时将会打开"选择位图图像文件"对话框,导入本书附带光盘中的Chapter-13/muwen.jpg文件,如图13-101所示。

06 拖曳"漫反射颜色"复选框右侧的"贴图类型"按钮,到"光泽度"复选框右侧的"贴图类型"按钮上，释放鼠标后，将打开"复制（实例）贴图"对话框，在该对话框中选择"实例"单选按钮，并单击"确定"按钮关闭对话框，如图13-102所示。

图13-101

图13-102

07 在"贴图"卷展栏中单击"反射"选项右侧的None按钮，在打开的"材质/贴图浏览器"对话框中选择"光线跟踪"贴图类型，如图13-103所示。

图13-103

08 在"贴图"卷展栏中设置"反射"参数，如图13-104所示。

09 配合按下Ctrl键，在视图中选择"音箱01"和"音箱02"对象，在"板岩材质编辑器"对话框中单击 "将材质指定给选定对象"按钮，将该材质赋予选中的对象，如图13-105所示。

图13-104

图13-105

10 保持对象的选中状态，在"修改"命令面板中为其添加"UVW贴图"编辑修改器，并在"参数"卷展栏中进行设置，如图13-106所示。

11 渲染场景，观察对象添加"UVW贴图"修改器后的效果，如图13-107所示。

图13-106

图13-107

2.设置音箱面板材质

01 在"板岩材质编辑器"对话框中将"音箱"面板及其所有子节点删除，选择一个材质示例窗，并命名为"音箱面板"，如图13-108所示。

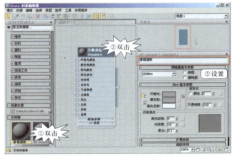

图13-108

02 参照如图13-109所示，在"Blinn基本参数"卷展栏中对"环境光"颜色和"反射高光"选项组中的参数进行设置。

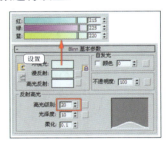

图13-109

03 在"贴图"卷展栏中单击"漫反射颜色"复选框右侧的长按钮，在弹出的"材质／贴图浏览器"对话框中选择"位图"选项，如图13-110所示。

图13-110

04 在打开的"选择位图图像文件"对话框内导入本书附带光盘中的Chapter-13/wang.jpg文件，如图13-111所示。

图13-111

05 再次单击"漫反射颜色"右侧的长按钮，展开"坐标"卷展栏，参照如图13-112所示对"瓷砖"参数进行设置。

图13-112

06 双击"音箱面板"节点，进入"贴图"卷展栏，单击"凹凸"右侧的长按钮，在弹出的"材质/贴图浏览器"对话框中选择"位图"贴图类型，如图13-113所示。

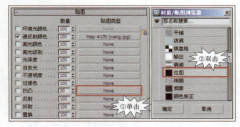

图13-113

07 在打开的"选择位图图像文件"对话框内导入本书附带光盘中的Chapter-13/wang02.jpg文件。完毕后对"凹凸"参数进行设置，如图13-114所示。

图13-114

08 单击"凹凸"右侧的长按钮，展开"坐标"卷展栏，参照如图13-115所示对"瓷砖"参数进行设置。

图13-115

09 在视图中选择"音箱面板01"对象和"音箱面板02"对象，单击 "将材质指定给选定对象"按钮，将材质赋予到选择的对象上。接着在"修改"命令面板中为其添加"UVW贴图"编辑修改器，如图13-116所示。

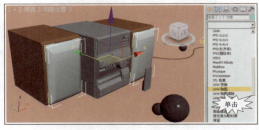

图13-116

10 渲染场景，观察对象添加"UVW贴图"修改器后的效果，如图13-117所示。

图13-117

3.设置遥控器材质

01 删除"音箱面板"所有节点，在"标准"卷展栏内双击"多维/子对象"材质类型，将其添加到活动视图中，展开其设置参数，并命名为"遥控器"，如图13-118所示。

图13-118

02 在"多维/子对象基本参数"卷展栏中单击"设置数量"按钮，在弹出的"设置材质数量"对话框中将"材质数量"参数设置为3，单击"确定"按钮，退出对话框，如图13-119所示。

图13-119

03 在"多维/子对象基本参数"卷展栏的"名称"按钮下方，分别为这3个材质ID命名，如图13-120所示。

04 单击1号子材质右侧的Standard按钮，导入"标准"材质类型，再次单击长按钮，进入其子材质层级进行参数的设置，在"Blinn基本参数"卷展栏中对各选项参数进行设置，如图13-121所示。

图13-120

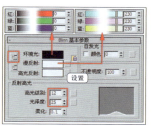

图13-121

05 在"贴图"卷展栏中单击"漫反射颜色"复选框右侧的长按钮，在弹出的"材质／贴图浏览器"对话框中选择"位图"贴图类型，如图13-122所示。

图13-122

06 在打开的"选择位图图像文件"对话框中，导入本书附带光盘中的Chapter-13/yaokongqi.jpg文件，如图13-123所示。

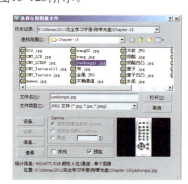

图13-123

07 双击"遥控器"节点，进入"多维/子对象基本参数"卷展栏，单击2号子材质右侧的

Standard按钮，导入"标准"材质类型，再次单击长按钮，进入其子材质层级进行参数的设置，在展开的"Blinn基本参数"卷展栏中对各选项参数进行设置，如图13-124所示。

08 双击"遥控器"节点，进入"多维/子对象基本参数"卷展栏，单击3号子材质右侧的Standard按钮，导入"标准"材质类型，再次单击长按钮，进入其子材质层级进行参数的设置，在展开的"Blinn基本参数"卷展栏中对各选项参数进设置，如图13-125所示。

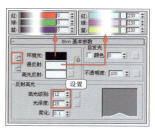
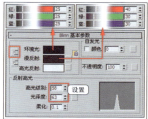

图13-124　　　　　图13-125

09 将该材质赋予到"摇控器"对象上，如图13-126所示。

图13-126

10 将"示例窗"卷展栏中的"主机"材质赋予到"主机"对象上，如图13-127所示。

图13-127

11 最后渲染场景，效果如图13-128所示。

图13-128

12 至此完成本实例的制作，在制作过程中如果遇到什么问题，可以打开本书附带光盘中的Chapter-13/"音箱完成效果.max"文件进行查看。

第14章
使用灯光照明

拥有逼真材质的场景，除了需要材质质感的准确表现之外，还需要与灯光密切配合。相同的材质，在不同的灯光下，质感也有所不同，所以掌握灯光的有关知识是非常重要的，在本章中就将讲解这方面的知识。

14.1 标准灯光

在3ds Max 2012中，包括8种标准灯光类型，这8种类型分别为："目标聚光灯"、"自由聚光灯"、"目标平行光"、"自由平行光"、"泛光灯"、"天光"、"mr区域泛光灯"和"mr区域聚光灯"，如图14-1所示。

图14-1

14.1.1 目标聚光灯

"目标聚光灯"的光线照射方式与手电筒的光线照射方式很相似，都是从一个点光源发射光线。目标聚光灯有一个照射的目标，无论怎样移动聚光灯的位置，光线始终指向其目标的方向。

1. "常规参数"卷展栏

"常规参数"卷展栏，主要用于启用和禁用灯光，并且排除或包含场景中的对象，此外，还可以控制灯光的目标对象并将灯光从一种类型更改为另一种类型。

01 在"快速访问"工具栏中单击 📂 "打开文件"按钮，打开本书附带光盘中的Chapter-14/"船舱案例.max"文件。

02 进入"创建"主命令面板下的"灯光"次命令面板，在该面板的下拉列表中选择"标准"选项，进入"标准"灯光的创建面板，如图14-2所示。

图14-2

03 在"对象类型"卷展栏中单击"目标聚光灯"按钮，并在"前视图"窗口中单击拖曳创建目标聚光灯，如图14-3所示。

图14-3

04 使用 ✥ "选择并移动"工具，在"顶视图"窗口中单击拖曳聚光灯调整其位置，如图14-4所示。

图14-4

05 进入"修改"命令面板，将显示出聚光灯的相关参数设置，如图14-5所示。

图14-5

06 在"常规参数"卷展栏的"灯光类型"选项组中，"启用"复选框可以控制灯光的开启或关闭，在默认状态下该复选框为启用状态。

07 在"启用"复选框右侧的"灯光类型"列表中可以改变当前灯光的类型，灯光类型有"聚光灯"、"平行光"和"泛光灯"3种。

08 启用"目标"复选框，灯光变为目标灯，投射点与目标点之间的距离显示在右侧，可通过在视图中调节投向点或目标点的位置来改变照射范围；禁用"目标"复选框后，灯光将变为自由灯，场景中目标聚光灯的目标点将消失，通过设置右侧的参数来改变照射范围，如图14-6所示。

图14-6

图14-10   图14-11

09 在"阴影"选项组下，启用"启用"复选框，并激活透视图，按下F9键对场景进行渲染，场景中被该灯光所影响的对象将出现阴影效果，如图14-7所示。

2. "强度/颜色/衰减"卷展栏

"强度/颜色/衰减"卷展栏内的命令用于设置灯光的强度、颜色和衰减，是设置灯光时最为常用的卷展栏。

图14-7

01 展开"强度/颜色/衰减"卷展栏，如图14-12所示。

图14-12

10 在"阴影"选项组中启用"使用全局设置"复选框，将使用该灯光投影阴影的全局设置，渲染场景效果。

11 单击"排除"按钮，打开"排除/包含"对话框，如图14-8所示，在该对话框中允许对象不受灯光的照射影响，包括照明影响和阴影影响。

02 通过设置"倍增"参数，可以设置灯光的亮度，小于1的数值将减小光的亮度，而大于1的数值将使灯光的强度加倍。如图14-13所示展示了设置不同"倍增"参数后的效果。

图14-13

图14-8

03 设置"倍增"参数为默认的1.0，单击其右侧的颜色块，打开"颜色选择器"对话框，可以设置灯光的颜色，如图14-14所示。

12 在左侧的场景名称列表中，参照如图14-9所示选择场景对象，单击 >> 按钮，将该对象加入到右侧的列表中。

图14-9

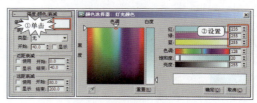

图14-14

13 单击"确定"按钮，关闭对话框，按下F9键渲染场景，可以发现之前选中排除的场景对象，将不受灯光照明和投射阴影的影响，如图14-10所示。

14 再次打开"排除/包含"对话框，选择"投射阴影"单选框，使之前所选场景对象仍接受照明，但不会投射阴影，如图14-11所示。

04 在"衰退"选项组中，可以设置灯光远处的照射强度。在"类型"下拉列表中选择"倒数"选项，将以倒数方式计算衰退；选择"平方反比"选项，将应用平方反比计算衰退。如图14-15所示展示了这两种衰退方式的效果。

05 在选中"衰退"选项组内的"显示"复选框后，灯光对象前端会出现一个绿色范围框。通过"开始"数值可以对范围框的控制范围进行调整，如图14-16所示。

图14-15

图14-16

06 "近距衰减"选项组下的参数决定了灯光起点处的衰减，可以分别选择"使用"和"显示"复选框，将使用并显示出近距离衰减，在"开始"和"结束"文本框输入的数值可用来设置光源近处开始衰减的起始点和终止点，如图14-17所示。

图14-17

07 使用"远距衰减"，可以使远处区域的衰减产生变化，如图14-18所示。

图14-18

3．"聚光灯参数"卷展栏

在"聚光灯参数"卷展栏中，可以设置聚光灯的各项参数，只有选择聚光类型的灯光时，该参数卷展栏才会显示出来。

01 在"快速访问"工具栏中单击 "打开文件"按钮，打开本书附带光盘中的Chapter-14/"桌子.max"文件，对场景进行渲染，如图14-19所示。

02 在场景中选择"目标聚光灯"对象，进入"修改"命令面板，展开"聚光灯参数"卷展栏，如图14-20所示。

03 在"光锥"选项组中，启用"显示光锥"复选框，此时如果取消聚光灯的选中状态，聚光灯

的锥形框仍然会在视图中显示，如图14-21所示展示了启用"显示光锥"和禁用"显示光锥"复选框，以及聚光灯在未选中的状态下，聚光灯锥形框的显示和隐藏效果。

图14-19　　　　　　图14-20

图14-21

04 启用"泛光化"复选框，聚光灯将向四面八方投射光线，但只对锥形照射范围内的对象投射阴影，当不选择该复选框时，灯光只射向锥形范围所指的方向。如图14-22所示展示了启用该复选框前后的对比效果。

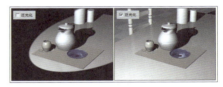

图14-22

05 通过"聚光区/光束"参数栏可以调节灯光的锥形区域。通过"衰减区/区域"参数栏可以调节灯光的衰减区域。如图14-23所示展示了设置"聚光区/光束"和"衰减区/区域"参数后的灯光效果。

图14-23

06 通过"圆"和"矩形"单选按钮，可以决定聚光区和衰减区的形状，如图14-24所示。

07 在启用"矩形"单选按钮后，将激活"纵横比"参数和"位图拟合"按钮。"纵横比"参数可以调节矩形的长宽比。"位图拟合"按钮用来指定一张图像，使用图像的长宽比作为灯光的长宽比，主要为了保持投影图像的比例正确。如图14-25

所示展示了设置"纵横比"参数后，灯光所照射的场景效果。

图14-24

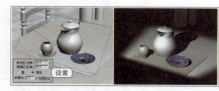

图14-25

4."高级效果"卷展栏

通过"高级效果"卷展栏，可以控制灯光所影响对象表面的设置项，并且可以在灯光内导入贴图。

01 在"快速访问"工具栏中单击 "打开文件"按钮，打开本书附带光盘中的Chapter-14/"长椅.max"文件，对场景进行渲染，如图14-26所示。

02 在场景中选择"目标聚光灯"对象，进入"修改"命令面板，展开"高级效果"卷展栏，如图14-27所示。

图14-26　　　　图14-27

03 在"影响曲面"选项组中，设置"对比度"参数，可以调整漫反射区域的表面和环境光影响表面的对比度，当其值为0时，属于正常比例，增加该参数值可以提高漫反射区域的表面和周围环境之间的对比，如图14-28所示。

图14-28

04 设置"柔化漫反射边"参数，可以柔化漫反射区与阴影区相交的边缘，如图14-29所示。

05 启用"漫反射"复选框后，灯光将影响对象的漫反射表面；启用"高光反射"复选框，灯光将影响目标对象的高光部位；启用"仅环境光"

复选框，灯光只影响周围的环境，而不影响对象本身，并且当启用该复选框时，上面的几个参数项都将失去效用，如图14-30所示。

图14-29

图14-30

> **技巧**
> 利用"漫反射"和"高光反射"两个复选框，可以实现在对象的高光部位产生一种灯光颜色，而在漫反射区域没有色彩的效果。

06 在"投影贴图"选项组中，启用"贴图"复选框，单击右侧的"无"按钮，打开"材质/贴图浏览器"对话框，如图14-31所示。

图14-31

07 双击"位图"选项，打开"选择位图图像文件"对话框，导入本书附带光盘中的Chapter-14/"树影.jpg"文件，如图14-32所示。

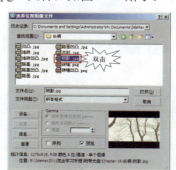

图14-32

08 导入"树影.jpg"文件后，在"贴图"复选框右侧的按钮上会显示该文件名称。渲染视图，观察导入贴图后的光源效果，如图14-33所示。

图14-33

5."阴影参数"卷展栏

通过"阴影参数"卷展栏，可以控制阴影的颜色和一些阴影常规的属性参数。

01 在"快速访问"工具栏中单击 "打开文件"按钮，打开本书附带光盘中的Chapter-14/"书房一角.max"文件，如图14-34所示。

02 选中场景中的"目标聚光灯"对象，进入"修改"命令面板，展开"阴影参数"卷展栏，如图14-35所示。

图14-34　　　　　　图14-35

03 在"对象阴影"选项组中，单击"颜色"右侧的色块，打开"颜色选择器"对话框，可以指定阴影的颜色，如图14-36和图14-37所示。

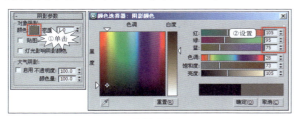

图14-36

图14-37

04 通过设置"密度"参数，可以精确调整阴影及阴影边缘处的密度。如图14-38所示展示了不同"密度"参数的阴影效果。

05 启用"贴图"复选框，可以通过其右侧的"无"按钮为阴影设置贴图，使场景中的阴影部分映射出所编辑的贴图效果。如图14-39和图14-40所示。

图14-38

图14-39　　　　　　图14-40

06 启用"灯光影响阴影颜色"复选框，可以使阴影的颜色与灯光的颜色产生混合效果。

07 在"快速访问"工具栏中单击 "打开文件"按钮，打开本书附带光盘中的Chapter-14/"飞机.max"文件，对场景进行渲染，观察"目标聚光灯"的照射效果，可以发现没有大气阴影效果，如图14-41所示。

08 选择场景中的"目标聚光灯"对象，进入"修改"命令面板，展开"阴影参数"卷展栏。在"大气阴影"选项组中，单击"启用"复选框，可以启用大气环境的阴影效果，如图14-42所示。

图14-41　　　　　　图14-42

09 设置"不透明度"参数，可以控制环境投向所产生的阴影不透明度；设置"颜色量"参数，可以控制环境的颜色与阴影的色彩混合程度。如图14-43所示展示了设置两个参数后的阴影效果。

图14-43

6."阴影贴图参数"卷展栏

在默认状态下，"目标聚光灯"所使用的阴影类型为"阴影贴图"类型，可以通过"阴影贴图参数"卷展栏来对该类型的阴影进行设置，如图14-44所示。

图14-44

01 设置"偏移"参数，可以使阴影靠近或远离阴影投向对象，默认"偏移"值为1。如图14-45所示展示了设置不同"偏移"参数后阴影的效果。

图14-45

02 设置"大小"参数，可以设置阴影贴图的大小，用于指定贴图的分辨率，值越高贴图精度越高，阴影也就越清晰，如图14-46所示。

图14-46

03 设置"采样范围"参数，可以控制阴影中边缘区域的柔和程度，值越高边缘越柔和。如图14-47所示展示了设置不同"采样范围"参数值后的阴影效果。

图14-47

04 启用"双面阴影"复选框，可以在计算阴影时不再忽略对象背面，如图14-48所示展示了将场景中球体切割成两半后，禁用和启用"双面阴影"复选框所投射的阴影效果。

图14-48

7. "大气和效果"卷展栏

利用"大气和效果"卷展栏，可以为灯光设置大气环境及创建一些灯光特效。该卷展栏在创建灯光时并不显示，只有在修改面板中才显示。

01 在"快速访问"工具栏中单击 "打开文件"按钮，打开本书附带光盘中的Chapter-14/"书房02.max"文件，对场景进行渲染，观察场景中目标聚光灯的照射效果，如图14-49所示。

图14-49

02 在场景中选择"目标聚光灯"对象，进入"修改"命令面板，展开"大气和效果"卷展栏。单击"添加"按钮，将打开"添加大气和效果"对话框，可以选择添加体积光和镜头效果，如图14-50所示。

图14-50

03 在"大气和效果"卷展栏中，选择已添加的"体积光"，单击"设置"按钮，将打开"环境和效果"对话框，可以设置添加的体积光效果，如图14-51所示。

图14-51

提示

在该步骤中只是简单地进行了设置，有关"环境和效果"的具体设置与应用方法，将在之后的第18章"环境效果设置"中详细讲述。

04 设置完毕后，关闭对话框并渲染场景，如图14-52所示展示了添加"体积光"后的场景效果。

图14-52

8.其他特定阴影类型

在"常规参数"卷展栏中，"阴影"选项组下还提供了其他几种阴影类型，分别是"高级光线跟踪"、"Mental Ray阴影贴图"、"区域阴影"、"光线跟踪阴影"，其中"Mental Ray阴影贴图"方式需要与"Mental Ray渲染器"一起使用，所以本节将不再讲述。

在选择不同类型的阴影时，"修改"命令面板中将会出现与之相对应的阴影类型参数。

01 在"快速访问"工具栏中单击 📂 "打开文件"按钮，打开本书附带光盘中的Chapter-14/"餐桌.max"文件，渲染场景并观察目标聚光灯在默认状态下的阴影效果，如图14-53所示。

02 选择"目标聚光灯"对象，进入"修改"命令面板，在"常规参数"卷展栏下的"阴影"选项组中设置阴影类型为"高级光线跟踪"，如图14-54所示。

图14-53　　　　　　　图14-54

03 在"基本选项"选项组中，默认为"双过程抗锯齿"光线跟踪类型，也可以在下拉列表中选择光线的跟踪类型。"双过程抗锯齿"选项，可以投射2个光线束，第1批光线决定图像上有问题的位置是完全照明状态，还是完全阴影或半阴影状态。如果是半阴影状态，则第2批光线束将进一步细化边缘，如图14-55所示。

图14-55

04 在"抗锯齿选项组"中，"阴影完整性"参数可以控制从照亮的曲面中投射的光线数量，如图14-56所示展示了设置不同"阴影完整性"参数后的阴影效果。

05 设置"阴影质量"参数，可以控制半阴影区域内产生的光线数量。增加该参数值可以使阴影边缘由模糊变得平滑，如图14-57所示展示了设置不同"阴影质量"参数后的阴影效果。

图14-56　　　　　　　　图14-57

06 设置"阴影扩散"参数，可以控制要模糊抗锯齿边缘的半径参数，以"像素"为单位。如图14-58所示展示了设置不同"阴影扩散"参数后的阴影效果。

图14-58

07 设置"阴影偏移"参数，可以控制阴影产生位置与产生阴影的最小距离。

08 设置"抖动量"参数可为光线位置增加随机效果，通过噪波方式将半阴影区域变得更为平滑，如图14-59所示展示了设置不同"抖动量"参数后的阴影效果。

图14-59

接下来将通过另外一个场景学习"目标聚光灯"的其他阴影类型。

01 在"快速访问"工具栏中单击 📂 "打开文件"按钮，打开本书附带光盘中的Chapter-14/"桌子02.max"文件。

02 在场景中选择"目标聚光灯"对象，进入"修改"命令面板，在"常规参数"卷展栏中设置阴影类型为"区域阴影"，并对场景进行渲染，如图14-60所示。

图14-60

03 展开"区域阴影"卷展栏，在"基本选项"选项组中提供了5种产生区域阴影的方式，分别是"简单"、"长方形灯光"、"圆形灯光"、"长方体形灯光"和"球形灯光"，如图14-61所示展示了其中3种灯光方式的阴影效果。

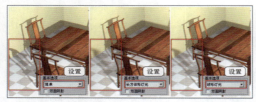

图14-61

04 在"区域灯光尺寸"选项组中可以设置产生区域阴影的虚拟灯尺寸。如图14-62所示展示了设置不同虚拟灯光尺寸后的阴影效果。

图14-62

05 在"常规参数"卷展栏中选择"光线跟踪阴影"类型，并渲染场景，观察阴影效果，如图14-63所示。

图14-63

06 展开"光线跟踪阴影参数"卷展栏，设置"光线偏移"参数，可以使阴影靠近或远离阴影投影对象，如图14-64所示展示了设置不同"光线偏移"参数后的阴影效果。

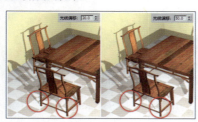

图14-64

07 设置"最大四元树深度"参数，用于设置光线跟踪所使用的"四元树"是一种用于计算光线跟踪阴影的数据结构，增大四元树深度值可以缩短光线跟踪时间，但需要占用大量的内存。

14.1.2 自由聚光灯

"自由聚光灯"照射方式与目标聚光灯相同，但是没有目标点，用户只能通过旋转聚光灯对象本身来调整照射角度。因为"自由聚光灯"没有目标点，其照射方向和位置很容易和设置了动画的对象保持一致（例如交通工具上的光源），方便了动画的设置工作。所以自由聚光灯常被应用于动画场景中。

在3ds Max的其他"标准"灯光中，除"天光"外，其他的灯光参数与"目标聚光灯"参数类似，在此我们就不再进行赘述，只针对其他"标准"灯光独有的特性进行讲解。

01 在"快速访问"工具栏中单击 "打开文件"按钮，打开本书附带光盘中的Chapter-14/"客厅.max"文件。在该场景中包含了一盏"自由聚光灯"对象，如图14-65所示，渲染场景并观察灯光的效果。

图14-65

02 使用 "选择并旋转"工具，旋转"自由聚光灯"对象，接着使用 "选择并移动"工具调整其位置，对场景进行渲染，会发现"自由聚光灯"范围始终保持不变，如图14-66所示。

图14-66

14.1.3 目标平行光

"平行光"与"聚光灯"不同的地方是其照射范围呈圆柱形，光线平行发射。"目标平行光"有一个目标点，"目标平行光"和"自由平行光"各有优劣，"自由平行光"没有目标点，只需要选择一个对象即可进行编辑，而很多情况下"目标平行光"需要编辑灯光和目标点两个对象。

在"快速访问"工具栏中单击 "打开文

件"按钮，打开本书附带光盘中的Chapter-14/"过廊.max"文件。渲染场景可以看到有两个"目标平等光"对象，并为其添加了"体积光"效果，如图14-67所示。

图14-67

14.1.4 自由平行光

"自由平行光"与"目标平行光"同属于平行光类型，两者的区别在于是否有目标对象。"自由平行光"与"自由聚光灯"一样也是完全由自身的旋转来控制光线照射的方向。

01 在场景中选择"目标平行光"对象，进入"修改"命令面板，在"常规参数"卷展栏中禁用"目标"复选框，"目标平行光"对象转换为"自由平行光"对象，如图14-68所示。

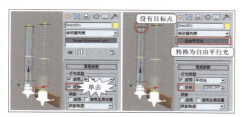

图14-68

提示

也可以参照之前创建"自由聚光灯"对象的操作方法，创建"自由平行光"对象。

02 在前视图中，使用"选择并旋转"工具，单击拖曳"自由平行光"对象，可以旋转自由平行光，如图14-69所示展示了渲染后的灯光效果。

图14-69

14.1.5 泛光灯

"泛光灯"属于点光源，它照亮所有朝向它的对象表面。泛光灯在场景中主要是作为辅助光源使用的，在远距离放置许多不同色彩的低亮度泛光灯是营造环境气氛的好方法。

01 在"快速访问"工具栏中单击 "打开文件"按钮，打开本书附带光盘中的Chapter-14/"柱子.max"文件。渲染场景并观察泛光灯照射场景的效果，如图14-70所示。

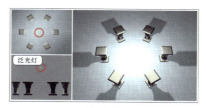

图14-70

02 使用 "选择并移动"工具，调整泛光灯的位置，渲染场景并观察灯光的照射效果，如图14-71所示。

图14-71

14.1.6 天光

"天光"主要模仿白天日光照射效果的灯光，并可以设置天空的色彩，另外还可以给天空指派贴图。当与"光线跟踪"或"光能传递"渲染方式联合使用时，可以达到很好的效果。

01 在"快速访问"工具栏中单击 "打开文件"按钮，打开本书附带光盘中的Chapter-14/"小镇.max"文件。

02 参照之前创建灯光的操作方法，在打开的场景中创建一个"天光"对象，如图14-72所示。

图14-72

03 保持"天光"对象的选中状态，进入"修改"命令面板，在"天光参数"卷展栏中通过"启用"复选框，可以控制天空的打开或关闭，如图14-73所示。

图14-73

04 启用"天光"对象,设置"倍增"参数,可以控制灯光的亮度,如图14-74所示展示了设置不同"倍增"参数后的光照效果。

图14-74

提示

设置过高的"倍增"参数,有可能使场景颜色过亮,还可以产生视频输出中不可用的颜色,所以一般情况下尽量保持该参数值为1.0。

05 在"天空颜色"选项组中,选中"使用场景环境"单选按钮,可以把图像背景色彩设置为天光灯的色彩,只有使用"光跟踪器"渲染方式时,该选项才会发挥作用。如图14-75所示展示了启用"光跟踪器"后的光照效果。

图14-75

提示

可以通过执行"渲染"→"渲染设置"命令,打开"渲染设置"对话框,单击"高级照明"选项卡,在"选择高级照明"卷展栏的下拉列表中选择"光跟踪器"选项。

注意

在该步骤操作完毕后,可以重新设置为默认的状态,即"无照明插件",以便于接下来的操作。

06 选择"天空颜色"单选按钮并单击右侧的色块,在打开"颜色选择器"对话框中,可以选择天空的颜色,如图14-76所示。

图14-76

07 单击None按钮,打开"材质/贴图浏览器"对话框,在该对话框中可以指定贴图来影响天空的色彩,单击"确定"按钮关闭对话框,通过单击微调按钮降低该值,使贴图效果与天空颜色混合,效果如图14-77所示。

图14-77

08 在"渲染"选项组中,启用"投影阴影"复选框,可以使天光投射阴影,如图14-78所示。

图14-78

提示

当使用"光跟踪器"或"光能传递"时,该选项将失去效用。

09 设置"每采样光线数"参数,可以计算天光在场景中的指定对象表面所投射的光线数量。数值越大,渲染出的图像越细腻。如图14-79所示展示了设置不同参数后的画面效果。

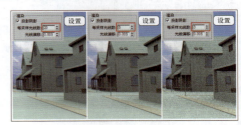

图14-79

10 设置"光线偏移"参数,可以定义对象上某一点的投影与该点的最短距离。如图14-80所示展示了设置不同"光线偏移"参数后的阴影效果。

图14-80

14.1.7 mr区域泛光灯

在默认的渲染模式下,"mr区域泛光灯"与普通的"泛光灯"较为相似,但该种灯光类型主要应用于Mental Ray渲染方式,在Mental Ray渲染方式时,区域泛光灯的光线是从圆形区域或圆柱形区域发射出的,得到比点光源更好的照射效果。

01 在"快速访问"工具栏中单击 📂 "打开文

件"按钮，打开本书附带光盘中的Chapter-14/"过廊02.max"文件。在该场景中包含了一个"mr区域泛光灯"对象，使用默认的扫描线渲染器对场景进行渲染，如图14-81所示。

图14-81

02　执行"渲染"→"渲染设置"命令，打开"渲染设置"对话框，参照如图14-82所示对渲染器进行更改。

图14-82

03　单击"渲染"按钮，对场景进行渲染。如图14-83所示展示使用"Mental Ray渲染器"渲染后的效果。

图14-83

04　在场景中选择"mr区域泛光灯"对象，进入"修改"命令面板，可以看到"区域灯光参数"卷展栏。在该卷展栏中通过启用和禁用"启用"复选框，可以打开或关闭区域泛光灯。

05　启用"在渲染器中显示图标"复选框，Mental Ray渲染器将渲染灯光所在位置的白色形状；

在"类型"下拉列表中可设置区域泛光灯的形状；通过调整"半径"和"高度"参数可以根据灯光的类型设置指定形状的大小，如图14-84所示展示了设置不同灯光类型的场景效果。

图14-84

提示

为了便于更好地观察，可以调整"mr区域泛光灯"对象的位置到摄影机视图区域中。

06　通过"采样"选项组中的UV参数可以设置区域泛光灯的采样质量。值越高，照明和阴影的效果越真实、细腻，同时渲染时间也会增加。对于球形灯光，U值表示沿半径方向的采样值，V值表示沿角度的采样值；对于圆柱形灯光，U值表示没高度的采样值，V值表示沿角度的采样值。

14.1.8　mr区域聚光灯

"mr区域聚光灯"也是一种应用于Mental Ray渲染方式的灯光类型，在采用Mental Ray渲染方式时，"mr区域聚光灯"同样以圆形区域或圆柱形区域发射，得到优于点光源的照射效果。由于"mr区域聚光灯"与"mr区域泛光灯"的创建参数基本相同，在此就在再赘述，如图14-85所示展示了使用"mr区域聚光灯"照射场景的效果。

图14-85

14.2　光度学灯光

"光度学"灯光通过设置灯光的光度学（光能）值，从而模拟真实世界中的灯光效果。利用光度学灯光，可以创建出具有各种分布和颜色特性的灯光，或导入照明制造商提供的特定光度学文件。

通过"创建"面板创建灯光时，显示的默认灯光为光度学灯光。在该面板中包含了3种光度学灯光，如图14-86所示。本节将只对"目标灯光"和"自由灯光"进行讲述，"mr Sky门户"灯光将作为曝光系统的一部分来讲述。

图14-86

14.2.1 目标灯光

"目标灯光"对象具有投射点和目标点，可以分别调整投射点和目标点的位置，从而设置灯光投射到对象上的方向。该灯光提供了多种分布方式，而且还可以为灯光指定生成阴影的灯光图形，从而改变对象阴影的投射方式。

01 在"快速访问"工具栏中单击 "打开文件"按钮，打开本书附带光盘中的Chapter-14/"门口.max"文件。

02 进入"创建"主命令面板下的"灯光"次命令面板，在"对象类型"卷展栏中单击"目标灯光"按钮，将会弹出"创建学灯光"对话框，单击"是"按钮使用曝光控制，如图14-87所示。

图14-87

03 激活前视图，在该视图中由上至下单击拖曳，创建一个"目标灯光"对象，如图14-88所示。

图14-88

04 在创建"目标灯光"对象后，进入"修改"命令面板，可以观察到光度学灯光的各个创建参数，如图14-89所示。

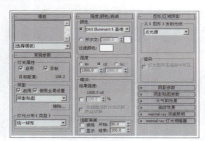

图14-89

1."模板"卷展栏

通过"模板"卷展栏，可以使用各种预设的灯

光类型来对场景进行照明。

01 进入"修改"命令面板，在"模板"卷展栏中，单击列表右侧的 按钮，在弹出的列表中选择一种灯光类型，如图14-90所示，此时所有灯光参数及灯光值将根据选择的预设灯光类型更新。

图14-90

02 选择不同的模板类型，对场景进行渲染，观察场景中不同照明效果，如图14-91所示。

图14-91

2."常规参数"卷展栏

在"常规参数"卷展栏中，可以设置灯光的打开和关闭、灯光的阴影，以及灯光的分布类型。

01 在"灯光属性"选项组中，"启用"复选框控制着灯光的打开和关闭，如图14-92所示。

图14-92

02 启用光度学灯光，在"灯光分布（类型）"选项组中，提供了4种灯光分布类型，默认设置为"统一球形"分布，灯光在各个方向均匀分布光线，如图14-93所示。

图14-93

03 在"灯光分布（类型）"选项组中，设置灯光分布的类型为"统一漫反射"，灯光将仅在半球体中发射漫反射灯光，就如同从某个表面发射灯光一样，如图14-94所示。

04 在"灯光分布（类型）"选项组中，设置灯光分类的类型为"聚光灯"，灯光将像闪光灯一样投影集中的光束，在剧院中或桅灯投影下面的聚光，如图14-95所示。

图14-94

图14-95

05 在"灯光分布（类型）"选项组中，设置灯光分类的类型为"光度学Web"，灯光将通过指定光域网文件来描述灯光亮度的分布情况，它是光源灯光强度分布的3D表示，如图14-96所示。

图14-96

3. "强度/颜色/衰减"卷展栏

通过"强度/颜色/衰减"卷展栏中的各个选项、参数，可以设置灯光的颜色、强度及衰减范围。

01 在"强度/颜色/衰减"卷展栏的"颜色"选项组中，通过"灯光"列表选择一种灯的规格，以近似灯光的光谱特征，如图14-97所示。

图14-97

02 选择"开尔文"单选按钮，此时将通过改变灯光的色温来设置灯光的颜色。灯光的色温以"开尔文"度数表示，相应的颜色显示在右侧的颜色块中，通过设置不同色温来改变灯光的颜色，如图14-98所示。

图14-98

03 单击"过滤颜色"右侧的色块，可以打开"颜色选择器"对话框，选择所需要的颜色，用于

模拟置于光源上的过滤色效果，如图14-99和图14-100所示。

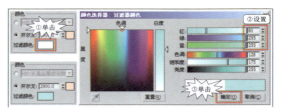

图14-99

图14-100

04 在"强度"选项组中，可以设置光度学灯光基于物理属性的强度或亮度值。在3ds Max中提供了3种单位来设置光源的强度，lm（流明）是光通过量单位，用于测量整个灯光发散的全部能量；cd（坎德拉）是沿着目标方向来测量灯光的最大发光强度；lx（lux）用于测量被灯光照亮的表面面向光源方向上的照明度。如图14-101所示为使用cd测量单位，设置不同强度值的灯光照射效果。

图14-101

05 在"暗淡"选项组中，显示了暗淡所产生的强度，并使用与强度组相同的单位。启用暗淡百分比前的复选框，可以通过该值来指定灯光强度的倍增，如图14-102所示。

图14-102

06 启用"光线暗淡时白炽灯的颜色会切换"复选框，灯光可以在暗淡时通过产生更多的黄色来模拟白炽灯，如图14-103所示。

图14-103

4. "图形/区域阴影" 卷展栏

在"图形/区域阴影"卷展栏中，可以选择用于生成阴影的灯光图形。

01 继续上一小节的操作，将灯光的暗淡百分比设置为100%。在"从（图形）发射光线"选项组中的下拉列表中选择用于生成阴影的灯光图形，如图14-104所示。

图14-104

02 在"渲染"选项组中启用"灯光图形在渲染中可见"复选框，如果灯光位于视野内，灯光图形在渲染中会显示为照明发光的图形。

5. "分布（光度学Web）" 卷展栏

当设置灯光的分布类型为"光度学Web"时，在"修改"命令面板中将显示出"分布（光度学Web）"卷展栏，如图14-105所示。该卷展栏中的参数用于选择光域网文件并调整Web的方向。

图14-105

01 展开"分布（光度学Web）"卷展栏，单击"选择光度学文件"按钮，在打开的"打开光域Web文件"对话框中选择文件，如图14-106所示。

02 通过"分布（光度学Web）"卷展栏底部的3个参数，可以沿着x、y、z轴旋转光域网，如图14-107所示。

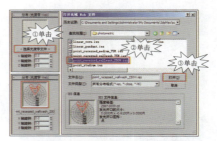

图14-106

图14-107

14.2.2 自由灯光

自由灯光与目标灯光惟一的区别是，自由灯光不具备目标子对象，可以使用变换工具调整该灯光的照射方向。

01 在"快速访问"工具栏中单击 📂 "打开文件"按钮，再次打开本书附带光盘中的Chapter-14/"门口.max"文件。参照如图14-108所示，在"顶"视图中创建"自由灯光"对象，并调整其位置。

图14-108

02 保持"自由灯光"的选中状态，进入"修改"命令面板，设置"常规参数"卷展栏中"灯光分布（类型）"为"统一球体"，并对场景进行渲染，效果如图14-109所示。

图14-109

14.3 太阳光和日光系统

"太阳光和日光"系统可以使用系统中的灯光，该系统遵循太阳在地球上某一给定位置的符合地理学的角度和运动。可以选择位置、日期、时间和指南针方向，也可以设置日期和时间的动画。该系统适用于计划中的和现有结构的阴影研究。此外，可以进行"纬度"、"经度"、"北向"和"轨道缩放"的动画设置。

14.3.1　太阳光

"太阳光"使用的是"标准"灯光中的平行光。该灯光的创建参数在之前已经进行了详细讲述，在此只对太阳光的创建方法和控制参数进行讲述。

01　在"快速访问"工具栏中单击 🖾 "打开文件"按钮，打开本书附带光盘中的Chapter-14/"房子.max"文件。

02　进入"创建"主命令面板下的 🛠 "系统"创建面板，在"对象类型"卷展栏中单击"太阳光"按钮，参照如图14-110所示，在视图中创建"太阳光"对象。

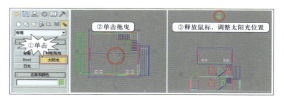

图14-110

03　创建完毕后，保持"太阳光"的选中状态，进入"修改"命令面板，对灯光的强度、颜色和阴影密度进行设置，如图14-111所示。

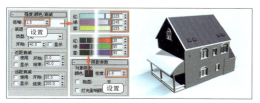

图14-111

04　单击 ◎ "运动"命令面板，在"控制参数"卷展栏中，可以控制"太阳光"的时间、位置、纬度等参数，如图14-112所示。

图14-112

05　"方位"和"海拔高度"选项，显示出太阳的方位和海拔高度。方位是太阳的罗盘方向，以"度"为单位（北＝0、东＝90）；海拔高度是太阳距离地平线的高度，以"度"为单位（日出或日落＝0）。

06　在"时间"选项组中，可以对时间、日期、时区进行设置，如图14-113和图14-114所示展示了设置不同时间和不同日期的太阳光效果。

图14-113

图14-114

07　设置日期为8月，并启用"夏令时"复选框，通过调整夏天期间的方位和海拔高度可以计算夏令时，如图14-115所示。

图14-115

08　在"位置"选项组中，可以设置场景在世界中的位置。单击"获取位置"按钮，将打开"地理位置"对话框，可以在"城市"显示窗内通过选择城市名称，或者直接在对话框右侧的地图中单击，从而设置地理位置，如图14-116所示。

图14-116

09　选择相应的地理位置后，单击"确定"按钮，关闭对话框，即可设置场景在世界中的位置。

10　在"位置"选项组中，"纬度"和"经度"参数可以指定基于经度和纬度的位置。如图14-117所示展示了设置不同"纬度"和"经度"参数后的效果。

图14-117

11　在"地点"选项组中，通过"轨道缩放"参数，可以设置太阳与罗盘之间的距离；通过"北向"参数，可以设置罗盘在场景中的旋转方向，如图14-118所示。

图14-118

14.3.2 日光系统

3ds Max 2012中的日光系统将太阳光和天光结合在了一起。太阳光组件可以是IES太阳光，mr太阳光，也可以是标准灯光（目标平行光）；天光组件可以是IES天光、mr天光，也可以是天光。

IES太阳光和IES天光均为光度学灯光，如果要通过曝光控制来创建使用光能传递的渲染效果，则最好使用这两种灯光。Mr太阳光和Mr天光也是光度学灯光，但是它们专门在"Mental Ray太阳和天空"解决方案中使用。标准灯光和天光不属于光度学灯光，如果场景使用标准照明（具有平行光的太阳光也适用于这种情况），或者需要使用光跟踪器，使用这两种灯光可以达到最佳的渲染效果。

01 在"快速访问"工具栏中单击 "打开文件"按钮，打开本书附带光盘中的Chapter-14/"房屋.max"文件。

02 参照如图14-119和图14-120所示，在场景中创建日光系统来模拟太阳光的照射效果。

图14-119

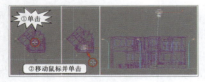

图14-120

03 创建完毕后，在右侧命令面板的"控制参数"卷展栏中将时间设置为11时，并对场景进行渲染，效果如图14-121所示。

图14-121

04 进入"修改"命令面板，在"日光参数"

卷展栏中可以定义日光系统的太阳及天光对象，如图14-122所示。

05 可以根据之前所讲述的"标准"灯光和"天光"创建参数，从而设置日光系统。在此仅对"阴影参数"卷展栏中的选项参数进行了设置，完毕后渲染场景，效果如图14-123所示。

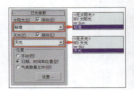 

图14-122　　　　　图14-123

1.IES太阳和IES天空

IES太阳和IES天空对象是模拟太阳和天空的光度学灯光对象，IES表示照明工程协会。接下来将通过具体的操作来讲述这两种灯光的使用方法。

01 在"快速访问"工具栏中单击 "打开文件"按钮，打开本书附带光盘中的Chapter-14/"雕像.max"文件。

02 在场景中选择创建的日光对象，进入"修改"命令面板，在"日光参数"卷展栏中，对"太阳光"和"天光"进行选择，如图14-124所示。

图14-124

03 在"位置"选项组中，默认情况下"日期、时间和位置"单选按钮为选中状态。选中"拖曳"单选按钮，可以手动调整日光集合对象在场景中的位置，以及太阳光的强度值。参照如图14-125所示，在视图中调整太阳光的位置。

图14-125

04 在"阳光参数"卷展栏中，通过"启用"复选框，可以打开或关闭太阳光，如图14-126所示。

图14-126

05 通过"强度"参数，可以设置太阳光的强度，如图14-127所示展示了设置不同"强度"值后的照射效果。

图14-127

晴天时的典型强度约为90000lx。

06 单击"强度"右侧的色块，可以打开"颜色选择器"对话框，可以在该对话框中设置灯光的颜色，如图14-128所示。

图14-128

07 在"IES天光参数"卷展栏中可以对"日光"系统的天光进行设置。通过"启用"复选框可以打开或关闭天光，如图14-129所示。

图14-129

08 通过"倍增"参数，可以用来设置天光的强度，如图14-130所示展示了设置不同天光强度后的场景效果。

图14-130

09 单击"天空颜色"右侧的色块，打开"颜色选择器"对话框，可以指定天空的颜色，如图14-131所示。

10 在"覆盖范围"选项组中，提供了3个选项，分别是"晴朗"、"少云"和"多云"，可以设置灯光在整个天空中散射的程度，如图14-132所示。

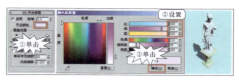

图14-131

图14-132

11 在"覆盖范围"选项组中，设置为"少云"，天光的"倍增"为5，并在"渲染"选项组中启用"投影阴影"复选框，在"日光参数"卷展栏中，将"太阳光"关闭，使天光投影阴影，效果如图14-133所示。

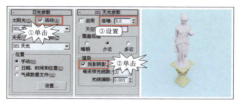

图14-133

12 "每采样光线数"参数可以计算落在场景中指定点上天光的光线数，对于动画应将该选项设置为高的值以消除闪烁。设置"光线偏移"参数，可以指定在对象的指定点上投射阴影的最短距离。

2.mr Sun（Mental Ray太阳）和mr Sky（Mental Ray天空）

"Mental Ray太阳和天空"解决方案专为启用物理模拟日光和精确渲染日光场景而设计。在3ds Max中，通过同时使用两种特殊的光度学灯光，以及一个环境明暗器来实现此目的。接下来将通过具体的操作来进行学习。

01 在"快速访问"工具栏中单击 📂 "打开文件"按钮，打开本书附带光盘中的Chapter-14/"火箭.max"文件。该场景已经将Mental Ray渲染器作为当前渲染器，而且已经创建了一个"日光"系统，如图14-134所示。

图14-134

02 在场景中选择"日光"对象，进入"修改"命令面板，参照如图14-135所示，设置"目标参数"卷展栏。

图14-135

03 在Mental Ray Sky对话框中，如果单击"否"按钮，则需要通过手动来设置mr物理天空环境贴图。执行"渲染"→"环境"命令，打开"环境和效果"对话框，可以通过单击"环境贴图"下的长按钮，定义环境贴图内容，如图14-136所示。

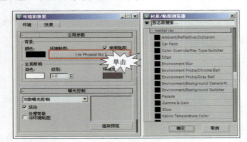

图14-136

04 执行"渲染"→"渲染设置"命令，打开"渲染设置"对话框，进入"间接照明"选项卡，确保"启用最终聚焦"复选框为启用状态。因为天光是一种间接光，只有使用"最终聚焦"才能将其渲染，如图14-137所示。

图14-137

05 进入"运动"命令面板，参照如图14-138所示对日期和时间进行设置，并在视图中观察"日光"系统的位置变化。

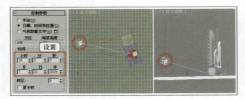

图14-138

06 将视图切换到摄影机视图，对场景进行渲染，效果如图14-139所示。

图14-139

通过之前的操作步骤讲述了如何使用3ds Max 2012提供的"Mental Ray天空"和"Mental Ray太阳"灯光。接下来将对"Mental Ray天空"和"Mental Ray太阳"灯光所涉及的具体参数进行讲解。

01 保持"日光"系统的选中状态，进入"修改"命令面板，可以看到mr太阳和mr天空参数卷展栏，如图14-140所示。

图14-140

02 在"mr Sun基本参数"卷展栏中，通过"启用"复选框，可以启用或禁用mr太阳光，如图14-141所示展示了禁用和启用太阳光的效果。

图14-141

03 通过"倍增"参数，可以设置灯光输出标准量的倍增大小。如图14-142所示展示了设置不同"倍增"参数后的效果。

图14-142

04 在"阴影"选项组中，通过"启用"复选框，可以控制阴影的打开和关闭，如图14-143所示。

图14-143

05 通过"柔化"参数，可以控制阴影边的柔软程度，精确地与真实太阳阴影的柔软程度相匹配。值越低阴影越尖锐，值越高阴影越柔和。如图14-144所示展示了设置不同"柔化"参数后的效果。

图14-144

06 通过"柔化采样数"，可以控制柔和阴影的阴影采样数。设置不同采样数量时会产生不同的阴影柔化效果，如图14-145所示。

图14-145

07 启用"mr Sky继承而来"复选框，将使用"mr Sky 参数"卷展栏的等价设置用于其他的"mr Sun参数"卷展栏设置。

> **提示**
>
> 在该步骤中，相关的一些参数将在之后讲述"mr Sky 参数"卷展栏时讲到。

08 通过"mr Sun光子"卷展栏中的设置，可以将全局照明光子聚焦在目标区域上。例如，如果已经建模了一个巨大的城市模型，但是只渲染内部的一个房间，可能不想让Mental Ray对整个城市发射光子，此时就需要启用"photon目标"复选框，视图中将显示光子的范围框，通过设置"半径"参数可以调整范围框的大小，如图14-146所示。

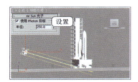

图14-146

09 展开"mr Sky参数"卷展栏，通过"启用"复选框，可以启用和禁用mr Sky灯光。如图14-147所示展示了禁用和启用mr Sky灯光的场景效果。

图14-147

10 设置"倍增"参数，可以控制mr Sky灯光的亮度倍增值，如图14-148所示，当设置不同"倍增"值时，对场景所产生的亮度影响也不同。

图14-148

11 设置"倍增"参数为1。单击"地面颜色"右侧的色块打开"颜色选择器"对话框，可以更改虚拟地平面的颜色，如图14-149所示。

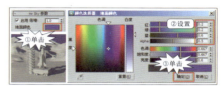

图14-149

12 在"天气模型"选项组中，提供了3种天空模型，分别是："阴霾驱动"、"perez所有天气"和CIE。选择"阴霾驱动"天空模型后，将使用"mr天空：薄雾驱动（mr天空）"卷展栏中的Haze值来指定空气中的水汽或其他颗粒物质，该值的范围可能在0.0（非常晴朗的天气）～15.0（非常阴暗的天气，或撒哈拉沙尘暴）。如图14-150所示展示了设置不同参数后的场景效果。

图14-150

> **提示**
>
> 阴霾值影响天空和地平线的亮度和颜色、太阳光的亮度和颜色、太阳阴影的柔和度、太阳周围光晕的柔和度，以及空中透视的强度。

13 在"mr Sky参数"卷展栏的"天空模型"选项组中，选择列表中的"Perez所有天气"选项，此时可以通过"mr天空：Perez参数"卷展栏中的两个照度值来控制天光的照射效果。"直接水平照度"参数用来控制天空的照度，可由室外水平放置的亮度计测量。如图14-151所示展示了设置不同天空照度的场景效果。

图14-151

14 "直接法线照度"参数用来控制太阳的照度，可以直接面向太阳的亮度计测量。如图14-152所示展示了设置不同太阳照度后的场景效果。

图14-152

15 在"mr Sky参数"卷展栏的"天空模型"选项组中，选择GIE天空模型。此时可以通过"mr天空：GIE参数"卷展栏中的两个照度值来控制天空和太阳的照度。此外，还可以选择"阴暗天空"或"晴朗天空"选项，如图14-153所示展示了设置不同照度值后的场景效果。

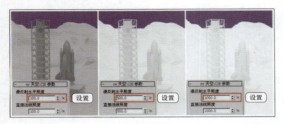

图14-153

16 在"mr天空：GIE参数"卷展栏中，"阴暗天空"单选按钮默认为选中状态，表示场景被指定为阴暗的天空；选择"晴朗天空"单选按钮，场景将被指定为晴朗的天空，如图14-154所示。

图14-154

17 将天空模型设置为"阴霾驱动"，并将Haze参数设置为默认的0.0。在"mr天空高级参数"卷展栏中，通过"水平"选项组中的"高度"参数，可以设置地平线的高度。如图14-155所示展示设置不同地平线高度的场景效果。

图14-155

18 通过"模糊"参数可以设置平线边缘的模糊程度，如图14-156所示。

图14-156

19 单击"夜间颜色"右侧的色块，可以打开"颜色选择器"对话框，可以对夜间的颜色进行设置。

20 在"非物理调试"选项组中可以对光进行特殊的效果控制。通过"红/蓝染色"参数可以对光的红色或蓝色程度进行控制。默认值为0.0是物理校正值（针对6500K白点计算得出），可以使用此参数进行更改，范围从－1.0（极蓝）到1.0（极红）。如图14-157所示展示了设置不同"红/蓝染色"参数后的效果。

图14-157

21 将"红/蓝染色"参数设置为0，然后通过"饱和度"参数可以对天光的饱和度进行控制，如图14-158所示展示设置不同"饱和度"参数后的效果。

图14-158

22 "空中透视"是一种将越远处的对象表现得越模糊，色调越偏蓝的手法。在"空中透视"选项组中，通过"可见性距离（10%Haze）"值来控制对象的可见程度，如图14-159所示为设置不同可见性距离时的场景效果。

图14-159

3.mr Sky门户

Mr（Mental Ray）Sky（天空）门户对象提供了一种"聚焦"内部场景中的现有天空照明的有效方法，无须最终聚集或全局照明设置。实际上，门户就是一个区域灯光，从环境中导出亮度和颜色。

01 在"快速访问"工具栏中单击 📂 "打开文

件"按钮，打开本书附带光盘中的Chapter-14/"房间.max"，该场景中已创建了一个日光系统，并且所使用的是"mr太阳和天空"解决方案。按主键盘上的8键，打开"环境和效果"对话框，参照如图14-160所示对曝光控制进行设置。

图14-160

02 进入"创建"主命令面板中的"灯光"次命令面板，单击"mr Sky门户"按钮，参照如图14-161所示在前视图中创建"mr Sky门户"对象，并在左视图中调整对象的位置。

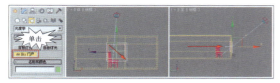

图14-161

03 按下F10键，打开"渲染设置"窗口，在"间接照明"选项卡中启用"启用最终聚焦"复选框，并对场景进行渲染，如图14-162所示。

图14-162

04 保持"mr Sky门户"对象的选中状态，进入"修改"命令面板，可以看到该灯光的创建参数，如图14-163所示。

图14-163

05 在"mr Skylight门户参数"卷展栏中，通过"启用"复选框，可以打开或关闭来自mr Sky门户灯光的照明，如图14-164所示。

图14-164

06 通过"倍增"参数，可以设置mr Sky门户灯光的强度，如图14-165所示。

图14-165

07 单击"过滤颜色"右侧的色块，打开"颜色选择器"对话框，参照如图14-166所示设置来自外部的颜色，并对场景进行渲染。

图14-166

08 在"阴影"选项组中，通过"启用"复选框，可以打开或关闭mr Sky门户的阴影，如图14-167所示。

图14-167

09 通过"从'户外'"复选框，可以打开或关闭从户外对象投射的阴影，会显著增加渲染时间，所以一般情况下都为默认的禁用状态。

10 在之前渲染的图像中可以发现有很多颗粒，这是由于阴影采样值低所导致的，增加"阴影采样"参数值，可以增加灯光投射阴影的总体质量，如图14-168所示。

图14-168

11 在"维度"选项组中，通过"长度"和"宽度"参数，可以设置门户的长度和宽度。启用"翻转光流动方向"复选框，可以将门户的箭头方向翻转，而且投射到门户的光线方向将会翻转。

12 进入"创建"主命令面板中的"几何体"次面板，在该面板的下拉列表中选择"AEC扩展"选项，进入"AEC扩展"面板，单击"植物"按钮，在场景中创建一个植物对象，如图14-169所示。

图14-169

13 选择"mr Sky门户"对象，进入"修改"命令面板，在"高级参数"卷展栏中，启用"对渲染器可见"复选框后，mr Sky门户对象将出现在渲染的图像中，窗户外部的图像将会被遮挡，如图14-170所示。

图14-170

14 禁用"对渲染器可见"复选框，通过设置"透明度"选项右侧色块的颜色，可对外部对象进行过滤，如图14-171所示。

15 将"mr Sky门户"的过滤颜色设置为白色，在"颜色源"选项组中，可以设置mr Sky门户从中获得照明的光源。默认情况下，选择"重用现有

天光"单选按钮，表示灯光将使用天光来获得照明的光源；选择"使用场景环境"单选按钮，使用与照明颜色对应的环境贴图作为照明的光源。在"环境和效果"窗口的"环境"选项卡中，禁用"公用参数"卷展栏中的"使用贴图"复选框，分别在"颜色源"选项组中选择不同的选项，并对场景进行渲染，如图14-172所示。

图14-171

图14-172

16 在"颜色源"选项组中选择"自定义"单选按钮，并单击该选项右侧的None按钮，在弹出的"材质/贴图浏览器"对话框中选择"漩涡"贴图，指定该贴图作为照明的光源，如图14-173所示。

图14-173

14.4 实例操作——书房效果图设计

本节安排了一个房间的效果图练习，通过本章所学习的内容，为室内效果图进行布光,掌握在3ds Max中灯光对象的创建与设置方法。

01 运行3ds Max 2012，在快速访问工具栏中单击 📂 "打开"按钮，打开本书附带光盘中的Chapter-14/"书房.max"文件，该文件没有设置任何灯光，如图14-174所示。

图14-174

02 进入"创建"主命令面板下的"灯光"次命令面板中，单击"对象类型"卷展栏中的"泛光灯"按钮，在场景中创建一盏泛光灯Omni001，如图14-175所示。

图14-175

03 进入"修改"命令面板，在"常规参数"卷展栏中的"阴影"选项组中选中"启用"复选框，如图14-176所示。对场景进行渲染，效果如图14-177所示。

04 进入"创建"主命令板下的"灯光"次命

令面板，参照如图14-178所示在视图中创建天光。

图14-176

图14-177

图14-178

05 执行"渲染"→"间接照明"命令，打开"渲染设置：Mental Ray 渲染器"对话框，参照如图14-179所示在对话框中进行设置。

图14-179

06 接下来对场景进行渲染，效果如图14-180所示。

图14-180

07 在"创建"主命令面板中的"灯光"次命令面中单击"目标聚光灯"按钮，并在前视图中单击拖曳，创建Spoto001对象，在左视图中对其位置进行调整，如图14-181所示。

图14-181

08 进入"修改"命令面板，在"大气和效果"卷展栏中单击"添加"按钮，打开"添加大气或效果"对话框，参照如图14-182所示添加体积光效果。

图14-182

09 在"大气和效果"卷展栏中单击添加的体积光，单击"设置"按钮，打开"环境和效果"对话框，参照如图14-183所示对相应选项参数进行设置。

图14-183

10 设置完毕后将"环境和效果"对话框关闭，并对场景进行渲染，效果如图14-184所示。

图14-184

11 参照以上添加目标聚光灯的方法，再次在视图中添加一个目标聚光灯，如图14-185所示。

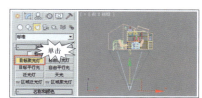

图14-185

12 进入"修改"命令面板，参照如图14-186所示对相应选项进行设置，使该灯光只针对房间对象。完毕后对场影进行渲染，房间天花板被照亮，效果如图14-187所示。

图14-186

图14-187

13 下面进入"创建"主命令面板，在"灯光"次命令面板中单击"标准"选项右侧的三角按钮，从下拉列表中选择"光度学"选项。在"对象类型"卷展栏中单击"自由灯光"按钮，打开"创建光度学灯光"对话框，如图14-188所示，单击"否"按钮，关闭对话框。

图14-188

14 激活顶视图，参照如图14-189所示在相应位置单击，创建自由灯光，并在前视图中对其位置进行调整。

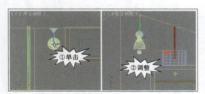

图14-189

15 进入"修改"命令面板，参照如图14-190和图14-191所示对相应选项进行设置。

图14-190

图14-191

16 使用"选择并移动"工具，配合按下Shift键同时拖曳自由灯光，将其复制，在打开的"克隆选项"对话框中单击"确定"按钮，关闭对话框，如图14-192所示。在前视图中对复制灯光的位置和角度进行调整。

图14-192

17 保持复制灯光的选中状态，在"修改"命令面板下的"强度/颜色/衰减"卷展栏中对强度选项进行设置。再次将该灯光复制，并调整位置，如图14-193所示。

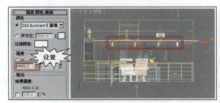

图14-193

18 至此，完成本实例的制作，最后对场影进行渲染，效果如图14-194所示。可打开本书附带光盘中的Chapter-14/"书房完成.max"文件查看。

图14-194

第15章
摄像机与镜头

摄像机用于设置观察场景的视域，使用摄像机可以更为自由地在场景选择视图位置，并可以将摄像机的移动设置为动画。3ds Max中的摄影机拥有超过现实摄影机的能力，它能够快速地更换镜头，其变焦更是真实摄影机无法比拟的。熟练地掌握有关摄像机的知识，对于静帧图像和动画的设置都非常重要。本节就将讲解3ds Max 2012中有关摄像机的知识。

15.1 摄影机的特征

真实世界摄影机使用镜头，将场景反射的灯光聚焦到具有灯光敏感性曲面的焦点平面。摄像机的"焦距"和"视角"，如图15-1所示。

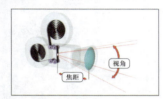

图15-1

15.1.1 焦距

"焦距"是镜头和灯光敏感性曲面间的距离，不管是电影还是视频电子系统都被称为"镜头的焦距"，焦距影响对象出现在图片上的清晰度。焦距越小图片中包含的场景就越多。加大焦距将包含更少的场景，但会显示远距离对象的更多细节。

焦距始终以"毫米"为单位进行测量。50mm镜头通常是摄影的标准镜头。焦距小50mm的镜头称为"短角镜头"或"广角镜头"。焦距大于50mm的镜头称为"长焦镜头"。

15.1.2 视角

"视角"用来控制场景中可见范围的大小，以水平线度数进行测量。它与镜头的焦距直接相关。例如，50mm的镜头显示水平线为46°。镜头越长，视角越窄。镜头越短，视角越宽。

15.2 创建不同种类的摄影机

在3ds Max 2012中提供了两种摄影机类型，分别是"目标摄影机"和"自由摄影机"。如图15-2所示展示了两种摄影机的效果。

图15-2

15.2.1 目标摄影机

"目标摄像机"包含"摄像机"和"目标"两个对象。摄像机代表了观察点，目标是指视点的位置，可以独立变换摄像机和它的目标，不过无论怎样改变摄像机总是被限定为对着目标。对于一般的摄像工作，目标摄像机是理想的选择，因为它具有很大的灵活性。接下来将通过一组操作，来了解"目标摄像机"的创建。

01 在"快速访问"工具栏中单击 "打开文件"按钮，打开本书附带光盘中的Chapter-15/"书房.max"文件，如图15-3所示。

图15-3

02 进入"创建"主命令面板下的"摄影机"次命令面板，在"对象类型"卷展栏中单击"目标"按钮，并在场景中创建摄影机对象，如图15-4所示。

图15-4

03 使用"选择并移动"工具，在"左"视图中调整摄影机观察点和目标点的位置，如图15-5所示。

图15-5

04 激活透视视图，在透视视图左上角的视图标签上右击，在弹出的菜单中选择"摄影机"→Camera001选项，将使用当前视图切换为摄影机视图，如图15-6所示。

图15-6

技巧

也可以按下C键，快速切换到摄影机视图。

15.2.2　自由摄影机

"自由摄像机"只包含摄像机这一个对象，由于它没有目标，所以它会把沿它自己的局部坐标系Z轴负方向的任意一段距离定义为它的视点。自由摄像机在方向上不分上下，这正是自由摄像机的优点所在。"自由摄像机"由于没有目标，它比目标摄像机更容易沿着一条路径设置动画。

01 继续上一小节的操作，在"摄影机"面板中单击"自由"按钮，在场景中创建一个"自由摄影机"对象，如图15-7所示。

图15-7

02 使用 "选择并旋转"和 "选择并移动"工具，在前视图中对摄影机的角度和位置进行调整，如图15-8所示。

图15-8

03 激活"透视"视图，按下C键，将打开"选择摄影机"对话框，参照如图15-9所示选择Camera002摄影机，如图15-9所示。

图15-9

15.3　设置摄影机

在3ds Max 2012中，自由摄影机和目标摄影机的属性和设置方法基本相同，都拥有很多的公共控制项。下面，就这些公用的参数选项进行详细的讲解。

01 在"快速访问"工具栏中单击 "打开文件"按钮，打开本书附带光盘中的Chapter-15/"鞋.max"文件，如图15-10所示。

02 在场景中选择创建好的"目标摄影机"对象，并进入"修改"命令面板，通过"参数"卷展栏中的"镜头"参数可以设置摄影机的焦距长度。

如图15-11所示为设置不同"镜头"参数后，摄影机视图中所包含的场景。

图15-10

图15-11

03 "视野"数值用于定义摄影机在场景中所看到的区域。"视野"参数是摄影机视锥的水平角，如图15-12所示展示了设置不同"视野"参数为60°后的场景效果。

图15-12

提示

还可以单击"视野"文本框左侧显示的↔水平箭头下拉式按钮，从弹出的工具栏中选择↔水平箭头、↘对角箭头、或↕垂直箭头。3种箭头按钮分别代表了视野角度的不同计算方法，系统默认的"视野"为水平。

04 启用"正交投影"复选框，摄影机视窗看起来就像"用户"视窗，如图15-13所示。当关闭该复选框时，摄影机视窗看起来就像标准的透视窗。

图15-13

05 在"备用镜头"选项组中，提供了9种常用的镜头，通过单击相应按钮即可快速选择某个镜头。如图15-14所示展示了选择不同备用镜头后的场景效果。

图15-14

06 在"类型"选项下拉列表中，可以指定摄影机的类型是"目标摄影机"或"自由摄影机"。

07 启用"显示圆锥体"复选框，在没有选中摄影机时，在视图中仍显示摄影范围的锥形框。如图15-15所示展示了目标摄影机在没有被选中状态下显示和隐藏锥形框的效果。

图15-15

08 启用"显示地平线"复选框，一条暗黑色

的地平线会出现在摄影机视窗中，如图15-16所示。

09 在"环境范围"选项组中可以设置环境大气的影响范围。

10 执行"渲染"→"环境"命令，打开"环境和效果"对话框，在"大气"卷展栏中单击"添加"按钮，打开"添加大气效果"对话框，选择"雾"选项并单击"确定"按钮，为场景添加"雾"大气环境效果，如图15-17所示。

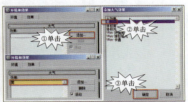

图15-16　　　　　　图15-17

11 在"环境范围"选项组中启用"显示"复选框，可以在视图中看到范围框，设置"近距范围"和"远距范围"参数，扩大环境影响的近距范围和远距范围，对场景进行渲染，如图15-18所示。

图15-18

12 在"剪切平面"选项组中，启用"手动剪切"复选框，可以打开手动裁剪设置，这样下面的两项参数才可以使用。"近距剪切"参数用于使摄影机看不到小于该数值的物体；"远距剪切"参数可以使摄影机看不到距离大于该数值的物体。如图15-19所示展示了设置"剪切平面"选项组后的场景效果。

图15-19

13 禁用"手动剪贴"复选框，并在"多过程效果"选项组中启用"启用"复选框，确定其下拉列表内为"景深"选项，此时将启用多过程景深模糊效果，渲染Camera001视图，观察景深模糊效果，如图15-20所示。

图15-20

"多过程效果"用于指定摄影机的景深或运动模糊效果。它的模糊效果是通过同一帧图像的多次渲染计算并重叠结果产生的,因此会增加渲染的时间。景深和运动模糊是互相排斥的,由于它们都依赖于多渲染途径,所以不能对同一个摄影机对象同时指定两种效果。当场景同时需要两种效果时,应当为摄影机设置多过程景深,再将它与对象运动模糊相结合。

15.3.1　多过程景深

为了使整个场景产生更强的空间感,可以启用摄像机的景深模糊效果。摄像机的景深模糊以一个焦点为基准,距焦点距离越远的对象,模糊效果就越强;而距摄像机越近的对象,模糊效果将逐渐变弱,通过对摄像机景深模糊效果的编辑,可以使观众的视线被吸引到场景的主要部分。

01　在"快速访问"工具栏中单击 "打开文件"按钮,打开本书附带光盘中的Chapter-15/ "椅子.max"文件,对场景进行渲染,如图15-21所示。

图15-21

02　选中场景中的"摄影机"对象,在"修改"命令面板中启用"景深"多过程效果,并对场景进渲染,由于摄影机的焦点处于场景中间的椅子上,处于近处和远处的椅子随景深的不同呈现出不同的模糊效果,如图15-22所示。

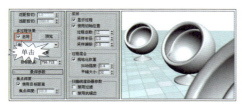

图15-22

03　在"景深参数"卷展栏的"焦点深度"选项组中,默认状态下"使用目标距离"复选框为启用状态,启用后将以摄影机目标距离作为每过程摄影机偏移的位置;禁用"使用目标距离"复选框后,将以"焦点深度"值进行摄影机偏移。如图15-23所示展示了启用和禁用"使用目标距离"复选框的景深效果。

04　"焦点深度"参数用来设置焦点的位置,

最大参数值为100,最小参数值为0,当该参数值为100时,焦点位于视图的最远处,当该参数值为0时,焦点位于摄影机的位置。如图15-24所示展示了设置不同"焦点深度"参数值所产生的景深效果。

图15-23

图15-24

05　在"采样"选项组中,"显示过程"复选框默认为启用状态,渲染时将逐一显示每一个通道渲染的效果;禁用该复选框,渲染时将不显示每一个通道渲染的效果,直接显示最后的结果。

06　在默认状态下"使用初始位置"复选框为启用状态,渲染的第一个通道在摄影机最初的位置;禁用该复选框,将根据设置的偏移量来确定渲染的第一个通道。如图15-25所示展示了启用和禁用该复选框后的效果。

图15-25

07　"过程总数"参数决定了渲染时通道的数量,增加通道的数量可以提高图像的精确性,但同时也会延长渲染所需的时间。如图15-26所示展示了设置不同"过程总数"值的场景效果。

图15-26

08　"采样半径"参数决定了产生运动模糊的半径范围,该参数越大,模糊的效果就越明显,如图15-27所示展示了设置不同"采样半径"参数后的场景效果。

09　"采样偏移"参数用来设置对象模糊效果的偏移,最大参数值为1,最小参数值为0。当该参数越大时,模糊效果较为平滑、自然,当该参数越小时,模糊效果较为随意。如图15-28所示展示了设置不同"采样偏移"后的场景效果。

图15-27

图15-28

10 在"过程混合"选项组中，可以控制画面的抖动。该数值设置的效果，只有在渲染后才能观察到，而不能在视图中预览。

11 启用"规格化权重"复选框，将通过随机的权重值进行混合，以避免出现斑纹等异常现象。当启用该复选框后，将权重规格化，获得较平滑的结果；禁用该复选框后，效果会变得清晰一些，但颗粒状效果更明显，如图15-29所示。

图15-29

12 "抖动强度"参数用来设置抖动的幅度，增大该参数值，会使对象产生颗粒状的模糊效果，颗粒状模糊效果在对象的边沿尤为明显。如图15-30所示展示了设置不同"抖动强度"参数后的场景效果。

图15-30

13 "平铺大小"参数用来设置抖动模式的大小，该参数以百分比来表示。如图15-31所示展示了设置不同"平铺大小"参数后的场景效果。

图15-31

14 "扫描线渲染器参数"选项组，可以在渲染景深模糊时，不应用通道过滤器或抗锯齿功能，以缩短渲染的时间，但画面质量要受到影响。

15.3.2 多过程运动模糊

"多过程运动模糊"是指摄影机根据对象的运动变化，进行多通道渲染，从而实现运动模糊的效果，因此，只有当摄影机或场景中的对象被设置动画后，摄影机才能实现运动模糊的效果。

01 在"快速访问"工具栏中单击 "打开文件"按钮，打开本书附带光盘中的Chapter-15/"战斗机.max"文件。

02 选中场景中的"摄影机"对象，进入"修改"命令面板，为其添加多过程运动模糊效果，如图15-32所示。

03 在时间线区域中，拖曳时间滑块到第28帧的位置，使战斗机正好到达摄影机视图的中间位置，渲染Camera001视图，观察景深的模糊效果，如图15-33所示。

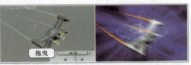

图15-32   图15-33

04 运动模糊与景深模糊的创建数据几乎完全相同，这里就不再赘述。在"运动模糊参数"卷展栏内，只有"采样"选项组和"持续时间（帧）"参数是景深模糊创建数据中未包含的，该参数值决定了在渲染时应用多少帧动画来实现每一帧的运动模糊。如图15-34所示展示了设置不同"持续时间（帧）"参数后渲染场景的效果。

图15-34

05 通过设置"偏移"参数，可以定义当前画面在进行模糊时的权重值。提高该值移动模糊对象后面的模糊，与运动方向相对。减少该值移动模糊对象前面的模糊。如图15-35所示展示了设置不同"偏移"参数后的场景效果。

图15-35

15.4　实例操作——设置游戏场景

在本实例中安排了一个飞行器的场景，在本实例中使用了对摄像机范围的设置，以及景深模糊效果的设置等，通过本实例，可以巩固本章所学知识点。

01 打开本书附带光盘中的Chapter-15/"飞行器.max"文件，渲染摄影机视图，如图15-36所示。该文件为一个天空的场景，天空中有3架飞机，观察画面可以发现当前场景中已经添加雾效，但效果并不理想，为了使画面达到更为理想的效果，需要对摄像机进行调整。

02 在场景中选择"摄影机"对象，进入"修改"面板，在"参数"卷展栏内选择"显示"复选框，并分别设置"近距范围"参数为1550，"远距范围"参数为5500。完毕后渲染视图，观察雾效果，可以看到近处的雾较为稀薄，远处的雾较为厚重，如图15-37所示。

图15-36　　　　　　　　　图15-37

03 接下来需要设置景深模糊效果，在"多过程效果"选项组中启用"景深"多过程效果。在默认状态下，"景深"选项处于被选中状态，如图15-38所示。

04 启用"渲染每过程效果"复选框，并设置"目标距离"参数，调整目标距离，如图15-39所示。

图15-38　　　　　　　　　图15-39

05 设置"采样半径"参数，确定场景生成模糊的半径。激活摄影机视图，单击"预览"按钮，预览景深模糊效果，如图15-40所示。

06 至此，完成本实例的制作，渲染摄影机视图，观察画面效果，如图15-41所示。在制作过程中如果遇到什么问题，可以打开本书附带光盘中的Chapter-15/"飞行器完成效果.max"文件进行查看。

图15-40　　　　　　　　　图15-41

第16章
环境效果设置

当场景中完成了三维模型的创建、材质的设置，以及灯光摄像机的布局，此时已经创建了一个较为完整的三维空间。为了使场景具有更强的空间感、真实感，往往需要使用"环境和效果"功能来丰富场景的效果。在场景中添加出诸如烟雾、霾、燃烧、灰尘、光等逼真的环境效果。

另外在环境的设置中，还可以改变场景的背景颜色，以及导入背景贴图文件，甚至还可以将AVI动画格式的文件设置为背景画面；在环境中还可以改变场景中所有灯光亮度、颜色及环境色。在本章中将详细讲述上述功能。

16.1　设置背景颜色与图案

3ds Max 2012中的环境设置命令都集中在"环境和效果"对话框中，所以绝大部分的环境效果都是在该对话框中进行的。在菜单栏执行"渲染"→"环境"命令，将会打开"环境和效果"对话框，如图16-1所示。

图16-1

16.1.1　背景选项组

在默认的情况下，视图渲染后的背景颜色是黑色的，场景中的光源为白色，整个环境的颜色也是黑色。但有时候可能希望渲染后背景变为其他颜色，或者直接导入一张图片做背景，其实想达到这个目的非常简单，可以在"背景"选项组中进行设置。

01 在"快速访问"工具栏中单击 "打开文件"按钮，打开本书附带光盘中的Chapter-16/"飞艇.max"文件并渲染场景，如图16-2所示。

图16-2

02 执行"渲染"→"环境"命令，打开"环境和效果"对话框，在"公用参数"卷展栏下的

"背景"选项组中，单击"颜色"色块，打开"颜色选择器"对话框，可以对场景的背景颜色进行更改，如图16-3和图16-4所示。

图16-3

图16-4

03 "使用贴图"复选框，决定了用于背景的贴图或位图是否应用于场景。单击"环境贴图"下方的长按钮，打开"材质/贴图浏览器"对话框，如图16-5所示。

图16-5

04 双击"位图"选项，打开"选择位图图像文件"对话框，参照如图16-6所示，选择位图，并单击"打开"按钮，关闭对话框。

图16-6

05 完毕后，渲染场景即可观察设置后的背景效果，如图16-7所示。

图16-7

16.1.2 全局照明选项组

在"公用参数"卷展栏中，还提供了对场景默认的灯光颜色和环境反射颜色进行调整的命令选项。"全局照明"选项组下的选项，可以用来调节场景中的光源和环境的颜色。

01 继续上一小节的操作，在"全局照明"选项组中，单击"染色"色块，打开"颜色选择器"对话框，可以根据画面的需要，任意更改光源的颜色，如图16-8所示展示了改变光源颜色后的效果。

02 在"全局照明"选项组中，设置"级别"参数可以控制场景中整体灯光的亮度。在默认状态下该参数为1.0，当大于1时整个场景的灯光强度都增强；当小于1时整个场景的灯光都减弱。如图16-9所示展示了设置不同"级别"参数后的场景效果。

图16-8

图16-9

03 单击"环境光"色块，可以在打开的"颜色选择器"对话框中设置环境光的颜色，如图16-10所示。

图16-10

16.2 环境技术

使用3ds Max中的雾效可以在场景中创建烟、雾及阴霾效果。在3ds Max中雾基本分为标准雾和分层雾两种。其中标准雾需要与摄像机配合产生远近浓淡的效果；而分层雾则是在由上到下或由下至上的一定范围内产生雾效。

前面的文字部分已经较为简略地讲述了标准雾与分层雾的特点，接下来将具体讲述雾的添加与参数设置。首先在"环境和效果"对话框的"大气"卷展栏中单击"添加"按钮，将会打开"添加大气效果"对话框。在该对话框内选择"体积雾"选项，单击"确定"按钮退出该对话框，此时在"效果"显示窗内出现了"体积雾"选项。如图16-11所示。

在"名称"文本框中，输入名称并按下Enter键，即可为效果重命名。如图16-12所示。

在场景中加入的大气效果都会显示在"效果"列表框中，选择相应大气效果，在对话框中将自动展开设置该效果的卷展栏，如图16-13所示。

图16-12

图16-13

另外，也可以通过单击"大气"卷展栏右侧的按钮，对大气效果进行添加、删除、上移或下移的操作。单击"合并"按钮，将弹出"打开"对话框，允许从其他场景文件中合并大气效果设置，这会将所属Gizmo物体和灯光一同进行合并。

图16-11

16.2.1 火效果

使用3ds Max中的火效果可以产生火焰的动画、烟、物体爆炸等效果。火焰效果的设置同样需要与大气装置配合使用，在大气装置限定的范围内产生火焰效果。本小节将讲述火效果的设置方法。

火焰效果只能在透视图和Camera视图窗口中进行渲染，而正交视图和用户视图不能渲染。如图16-14所示为设置"火效果"后渲染场景的画面效果。

图16-14

提示

火焰效果不能计算场景中的任何灯光，如果想模拟火焰效果的发光效果，就必须创建同样的灯光。

1.创建大气装置物体

01 将本书附带光盘中的Chapter-16/"厨房.max"文件打开，如图16-15所示。

02 在"命令面板"中单击 "辅助对象"按钮，在其下拉列表中选择"大气装置"选项。

03 在该面板的"对象类型"卷展栏中将看到"长方体Gizmo"、"球体Gizmo"和"圆柱体Gizmo"3个命令按钮。单击"球体Gizmo"按钮，并在"球体Gizmo"卷展栏中启用"半球"复选框，参照如图16-16所示，在顶视图中绘制球体Gizmo物体。

图16-15

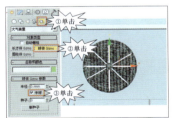

图16-16

04 使用主工具栏中的 "选择并均匀缩放"工具，在左视图中沿轴方向缩放当前的Gizmo物体，如图16-17所示。

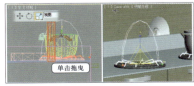

图16-17

2.Gizmo选项组

01 按下8键，打开"环境和效果"对话框。在"大气"卷展栏中单击"添加"按钮，添加"火效果"。在该对话中将自动展开设置火效果的卷展栏，如图16-18所示。

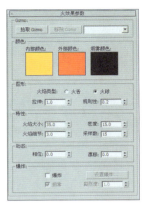

图16-18

02 在"火效果参数"卷展栏中单击"拾取Gizmo"按钮，并在如图16-19所示的位置单击拾取已经建立的大气装置对象，完毕后渲染场景，即可得到火效果。

图16-19

提示

在视图窗口中拾取大气装置对象后，将会在"拾取Gizmo"按钮右侧的下拉列表中出现选择大气装置的名称。

3.颜色选项组

"火效果"卷展栏中"颜色"选项组的3个颜色显示窗是用来设置火焰效果的颜色。其中"内部颜色"显示窗为内焰的颜色；"外部颜色"显示窗为火焰外焰的颜色；"烟颜色"显示窗为烟的颜色。参照如图16-20所示，单击"外部颜色"色块，在打开的"颜色选择"对话框中设置火焰边缘区域的颜色。

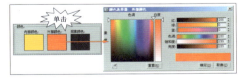

图16-20

4.图形选项组

01 "火焰类型"选项右侧的"火舌"和"火球"单选按钮，用来确定火焰的状态。当选中"火舌"单选按钮时，所创建火焰效果的为火舌状，该形状的火焰效果通常用于制作篝火、火把等带有单一方向性的火焰。当选择"火球"单选按钮时，创建的火焰为火球状，这种火焰比较适合创建爆炸或燃烧的云团效果。如图16-21所示。

图16-21

02 设置"拉伸"参数可以决定物体自身沿Z轴的伸展程度。如图16-22所示为设置不同参数后的效果。

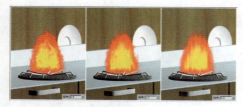

图16-22

> **提示**
>
> 该参数对于"火球"类型同样适用。

03 "规则性"参数，可以调节火焰的规则程度。当该参数为1时火焰将越接近大气装置对象的形状，值越小，这种效果越不明显。如图16-23所示。

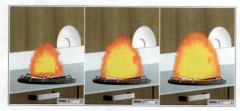

图16-23

5.特性选项组

火焰效果的细节调整都集中在"特性"选项组中。在该选项组中可以设置火焰的大小、密度等属性，这些选项与Gizmo物体的尺寸息息相关，共同产生作用，对其中一个参数调节也会影响其他3个参数的效果。

01 在"特性"选项组中设置"火焰大小"参数，可以调节大气装置内部单个火焰的尺寸，如图16-24所示为设置不同参数值渲染场景后的效果。

图16-24

02 在该选项组中对"火焰细节"参数进行设置，可以调节火焰颜色的变化和边角的锐度。该参数越大，火焰效果越丰富，且渲染时间也会延长；相反参数越小，火焰细节也随之减少，同时将会加快渲染速度。如图16-25所示分别为设置不同参数值渲染场景后的画面效果。

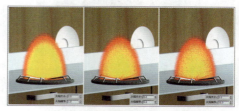

图16-25

03 在该选项组中对"密度"参数值进行设置，可以调节火焰的透明度和亮度。大气装置的尺寸影响密度，一个大尺寸的大气装置与一个小尺寸的大气装置使用同样密度的火焰效果，尺寸小的大气装置将会产生更多的不透明度和亮度。如图16-26所示分别为设置不同参数渲染场景后的画面效果。

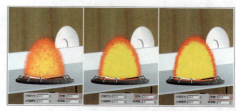

图16-26

> **提示**
>
> 如果选择"指数"复选框，密度动画将从0开始。

04 在该选项组中，"采样数"可以设置火焰取的比率。较高的参数设置可以提供更为正确的效果，但是会延长渲染时间。

6.动态选项组

在"动态"选项组中包括两个可设置选项，分别是"相位"和"飘移"，当设置这两个选项参数时，可以控制火焰涡流流动状态和上升效果动画。

01 将本书附带光盘中的Chapter-16/"厨房2.max"文件打开。

02 按下8键，打开"环境和效果"对话框。

在"大气"卷展栏中选择"火效果",展开"火效果"卷展栏。

03 在动画关键点控制区中单击"自动关键点"按钮,拖曳"时间滑块"到第100帧,此时爆炸开始并在100帧时密度值达到顶峰。

04 在"动态"选项组中设置"相位"参数,可以通过控制速度来改变火焰效果。设置"飘移"参数可以设置火焰如何沿大气装置的Z轴渲染。较小的参数可以产生缓慢燃烧的火焰效果;而较大的数值可以产生快速燃烧的火焰效果。如图16-27所示。

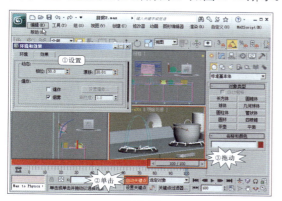

图16-27

05 完毕后即可将其渲染输出为动画文件,并观察设置爆炸动画的效果。也可以打开本书附带光盘中的Chapter-16/"厨房.avi"文件进行查看。

7.爆炸选项组

3ds Max 2012的火焰设置不仅可以创建火焰,而且还可以创建爆炸效果。"爆炸"选项组中的参数是用来为场景设置爆炸效果的。

当场景中已经创建了大气装置,并且添加了火焰效果后,此时便可以为该场景设置爆炸效果了。当选择"爆炸"选项组中的"爆炸"复选框时,将启用了爆炸效果。

01 打开本书附带光盘中的Chapter-16/"炸弹.max"文件,如图16-28所示。该文件为一个炸弹爆炸的场景,动画已经设置完毕,在本实例中需要设置爆炸火焰的效果。

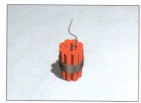

图16-28

02 按下8键,打开"环境和效果"对话框。在"大气"卷展栏内单击"添加"按钮,将会打开

"添加大气效果"对话框,在该对话框内选择"火效果"选项,单击"确定"按钮,退出该对话框,如图16-29所示。

图16-29

03 在"火效果参数"卷展栏内单击"拾取Gizmo"按钮,在视图中单击SphereGizmo001对象,拾取该对象,如图16-30所示。

图16-30

04 在"爆炸"选项组选择"爆炸"复选框,将根据相位值动画自动设置大小、密度和颜色,选择"烟雾"复选框,使爆炸产生烟雾,如图16-31所示。

05 单击"设置爆炸"按钮,将会打开"设置爆炸相位曲线"对话框,参照如图16-32所示设置对话框。该对话框是用来设置爆炸的开始与结束时间的。其中"开始"参数用来设置爆炸开始的时间;"结束时间"参数用来设置爆炸结束的时间。

图16-31　　　　　　　　图16-32

06 完毕后即可将其渲染输出为动画文件,并观察设置爆炸动画的效果,如图16-33所示。也可以打开本书附带光盘中的Chapter-16/"炸弹.avi"文件进行查看。

图16-33

16.2.2　雾

使用3ds Max 2012中的雾效可以在场景中创建烟、雾及阴霾效果。在3ds Max中雾基本分为标准雾

和分层雾两种。其中标准雾需要与摄像机配合产生远近浓淡的效果；而分层雾则是在由上到下或由下至上的一定的范围内产生雾效。如图16-34所示分别为两种类型雾的画面效果。

图16-34

1.雾选项组

01 将本书附带光盘中的Chapter-16/"路.max"文件打开，如图16-35所示。

图16-35

02 按下8键，打开"环境和效果"对话框。在"大气"卷展栏中单击"添加"按钮，在打开的"添加大气效果"对话框中，双击"雾"选项。此时将自动展开"雾参数"卷展栏，如图16-36所示。

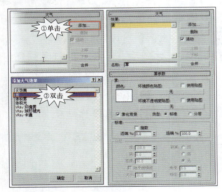

图16-36

03 单击"雾"选项组中的"颜色"色块，打开"选择颜色器"对话框。参照如图16-37所示选择颜色并关闭该对话框。

图16-37

04 完毕后对场景进行渲染，便可以观察到设置雾颜色后的画面效果，如图16-38所示。

05 单击工具栏中的 "材质编辑器"按钮，打开"板岩材质编辑器"对话框，在该对话框中选择一个未使用的示例窗，并在"贴图"卷展栏中单击"漫

反射颜色"选项右侧的 None 按钮，如图 16-39 所示。

图16-38

图16-39

06 此时将打开"材质/贴图浏览器"对话框，双击"位图"选项，在打开的"选择位图图像文件"对话框中，选择本书附带光盘中的Chapter-16/tankong.jpg文件，如图16-40所示。

图16-40

07 单击"漫反射颜色"选项右侧的长按钮，展开"坐标"卷展栏，并对其进行设置，如图16-41所示。

图16-41

08 参照如图16-42所示，拖曳"漫反射颜色"选项右侧的长按钮到"环境和效果"对话框"雾参数"卷展栏的"环境颜色贴图"下的"无"按钮上，释放鼠标在弹出的"实例（副本）贴图"对话框中，选择"实例"选项，并单击"确定"按钮关闭对话框。

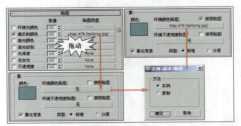

图16-42

09 完毕后对场景进行渲染，便可以观察到从贴图导出雾颜色的效果，如图16-43所示。

10 参照以上方法，再为"雾"选项组中的"环境不透明度贴图"下的"无"按钮指定贴图（该贴图的路径为本书附带光盘中的Chapter-16/GRYCON3.jpg文件），完毕后设置该贴图的坐标为"屏幕"方式，从而改变雾的密度，如图16-44所示。

　图16-43　　　　　　　图16-44

此外在"雾参数"卷展栏中，还可以使用"类型"选项右侧的"标准"和"分层"这两个选项，它们分别用于控制雾效的类型。

2.标准选项组

01 将本书附带光盘中的Chapter-16/"路2.max"文件打开。

02 继续上一小节的操作。在"雾"选项组中，默认情况下"标准"为选中状态，并且"标准"选项组的编辑参数处于可调整状态。当激活"指数"复选框后，场景中带有透明效果的对象将与雾效很好地混合。当关闭该复选框，按线性距离增加密度。如图16-45所示为激活该复选框后的对比效果。

图16-45

03 在"标准"选项组中，激活"指数"复选框，并分别对"近端"和"远端"参数进行设置，如图16-46所示。

图16-46

3.分层选项组

分层雾不像标准雾那样充满整个视图，而是在由上至下或由下至上的一定范围内产生雾效，视图中不在这个范围内的对象将不受雾效影响。

01 当选择"雾参数"卷展栏中的"分层"类型时，当前创建的雾效为分层雾。此时，"分层"

选项组中的各参数和命令选项处于可调整状态，如图16-47所示。

02 在"分层"选项组中，设置"顶"参数可以控制分层雾顶部的范围。如图16-48～图16-50所示为设置不同"顶"参数后渲染画面的效果。

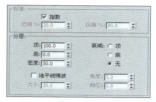 

　图16-47　　　　　　　图16-48

　图16-49　　　　　　　图16-50

03 在该选项组中设置"底"参数，可以定义分层雾底部范围。如图16-51～图16-53所示为设置"底"参数后渲染画面的效果。

　图16-51　　　　　　　图16-52

图16-53

04 在"分层"选项组中，还可以对"密度"参数进行设置，如图16-54所示为设置不同参数值后的画面效果。

图16-54

05 在"分层"选项组中，"衰减"右侧有3个单选按钮，分别为"顶"、"底"和"无"单选按钮，在默认状态下"无"为选中状态。通过选择这些单选按钮可以对分层雾的形态进行设置，以制作出3种不同形态的分层雾。如图16-55所示为选择不同衰减选项后的画面效果。

图16-55

"顶"单选按钮表示分层雾将由场景上端向下产生雾效，雾的密度由顶部向底部逐渐减小至0；"底"单选按钮表示分层雾将由场景下端向上产生雾效，雾的密度由底部向顶部逐渐减小为0；当选择"无"单选按钮后，分层雾将在场景中产生雾效层，雾的密度由中心向顶部和底部逐渐减小为0。

06 当选择"分层"选项组中的"地平线噪波"复选框后，分层雾的边界将会产生噪波效果，从而使分层雾效果更加真实。如图16-56所示。

当"地平线噪波"复选框被选中后，可以通过设置该选项下方的"大小"参数对噪波的尺寸进行调整。当参数越大，噪波所形成的分段就越大，分层雾的边缘也就越柔和。由于该实例在应用"地平线噪波"选项组中各选项的效果不太明显，在这里可以将本书附带光盘中的Chapter-16/"树.max"文件打开，如图16-57所示。

图16-56 　　　　　　　　图16-57

07 按下8键，打开"环境和效果"对话框。在"大气"卷展栏中选中"雾"选项。

08 在"雾参数"卷展栏中对"分层"选项组中的"大小"参数进行设置，并渲染场景，如图16-58所示。

09 在"分层"选项组中对"角度"参数进行设置，可以调节噪波区域的范围，如图16-59所示。

图16-58 　　　　　　　　图16-59

此外，在"分层"选项组中，还可以通过调节"相位"参数，将噪波效果设置为动画。

16.2.3 体积雾

"体积雾"对创建类似于风吹云动的动画是

非常有用的。它可以使用户在一个限定的范围内（即大气装置）设置和编辑雾效。体积雾与体积光一样，同样可以加入噪波、风力等设置，使用这些设置可以创建出雾效动画的效果。因为体积雾具有长、宽、高及浓度的特征，在编辑过程也变得简单、直观，所以说该类型的雾才是真正的三维雾效果。如图16-60所示为设置体积雾后的场景效果。

01 将本书附带光盘中的Chapter-16/"树2.max"文件打开，如图16-61所示。

图16-60 　　　　　　　　图16-61

02 按下8键，打开"环境和效果"对话框。在"大气"卷展栏中单击"添加"按钮，打开"添加大气效果"对话框，并双击"体积雾"选项。此时将自动展开"体积雾参数"卷展栏，如图16-62所示。

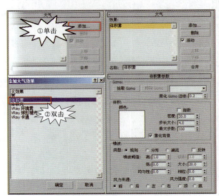

图16-62

1.Gizmo选项组

01 添加"体积雾"效果后，必须创建确定体积雾设置影响范围的"大气装置"对象，如果没有创建，体积雾将直接作用于整个场景，如图16-63所示。

图16-63

02 在"命令"面板中单击 "辅助对象"按钮，在其下拉列表中选择"大气装置"选项。

03 在该面板的"对象类型"卷展栏中单击"长方体Gizmo"按钮，参照如图16-64所示，在视图中绘制长方体Gizmo物体。

图16-64

04　单击Gizmo选项组中的"拾取Gizmo"按钮，并在如图16-65所示的位置单击拾取已经建立的大气装置对象，完毕后渲染场景，即可得到体积雾效果。

图16-65

05　在该选项组中，设置"柔化Gizmo边缘"参数，可以决定创建的体积雾边界的柔化程度。如图16-66所示为设置不同参数后的画面效果。

图16-66

2.体积选项组

01　在"体积"选项组中单击"颜色"色块，在打开的"颜色选择器"中设置体积雾的颜色，如图16-67所示。

图16-67

02　设置完毕后对场景进行渲染，效果如图16-68所示。

03　启用"指数"复选框后，体积雾的密度将会随着距离逐渐产生衰减效果。如图16-69所示为启用该复选框后渲染场景的画面效果。

图16-68　　　　　图16-69

04　在"体积"选项组中对"密度"参数进行设置，可以控制体积雾的密度，该参数值越大，体积雾的密度也就越大。如图16-70所示为设置不同"密度"参数后渲染场景的画面效果。

图16-70

05　参照如图16-71所示，在"体积"选项组中对"步长大小"参数进行设置，可以调整创建的体积雾步幅，如图16-71所示。

06　在"最大步数"文本框中分别输入不同的数值，设置雾效采样的数量，如图16-72所示。

图16-71　　　　　图16-72

此外，在"体积"选项组中，还提供了"雾化背景"复选框，当选择该复选框时可以决定体积雾是否应用于背景。

3.噪波选项组

"噪波"选项组中的各项参数值可以对体积雾的噪波和风力效果进行设置。在该选项组中提供了3种噪波类型，分别是"规则"、"分形"和"湍流"。如图16-73所示为选择不同噪波类型后渲染场景的画面效果。

图16-73

在"噪波"选项组中还提供了"反选"复选框，当选择该复选框后噪波效果将会反转。

01　参照如图16-74所示，对"噪波阈值"选项右侧的"高"和"低"参数值进行设置，限制噪波的效果。

02 在"噪波"选项组中对"均匀性"参数进行设置，当该参数为较小的数值时，将会具有大量透明并且不连续斑点的烟效果，如图16-75所示。

图16-74　　　　　　图16-75

03 在该选项组中设置"级别"参数，可以调整体积雾噪波的反复，如图16-76所示为设置不同参数值后渲染画面的效果。

图16-76

提示

只有"分形"或"湍流"单选按钮处于选中状态，该参数才处于可调节状态。

04 在"噪波"选项组中设置"均匀性"参数为0，并设置"大小"参数，以控制雾块体积的大小，如图16-77所示为设置不同"大小"参数后渲染场景的画面效果。

图16-77

05 "体积雾"可以制作出流动的雾气动画。在动画关键点控制区中单击"自动关键点"按钮，并拖曳"时间滑块"到第100帧，并设置"相位"参数，控制风的速度。如图16-78所示。

图16-78

06 设置完毕后，在"噪波"选项组中设置"风力强度"参数，控制烟快速地按风的方向移动，如图16-79所示。

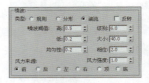

图16-79

07 接下将场景渲染为动画，即可观察到动态的雾效果。也可以打开本书附带光盘中的Chapter-16/"树3.avi"文件进行查看。

此外，在"噪波"选项组中，"风力来源"选项中的"前"、"后"、"左"、"右"、"顶"和"底"单选按钮，是用来决定风吹的方向。

16.2.4 体积光

体积光基于场景的灯光对象的范围，产生类似于雾、烟等效果。可以通过调节参数对体积光的颜色、密度、亮度及噪波波动等属性进行调整。将体积光与灯光的阴影配合使用，可以丰富场景效果，如图16-80所示为设置体积光后的画面效果。

1.灯光选项组

01 将本书附带光盘中的Chapter-16/"宝藏.max"文件打开，如图16-81所示。

图16-80　　　　　　图16-81

02 按下8键，打开"环境和效果"对话框。在"大气"卷展栏中单击"添加"按钮，打开"添加大气效果"对话框，并双击"体积光"选项。此时将自动展开"体积光参数"卷展栏，如图16-82所示。

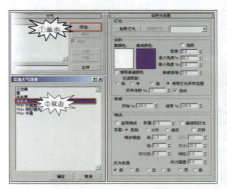

图16-82

03 在"体积光参数"卷展栏的"灯光"选项组中单击"拾取灯光"按钮,参照如图16-83所示在视图中拾取需要添加体积光的灯光对象。此时在"拾取灯光"按钮右边的显示窗内出现了这盏灯的名称,这盏灯的照射范围内会出现体积光效果。

图16-83

提示

同一个体积光效果可以被分配给场景中的多个灯光对象。

04 完毕后渲染场景,在这盏灯的照射范围内将会出现体积光效果。如图16-84所示。

图16-84

2.体积选项组

01 在"体积"选项组中单击"雾颜色"色块,打开"颜色选择器"对话框,参照如图16-85所示设置对话框,完毕后单击"确定"按钮关闭对话框,更改体积光的颜色。

图16-85

02 完毕后渲染场景,即可观察到更改颜色后的画面效果,如图16-86所示。

图16-86

03 在"体积"选项组中单击"衰减颜色"色块,在打开的"颜色选择器"对话框中进行设置,如图16-87所示。

图16-87

04 选择"使用衰减颜色"复选框,渲染场景即可观察设置颜色后的画面效果,如图16-88所示。

图16-88

注意

只有当"使用衰减颜色"复选框被选中时,"衰减颜色"显示窗内的颜色才会影响体积光。

05 在该选项组中启用"指数"复选框,可以控制指数规律距离增加密度。只有激活该复选框,场景中的透明对象才能与体积光更好地混合,如图16-89所示为启用该复选框后的对比效果。

图16-89

06 在"体积"选项组中对"密度"参数进行设置,调整体积光的密度。该参数越大,体积光的密度也就越大,完毕后渲染场景即可观察到设置参数后的画面效果,如图16-90所示。

07 在"体积"选项组中对"最大亮度"参数进行设置,调整体积光的最大密度,如图16-91所示。

图16-90　　　　　　　　图16-91

08 在该选项组中对"最小亮度"参数进行设置,可以控制体积光以外雾效的最小密度,该参数值默认值为0。通常情况下,不要改变该参数,否则将使场景中出现标准雾的效果,如图16-92所示。

09 完毕后再设置"最小亮度"参数为0,设置"衰减倍增"参数,调整衰减颜色密度和范围,如图16-93所示。

图16-92　　　　　　　　图16-93

10 通过选择"过滤阴影"选项下的"低"、
"中"、"高"和"使用灯光采样范围"4个单选按
钮，可以设置体积光在渲染后的精细程度。当选中
"低"单选按钮时，则不过滤图像缓冲区，而是直接
采样。该选项适合8位图像及AVI文件等，如图16-94
所示。

11 当选中"中"单选按钮，将对相邻的像素
采样并求均值。对于出现条带类型缺陷的情况，可
以使质量得到非常明显的改进，如图16-95所示。

图16-94　　　　　　　　图16-95

12 在"过滤阴影"选项中选中"高"单选按
钮，将对相邻的像素和对角像素采样，为每个像素
指定不同的权重，如图16-96所示。

13 当选中"使用灯光采样范围"单选按钮
时，将根据灯光"阴影贴图参数"中的"采样范围"
值，使体积光中投射的阴影变模糊，如图16-97所示。

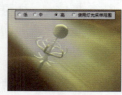

图16-96　　　　　　　　图16-97

14 取消"自动"复选框的选中状态，对"采
样体积"参数进行设置，控制体积光的采样比率，
如图16-98所示为设置不同"采样体积"参数后渲染
场景的画面效果。

图16-98

3.衰减选项组

01 在"衰减"选项组中对"开始"参数设置，
可以控制体积光起点的衰减程度，如图16-99所示。

02 设置"结束"参数，可以控制体积光终点
处的衰减程度，如图16-100所示。

图16-99　　　　　　　　图16-100

4.噪波选项组

01 参照如图16-101所示，在"体积光参数"
卷展栏中对各参数进行设置。

图16-101

02 完毕后渲染场景，即可观察设置各参数后
的画面效果，如图16-102所示。

03 在"噪波"选项组中设置"数量"参数，
可以调整噪波效果的百分比。完毕后渲染场景，效
果如图16-103所示。

图16-102　　　　　　　　图16-103

04 通常我们希望噪波看起来像大气中的雾或
尘埃，当启用"链接到灯光"复选框后，可以决定
噪波效果连接到它所指定的灯光对象，将噪波效果
连接到灯光对象比使用世界坐标系效果更为逼真。

第17章
渲染与输出技术

生动逼真的场景除了需要准确地设置材质与灯光外，还需要配合渲染技术才能够生成最终的画面。在本章将为读者介绍渲染输出方面的知识。在3ds Max 2012中包含4种渲染方式，分别为默认的扫描线渲染方式、"光跟踪器"、"光能传递"和Mental Ray渲染方式。不同的渲染方式不可以同时使用，每种渲染方式都有各自的特点，可以适应不同的场景。渲染运算越复杂，其渲染效果就越逼真，但同时也会耗费更多的系统资源和渲染时间，所以在选择渲染方式时，必须全面考虑作品的要求，以便选择最合适的渲染方式。

此外，本章还对Video Post功能进行演示与讲解，在Video Post对话框中可以将场景镜头、图片、视频动画等多种格式的视觉内容进行剪辑拼合，组合输出最为完美的作品。

17.1 渲染命令

在3ds max 2012主工具栏的右侧，提供了几个主要的渲染命令，可以通过单击相应的工具图标快速地执行渲染命令。此外，在3ds Max中还提供一个单独的"渲染快捷方式"工具栏，方便快速地调用预设的渲染设置。

17.1.1 主工具栏的渲染命令

在主工具栏右侧提供了几个渲染按钮用来调用渲染命令，如图17-1所示。

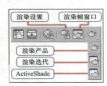

图17-1

01 启动3ds Max 2012，单击"快速访问"工具栏中的"打开文件" 按钮，打开本书附带光盘中的Chapter-17/"装甲车.max"文件并激活透视图。在主工具栏的右侧单击 "渲染设置"按钮，打开"渲染设置"对话框，如图17-2所示。

图17-2

> **提示**
>
> 也可以执行"渲染"→"渲染设置"命令，或按下F10键，打开"渲染设置"对话框。

02 在"渲染设置"对话框可以进行各项渲染设置，各选项功能在下一节会重点对其讲述。接着

单击对话框右下角的"渲染"按钮，如图17-3所示。

图17-3

03 此时将对透视图进行渲染，效果如图17-4所示。

图17-4

04 在对场景进行渲染的过程中，会弹出"渲染"对话框，显示当前渲染的进程及信息，在该对话框中单击"暂停"按钮可以暂停渲染，此时该按钮将变为"继续"按钮，如图17-5所示。单击"继续"按钮将继续渲染场景。

图17-5

图17-9

05 单击"取消"按钮，可以中断当前的渲染操作，返回场景操作状态。

> **提示**
>
> 也可以按下Esc键，中断当前的渲染操作。

06 单击主工具栏右侧的 "渲染产品"按钮，或按下F9键，将以"产品"级别的快速渲染方式对透视图进行渲染，如图17-6所示。

图17-6

07 按住"渲染产品"按钮不放，此时将弹出扩展工具栏，拖曳鼠标到 ActiveShade按钮上释放鼠标，此时将创建动态着色效果，如图17-7所示。

图17-7

08 动态着色渲染是一种实时的渲染方式，当在调节场景灯光或材质时，ActiveShade窗口将随着调节，互动地更新渲染结果。激活顶视图，参照如图17-8所示，调整聚光灯位置并观察ActiveShade对话框中渲染场景的效果。

图17-8

09 在主工具栏中单击ActiveShade按钮，将弹出提示对话框，提示系统一次只允许打开一个"动态着色"渲染窗口，在更改动态着色渲染窗口内容时，系统会提示是否关闭前一个窗口。如图17-9所示。

17.1.2 "渲染快捷方式"工具栏

在3ds Max中还提供了一个独立的"渲染快捷方式"工具栏，利用该工具栏可以设置3个自定义的渲染预设按钮，方便用户调用。

01 在主工具栏的空白处右击，在弹出的菜单中执行"渲染快捷方式"命令，将打开"渲染快捷方式"工具栏，如图17-10所示。

图17-10

02 单击"渲染快捷方式"工具栏右侧的 按钮，可以打开预设的下拉列表，该下拉列表与"渲染设置"对话框底部的"预设"下拉列表相同，如图17-11所示。

图17-11

03 选择相应的预设项目，将弹出"选择预设类别"对话框，保持全选对话框中的选项，单击"加载"按钮，即可加载预设的设置，如图17-12所示。

图17-12

04 如果需要对多个场景中应用相同的"渲染设置"对话框中的参数，可以通过"保存预设"命令，将这些参数保存为rps格式的预设文件，以便在其他场景渲染时调用。参照如图17-13所示，设置"渲染设置"对话框。

05 在"渲染快捷方式"工具栏中的下拉列表中选择"保存预设"选项，参照如图17-14所示进行操作，即可将当前"渲染设置"对话框中设置的参数保存为rps格式的渲染预设文件。

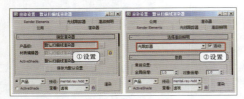

图17-13

图17-14

06 此外，还可以通过快捷按钮将当前预设进行保存，按下Shift的同时，在"渲染快捷方式"工具栏中单击 按钮，即可将当前渲染的设置保存为渲染预设，如图17-15所示。

图17-15

17.1.3 渲染帧窗口

渲染帧窗口是用于显示渲染输出的窗口。在3ds Max 2012中将更多的扩展功能集成到了渲染帧窗口中，这些设置虽然大多数已经存在于该程序的其他位置，但为用户的操作提供了更为便捷的途径，大大提高了工作效率。

01 将本书附带光盘中的Chapter-17/"石膏像.max"文件打开，激活透视图并按下F9键渲染场景，将打开"渲染帧"窗口，如图17-16所示。

图17-16

02 按下Ctrl键的同时，在渲染帧窗口中单击，将放大图像，如图17-17所示。右击可以缩小图像。

图17-17

03 在"要渲染的区域"下拉列表中，提供了可用的要渲染区域选项，分别是："视图"、"选定"、"区域"、"裁剪"和"放大"，如图17-18所示。

图17-18

04 单击 "清除"按钮，将渲染帧窗口中的图像清除。使用 "选择对象"工具，在"透视"视图中选择石膏像模型，在渲染帧窗口中设置"要渲染的区域"选项为"选定"，单击渲染帧窗口右上角的"渲染"按钮，将只对选定的对象进行渲染，如图17-19所示。

图17-19

05 在"要渲染的区域"下拉列表中选择"区域"选项，此时渲染帧窗口和当前视图中将同时出现一个编辑区域的控制框，通过拖曳控制柄或在控制框的内部单击拖曳，可以调整控制框的大小和位置。单击渲染帧窗口右上角的"渲染"按钮，即可对控制框内的区域进行渲染，如图17-20所示。

图17-20

06 在设置"要渲染的区域"为"区域"选项后，右侧的 "编辑区域"按钮将被激活，表示当前可以编辑渲染的区域。单击该按钮即可禁用编辑区域，在渲染帧窗口中该区域依然可见，但不能进行编辑，如图17-21所示。

图17-21

07 单击 "清除"按钮，将渲染帧窗口中的图像清除。单击 "自动选定对象区域"按钮，可以自动将选定对象的区域定义为渲染的区域，单击"渲染"按钮渲染场景，如图17-22所示。

图17-22

08 在"要渲染的区域"下拉列表中选择"裁剪"选项，此时将在当前视图中出现一个矩形渲染区域，单击拖曳控制柄或在矩形区域内部单击拖曳，可以调整区域的大小和位置，通过渲染场景可以观察到输出图像的大小，如图17-23所示。

图17-23

09 在"要渲染的区域"下拉列表中选择"放大"选项，此时可以在当前视图中调整矩形渲染区域的大小和位置。当渲染场景时，矩形区域将放大以填充整个输出区域进行渲染，如图17-24所示。

10 在"要渲染的区域"下拉列表中选择"视图"选项，在"视口"下拉列表中可以选择当前要渲染的视图。选择"右"选项，右视图将被激活，单击

"渲染"按钮，对场景进行渲染，效果如图17-25所示。

图17-24

图17-25

11 "渲染预设"下拉列表在之前的操作中已经做了详细讲述，在此就不再赘述。单击 "渲染设置"按钮，可以打开"渲染设置"对话框；单击 "环境和效果对话框（曝光控制）"按钮，可以打开"环境和效果"对话框，如图17-26所示。

图17-26

12 在渲染帧窗口中单击 "保存图像"按钮，可以将渲染的图像进行保存，如图17-27所示。

图17-27

13 单击 "克隆渲染帧窗口"按钮，可以创建一个包含当前显示图像的渲染帧窗口，如图17-28所示。

图17-28

14　在渲染帧窗口中，███启用"红色/绿色/蓝色通道"按钮，分别控制渲染图像的3个颜色信道是否显示。如图17-29所示展示了禁用红色通道后的图像效果。

图17-29

15　激活右视图并进行渲染，单击 ● "显示Alpha通道"按钮，可以查看当前渲染图像的Alpha通道，如图17-30所示。

图17-30

16　再次单击"显示Alpha通道"按钮，将其禁用。单击 ● "单色"按钮，即可以8位灰度方式显示渲染图像，如图17-31所示。

图17-31

17　在渲染图像上右击并拖曳鼠标，目标点像素的颜色会显示在渲染帧窗口工具栏中的色块内。

同时弹出一个图像信息框，显示当前渲染图像和鼠标下方像素的信息，如图17-32所示。

图17-32

18　如果需要查看静帧或序列图片，可以执行"渲染"→"查看图像文件"命令，打开"查看文件"对话框，选择本书附带光盘中的Chapter-17/01.jpg文件，单击"打开"按钮打开图像，如图17-33所示。

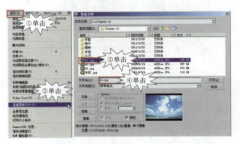

图17-33

19　因为本书附带光盘中01.jpg～03.jpg文件是按顺序号编排的，所以在打开的渲染帧窗口顶端会有两个导航箭头，该箭头显示序列中的下一个或上一个文件，通过单击这两个箭头按钮，可以逐一查看序列图像，如图17-34所示。

图17-34

17.2 "渲染设置"对话框

在"渲染设置"对话框中包含几个选项卡，选项卡的数量和名称会根据选择渲染器的不同而有所变化。接下来将对3ds Max默认扫描线渲染器所包含的5个选项卡进行介绍。

17.2.1 公用参数

在"公用"选项卡中包含了任何渲染器的主要

控件，可以设置渲染静态图像还是动画、设置渲染输出的分辨率等，此外在该选项组下还可以指定渲染器。在"公用"选项卡中，包含了4个卷展栏，分别是"公用参数"、"电子邮件通知"、"脚本"和"指定渲染器"。

1."公用参数"卷展栏

"公用参数"卷展栏可以设置所有渲染器的公

用参数。

01 单击"快速访问"工具栏中的 📂 "打开文件"按钮，打开本书附带光盘中的Chapter-17/"闹钟.max"文件。激活摄影机视图并按下F10键，打开"渲染设置"对话框，如图17-35所示。

图17-35

02 为了便与之后的操作，在这里需要将渲染输出的文件进行保存。参照如图17-36所示，在"渲染输出文件"对话框中指定输出文件的名称、格式与保存路径。

图17-36

03 单击"保存"按钮，由于当前是以tga格式保存的文件，将弹出"Targa图像控制"对话框，通过该对话框可以对文件保存格式进行更为详细的设置，如图17-37所示，单击"确定"按钮关闭对话框。

图17-37

04 在"渲染设置"对话框中单击"渲染"按钮，对图像渲染并保存。效果如图17-38所示。

图17-38

05 启用"将图像文件列表放入输出路径"复选框，并确定"Autodesk ME图像序列文件（.imsq）"单选框为选中状态，单击"立即创建"按钮，此时将创建图像序列（.imsq）文件，并将其保存与渲染相同的目录中，该文件是存储有关渲染的信息，如图17-39所示。

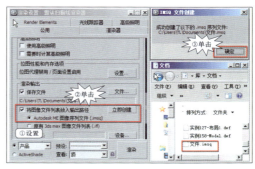

图17-39

06 在"渲染输出"选项组中，启用"原有3ds Max图像文件列表（.ifl）"单选框，单击"立即创建"按钮，将以3ds Max旧版本创建的各种图像文件列表IFL文件，如图17-40所示。

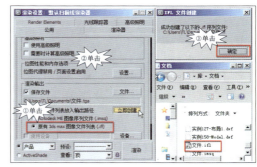

图17-40

07 如果需要进行输出操作，单击"设备"按钮，在打开的"选择图像输出设备"对话框中选择用于视频硬件输出的设备，如图17-41所示。在这里单击"取消"按钮关闭对话框。

图17-41

08 启用"渲染帧窗口"复选框，可以使图像渲染结果显示在渲染帧窗口中。启用"网络渲染"复选框，单击"渲染"按钮，将出现如图17-42所示的"网络作业分配"对话框。

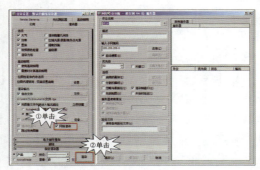

图17-42

09 关闭"网络作业分配"对话框，回到3ds Max操作界面中。启用"跳过现有图像"复选框，这样当再次渲染图像时，如果发现存在与渲染图像名称相同的文件，将保留原来的文件，不会进行覆盖。

10 在默认情况下，对场景进行渲染，得到的只是对单帧渲染的静态图像，这是因为在"时间输出"选项组内设置的为单帧。当选择"活动时间段"选项时，3ds Max将对时间线中的总体时间范围逐帧进行渲染，从而渲染出一个动画文件或文件序列。如图17-43所示展示了设置该选项后，对场景进行渲染时的状态。

图17-43

11 启用"范围"选项，可以指定渲染的范围。参照如图17-44所示，在右侧的文本框内输入数值范围，单击"渲染"按钮，即可对设定的范围进行渲染。

图17-44

12 在"文件起始编号"文本框内指定起始文件保存时的编号，当逐帧保存图像后，文件将根据自身的帧号递增文件序号，例如第55帧，保存后为"文件0055"，如图17-45所示。

图17-45

13 启用"帧"选项，可以指定对单帧或某一时间段进行渲染。单帧用"，"号隔开，时间段之间用"-"连接。如图17-46所示展示了设置"帧"选项后，对指定帧和时间段进行渲染保存的图像文件。

图17-46

14 此外，对于较长的动画文件，还可以通过设置"每N帧"选项来指定每隔几个渲染一次。参照如图17-47所示进行设置，在指定范围内每隔5帧渲染1帧对场景进行渲染。

图17-47

"输出大小"选项组可以设置渲染图像的大小，接下来将通过一个实例的操作，对"输出大小"选项组进行全面的学习。

01 将本书附带光盘中的Chapter-17/"床.max"文件打开。激活透视视图，并按下F10键，打开"渲染设置"对话框，如图17-48所示。

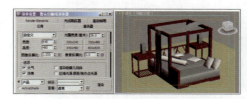

图17-48

02 在"输出大小"选项组的下拉列表中选择"自定义"选项，可以通过设置"宽度"和"高度"值来调节渲染图像的大小。此外，在下拉列表

中还提供了其他的固定尺寸选项，如图17-49所示。

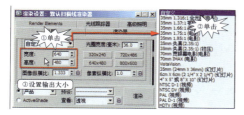

图17-49

03 在"输出大小"选项组的下拉列表中选择一个视频格式，通过透视图观察更改视频格式后场景的变化，如图17-50所示。

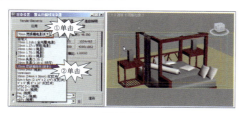

图17-50

04 如果需要对当前摄影机视图的摄影机进行设置，可以设置"光圈宽度（毫米）"参数，决定场景渲染输出的光圈宽度。更改光圈宽度值将改变摄影机的"镜头"值，同时也定义了"镜头"与"视野"参数之间的相对关系，但不会影响摄影机视图中的观看效果。

05 除了通过设置"宽度"和"高度"参数定义渲染图像的大小外，还可以从右侧的4个固定尺寸按钮中进行选择。此外，还可以右击该按钮，重新定义该按钮对应的尺寸，如图17-51所示。

图17-51

06 单击"获取当前设置"按钮，可以直接将当前打开文件的尺寸和比例读入，作为当前按钮的设置，如图17-52所示。

图17-52

07 设置"图像纵横比"参数，决定了图像宽度和高度的比例，当用户设置"宽度"和"高度"参数后，该值也会自动计算出来。如图17-53所示展

示了设置"图像纵横比"参数值后，视图中场景的变化。

图17-53

08 启用"图像纵横比"参数右侧的"锁定"按钮，将锁定图像的纵横比。调整"宽度"或"高度"中任意一个参数，另一个参数也会跟着改变以保持原纵横比，如图17-54所示。

图17-54

09 设置"像素纵横比"参数，可以使渲染后的图像在显示上出现挤压变形效果。如图17-55所示展示了设置不同"像素纵横比"参数渲染图像后的效果。

图17-55

在"选项"选项组中，可以对场景渲染内容进行设置，有选择地渲染场景内容。

01 单击"快速访问"工具栏中的"打开文件"按钮，打开本书附带光盘中的Chapter-17/"水池.max"文件。

02 按下F10键，打开"渲染设置"对话框，单击"渲染"按钮，对摄影机视图进行渲染，如图17-56所示。

图17-56

03 在默认情况下，"选项"选项组中的"大气"复选框为启用状态，这将对场景中应用的任何大气效果进行渲染；如果禁用该复选框，则在渲染时不会对场景中应用的大气效果进行渲染。如图17-57所示展示启用和禁用该复选框前后的对比效果。

图17-57

04 启用"效果"复选框，在渲染场景时可以对任何应用的效果进行渲染，例如模糊、镜头效果等。如图17-58所示展示了禁用该复选框后渲染场景的效果。

图17-58

05 启用与禁用"置换"复选框，决定是否对场景中应用的置换贴图进行渲染。

06 启用"视频颜色检查"复选框，检查图像中超出NTSC制或PAL制安全阈值的像素颜色，如果有，则将对它们作出标记或转化为允许的范围值，启用"渲染为场"复选框，为视频创建动画时，将视频渲染为场，而不是渲染为帧。如图17-59所示展示了渲染过程中图像的效果。

图17-59

07 启用"渲染隐藏几何体"复选框，将会对场景中所有对象进行渲染，包括被隐藏的对象，效果如图17-60所示。

图17-60

08 对于光源和阴影设置比较复杂的场景，启用"区域光源/阴影视作点光源"选项，会将场景中所有的区域光源和阴影都当做从点对象发出的进行渲染，这样可以加快渲染的速度，但是会损失一些

质量。

09 将本书附带光盘中的Chapter-17/"赛车.max"文件打开，选择摄影机视图并进行渲染，如图17-61所示。

图17-61

10 打开"渲染设置"对话框，在"选项"选项组中启用"强制双面"复选框，对象内外表面都将进行渲染，如图17-62所示。

11 启用"超级黑"复选框，可以限制渲染几何体的暗度，除非确实需要，否则将其禁用。

图17-62

接下来将通过一个实例的操作，了解"高级照明"选项组。

01 单击"快速访问"工具栏中的"打开文件"按钮，打开本书附带光盘中的Chapter-17/"小刀.max"文件。

02 按下F10键打开"渲染设置"对话框，单击"高级照明"选项卡，在该选项卡内可以看到当前文件中已经应用了高级照明，如图17-63所示。

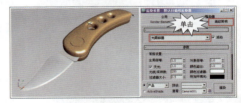

图17-63

03 单击"公用"选项卡，切换到该选项卡下，在默认状态下"高级照明"选项组内"使用高级照明"复选框为启用状态，3ds Max将会调用高级照明系统对场景进行渲染；如果禁用该复选框，在渲染时则会关闭高级照明，而不会改变已经调节好的高级照明参数，如图17-64所示。

04 启用"需要时计算高级照明"复选框，系统会判断是否需要重复对场景进行高级照明的光线分布计算。这样做不仅保证了渲染的正确性，还提高了渲染速度。默认情况下，该选项是关闭的，表示不进行判断。

05　在"位图性能和内存选项"选项组中，显示3ds Max是使用高分辨率贴图还是位图代理进行渲染。如果需要更改该设置，可以参照如图17-65所示进行操作，设置3ds Max如何创建和使用材质中合并位图的代理版本。

图17-64

图17-65

2.指定渲染器

"指定渲染器"卷展栏显示当前指定给产品级和ActiveShade类别的渲染器。在该卷展栏中也可以方便地进行渲染器的更换。

01　展开"指定渲染器"卷展栏，"产品级"选项显示当前用于渲染图形输出的渲染器。单击右侧的"选择渲染器"按钮 … ，在打开的"选择渲染器"对话框中可以改变使用的渲染器，如图17-66所示。

图17-66

02　"材质编辑器"选项用于渲染"材质编辑器"中示例窗的渲染器。在默认情况下，右侧的"锁定"按钮处于启用状态，将锁定材质编辑器和产品级使用相同的渲染器。如果需要指定另一个渲染器，可以参照如图17-67所示进行设置。

03　ActiveShade选项用于选择预览场景中照明和材质更改效果的ActiveShade渲染器。参照如图17-68所示，单击"保存为默认设置"按钮，可以使下次重新启动3ds Max时会按照当前的设置指定渲染器，如图17-68所示。

图17-67

图17-68

04　在了解了"公用"选项卡内的各选项功能后，接下来对"渲染设置"对话框底部的几个选项进行了解。"产品级"选项默认为启用状态，单击"渲染"按钮，将使用产品级对当前场景进行渲染，如图17-69所示。

图17-69

05　启用ActiveShade选项，在前面已经对动态着色功能做了讲解，在这里就不再赘述，参照如图17-70所示操作，对当前场景进行渲染。

图17-70

06　在"查看"下拉列表中可以选择要渲染的视图。当选择一个视图后会激活相应的视图，参照如图17-71所示进行设置，对激活的视图进行渲染。

图17-71

在"查看"下拉列表中选择要渲染的视图后，单击启用"锁定视图"按钮，将锁定选择的视图。当在别的视图中进行操作后，还会渲染锁定的视图；禁用时，总是渲染当前激活的视图。

17.2.2 渲染器

在"渲染器"选项卡中，主要用来设置当前使用的渲染器参数。

01 单击"快速访问"工具栏中的"打开文件"按钮，打开本书附带光盘中的Chapter-17/"柜子.max"文件。

02 按下F10键，打开"渲染设置"对话框并切换到"渲染器"选项卡，如图17-72所示。

图17-72

03 在默认情况下，"选项"选项组中的"贴图"复选框为启用状态。禁用该复选框可以忽略所有贴图信息，从而加快渲染速度。同时也自动影响反射和环境贴图，如图17-73所示展示了启用与禁用该复选框后渲染场景的效果。

图17-73

04 禁用"阴影"复选框，渲染时将忽略场景中所有灯光的投影设置，可以加快渲染速度，如图17-74所示。

图17-74

05 禁用"自动反射/折射和镜像"复选框，在渲染时将忽略场景中所有的自动反射材质、自动折射材质和镜面反射材质的跟踪计算，从而加快渲染

的速度。

06 启用"强制线框"复选框，可以强制场景中所有对象以线框的方式渲染，可以通过设置"线框厚度"参数来控制线框的粗细。如图17-75所示展示了设置不同"线框厚度"值图像的对比效果。

图17-75

07 启用"启用SSE"复选框，在渲染场景时使用流SIMD扩展，该选项取决于系统的CPU，CPU的性能越高，越能节省渲染时间。

08 如果以较快的渲染速度渲染测试图像时，还可以在"抗锯齿"选项组中，禁用"抗锯齿"复选框，在渲染斜线或曲线时将出现锯齿状的边缘。如图17-76所示展示了启用该复选框前后的对比效果。

图17-76

09 在"过滤器"列表中，可以指定抗锯齿滤镜的类型。当选择任意一种过滤器时，在"抗锯齿"选项组的下面3ds Max通过一段文字显示过滤器的简要说明，如图17-77所示。

图17-77

10 启用"抗锯齿"复选框，在选择任意一种过滤器后，设置"过滤器大小"参数可以增加或减小应用到图像中的模糊量。如图17-78所示展示了选择"区域"过滤器，并设置不同"过滤器大小"参数后的效果。

图17-78

11 在默认情况下，"过滤贴图"复选框为启用状态，这样会对贴图材质进行过滤处理，并得到更真实、优秀的效果。如图17-79所示展示了启用与禁用该选项，对场景渲染后的效果。

图17-79

12 在"全局超级采样"选项组中，启用"禁用所有采样器"复选框，将禁用所有的超级采样器。启用"启用全局超级采样器"复选框，将对所有的材质应用相同的超级采样器，并且可以在下面的下拉列表中选择几种采样方式，如图17-80所示。

13 当启用"启用全局超级采样器"复选框后，"超级采样贴图"复选框才处于激活状态，该选项对应用于材质的贴图进行超级采样，超级采样器将以平均像素表示贴图。

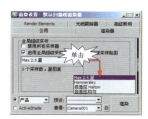

图17-80

在"对象运动模糊"选项组中，可以对对象的运动模糊进行启用、禁用或对运动模糊的属性进行设置。

01 单击"快速访问"工具栏中的"打开文件"按钮 🗁，打开本书附带光盘中的Chapter-17/"风扇.max"文件。

> **提示**
> 该文件已经添加了动画效果，可以通过单击"播放动画"按钮 ▶，观看设置的动画效果。

02 在制作运动模糊效果时首先要指定对象，参照如图17-81所示，选择风扇叶片对象并右击，在弹出的菜单中执行"对象属性"命令，打开并设置"对象属性"对话框。

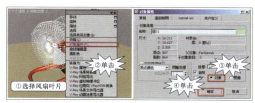

图17-81

03 在时间线区域中，拖曳时间滑块到第180帧，使风扇的扇叶处于旋转状态下，如图17-82所示。

04 按下F10键，打开"渲染设置"对话框并切换到"渲染器"选项卡，在"对象运动模糊"选项

组内"应用"复选框默认为启用状态，将会对场景中设置为"对象"模糊方式的对象进行运动模糊处理。如图17-83所示展示了启用与禁用该选项，对场景渲染后的效果。

图17-82

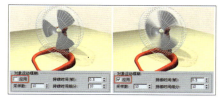

图17-83

05 "持续时间（帧）"参数决定了模糊虚影的持续长度，值越大，虚影越长，运动模糊越强烈。如图17-84所示展示了设置不同"持续时间（帧）"参数渲染场景的效果。

图17-84

06 模糊虚影是由多少个对象的重复复制而成，取决于"采样数"值，该值最大可以设置为32。另外，该参数与"持续时间细分"值相关，持续时间细分值确定的是在模糊运算的持续时间内，有多少个对象复制要进行渲染。如图17-85所示展示了分别设置这两个值，渲染图像的对比效果。

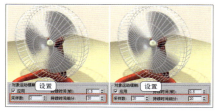

图17-85

07 保持风扇叶片对象的选中状态，右击，在弹出的菜单中执行"对象属性"命令，打开并设置"对象属性"对话框，更改对象的模糊方式，如图17-86所示。

08 在"图像运动模糊"选项组内"应用"复选框默认为启用状态，将会对场景中设置为"图

像"模糊方式的对象，进行运动模糊处理。如图17-87所示展示了启用与禁用该选项，对场景渲染后的效果。

图17-86

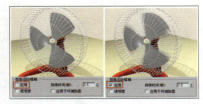

图17-87

09 设置"持续时间（帧）"参数，决定运动产生的虚影长度，值越大，虚影越长，表现效果越夸张，如图17-88所示展示了设置不同"持续时间（帧）"参数后的效果。

图17-88

10 启用"透明度"复选框，图像运动模糊过程中会应用于透明对象的迭加，增加渲染时间；启用"应用于环境贴图"复选框，当场景中有环境贴图设置，摄影机又发生了旋转时，将会对整个环境贴图也进行图像运动模糊处理。

17.2.3 光线跟踪器

在"光线跟踪器"选项卡内只包含"光线跟踪器全局参数"卷展栏，该卷展栏内的参数全局控制光线跟踪器本身。不仅影响场景中所有光线跟踪材质和光线跟踪贴图，也影响高级光线跟踪阴影和区域阴影的生成。

01 打开本书附带光盘中的Chapter-17/"苹果.max"文件。激活"透视"视图，并打开"渲染设置"对话框，切换到"光线跟踪器"选项卡，如图17-89所示。

02 在"光线深度控制"选项组内设置"最大深度"参数，可以决定循环反射次数的最大值，该值越大，渲染效果越真实，但也会增加渲染时间。

设置"中止阈值"参数，将会为自适应光线级别设置一个中止阈值。当光线对渲染像素颜色的影响低于中止阈值时，则终止该光线。如图17-90所示展示了设置这两个参数值渲染图像后的效果。

图17-89

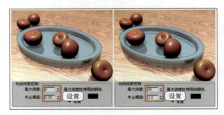

图17-90

03 在默认情况下，达到最大深度的光线颜色被渲染为环境背景的颜色，通过"最大深度时使用的颜色"选项下的"指定"选项可以选择另一种颜色替换最大深度时的光线颜色，如图17-91所示。

图17-91

04 在"全局光线抗锯齿器"选项组中，激活"启用"复选框，可以设置场景中全部光线跟踪贴图和材质使用抗锯齿，如图17-92所示。

图17-92

05 在"全局光线跟踪引擎选项"选项组中，启用或禁用"启用光线跟踪"复选框，决定了是否进行光线跟踪计算，如图17-93所示。

06 启用或禁用"光线跟踪大气"复选框，决定了是否对场景中的大气效果进行光线跟踪计算。

启用或禁用"启用自反射/折射"复选框，决定了场景中对象是否使用自身反射/折射，如图17-93所示。

图17-93

图17-94

07 启用或禁用"反射/折射材质ID"复选框，决定了是否对场景中对象的反射或折射进行特技处理，也就是对ID号的设置也进行反射或折射。

08 启用"渲染光线跟踪对象内的对象"复选框，可以激活光线跟踪对象内的对象渲染；启用"渲染光线跟踪对象内的大气"复选框，可以激活光线跟踪对象内的大气效果渲染；启用"启用颜色密度/雾效果"复选框，可以激活颜色密度和雾功能。

09 单击"加速控制"按钮，打开"光线跟踪加速参数"对话框，该对话框中可以帮助优化特定需求和时间约束的光线跟踪渲染效果，如图17-95所示。

图17-95

提示

在通常情况下，没有调节加速参数的必要，可以保持默认的参数设置。

10 单击"排除"按钮，可以打开"排除和包含"对话框，如图17-96所示。通过在该对话框中进行设置可以将不可见的或次要的对象排除在光线跟踪计算之外，以减少渲染的时间。

图17-96

11 启用"显示进程对话框"选项，在渲染场景时会显示一个"光线跟踪引擎设置"对话框。"显

示消息"选项，在默认状态下为启用状态，按下F9键对当前场景进行渲染时，将会显示一个含有光线跟踪情况和进行内容的信息窗口，如图17-97所示。

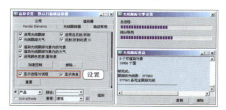

图17-97

17.2.4　高级照明

在"高级照明"选项卡中只包含了"选择高级照明"卷展栏。该卷展栏用于选择一个高级照明选项，默认的扫描线渲染器提供了"光跟踪器"和"光能传递"两个选项。

1.光跟踪器

"光跟踪器"常用于户外明亮的场景，对场景提供柔和边缘的阴影和映色，创建出逼真的照明效果，该高级照明通常与天光结合使用。

01 打开本书附带光盘中的Chapter-17/"沙发.max"文件。

02 激活"摄影机"视图，按下F10键，打开"渲染设置"对话框并切换到"高级照明"选项卡，如图17-98所示。

03 单击"渲染"按钮，对当前视图进行渲染，如图17-99所示。

图17-98　　　　　　图17-99

04 在"选择高级照明"卷展栏的下拉列表中选择"光跟踪器"选项，将展开"光跟踪器"中的"参数"卷展栏，如图17-100所示。

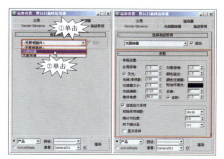

图17-100

05 在"常规设置"选项组中，设置"全局倍增"参数，可以控制整体的照明级别，如图17-101所示展示了设置不同"全局倍增"参数，渲染场景的对比效果。

图17-101

06 设置"对象倍增"参数，可以控制场景中物体反射的光线照明级别。

07 启用或禁用"天光"复选框，决定照明跟踪是否对天光进行重聚集处理。设置不同的天光值决定着天光的强度，如图17-102所示。

图17-102

08 设置"颜色溢出"参数，可以控制颜色溢出的强度。如图17-103所示展示了设置不同"颜色溢出"参数渲染场景的效果。

图17-103

09 通过"颜色过滤器"选项可以设置过滤投射在对象上的所有灯光。如图17-104所示展示了设置为其他颜色后的效果。

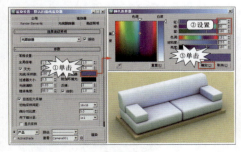

图17-104

10 设置"过滤器大小"参数，可以降低效果

中噪波的大小，使图像更加平滑，如图17-105所示。

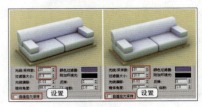

图17-105

11 设置"附加环境光"选项，可以使用其他颜色作为附加的环境光颜色添加到对象上，如图17-106所示。

图17-106

12 设置"光线偏移"参数，可以调整反射光效果的位置，更正渲染时的不真实效果。

13 设置"反弹"参数，决定了追踪光线反弹的次数。如图17-107所示展示了设置不同"反弹"参数渲染场景的效果。

图17-107

14 设置"锥体角度"参数，决定光线投射的分布角度。减小该值可以获得高对比度的图像，如图17-108所示。

图17-108

15 启用或禁用"体积"复选框，决定了是否对体积照明效果进行重聚集处理。增大体积值可增强从体积照明效果对渲染场景的影响，减小该值可减少其效果。

16 激活"自适应欠采样"选项组，在该选项组中启用"显示采样"复选框并渲染场景，这样采样点的位置会渲染为红点，从而了解采样点的分布情况，如图17-109所示。

图17-109

17 设置"初始采样间距"选项，决定了对图像进行初始采样时的网格间距，以"像素"为单位进行衡量；如图17-110所示展示了设置该选项后，渲染场景的效果。

图17-110

18 设置"细分对比度"参数，调整对比度阈值，决定何时对区域进行进一步细分，增加该值将减少细分。减小该值可能导致不必要的细分，如图17-111所示。

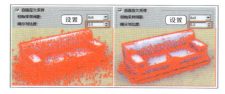

图17-111

19 设置"向下细分至"参数，用于设置细分的最小间距。增加该值能够缩短渲染时间，但会影响图像精确度，如图17-112所示。

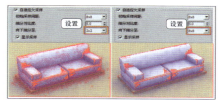

图17-112

2.光能传递

"光能传递"是一种渲染技术，可以真实地模拟光线在环境中相互作用的全局照明效果，实现更为真实和精确的照明结果。

01 将本书附带光盘中的Chapter-17/"房间一角.max"文件打开。激活"摄影机"视图并按下F9

键渲染场景，效果如图17-113所示。

图17-113

02 按下键F10键，打开"渲染设置"对话框，并激活"高级照明"选项卡。

03 在"选择高级照明"卷展栏内选择"光能传递"选项，在"光能传递参数"卷展栏中单击"开始"按钮，进行光能传递处理，如图17-114所示。

图17-114

04 单击"渲染"按钮渲染场景，效果如图17-115所示。

图17-115

05 单击"全部重置"按钮，用于清除上次记录在光能传递控制器的场景信息。单击"重置"按钮，只将记录的灯光信息从光能传递控制器中清除，而不清除几何体信息。

06 设置"初始质量"百分比参数，决定了停止初始质量过程时的品质百分比，最高为100%。如图17-116所示展示了设置不同百分比参数，得到的光能传递效果。

图17-116

07 设置"优化迭代次数（所有对象）"参数，决定了整个场景执行优化迭代的程度，该选项可以提高场景中所有对象的光能传递品质，如图17-117所示。

图17-117

08 "优化迭代次数（选定对象）"与"优化迭代（所有对象）"参数类似，所不同的是"优化迭代次数（选定对象）"只对选中的对象进行优化迭代计算。

09 "处理对象中存储的优化迭代次数"选项默认为启动状态，在单击"重置"按钮重新进行光能传递处理时，每个对象都会按步骤自动进行优化处理。启用"如果需要，在开始时更新数据"选项，当解决方案无效，则必须重置光能传递引擎，然后再重新计算；禁用该选项，如果光能传递方案无效，则不需要重置。可以使用无效的解决方案继续处理场景。

10 在"交互工具"选项组中，设置"间接灯光过滤"参数，可以向周围的元素均匀化间接照明级别来降低表面元素间的噪波数量。设置该参数值过高会造成场景细节丢失，如图17-118所示。

图17-118

> **提示**
> 为了便于观察设置该参数后的效果，将"初始质量"参数设置为50%。

11 设置"直接灯光过滤"参数值，可以向周围的元素均匀化直接照明级别来降低表面元素间的噪波数量。设置数值过高，可能会造成场景细节丢失。

12 单击"对数日光控制"右侧的"设置"按钮，打开"环境和效果"对话框，参照如图17-119所示，设置曝光类型和曝光参数，当改变曝光控制后，"设置"按钮前显示当前曝光控制的名称也会自动更改。

13 启用或禁用"在视口中显示光能传递"复选框，可以控制在视图中是否显示光能传递的效果，如图17-120所示。

图17-119

图17-120

在"灯光绘制"卷展栏中提供了绘制灯光的工具，可以手动添加、减少或移除照明。接下来将通过实例的操作，对"灯光绘制"卷展栏内各选项功能有个简单了解。

01 "强度"参数是以lux（勒克斯）或candelas（坎德拉）为单位指定照明的强度。

> **提示**
> 可以执行"自定义"→"单位设置"命令，在打开的"单位设置"对话框中指定该参数的单位。

02 设置"压力"参数，决定了添加或移除照明时指定要使用的采样能量的百分比。

03 选择房间对象，单击"增加照明到曲面"按钮，参照如图17-121所示，增加照明到选定对象的曲面中。

图17-121

04 单击"清除"按钮，即可清除全部手动添加的光照效果。单击"从曲面减少照明"按钮，参照如图17-122所示单击，即可减少选择对象的光照效果。该按钮将根据"压力"的设置决定移除的照明强度。

图17-122

05 单击"从曲面拾取照明"按钮，将滴管移动到对象的表面并单击，以lux（勒克斯）或candelas（坎德拉）为单位的照明数值会出现在"强度"文本框中，如图17-123所示。

图17-123

在"渲染参数"卷展栏中，提供了用于控制如何渲染光能传递处理的场景参数。接下来将通过实例的操作，对"渲染参数"卷展栏内的各选项参数有个全面了解。

01 在"渲染参数"卷展栏中，启用"重用光能传递解决方案中的直接照明"选项，将直接根据光能传递网格计算阴影。启用该复选框，会加快渲染时间，但产生的效果也会比较粗糙，如图17-124所示。

图17-124

02 启用"渲染直接照明"选项，将用标准渲染器计算阴影，能够产生更为高质量的图像，但渲染时间会长些。启用"重聚集间接照明"复选框，在计算阴影时将参考所有的光源情况，能够有效地纠正图像错误与阴影泄漏等问题，但渲染时间会很长，如图17-125所示。

图17-125

03 "每采样光线数"参数，可以设置每次采样光线的数量，设置数值越高，间接照明投射光线的数量越多，产生的光效越精确；数值越低，投射的光线数量越少，产生的光效变化越大。该数值直接影响图像的渲染品质，值越大效果越细腻，但渲染时间也越长。

04 通过设置"过滤器半径（像素）"参数来减少光噪，也就是对采样的像素进行模糊处理，可以去除图像的杂点和噪波。启动"钳位值（cd/m^2）"选项，可以设置重聚集过程中亮度的上限，避免亮斑的出现。

05 "自适应采样"选项组内各选项功能与"光跟踪器"照明选项下的"自适应采样"选项组功能类似，因此这里就不再进行赘述。

第18章
创建场景动画

动画功能是3ds Max中非常重要的功能，使用这些功能可以创建出，任何可以想象到的动画效果。很多优秀的游戏视频、动画片作品，都是由3ds Max的动画功能制作完成的。动画功能包含很多方面，从基础动画设置，到层级动画设置、控制器动画设置、角色动画设置，再到粒子系统与动力学控制等，共涉及十多项设置内容。从本章开始将逐一讲述这些功能，本章首先来学习动画原理和基础动画设置知识。

18.1 动画的基础原理

在很早之前人们就发现，将一系列相关联的图片连续播放，画面会产生动画效果，如图18-1所示。在单位时间里，播放画面越多，动画效果就会越流畅。传统的电影通常为每秒播放24幅画面，而网页中的Flash动画为了减小文件体积，通常设定为每秒播放12幅画面。

图18-1

默认状态下3ds Max设定动画每秒播放30幅画面，当然这样会产生体积比较大的动画文件。读者也可以根据需要，自定义每秒播放的画面数量。至少要播放15幅画面才可以形成流畅的动画效果。在动画过程中，每一幅画面称为——"帧"。单位时间内的帧数越多，动画过程就越流畅；反之，动画画面则会产生抖动和闪烁的现象。

在3ds Max中设置动画时，不需要对每一帧画面都进行设置，只需将一个动作开始一帧和结束时的一帧定义好，计算机会自动生成中间的画面。由用户设置的画面动作称为"关键帧"，下面通过一组操作来了解动画帧与关键帧。

01 启动3ds Max 2012，单击"快速访问"工具栏中的"打开文件"按钮，打开本书附带光盘中的Chapter-18/座钟/"老闹钟max"文件，如图18-2所示。

02 这是一个古老座钟的场景，除了需要设置动画的部分以外，所有的对象都已被冻结。此时，可以在动画记录控制区单击"播放动画"按钮播放预先设置好的动画。在动画预览中我们发现，座钟上的

门打开后，里面的小鸟并没有弹出，如图18-3所示。

图18-2　　　　　　　　图18-3

03 下面将设置小鸟随着被打开的门，弹出窗口的动画。在左视图中选择"小鸟"，单击激活"自动关键点"按钮，在动画控制区的"当前帧"栏内输入120，并单击 ⟶ "设置关键点"按钮，在该时间段上将创建关键帧，如图18-4所示。

图18-4

04 在动画控制区的"当前帧"栏内输入150，在左视图中沿X轴将"小鸟"移动至如图18-5所示的位置，将自动创建关键帧，如图18-5所示。

图18-5

05 创建完毕第2帧后，说明结束时的帧已经定义好，此时可以形成一个简单的动作，单击"播放动画"按钮▶或拖曳时间滑块，可以对该动作进行预览，如图18-6所示。

图18-6

06 接着，将"时间滑块"拖曳至180帧的位置，单击"设置关键点"按钮☞，设置另外一个动作的开始关键帧，如图18-7所示。

图18-7

07 在动画控制区的"当前帧"栏内输入200，在左视图中沿X轴将"小鸟"移动至最初打开时的位置，如图18-8所示。将自动创建关键帧，如图18-8所示。

08 单击关闭"自动关键点"按钮，单击"播放动画"按钮▶，可以观察到门开的时候，小鸟自

动弹出，即将关闭的时候，小鸟自动缩回的动画，如图18-9所示。

图18-8

图18-9

18.2 动画的设置方法

在3ds Max 2012中，有两种动画设置模式，这两种动画设置模式分别为"自动关键点"模式和"设置关键点"模式。

1. "自动关键点"模式

进入该动画模式后，系统会根据场景中不同时间段，对对象的编辑和修改都将被记录为关键帧，从而生成动画效果。该动化模式的优点是方便、快捷，下面将通过一组操作来学习"自动关键点"模式设置动画的方法。

01 单击"快速访问"工具栏中的 "打开文件"按钮☞，打开本书附带光盘中的Chapter-18/"雪橇.max"文件，如图18-10所示。

图18-10

02 首先来设置雪橇沿直线运动的动画。在动画控制区的"当前帧"栏内输入100，如图18-11所示，单击激活"自动关键点"按钮。

图18-11

03 在左视图中沿X轴将"雪橇"移动到如图18-12所示的位置。

图18-12

04 关闭"自动关键点"按钮，激活Camera001视图，单击"播放动画"按钮▶，可以看到雪橇滑行的动画，如图18-13所示。

05 连续按快捷键Ctrl+Z，恢复到"雪橇"尚未设置动画的状态，接下来需要设置"雪橇"绕过障碍物的动画。如图18-14所示，将场景中的路障放置到雪橇前方。

图18-13　　　　图18-14

06 在动画控制区的时间栏内输入100，单击激活"自动关键点"按钮，依照如图18-15所示的路线移动"雪橇"。

07 播放动画，"雪橇"并没有呈弧形运动，而是沿直线运动，这是因为在设置关键点时，计算

机将根据两个关键点之间的最近距离添加帧，如果需要使"雪橇"绕开障碍物，至少需要3个关键点。

08　连续按快捷键Ctrl+Z，恢复到"雪橇"尚未设置动画的状态，在顶视图中沿Z轴将"雪橇"旋转至如图18-16所示的位置。

图18-15　　　　　　　　图18-16

09　单击激活"自动关键点"按钮，在动画控制区的时间栏内输入50，将"雪橇"移动并旋转至如图18-17所示的位置。

10　接下来需要设置最后一个关键点，在动画控制区的时间栏内输入100，将"雪橇"移动并旋转至如图18-18所示的位置。

图18-17　　　　　　　　图18-18

11　单击关闭"自动关键点"按钮，播放动画，可以看到"雪橇"绕障碍物滑行的动画，如图18-19所示。

图18-19

2."设置关键点"模式

在"设置关键点"模式下，需要手动设置每一个关键点，在该模式下设置动画的优点在于，可以

精确地控制动画动作的形态。下面通过一组操作学习"设置关键点"模式下设置动画的方法。

01　单击"快速访问"工具栏中的 "打开文件"按钮，打开本书附带光盘中的Chapter-18/"飞船.max"文件，如图18-20所示。

02　在时间控制器内输入0，并单击激活"设置关键点"按钮，在顶视图中沿Z轴将"飞船"旋转，如图18-21所示。单击"设置关键点"按钮 ，在第0帧的位置设置一个关键点。

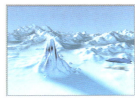

图18-20　　　　　　　　图18-21

03　在时间控制器内输入50，将"飞船"移动并旋转至如图18-22所示的位置，单击"设置关键点"按钮 ，在第50帧的位置设置第2个关键点。

04　在时间控制器内输入100，将"飞船"移动并旋转至如图18-23所示的位置，单击"设置关键点"按钮 ，在第100帧的位置设置第3个关键点。

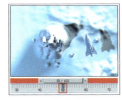

图18-22　　　　　　　　图18-23

05　单击关闭"设置关键点"按钮，播放动画，可以看到"飞船"绕障碍物飞行的动画，如图18-24所示。

图18-24

18.3　预览和渲染动画

为了确保准确设置动画效果，在设置动画时需要结合使用预览和渲染动画的各种命令，以保证更为准确地把握动画效果。下面学习3ds Max中的预览和渲染动画功能。

1. 查看动画

　　动画设置完毕后，可以通过视图下端的动画控制按钮，播放和查看动画效果。

　　01 打开本书附带光盘中的Chapter-18/瑞雪/"瑞雪.max"文件，如图18-25所示。

　　02 在场景中选择"底座"对象，可在轨迹栏中观察到设置该对象动画所创建的关键帧，如图18-26所示。

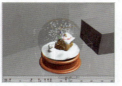

图18-25　　　　　　　图18-26

　　03 通过单击"播放动画"按钮▶，可在当前激活的视图中循环播放动画，如图18-27所示。

图18-27

　　04 在动画播放过程中，"播放动画"按钮▶将改变为"停止播放"按钮⏸，单击该按钮，动画将会在当前帧停止播放。

　　05 单击"上一帧"按钮◀Ⅱ或"下一帧"按钮Ⅱ▶，可依次观察动画每一帧的画面效果，以便精确地对相应的画面进行修改，如图18-28所示。

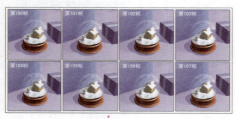

图18-28

　　06 单击激活"关键点模式切换"按钮◀▶，此时"上一帧"按钮◀Ⅱ或"下一帧"按钮Ⅱ▶将会改变为◀"上一关键点"和▶"下一关键点"按钮，通过单击这两个按钮，将是按滑块移动到上一个关键帧或下一个关键帧位置，如图18-29所示为动画部分连续关键帧的画面效果。

　　07 单击"转至结尾"按钮▶▶，可将时间滑块移动到活动时间段整个动画的最后一帧，单击"转至开头"按钮◀◀，可将时间滑块移动到动画开始的

第1帧，如图18-30所示。

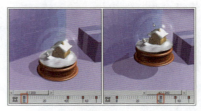

图18-29

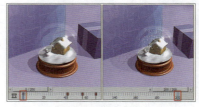

图18-30

　　08 在视图中选择"底座"对象，然后在"播放动画"按钮上▶按住左键，在弹出的按钮列表中选择"播放选定对象"按钮▷，在当前视图中，系统只对选中对象的动画进行播放，没有选择的对象将会被隐藏，如图18-31所示。

图18-31

2. 预览动画

　　如果场景中的对象过多，在工作视图观察动画时，会出现跳帧，或画面滞呆现象。为了更好地观察和编辑动画，如果在场景中不能准确地判断动画的速度，可以将动画生成预览动画。预览动画在渲染时不会考虑模型的材质和光影效果，但可以快速观察到动画结果。

　　01 首先打开本书附带光盘中的Chapter-18/跳跃/"跳跃.max"文件，如图18-32所示。该文件已经完成了动画的设置，激活Camera001视图。

图18-32

　　02 执行菜单栏中的"工具"→"抓取视口"→"生成动画序列文件"命令，打开"生成预览"对话框，如图18-33所示。

03 保持对话框中参数的默认状态，单击"创建"按钮，会弹出"视频压缩"对话框，如图18-34所示。

图18-33   图18-34

04 在"视频压缩"对话框中使用默认的压缩格式，单击"确定"按钮，退出该对话框。此时在屏幕右下角会出现预览进度条，开始生成预览动画，如图18-35所示。

图18-35

05 预览动画在生成后，会自动弹出媒体播放器，进行自动播放，如图18-36所示。

图18-36

3. 渲染动画

预览动画在渲染时是以草图方式显示的，因此，看不到灯光、材质等效果，通过渲染操作，能够将用户设置的数据综合计算，生成单帧画面或一系列的动画图像，并以指定的方式输出。下面通过一组操作学习渲染动画的方法。

01 紧接上一小节的操作继续学习动画的渲染。

02 激活Camera001视图，在主工具栏中单击"渲染设置"按钮，打开"渲染设置"对话框，如图18-37所示。

03 在"公用"选项卡下的"时间输出"栏内，默认选中"单帧"单选按钮，此时单击"渲染设置"对话框下方的"渲染"按钮后，将对当前帧进行渲染，如图18-38所示。

图18-37   图18-38

04 在"时间输出"栏内选中"活动时间段"单选按钮后，将对整段动画进行渲染，渲染动画的长度与时间滑条显示的时间长度是相同的，如图18-39所示。

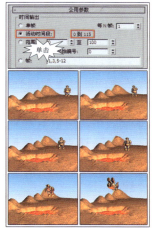

图18-39

05 在"输出大小"栏内参数可以设置输出画面的尺寸，如图18-40所示。

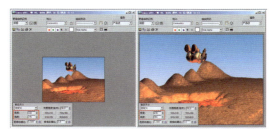

图18-40

06 在"渲染输出"栏内单击"文件"按钮，此时会弹出"渲染输出文件"对话框，如图18-41所示，在该对话框内可以设置输出文件的格式和输出路径，通常在渲染动画时会将其储存为AVI格式。

07 单击"保存"按钮，退出该对话框，在"渲染场景"对话框内单击"渲染"按钮，开始渲染过程，当渲染完毕后，即可在指定路径播放动画了。

图18-41

18.4 轨迹视图

轨迹视图是编辑动画的重要环境，在轨迹视图中，可以展现场景中所有的动画设置内容。用户可以重新设定所有的动画关键点，还可以添加各种动画控制效果。

为了便于操作，轨迹视图提供了两种不同的模式，这两种模式分别为"曲线编辑"模式和"摄影表"模式，这两种不同的模式拥有不同的显示状态和编辑方法。下面来学习轨迹视图的使用方法。

18.4.1 曲线编辑模式

之前提到过，在设置了动画关键点后，软件会自动生成关键动作之间的过渡动画效果。在3ds Max中，过渡动画效果以曲线的形态进行表现。在轨迹视图的曲线编辑模式下，可以直观地查看到过渡动作的运动形态，并且通过更改曲线形状，更改过渡动画的运动形态。下面来学习曲线编辑模式。

1. 曲线的工作原理

接下来通过一组操作来熟悉曲线的工作原理，以及曲线如何影响过渡动画效果。

01 打开本书附带光盘中的Chapter-18/飞机/"蒸汽飞机.max"文件，该文件为一个在空中飞翔的蒸汽飞机模型，如图18-42所示。

图18-42

02 场景中已经设置了部分飞行动画。预览场

景动画，发现飞机在空中飞行的过于平稳，失去了蒸汽机的颠簸感和夸张的趣味效果，如图18-43所示。

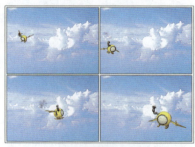

图18-43

03 下面，通过"轨迹视图"对话框，补充这些动画效果。在场景中选择"机身"对象，在主工具栏中单击"曲线编辑器（打开）"按钮，打开"轨迹视图"对话框，如图18-44所示。

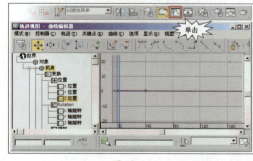

图18-44

04 首先将"时间滑块"设置到0帧位置，在左侧的控制器窗口进入"机身"层下的"Z位置"层，在工具栏内单击"添加关键点"按钮，如图18-45所示。

05 在曲线编辑窗口内选择该层轨迹第20帧的位置单击，添加关键点，如图18-46所示。

图18-45

图18-46

06 在工具栏内单击"移动关键点"按钮 ⊹，并将新添加的关键点移动到如图18-47所示的位置。

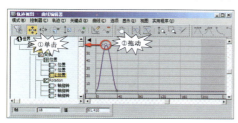

图18-47

07 此时，单击"播放动画"按钮，可以观察到平稳的飞行动作中加入了起伏的动画效果。如图18-48分别所示为在0帧、20帧、40帧时飞行的效果。

图18-48

08 此时，观察到只有40帧前的对象加入了起伏动画，下面将设置一个循环运动，这样只需设置这一个动作，即可使后面的动画不断重复这个动作。如图18-49所示，单击工具栏中的"参数曲线超出范围类型"按钮 ，弹出"参数曲线超出范围类型"对话框。

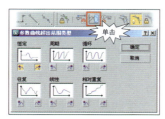

图18-49

09 在该对话框中单击"循环"显示窗右侧按钮，单击"确定"按钮退出对话框，如图18-50所示。

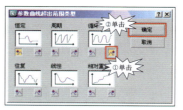

图18-50

10 此时，曲线编辑窗口中的曲线改变为如图18-51所示的效果。其中实线部分为用户设置的运动轨迹，虚线部分为计算机生成的循环运动轨迹。

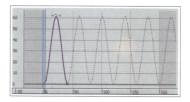

图18-51

11 单击"播放动画"按钮，可以观察到，这个飞行动作中都加入了起伏的动画效果，如图18-52所示。

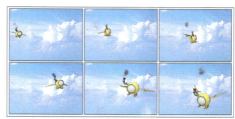

图18-52

2."过滤器"对话框的应用

"过滤器"对话框用来选择在"轨迹视图"中显示的对象。例如，可以将视图限定到只显示动画轨迹，或选定对象的轨迹。该对话框也可以分别控制"位置"、"旋转"、"缩放"，以及X、Y、Z轴的功能曲线显示和变换显示。如图18-53所示为"过滤器"对话框。

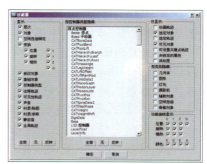

图18-53

下面通过一组操作来了解一下过滤器对话框的具体应用方法。

01 首先，打开本书附带光盘中的Chapter-18/拦截/"空中拦截.max"文件，该文件为空中战机拦截运输机的动画，场景中的动画已经设置完毕，如图18-54所示。

图18-54

02 在场景中选择"运输船"模型，在主工具栏中单击"曲线编辑器（打开）"按钮，打开"轨迹视图"对话框，如图18-55所示。

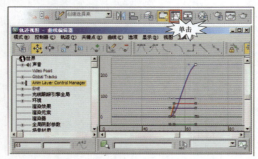

图18-55

03 此时，观察"轨迹视图"对话框左侧的"控制器"窗口，发现该窗口有13个层次项，如图18-56所示。对于简单的动画效果，基本上只是用到了"对象"层，下面将通过"过滤器"将不需要的层次项滤除。

图18-56

04 在"轨迹视图"对话框中单击"关键点"工具栏最左侧的"过滤器"按钮，弹出"过滤器"对话框，如图18-57所示。

05 在"过滤器"对话框右侧的"显示"组中，取消如图18-58所示选项的勾选状态。

06 单击"确定"按钮关闭对话框，此时，"轨迹视图"对话框左侧的"控制器"窗口中的层次项发生了变化，只留下了对象层，如图18-59所示。

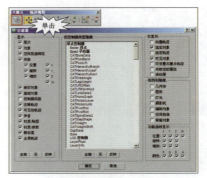

图18-57

图18-58

图18-59

> **提示**
> 这样将视图限定到只显定定对象的动画轨迹，可更利于快速、便捷地对模型进行动画调整。

07 如果在"按控制器类型隐藏"组中选择"位置/旋转/缩放"控制器选项，并单击"确定"按钮，在"控制器"窗口中将会过滤掉X、Y、Z轴的位置，以及旋转和缩放的功能曲线显示，如图18-60所示。

图18-60

08 总之，"过滤器"对话框能够有选择地显示"轨迹视图"中的对象，更快捷地对动画进行编辑和调整。

3. 关键点的编辑命令

在"关键点"工具栏内，"过滤器"按钮右侧为7个关键点的编辑按钮，如图18-61所示，下面通过一组操作来了解一下这些按钮的具体应用方法。

图18-61

01 首先，打开本书附带光盘中的Chapter-18/风扇/"电风扇.max"文件，该文件为一个桌面台扇的模型，如图18-62所示。

02 在场景中选择"电机"对象，在主工具栏中单击"曲线编辑器（打开）"按钮，如图18-63所示。

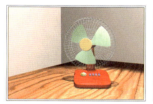

图18-62　　　　　图18-63

03 在打开的"轨迹视图"对话框中，观察到选择层位于"电机"层下的"X轴旋转"层，如图18-64所示。

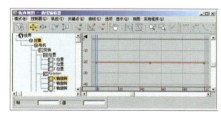

图18-64

04 使用"关键点"工具栏中的"移动关键点"按钮，在轨迹编辑窗口中对该层中的功能曲线进行调整，将曲线中部的关键点向上移动，如图18-65所示。

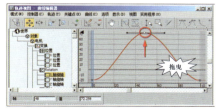

图18-65

> **提示**
>
> 在该按钮下后还有"水平移动关键点"和"垂直移动关键点"两个按钮，使用这两个按钮可以水平或垂直移动关键点，以保证移动的准确性。

05 此时，单击"播放动画"按钮，发现场景中的台扇头部开始左右摇摆，如图18-66所示。

图18-66

06 单击"关键点"工具栏中的"缩放值"按钮，在轨迹编辑窗口中将功能曲线中部的关键点垂直向上移动，如图18-67所示。该按钮可以垂直缩放轨迹曲线，在保持运动时间的情况下改变运动状态。

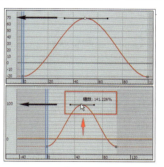

图18-67

07 单击"播放动画"按钮，发现台扇头部摇摆的幅度有所增加。

08 单击"关键点"工具栏中的"添加关键点"按钮，可以在轨迹曲线上的任意位置添加关键点，通过改变关键点的参数改变对象的运动状态，如图18-68所示。

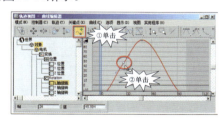

图18-68

09 单击"关键点"工具栏中的"绘制曲线"按钮，手动在该层的轨迹曲线上绘制关键点，如图18-69所示。

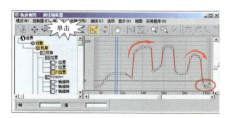

图18-69

10 此时，使用手绘的方法在轨迹曲线上绘制

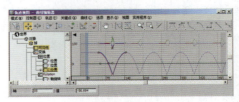

关键点数量太多，可以单击"减少关键点"按钮，会弹出"减少关键点"对话框，在该对话框内的"阀值"文本框内输入数值后，将根据阀值范围简化关键帧，如图18-70所示。

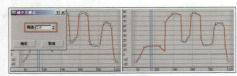

图18-70

11 播放动画，台扇头部摇摆产生不规则、速度湍急的变化，如图18-71所示。

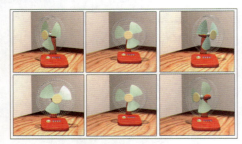

图18-71

12 使用该实例尝试其他命令的使用方法。

现在我们已经熟悉了，曲线如何控制过渡动画效果的原理，曲线的形状变化会直接影响过渡动画的运动方式。除了使用软件提供的切线设置方法调整曲线外，还可以根据需要手动编辑曲线的形状。

4. 设置关键点切线

在动画的设置过程中，除了关键点的位置和参数值，关键点切线也是一个很重要的因素，即使关键点的位置相同，运动的程度也一致，使用不同的关键点切线，也会产生不同的动画效果，在本节中，将讲解关键点切线的有关知识。

在3ds Max中提供了7种不同的关键点切线类型，以便于快速定义过渡动画的运动效果。下面通过一组操作来了解一下这几种"关键点切线"的具体应用方法。

01 单击"快速访问"工具栏中的"打开文件"按钮，打开本书附带光盘中的Chapter-18/跳跳球/"跳跳球.max"文件，如图18-72所示。

图18-72

02 单击"播放动画"按钮▶后，场景中的小球会匀速地在平台上跳动。在场景中选择"球"对象，并在主工具栏中单击"曲线编辑器（打开）"按钮，打开"轨迹视图"对话框，如图18-73所示。

图18-73

03 选择位于"球"层下的"Z位置"层，并在该层的轨迹曲线上选择一个关键点，如图18-74所示。

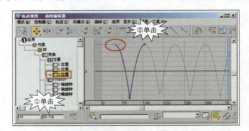

图18-74

04 在"轨迹视图"对话框的"关键点切线"工具栏中，这7个命令按钮为下拉式命令按钮，在每个命令按钮下还有"内切线"和"外切线"两个命令按钮，如图18-75所示。

图18-75

提示

在关键点切线按钮上按住鼠标左键，即可弹出"内切线"和"外切线"两个命令按钮。

05 首先，单击"将切线设为自定义"按钮，此时，切线一侧的控制手柄变为实心黑色，如图18-76所示。

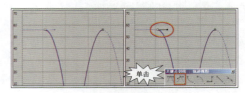

图18-76

06 拖曳切线一侧的控制手柄进行调整，如图18-77所示。当对象的运动没有规律，或需要进行特殊的设置时，通常使用"将切线设为自定义"命令。

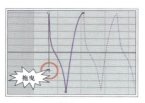

图18-77

07 单击"播放动画"按钮 ▶ 后，场景中的小球出现了缓急交替的不规律运动。

08 恢复切线至先前的状态，选择轨迹曲线上处于下方的关键点，如图18-78所示。

09 在轨迹视图的"关键点切线"工具栏中，单击"将切线设置为慢速"按钮，此时关键点切线的形态，如图18-79所示。

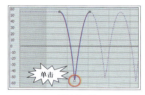　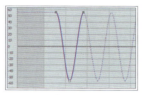

图18-78　　　　　　　　图18-79

10 慢速关键点切线使对象在接近关键帧时，速度减缓。当物体在运动过程中受到阻力时，就是这种运动状态。单击"播放动画"按钮 ▶ 后，场景中的小球下降速度非常缓慢，如图18-80所示。

图18-80

11 如果将关键点指定为"将切线设置为快速"切线类型后，对象接近关键点时，速度则加快，和慢速关键点切线正好相反。如图18-81所示为快速关键点切线的形态。

12 选择轨迹曲线上处于下方的关键点，单击"将切线设置为阶跃"按钮，此时关键点切线的形态如图18-82所示。

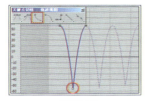　

图18-81　　　　　　　图18-82

13 该切线类型可使对象在两个关键点之间保持静止状态，然后突然由一种运动状态状转变为另一种运动状态，如图18-83所示。这与一些机械的运动很相似，例如冲压机、打桩机等。

图18-83

14 选择轨迹曲线上的3个关键点，单击"将切线设置为线性"按钮，此时关键点切线的形态，如图18-84所示。

15 单击"播放动画"按钮 ▶ 后，场景中的小球匀速直线移动，如图18-85所示。线性关键点切线使对象保持匀速直线运动，例如飞行的螺旋桨、移动的汽车、匀速旋转的风扇，通常为这种状态。

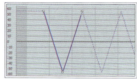　

图18-84　　　　　　　图18-85

16 继续选择轨迹曲线上的3个关键点，单击"将切线设置为平滑"按钮，此时关键点切线的形态，如图18-86所示。

17 平滑关键点切线运动轨迹与平直运动曲线时的运动轨迹相似水银柱平缓地运动。但运动轨迹不是贝塞尔曲线，关键点两端没有控制手柄，一般用来处理不能继续进行的移动。

18 自动关键点切线的形态较为平滑，如图18-87所示，在靠近关键点的位置，对象运动速度略快，远离关键点时，对象运动速度略慢，大多数对象在运动时都是这种运动状态。

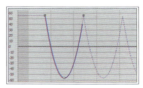　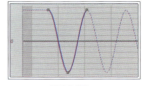

图18-86　　　　　　　图18-87

5. 运动循环

在3ds Max中可以设置动画的循环运动，该功能对于一些规律性动作进行设置时非常有效。例如设置风扇转动、钟摆跳动、机械履带移动等动作。下面讲解循环运动的类型和设置方法。

01 单击"快速访问"工具栏中的"打开文件"按钮 📂，打开本书附带光盘中的Chapter-18/钟表/"钟表.max"文件，如图18-88所示。场景中的对象已经设置了部分动画，现在需要设置循环运动。

图18-88

02 单击"播放动画"按钮 ▶ 后，场景中的钟摆自左向右从0帧开始摆动至20帧停止，如图18-89所示。

图18-89

03 下面，设置钟摆的循环运动，使它不停地产生摆动动画。选择"钟摆"对象后，在主工具栏中单击"曲线编辑器（打开）"按钮 🔲，打开"轨迹视图"对话框，关键点切线的形态如图18-90所示。

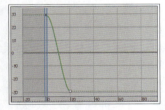

图18-90

04 在"曲线"工具栏中单击"参数曲线超出范围类型"按钮 🔲，可以打开"参数曲线超出范围类型"对话框，如图18-91所示。

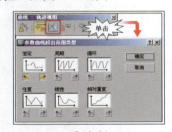

图18-91

05 在该对话框内有6种循环运动类型，这6种类型分别为"恒定"、"周期"、"循环"、"往复"、"线性"和"相对重复"。"恒定"模式为默认的循环模式，在该模式下对象不产生循环运动。如图18-92所示为"恒定"模式被选中。

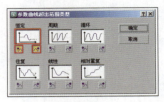

图18-92

06 在"往复"显示窗下单击 ⤴ 按钮，如图18-93所示，单击"确定"按钮退出该对话框。

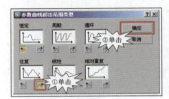

图18-93

提示

> 在每个显示窗下有 ⤴ 和 ⤵ 两个按钮，单击某个显示窗下的 ⤴ 按钮，从第1个关键点之前将以该种方式循环，单击某个显示窗下的 ⤵ 按钮，从最后一个关键点以后以该种方式循环。

07 此时，在"轨迹视图"对话框，发现关键点切线的形态有所变化，实线后面的虚线显示为循环周期，如图18-94所示。

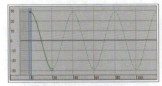

图18-94

08 播放动画，"钟摆"产生循环运动，如图18-95所示。在"往复"模式下，当对象运动至最后一个关键帧后，又依次返回到前一个关键帧运动，依此类推，完成循环运动过程。

09 打开"参数曲线超出范围类型"对话框，在"循环"显示窗下单击 ⤵ 按钮，并单击"确定"按钮退出该对话框。关键点切线的形态，如图18-96所示。

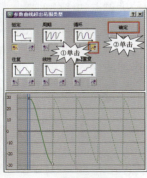

图18-95　　　　　图18-96

10 播放动画，"钟摆"产生循环运动，由于起始关键点和结束关键点的值不同，动画从结束帧到起始帧显示出一个突然的"跳跃"效果，如图18-97所示。

图18-97

11 打开"参数曲线超出范围类型"对话框，在"相对重复"显示窗下单击按钮 ，单击"确定"按钮退出该对话框。关键点切线的形态如图18-98所示。

12 播放动画，"钟摆"产生循环运动，围绕钟摆挂轴中心呈360°递增旋转，如图18-99所示。在"相对重复"模式下，对象将延续最后关键帧的动作，呈递进状态完成循环运动的动画。

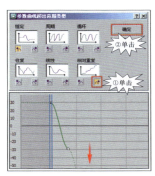

图18-98  图18-99

13 在"周期"模式下，当运行至最后一个关键点时，将突然跳至第1个关键点，这种循环方式较为突然，比较适合敲击、弹射等动画效果。

14 在"线性"模式下，对象沿最后一个关键点功能曲线的方向继续运动，在设置动画时常利用"线性"循环运动模式来设置对象旋转的动画，只需要设置一个关键点，对象即可不停地旋转。

6. 动画的减缓与增强

3ds Max提供了"减缓曲线"或"增强曲线"功能，用于设置带有加速或减速运动的动画效果，例如"减缓曲线"可以设置渐渐失去弹跳力的皮球，"增强曲线"可以设置高空坠落的物体。下面通过一组操作来学习这些功能的具体使用方法。

"减缓曲线"或"增强曲线"根据其添加的轨迹为基础的对象运动状态进行编辑，"减缓曲线"或"增强曲线"能够改变对象的强度而并非关键帧。

01 首先打开本书附带光盘中的Chapter-18/风车/"风力机.max"文件，如图18-100所示。场景中的对象已经设置了循环转动的动画，现在需要使用减缓曲线设置对象逐渐停止的动画。

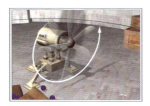

图18-100

02 首先选择风叶中部的"转轴"对象，进入"轨迹视图"对话框，在控制器窗口选择"转轴"层中"旋转"层下的"Y轴旋转"层，如图18-101所示。

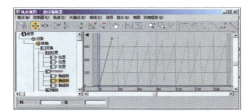

图18-101

03 在菜单栏中执行"曲线"→"应用－减缓曲线"命令，此时在"Y轴旋转"层下会增加"减缓曲线"层，该层切线显示为一条倾斜向上的曲线，如图18-102所示。

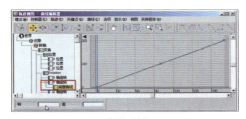

图18-102

04 如果需要使"转轴"对象逐渐停止运动，就需要对"减缓曲线"层的曲线形态进行调整。如图18-103所示，选择第2个关键点，在"关键点状态"工具栏中设置参数。

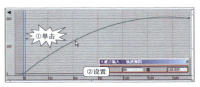

图18-103

05 单击"关键点"工具栏中的 "添加关键点"按钮，在如图18-104所示的位置，添加关键点。

06 选择"减缓曲线"层上最后一个关键点，在"关键点切线"工具栏中单击"将切线设置为线性"按钮，使该层曲线为线性关键点切线，如图18-105所示。

图18-104

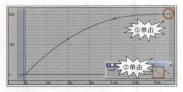

图18-105

07 播放动画，可以看到"风力机"在高速运转的过程中逐渐慢了下来，如图18-106所示。

图18-106

08 接着练习使用"增强曲线"命令设置风力机加速的动画。

09 选中"转轴"对象，进入"轨迹视图"对话框，在控制器窗口选择"转轴"层中"旋转"层下"Y轴旋转"层的"减缓曲线"层，在菜单栏中执行"曲线"→"删除"命令，将该层删除，如图18-107所示。

图18-107

10 继续在菜单栏中执行"曲线"→"应用-增强曲线"命令，此时在"Y轴旋转"层下会增加"增强曲线"层，如图18-108所示。该层切线显示为一条水平的曲线。

图18-108

11 选择"增强曲线"层的最后一个关键点，在"关键点状态"工具栏的"状态"文本框输入5，如图18-109所示。

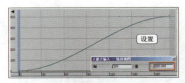

图18-109

12 选择"增强曲线"层所有的关键点，在"关键点切线"工具栏中单击"将切线设置为线性"按钮，使该层曲线为线性关键点切线，如图18-110所示。

图18-110

13 播放动画，可以看到"风力机"加速的动画，如图18-111所示。现在本练习就全部完成了。

图18-111

18.4.2 摄影表模式

在摄影表模式下，可以清楚地查看到场景内所有动画的时间分布。在该模式下有利于协调多组动画之间的关系，更准确地设定动画的节奏感。例如，使某个动作时间加长，或减短。以下将通过一个实例练习了解在摄影表模式下编辑时间的方法。

01 首先打开本书附带光盘中的Chapter-18/文字/"三维文字.max"文件，该文件为由4个对象拼成的字幕，如图18-112所示。本节需要设置这4个散开的文字对象拼成字幕的动画。

图18-112

02 由于使对象从不同方向拼合为一个对象很难保证其准确性，所以可以先设置对象散开的动画，然后再反转时间，完成动画的设置。在动画控制区单击激活"设置关键点"按钮，确定时间栏内显示的时间为0，选择这4个文字对象，单击"设置关键点"按钮 ⚷，在第0帧的位置设置一个关键点，如图18-113所示。

图18-113

03 在时间栏内输入200，在顶视图中沿Y轴移动"文字 04"对象，将其移动至如图18-114所示的位置，单击"设置关键点"按钮 ⚷，在第200帧的位置添加一个关键点。

图18-114

04 选择"文字 03"对象，在时间栏内输入200，在顶视图中沿Y轴将其移动至如图18-115所示的位置，单击 ⚷ "设置关键点"按钮，在第200帧的位置添加一个关键点。

图18-115

05 接下来，继续对"文字 1"和"文字 2"两个对象，在200帧位置添加关键帧，如图18-116所示。

图18-116

06 当动画设置完毕后，关闭"设置关键点"按钮，播放动画，可以看到对象依次散开，如图18-117所示。

图18-117

07 选择所有的对象，进入"轨迹视图"对话框，在该对话框内选择如图18-118所示的关键点，在"关键点切线"工具栏中单击"将切线设置为快速"按钮 ⟋。

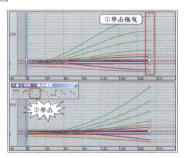

图18-118

08 接下来需要设置字母转动的动画，为了使文字的转动和谐一致，可以使用复制关键点的方法来完成动画的设置。

09 选择"文字 01"对象，进入"轨迹视图"对话框，转化到曲线编辑模式，进入文字 01层下的"X轴旋转"层，如图18-119所示。

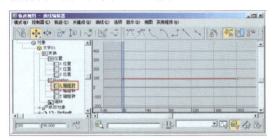

图18-119

10 右键单击第200帧的关键点，此时会弹出"文字 01/ X轴旋转"对话框，在该对话框的"值"文本框内输入720，如图18-120所示。

11 接着进入文字 01层下的"Y轴旋转"层，右键单击第200帧的关键点，此时会弹出"文字 01/ Y轴旋转"对话框，在该对话框的"值"文本框内输入360，如图18-121所示。

 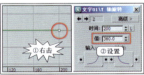

图18-120　　　　　　　　图18-121

12 接着，使用同样的方法，分别设置"文字 02"、"文字 03"和"文字 04"的旋转动画，旋转的值可以随意设置，但尽量不要出现相同的值。播放动画，4个字母在第0~200帧旋转，如图18-122所示。

图18-122

13 选择这4个对象，在"轨迹视图"对话框的菜单栏执行"模式"→"摄影表"命令，进入摄影表模式，如图18-123所示。

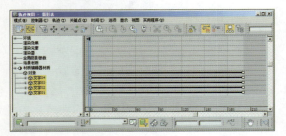

图18-123

14 在工具栏中单击"滑动关键点"按钮 ，在轨迹视图中将黑色的条状范围栏调整至如图18-124所示的状态。

图18-124

15 播放动画，4个字母依次开始向四周分离。

16 单击"修改子树"按钮 ，使关键点窗口以关键点方式显示，如图18-125所示。

图18-125

17 在"时间"工具栏中单击"选择时间"按钮 ，选择这4个层中如图18-126所示的时间段。

图18-126

18 在"时间"工具栏中单击"反转时间"按钮 ，将时间反转，如图18-127所示。

图18-127

19 播放动画，场景中的对象依次开始旋转，并向中部靠拢，最后拼合在一起，如图18-128所示。至此本练习就全部完成了，可以打开本书附带光盘中的Chapter-18/文字/"三维文字演示.max"文件进行查看。

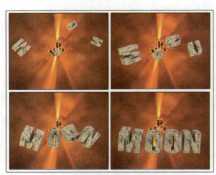

图18-128

第19章
层级动画

在3ds Max中创建的模型多数都包含许多对象，在制作动画之前，需要将这些对象链接在一起，以形成链的功能，这样可以快速地将复杂的层级结构变得简单并易于处理。例如机械手臂、钢环锁链等关节比较多的模型，可以使用3ds Max中的层级动画控制功能控制模型，在对象之间建立父子链接关系将对象链接起来，其中一个链接对象的动画将影响一些或所有的链接对象，使模型产生同现实环境中一样的关节运动效果。

层级动画功能包含两种类型的运动学，即正向运动学和反向运动学。本章将介绍这些功能的使用方法。

19.1　建立对象的层级

在使用并设置层级动画之前，首先要将对象链接，下面学习建立链接的方法，以及层级对象的概念。

19.1.1　对象链接的方法

在主工具栏中单击"选择并链接"按钮，可以将场景中的对象建立链接关系。选择对象后，单击"断开当前对象链接"按钮，可以将该对象与其父对象的链接去除。下面通过一组操作来建立链接对象。

01 打开本书附带光盘中的Chapter-19/"餐具.max"文件，如图19-1所示。

02 选中场景中的"杯子"对象，单击工具栏中的"选择并链接"按钮，拖曳选中的对象到其下方的"盘子01"对象上，如图19-2所示。

图19-1　　　　　图19-2

03 此时，这两个对象就建立了链接关系，"杯子"对象为"盘子01"对象的父对象。移动"盘子01"父对象，"杯子"子对象也会跟随其移动，如图19-3所示。

图19-3

04 如果对"杯子"对象进行移动，"盘子01"对象则并不会跟随其移动，因为子对象不能控制父对象，如图19-4所示。

图19-4

19.1.2　正确设定链接顺序

一个父对象可以有任意数量的子对象，但它们之间的链接并不是无规律的，因为子对象只能有一个父对象，如果再次给一个子对象链接一个父对象，那么它与第1个父对象的链接关系将脱离，所以正确的链接顺序非常重要。

01 接着前面的操作继续链接所需要的对象。选择"盘子01"对象，单击工具栏中的"选择并链接"按钮，拖曳选中的对象到其下方的"盘子02"对象上，如图19-5所示。

02 重复前面的步骤，将"盘子02"对象和"桌子"对象链接，使其成为"桌子"对象的子对象，如图19-6所示。

图19-5　　　　　图19-6

03 此时，"桌子"对象成为所有链接对象的父对象，移动"桌子"对象，所有与其链接的对象也将跟随其移动，如图19-7所示。

04 还可以将单独的对象链接到任意父对象上作为该对象的子对象。如图19-8所示，选择场景中的"金属器皿"对象，单击"选择并链接"按钮，并拖曳选择的对象到其下方的"桌子"对象上。

图19-7

图19-8

05 此时，移动"桌子"对象，"金属器皿"对象将跟随其移动，但移动"盘子"对象，"金属器皿"对象并不移动，如图19-9所示。这说明"金属器皿"对象为"桌子"对象的子对象。

图19-9

19.1.3　观察层级树

如果场景中对象比较多，并且很复杂，可以配合"图解视图"清晰地查看对象的层次。该视图除了能显示层次结构，还包含一些操纵层次的工具。

01 接着前面的操作，在主工具栏中单击"图解

视图（打开）"按钮，打开该对话框，如图19-10所示。

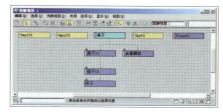

图19-10

02 "图解视图"窗口中的所有对象均显示为带有名称的浮动框。浮动框周围的连线代表它们之间已经设置的链接层次，如图19-11所示。

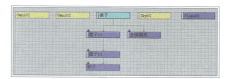

图19-11

03 在"图解视图"窗口中，可以使用工具栏中的工具，对层次对象执行简单的操作。如图19-12所示，在"图解视图"窗口内选择"杯子"浮动框，并在工具栏中单击"断开选定对象链接"按钮，即可将该子对象与其父对象断开。

图19-12

19.2　正向运动控制动画

使用正向运动学功能可以通过变换父对象来控制它的子对象。正向运动学是设置层次动画最简单的方法。在对象间建立了层级关系后，可以在"层次"面板对链接对象的参数和属性进行控制。下面通过一组操作学习正向动力学和"层次"面板的使用方法。

19.2.1　控制轴心点

单个对象的轴心点通常位于对象中间位置，如果多个对象被链接起来，那么，对象的轴心点就是父对象和子对象的链接点。下面通过一组操作讲述轴心点的调整方法。

01 打开本书附带光盘中的Chapter-19/"机械臂.max"文件，该机械臂中的对象已经设置了链接，如图19-13所示。

02 进入"层次"命令面板，单击"轴"按钮会显示"调整轴"卷展栏，在该卷展栏中，上面的3个按钮最重要，如图19-14所示。

图19-13

图19-14

03 选择机械臂中的任意一个对象，在"调整轴"卷展栏中单击"仅影响轴"按钮，将其激活，此时，轴心点是可见的，显示为一个大的三角坐标系图标，如图19-15所示。

04 单击激活"仅影响轴"按钮后，变换和对齐操作只作用于轴心点，而不会影响到任何对象和它的子对象。如图19-16所示，在视图中移动轴心点到新的位置。

图19-15　　　　　　图19-16

05 撤销前面的操作步骤，继续在"调整轴"卷展栏中单击激活"仅影响对象"按钮，然后在视图中执行移动操作，发现轴心点位置并没有发生变化，而对象被移动了，如图19-17所示。这说明变换和对齐操作只作用于对象，而不会影响轴心点和链接的子对象。

06 撤销前面的操作步骤，继续在"调整轴"卷展栏中单击激活"仅影响层次"按钮，在视图中执行移动操作，发现该对象的子对象被移动了，轴心点则保持不变，如图19-18所示。这说明旋转和缩放变换只影响对象的子对象。

图19-17　　　　　　图19-18

07 下面撤销前面的操作步骤，来对轴心点进行变换，调整出机械臂运动时的造型。在场景中选择"后臂"对象，并在"调整轴"卷展栏中单击"仅影响轴"按钮，在前视图中对轴心点进行移动操作，如图19-19所示。

图19-19

08 再次单击"调整轴"卷展栏中的"仅影响轴"按钮，取消其激活状态。使用"选择并旋转"工具，在前视图中对"后臂"对象进行旋转，如图19-20所示。

图19-20

09 继续选择其他的子对象，依次对轴心点进行调整，并对子对象进行旋转，如图19-21所示。

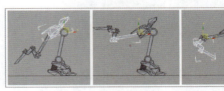

图19-21

19.2.2　调整变换

在制作中有时需要临时将父对象和子对象之间的链接断开，此时，可使用"调整变换"卷展栏中的命令进行设置。如果想要将机械臂对象的某个关节制作得短一点，而不影响其子对象，那么就按照下面的操作执行。

01 如图19-22所示，选择"后臂"对象，并执行主工具栏中的"选择并均匀缩放"命令，将对象缩小，此时发现对象的子对象也随之缩小。

图19-22

02 如果在"调整变换"卷展栏中，单击"不影响子对象"按钮，可解决该问题。如图19-23所示，撤销前面的缩放操作，单击"不影响子对象"按钮后，重新调整对象大小，此时发现对象的子对象没有受到影响。

图19-23

03 不管使用"移动"、"旋转"还是"缩放"，只要按下"不影响子对象"按钮后，都不会对该对象的子对象造成任何影响。设置完毕后，可重新单击"不影响子对象"按钮，取消其激活状态。

19.2.3 设置锁定与继承关系

有时锁定对象的某一个变换是必要的，例如限制模型关节只朝指定的方向旋转或移动，以便更好地表达真实世界的运动。"继承"卷展栏中的设置则用来限制子对象继承的变换。下面通过操作来了解一下锁定变换与继承变换。

01 打开本书附带光盘中的Chapter-19/"摄像头.max"文件，该摄像头中的对象已经设置了链接，如图19-24所示。

02 在场景中选择"连接杆"对象，进入 层次"面板后，单击"链接信息"按钮，此时会出现"锁定"和"继承"两个卷展栏，如图19-25所示。

图19-24   图19-25

03 首先，观察摄像头的"球形器"对象，发现该对象只有一个对应X轴的活动链接处，这说明该模型在设计上限制连接杆只能在该区域内活动。如图19-26所示，在"锁定"卷展栏中勾选"旋转"选项组中的Y轴和Z轴，将其锁定。

图19-26

04 执行主工具栏中的"选择并旋转"命令，在视图中单击拖曳，发现无论朝哪个方向拖曳，连接杆只能在X轴上旋转，这说明对象在这Y、Z两个轴向的旋转已经被锁定，如图19-27所示。

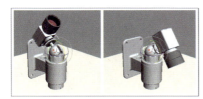

图19-27

05 接着选择"镜组"对象，并在"继承"卷展栏中取消"旋转"选项组下的X轴向的选中状态，以避免继承，如图19-28所示。

图19-28

06 此时在视图中使用"选择并旋转"工具对"连接杆"对象进行旋转，发现"镜组"对象虽然还跟随其移动，但并不会旋转，如图19-29所示。

图19-29

07 如果继续选择"镜组"对象，将"继承"卷展栏内"移动"选项组中的轴向全部取消，再次移动"连接杆"对象时，"镜组"对象将不会有任何动作，只有连接杆对象在旋转，如图19-30所示。这说明这两个对象之间已经没有移动继承关系。

图19-30

19.2.4 使用虚拟对象

虚拟辅助对象的主要用途是帮助创建复杂的运动和构建复杂的层次。由于在渲染时看不到虚拟对象，因此它们是对象之间的连接器，以及用于复杂层次的控制柄的理想选择。下面通过一组操作来学习虚拟对象在层次动画中的作用。

01 首先，打开本书附带光盘中的Chapter-19/"环绕星球.max"文件，如图19-31所示。场景中主要包含3个球体和2个虚拟对象，虚拟对象处于大球和中球的中间位置。

图19-31

02 选择"小球"对象，单击主工具栏中的"选择并链接"按钮，按下H键，弹出"选择父

对象"对话框，在该对话框中选择Dummy001对象，单击"链接"按钮，如图19-32所示。

图19-32

03 为了让链接操作更加直观，在主工具栏中单击"图解视图（打开）"按钮，打开"图解视图"对话框，如图19-33所示。

图19-33

04 在该对话框中单击工具栏中的"链接"按钮，将"中球"浮动框拖曳至Dummy001浮动框上，将其链接，如图19-34所示。

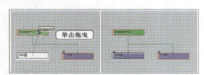

图19-34

05 紧接着将"大球"浮动框拖曳至Dummy002浮动框上，将其链接，如图19-35所示。

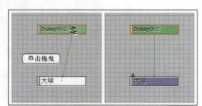

图19-35

06 最后，将"Dummy001"浮动框拖曳至Dummy002浮动框上，完成链接，如图19-36所示。

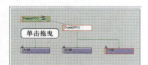

图19-36

07 关闭"图解视图"对话框。选择Dummy001对象，进入"层次"面板后，单击"链接信息"

按钮，在"继承"卷展栏中，取消"旋转"选项组下X、Y、Z复选框的选中状态，如图19-37所示。

图19-37

08 继续选择Dummy002对象，在"继承"卷展栏中，取消"旋转"选项组下X、Y、Z复选框的选中状态，如图19-38所示。该步骤是为了让球体对象不继承虚拟对象的旋转。

09 下面来设置球体旋转的动画。选择Dummy001对象，在动画控制区单击激活"自动关键点"按钮，并在"当前帧"栏内输入100，如图19-39所示。

图19-38　　　　图19-39

10 在主工具栏中右击"选择并旋转"按钮，弹出"旋转变换输入"对话框。参照如图19-40所示的设置，在对话框中输入数值，并按下Enter键确定输入。此时在该时间段上将创建关键帧。

11 选择Dummy002对象，参照前面的制作方法，在"旋转变换输入"对话框中输入数值，如图19-41所示。

图19-40　　　　图19-41

12 单击关闭"自动关键点"按钮，单击"播放动画"按钮，可以观察到球体旋转的动画，如图19-42所示。也可以打开本书附带光盘中的Chapter-19/"环绕星球完成.max"文件进行查看。

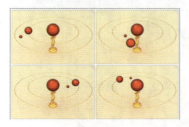

图19-42

19.3 使用反向动力学

使用正向运动学设置动画时，是从父级链接到子级，运动效果由父对象传递给子对象，但是对子对象设置的动画效果却不传递给父对象。

正向运动学是非常有用的，但却不能完全模拟生活中的动画效果，在生活中具有链接关系的对象（例如一串锁链），在其中一个子对象（例如锁链的其中一个铁环）的位置、角度发生变化时，其他链接对象也会受到影响。如果使用反向动力学（Inverse Kinematics简称IK）可以模拟这种特性，它能翻转链接操纵方向，可以让子对象的运动影响父对象的运动，并且会使父子对象相互影响，所以能够将子对象准确地移动至目标对象位置。

19.3.1 反向动力学设置动画的流程

在使用反向运动设置动画时，通常需要遵循以下几个步骤。

01 首先要求创建的模型应该是具有单独关节模型，例如，机械臂关节、甲壳类动物的足趾、人体的骨骼、工程机械产品等。模型还需要合理地分配关节对象，以使其运动更为真实、可信。如图19-43所示的模型符合了制作反向动力学动画的要求。

图19-43

02 确定了使用模型后，就要对模型的关节进行链接，根据动画的需要将各个关节对象链接起来，如图19-44所示。

图19-44

03 链接完毕后，对各个对象的轴心点进行调整，确定该对象的旋转和比例缩放中心，如图19-45所示。

04 接下来定义IK关节参数，根据所使用的

IK解算器的类型来设置限制、首选角度、阻尼参数等，在这里可以设置滑动关节或转动关节，如图19-46所示。在后面的小节中将详细讲解。

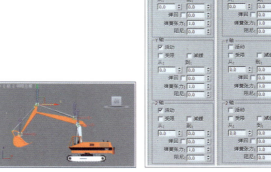

图19-45   图19-46

05 当上述步骤完成后，进入反向运动模式，即可根据设置的反向运动参数来设置动画，如图19-47所示。

图19-47

19.3.2 编辑对象IK关节

当完成了所有对象的链接后，进入IK运动模式，对象没有移动或转动的限制，可以向任何方向移动或转动，但很容易产生错误。如人体各关节的转动是具有一定范围的，超出这个范围，就会产生不正确的运动。此时就需要在"层次"面板下的IK面板内编辑对象的IK参数来限制关节的运动。

下面通过一组简单的实例操作来讲述怎样编辑对象的IK关节。

01 打开本书附带光盘中的Chapter-19/"挖掘机.max"文件，如图19-48所示。该文件已经设置好了对象之间的链接。

02 如图19-49所示为该模型各个关节对象之间的链接关系。

图19-48

图19-49

03 首先，在场景中选择"履带"对象后，进入"层次"主命令面板下的IK子命令面板，在"对象参数"卷展栏内选择"终结点"复选框，使链接关系终止于"履带"对象，如图19-50所示。

图19-50

提示

终结器对象用于停止终结器子对象的计算，但其本身并不受IK解决方案的影响，从而可以对运动学链的行为提供非常精确的控制。

1. 设置对象的滑动参数

在反向运动学中，操作关节的方法是在一根或更多的轴上允许运动，在其余的轴上限制运动。在"滑动关节"卷展栏中，使用"激活"复选框，可以设置对象是否能沿着指定的轴滑动。滑动关节有3根位置轴，通过设置轴活动的范围，即可限制某个关节在某根轴上的运动。

01 在场景中选择"基座"对象，进入"层次"主命令面板下的IK子命令面板，在IK子命令面板下出现了"滑动关节"卷展栏，如图19-51所示。

图19-51

注意

如果没有出现"滑动关节"卷展栏，这是因为在3ds Max默认状态下，控制对象运动的控制器为"位置 XYZ"控制器，而只有对象的控制器为"Berzire位置"控制器时，在IK命令面板下才会出现"滑动关节"卷展栏。

02 接着展开"滑动关节"卷展栏，在该卷展栏下有X轴、Y轴和Z轴3个选项栏。这3个选项分别用来控制对象在这3个轴上的移动。"基座"对象只在Z轴移动，所以只需要激活Z轴的"活动"复选框，如图19-52所示。

图19-52

03 在Z轴的移动也是受一定的限制的，需要设置对象起始和结束位置的限制参数。在调节限制参数时，可以拖曳"从"参数或"到"参数栏的微调器，所选对象和它的子对象会随之移动，释放鼠标对象会回到原来的位置，使用该方法可观察设定关节的参数是否正确，如图19-53所示。

图19-53

2. 设置对象的转动参数

"转动关节"参数与"滑动关节"参数相同，只是该卷展栏内的参数用于控制对象转动。"基座"对象比较特殊，它不仅需要设置滑动关节，还需要设置转动关节，下面来设置该对象的转动关节。

01 展开"转动关节"卷展栏，在该卷展栏下有X轴、Y轴、Z轴3个选项栏，这3个选项栏的参数分别控制"基座"对象在这3个轴上的转动，如图19-54所示。

图19-54

02 由于"基座"对象只在Z轴上转动并且不受限制，所以只需要把X轴和Y轴的"活动"复选框取消，如图19-55所示。

图19-55

03 接着选择"底座臂"对象,把X轴和Z轴的"活动"复选框取消,只留下Y轴的"活动"复选框,并参照如图19-56所示设置Y轴的限制活动范围。

图19-56

04 参照设置"底座臂"对象的方法,分别设置"后臂"、"前臂"、"铲子"对象的Y轴转动参数,具体参数如图19-57所示。

图19-57

05 将场景中的"虚拟物体"对象与"铲子"对象链接,使其成为"铲子"对象的子对象。进入"层次"主命令面板下的IK子命令面板,在"反向运动学"卷展栏中单击激活"交互式IK"按钮,即可进入反向运动模式,如图19-58所示。

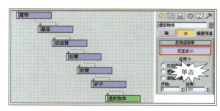

图19-58

06 此时已经形成了一组完整的运动链。在场景中移动虚拟对象,可以控制挖掘机模型各个关节的运动。如图19-59所示为挖掘机模型的各种造型动作。

图19-59

19.3.3 定义运动学链

完成层级链接、设置完毕关节参数后,即可使用IK制作动画了,3ds Max提供了两个反向运动学动画的非解算器方法——交互式IK和应用式IK。

1. 交互式IK

当要求对场景动画进行更多控制时,使用交互式IK。单击激活"交互式IK"按钮,并手动定位末端对象位置的动画,实时观察改变的结果,从而设置IK结构的动画,这是最常用的IK结算方式。"交互式IK"按钮位于 ⚒ "层次"面板下的IK面板中,如图19-60所示。

图19-60

本章最后一个实例演示"机械人"中,对"交互式IK"非解算器方法进行了详细的讲述,可进行查阅,这里就不再复述。

2. 应用式IK

使用"应用式IK"可以设置跟随对象的动画,并且程序在指定范围的每一帧上计算解决方案。IK解决方案作为标准变换动画关键点而应用。"应用式IK"使用所有对象的链接层次,它可以在相同的对象上合并正向运动学和反向运动学。可以将它自动应用到一定范围的帧上,或交互式地应用到单个帧上,下面通过操作讲述应用式IK动画的工作原理。

01 打开本书附带光盘中的Chapter-19/"应用式IK.max"文件,如图19-61所示。在场景中观察到,挖掘机的"铲子"位于黄色的汽车上方。

图19-61

02 下面制作挖掘机的铲子跟随黄色汽车的动画。其中挖掘机模型已经完成了层级链接和关节参数的设置,形成了一套完整的IK运动关节,不需要再进行设置。

03 选择"汽车"对象,进入"层次"主面板

下的IK子命令面板,在"对象参数"卷展栏下单击"绑定"按钮,如图19-62所示。

图19-62

04 在视图中单击"虚拟物体"对象并单击拖曳至"汽车"对象上,将汽车对象绑定到虚拟对象上,如图19-63所示。

05 此时,分别摆放"虚拟物体"对象和"汽车"对象的位置,并单击按下动画控制区的"自动关键点"按钮,在"当前帧"栏内输入100,如图19-64所示。

图19-63   图19-64

06 在场景中移动"汽车"对象至如图19-65所示的位置,单击按下IK子命令面板下的"应用IK"命令按钮。

07 单击按下"应用IK"命令按钮后,场景中挖掘机的铲子将跟随"汽车"对象,播放动画可

观察到挖掘机的铲子完美地跟随汽车的运动,如图19-66所示。

图19-65

图19-66

08 选择该运动链上的任意一个对象,此时在动画控制区的帧显示面板中,出现了大量的关键帧,如图19-67所示。如果希望移除这些关键点以便从一个干净的状态开始IK计算。位于"反向运动学"卷展栏中的"清除关键点"选项可以移除关键点。

图19-67

"应用IK"速度比较快而且比较精确,但它在每一帧上为运动链上的每一个对象创建关键点,大量关键点使调整动画的难度增加,只能通过重复使用"应用IK"来调整动画。

19.4 实例操作——机械人动画设置

下面通过一个实例的演示,综合性地讲解使用反向运动创建动画的具体方法。

01 运行3ds Max 2012,打开本书附带光盘中的Chapter-19/"机械人.max"文件,如图19-68所示。

图19-68

02 首先,定义各个对象的坐标轴位置,使坐标轴位于对象移动或转动的轴心,如图19-69所示。由于前面章节已经讲述过定义过程,这里就不再复述,本光盘文件中已经完成了定义。

图19-69

03 在工具栏中单击 "选择并链接"按钮,

在场景中以如下顺序链接对象："机械手"对象、"前臂"对象、"后臂"对象、"转轴"对象、"主杠臂"对象。在工具栏单击 "图解视图（打开）"按钮，打开"图解视图"对话框，可以看到对象之间的链接关系，如图19-70所示。

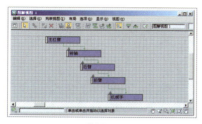

图19-70

04 接下来设置对象的关节参数。首先要设置"主杠臂"对象的关节，选择该对象后，进入"层次"主命令面板下的IK子命令面板，在"反向运动学"卷展栏下单击激活"交互式IK"按钮，进入反向运动模式，如图19-71所示。

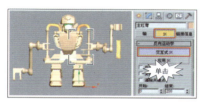

图19-71

05 因为"主杠臂"对象是固定不变的，所以要使链接关系终止于"主杠臂"对象。在"对象参数"卷展栏下选择"终结点"复选框，使链接关系终止于"主杠臂"对象，如图19-72所示。

图19-72

06 下面设置"转轴"对象的关节，"转轴"对象为一个比较特殊的对象，它既要设置转动的关节参数，又要设置滑动的参数。选择"转轴"对象，进入"层次"主命令面板下的IK子命令面板，如图19-73所示。

图19-73

07 此时会发现在IK命令面板下没有设置"滑动关节"的卷展栏，只有"转动关节"卷展栏，无法设置对象的滑动关节参数，如图19-74所示。

08 这是因为在3ds Max默认状态下，控制对象运动的控制器为"位置 XYZ"控制器，而只有对象的控制器为"Berzire 位置"控制器时，在IK命令面板下才会出现"滑动关节"卷展栏。

09 转换对象控制器的方法是：首先选择"转轴"对象，进入"运动"命令面板，在"指定控制器"卷展栏下的显示窗内选择"位置"层，如图19-75所示。

图19-74　　　　　　　图19-75

10 单击"指定控制器"按钮，打开"指定 位置 控制器"对话框，在该对话框内选择"Bezier 位置"选项，如图19-76所示。单击"确定"按钮，该控制器将被添加到所选中的对象中。

11 这时，进入IK命令面板，在IK子命令面板下出现了"滑动关节"卷展栏，如图19-77所示。

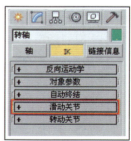

图19-76　　　　　　　图19-77

12 首先来设置"转轴"对象的转动关节参数。展开"转动关节"卷展栏，在该卷展栏下有X轴、Y轴、Z轴3个选项栏，这3个选项栏的参数分别控制"转轴"对象在这3个轴上的转动，如图19-78所示。

13 由于"转轴"对象只在Z轴上转动并且不受限制，所以只需要把X轴和Y轴的"活动"复选框取消即可，如图19-79所示。

图19-78

图19-79

14　接着展开"滑动关节"卷展栏，在该卷展栏下有X轴、Y轴和Z轴3个选项栏。这3个选项分别用来控制对象在这3个轴上的移动。"转轴"对象只在Z轴移动，但是受一定的限制，具体的设置参数，如图19-80所示。

图19-80

15　下面设置"后臂"对象的关节参数。选择"后臂"对象后，进入"层次"主命令面板下的IK子命令面板，展开"转动关节"卷展栏，解除Y轴和Z轴选项栏中的"活动"复选框的选中状态，并参照如图19-81所示设置X轴选项栏参数。

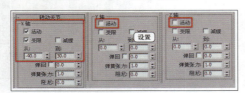

图19-81

16　选择"前臂"对象，进入"层次"主命令面板下的IK子命令面板，展开"转动关节"卷展栏，解除Y轴和Z轴选项栏中的"活动"复选框的选中状态，并参照如图19-82所示设置X轴选项栏参数。

17　"机械手"对象是固定不变的，在设置时，应该解除"转动关节"卷展栏下X轴、Y轴、Z轴选项栏中"活动"复选框的选中状态，如图19-83所示。

图19-82

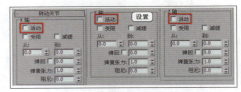

图19-83

18　但"机械手"对象运动时需要保持水平状态，这就用到了前面所学习的"运动继承"，使其只能继承父对象在Z轴的运动，而不继承其父对象在X、Y轴的运动。

19　选择"机械手"对象后，进入"链接信息"子命令面板，参照如图19-84所示的参数进行设置。

图19-84

20　在机械物体运动时，越接近末端物体的对象应该越灵活一些，这里可以通过设置关节阻尼让关节在运动时受到阻力，精确控制每个运动对象的灵活程度，使机械运动更加真实。

21　首先设置"转轴"对象的阻尼参数。选择该对象后，进入"层次"主命令面板下的IK子命令面板，展开"滑动关节"卷展栏，在Z轴选项栏下的"阻尼"文本框内输入0.8，加大该对象在运动时遇到的阻力，如图19-85所示。

22　如图19-86所示为"后臂"、"前臂"的阻尼参数设置。

 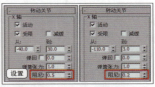

图19-85　　图19-86

23　下面将设置机械臂的动画，在设置动画之前，为了便于对动画进行编辑，通常需要创建虚拟对象。如图19-87所示，进入"创建"命令面板下的"辅助对象"子命令面板，在"对象类型"卷展栏下单击"虚拟对象"按钮，在视图中创建一个虚拟对象。

图19-87

24 将新创建的Dummy001对象与"机械手"对象链接，使其成为"机械手"对象的子对象，然后进入"层次"主命令面板下的IK子命令面板，在"反向运动学"卷展栏中单击激活"交互式IK"按钮，进入反向运动模式，如图19-88所示。

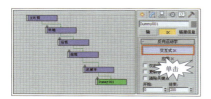

图19-88

25 在动画控制区单击激活"自动关键点"按钮，在"当前帧"栏内输入30，将Dummy001对象移动至靠近"书"对象的位置，如图19-89所示。

图19-89

26 在"当前帧"栏内输入40，将Dummy001对象移动至"书"对象的位置，使"机械臂"夹住"书"对象，如图19-90所示。

图19-90

27 在"当前帧"栏内输入60，在前视图中将Dummy001对象向右移动，使机械臂向后收缩，如图19-91所示。

28 在"当前帧"栏内输入116，将Dummy001对象移动至如图19-92所示的位置，使机械臂转向另一个方向。

图19-91

图19-92

29 在"当前帧"栏内输入120，将Dummy001对象移动至如图19-93所示的位置，使机械臂与"铁网箱02"对象更接近。

图19-93

提示

铁网箱对象处于隐藏状态，在此可在视图中右击，在快捷菜单中执行"全部取消隐藏"命令，将其取消隐藏。

30 在"当前帧"栏内输入135，将Dummy001对象移动至如图19-94所示的位置，使"机械手"对象位于第2个铁网箱正上方。

图19-94

31 在"当前帧"栏内输入155，将Dummy001对象移动至如图19-95所示的位置，使机械臂向后收缩。

图19-95

32 在"当前帧"栏内输入190，将Dummy001对象移动至如图19-96所示的位置，使机械臂退回第0帧所处的位置。

图19-96

33 单击关闭"自动关键点"按钮，播放动画，可以看到机械臂的运动效果，如图19-97所示。

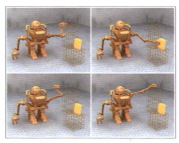

图19-97

34 现在需要设置"书"对象跟随机械臂一起运动的动画。在视图中选择"书"对象，进入 "运动"命令面板，在该面板下的"指定控制器"卷展栏的显示窗内选择"变换：位置/旋转/缩放"选项，单击"指定控制器"按钮 。打开"指定 变换 控制器"对话框，如图19-98所示。

图19-98

35 在该对话框内选择"链接约束"选项，单击"确定"按钮，退出对话框，如图19-99所示。

图19-99

36 在"当前帧"栏内输入0，在Link Params 卷展栏下单击"链接到世界"按钮，在"当前帧"栏内输入40，单击激活"添加链接"按钮，在视图中单击Dummy001对象，将该对象添加至链接，如图19-100所示。

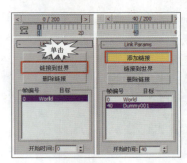

图19-100

37 在"当前帧"栏内输入130，单击"链接到世界"按钮，如图19-101所示。完成动画的制作。

图19-101

38 播放动画，机械臂在第40帧抓起"书"对象，在第130帧将"书"对象放置于"铁网箱02"对象上，然后退回原位置，如图19-102所示。如果在设置动画的过程中遇到问题，可打开本书附带光盘中的Chapter-19/"机械人完成.max"文件进行查看。

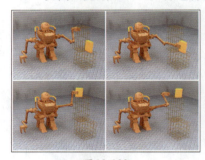

图19-102

第20章
粒子系统与空间扭曲

粒子系统能生成粒子对象，可以真实、生动地模拟雪、雨、灰尘等效果。空间扭曲功能可以辅助三维形体产生特殊的变形效果，创建出诸如涟漪、波浪和风吹等效果。将粒子系统与空间扭曲结合使用，可以创建丰富的动画效果。如图20-1所示中被风吹动的烟雾就是使用粒子系统和空间扭曲功能所创建。

图20-1

通过本章的学习使读者掌握粒子系统及空间扭曲的相关知识，使读者既能够利用基本粒子系统和高级粒子系统单独创建较简单的动画，又可以将粒子系统与空间扭曲联系起来创建出比较复杂的动画。创建粒子系统的动画一般情况下都离不开空间扭曲的应用，加入了空间扭曲中的力和导向器后的粒子系统更为丰富，创建出的动画效果也会更真实，所以在本章中将粒子系统和空间扭曲的知识一起来讲解。

20.1　粒子系统

在3ds max 2012中，共包含7种粒子系统，这些粒子系统在功能上有所差别，为了便于学习和理解，本章将粒子系统分为初级粒子系统、高级粒子系统和粒子流三大部分。初级粒子系统包括"雪"和"喷射"，这些粒子系统设置参数较为简单，效果较为单一，适合设置一些要求较低的场景和动画；高级粒子系统包括"暴风雪"、"粒子云"、"粒子阵列"和"超级喷射"，这些粒子系统设置参数较为复杂，功能强大，适合较为复杂的场景或动画；本章将PF Source粒子系统单独归为一类，粒子流为一种功能强大的特殊粒子系统，该粒子系统使用一种称为"粒子视图"的特殊对话框来使用事件驱动模型。在"粒子视图"中，可将一定时期内描述粒子属性（如形状、速度、方向和旋转）的单独操作符合并到称为"事件"的组中。每个操作符都提供一组参数，其中多数参数可以设置动画，以更改事件期间的粒子行为。随着事件的发生，"粒子流"会不断地计算列表中的每个操作符，并相应更新粒子系统。通过本节实例，可以使读者对3ds Max 2012中的粒子系统有一个全面的了解。

20.1.1　基本粒子系统

本节将对基本粒子类型进行介绍，"雪"和"喷射"被定义为基本粒子系统，相对于其他粒子系统，这两种粒子系统更易于控制，可编辑的参数较少，占用的系统资源也很少，所以常被应用于一些对画面品质要求较低的场景或动画中。

1. 雪粒子系统的创建

下面通过一组简单的实例操作，介绍雪粒子系统的创建方法。

01 运行3ds Max 2012，在快速访问工具栏中单击"打开文件"按钮，打开本书附带光盘中的Chapter-20/"酒精灯.max"文件，如图20-2所示。

图20-2

02 进入 "创建"主命令面板下的 "几何体"次命令面板，并在其下拉列表中选择"粒子系统"选项，此时在"对象类型"卷展栏下出现了7种粒子系统按钮，如图20-3所示。

图20-3

03 在"对象类型"卷展栏中单击"雪"按钮，在顶视图中通过单击拖曳的方式创建出"雪"粒子系统，如图20-4所示。"雪"粒子能模拟生成翻滚的雪花或飘落的纸屑。

图20-4

04 选择新创建的"雪"粒子系统，在"修改"命令面板中的"参数"卷展栏内的"发射器"组中设置发射器的长度和宽度参数，如图20-5所示。

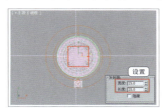

图20-5

提示

启用"隐藏"复选框后，"雪"粒子系统的发射器将被隐藏，而粒子不受影响。

05 调整粒子的喷射方向，使其向上喷射。单击"播放动画"按钮▶，便可观看生成的动画效果，如图20-6所示。

图20-6

06 选择"雪"粒子对象，进入 "修改"面板，此时创建"雪"粒子系统的编辑参数如图20-7所示。

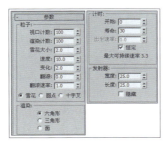

图20-7

07 其中，"视口计数"参数栏用于控制视口中显示粒子数量的最大值。将该参数设置为300后，视口中的粒子数量发生了明显变化，如图20-8所示。

提示

该参数不影响最终渲染时粒子的数量。所以将"视口计数"参数设置的小于"渲染计数"参数，可以提高计算机的运算速度。

图20-8

08 "渲染计数"参数可以设置渲染时显示的最大粒子数量，如图20-9所示。该效果只能在渲染视图中查看到。

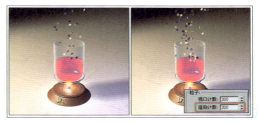

图20-9

09 "雪花大小"参数只能用于设置粒子的大小。如图20-10所示将该参数设置为7后，视口中的雪花变大。

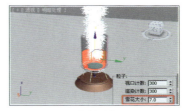

图20-10

10 "速度"参数控制着每个粒子离开发射器时的初始速度。在不受其他外力影响的情况下，粒子将以此速度运动下去。如图20-11所示为速度参数分别为6和12时的效果对比。

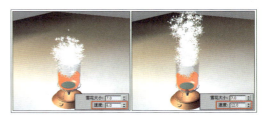

图20-11

11 "变化"用来改变粒子的初始速度和方向。"变化"的值越大，降雪的区域越广，粒子的分布越混乱，如图20-12所示为该值分别为2和10的效果对比。

12 "翻滚"用于设置粒子的随机旋转量。每个粒子的旋转随机产生。而"翻滚速率"用于设置粒子的旋转速度，增大该值，可以加快粒子的旋转速度。

图20-12

提示

在"面"渲染模式下，这两个选项将不可用。

13 "雪花"、"圆点"和"十字叉"这3个单选按钮用于设置粒子在视图中的显示方式，如图20-13所示为雪花在视图中的3种显示方式。

图20-13

14 "渲染"选项组中的"六角形"、"三角形"、"面"3个单选按钮，决定粒子在渲染后的形态，如图20-14所示。

图20-14

15 "计时"选项组下的"开始"参数决定发射粒子的开始帧。如图20-15所示，将"开始"参数设置为20，粒子动画将在20帧以后才会出现。

图20-15

16 下面将前面所有设置过的参数恢复至如图20-16所示的状态。

图20-16

17 在主工具栏中单击"材质编辑器"按钮，打开"板岩材质编辑器"对话框，在"示例窗"卷展栏中选择"烟雾"材质，将其添加给Snow001对象，关闭该对话框，如图20-17所示。

图20-17

18 单击"渲染产品"按钮，观察到粒子被赋予烟雾材质，效果如图20-18所示。

图20-18

19 "出生速率"用于设置每一帧产生的新粒子数量。不过该参数只有在"恒定"复选框为禁用状态时才可进行编辑。启用"恒定"复选框后，"出生速率"参数不可编辑，所用的出生速率等于最大可持续速率。如图20-19所示为选择恒定和"出生速率"设置为12时，烟雾的状态。

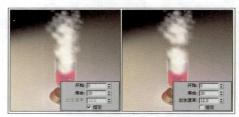

图20-19

20 本次练习结束，如图20-20所示为其中的部分画面，如果在制作本练习中遇到什么问题，可以打开附带光盘中的Chapter-20/"酒精灯完成.max"文件参考。

图20-20

2. 喷射粒子系统

"喷射"粒子系统主要用于模拟雨、喷泉、公园水龙头的喷水等效果。其编辑参数与"雪"粒子系统几乎一样，只是在渲染后的粒子形态上略有不同，如图20-21所示为"喷射"粒子系统的编辑参数。

图20-21

如图20-22所示为"喷射"粒子系统渲染后的两种形态。

图20-22

20.1.2 高级粒子系统

高级粒子系统的参数要比基础粒子的参数复杂得多，当然参数设置的复杂性也就表示高级粒子系统可以创建出更为复杂的动画效果，其中包括控制粒子的变形、设置粒子的爆炸、设置粒子的衰减和碰撞之后的情况，这些功能是基本粒子系统不能实现的，高级粒子系统中共有4种，分别为"暴风雪"、"粒子云"、"粒子阵列"和"超级喷射"。

这4种高级粒子系统的参数面板非常相似，所以掌握其中的一个粒子系统，其他的基本上也就掌握了。本节将以"粒子阵列"粒子系统为例，介绍有关高级粒子系统的知识。

"粒子阵列"对象可以设置两种类型的粒子动画效果，其一为可用于将所选定的几何体对象作为发射器模板来发射粒子。如图20-23所示为用作分布对象的长方体，粒子在其表面上随机分布。

图20-23

其二为创建复杂的对象爆炸动画效果（常与空间扭曲的"粒子爆炸"配合使用），如图20-24所示。

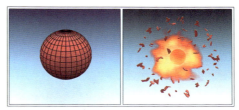

图20-24

下面安排一个空中拦截的动画场面，其中应用"粒子阵列"粒子系统，并分别设置了标准例子、粒子碎片和实例几何体3种粒子类型，比较全面学习了"粒子阵列"的基本知识，本次场景中应用的其他动画控制也比较多，不过在此不做介绍，只对场景中应用的粒子系统进行介绍。下面开始本次练习。

01　运行3ds Max 2012，在快速访问工具栏中单击"打开文件"按钮，打开本书附带光盘中的Chapter-20/"空中拦截.max"文件，如图20-25所示。

图20-25

02　首先来设置作为阻击飞机炮弹的粒子系统，进入"创建"主命令面板下的"几何体"次命令面板，在该面板的下拉列表中选择"粒子系统"选项，并在"对象类型"卷展栏中单击"粒子阵列"按钮，在顶视图中创建一个PArray001对象，如图20-26所示。

图20-26

03　进入"修改"面板，展开"基本参数"卷展栏，单击其中的"拾取对象"按钮，在视图中单击"武器"对象，为粒子系统指定发射器，如图20-27所示。

04　"粒子分布"选项组中的各项，用于确定标准粒子在基于对象的发射器曲面上最初的分布方式。共有5种粒子分布方式，如图20-28所示。

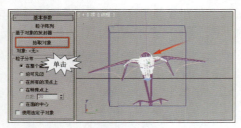

图20-27

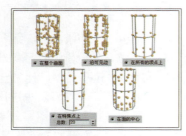

图20-28

05 继续操作，在"粒子分布"选项组中选中"在所有的顶点上"单选按钮，并选择"使用选定子对象"复选框。在"视口显示"选项组中选择"网格"单选按钮，在"粒子数百分比"文本框中输入100，如图20-29所示。

图20-29

06 "粒子生成"卷展栏上的各项参数用于控制粒子产生的时间和速度、粒子的移动方式，以及不同时间粒子的大小。

07 展开"粒子生成"卷展栏，在"粒子数量"选项组中选中"使用总数"单选按钮，并在其下的文本框中输入6，这样整个动画过程中将只有6个粒子射出，如图20-30所示，播放动画可观察到有细小的粒子喷出。

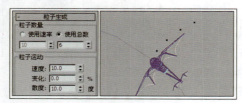

图20-30

08 在"粒子运动"选项组中，"速度"参数只用于设置粒子运动的初始速度；"散度"参数用于决定粒子发射的角度。

09 将"速度"参数设置为100，将"散度"参数设置为0。如图20-31所示，播放动画，发现粒子喷出的速度加快，方向向前。

10 在"粒子计时"选项组中，将"发射停止"参数设置为48，"显示时限"参数设置为200，将"寿命"设置为80，如图20-32所示。该选项组用于设置粒子发射的开始时间和粒子停止发射的时间，以及各个粒子的寿命。

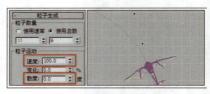

图20-31   图20-32

11 在"粒子大小"选项组中将"增长耗时"和"衰减耗时"均设置为0。展开"粒子类型"卷展栏，在"粒子类型"卷展栏中选中"实例几何体"单选按钮，在"实例参数"选项组中单击"拾取对象"按钮，在视图中拾取旁边的"刀片"对象，如图20-33所示。

图20-33

12 拾取完毕后，单击"播放动画"按钮，在视图中观察到粒子个体呈刀片状，如图20-34所示。

图20-34

13 展开"旋转和碰撞"卷展栏，在"自旋时间"文本框中输入5。在"自旋转轴控制"选项组中选中"用户定义"单选按钮。在"Z轴"中输入3600，设置粒子的旋转角度。如图20-35所示，该卷展栏用于影响粒子的旋转，提供运动模糊效果，并控制粒子间的碰撞。

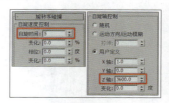

图20-35

14 此时PArray001对象设置结束，播放后的效果如图20-36所示。

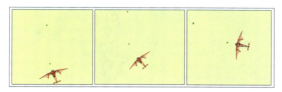

图20-36

15 下面开始设置被劫飞机的粒子系统，被截击的飞机需要的粒子系统比较多，首先其尾部要设置一个粒子系统作为该飞机的动力系统，当飞机中弹后要爆炸和冒烟，此时还需要两个粒子系统分别创建爆炸效果和烟雾效果。

16 在顶视图中，参照如图20-37所示的位置创建另一个"粒子阵列"对象——PArray002对象。

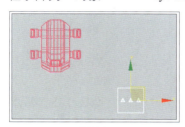

图20-37

17 进入PArray002对象的修改面板，在"基本参数"卷展栏中单击"拾取对象"按钮，按下H键，打开"拾取对象"对话框，在该对话框中选择Object002对象，单击"拾取"按钮，为该对象设置发射器，如图20-38所示。

图20-38

18 在"粒子分布"选项组中选中"在所有的顶点上"单选按钮，并启用其下的"使用选定子对象"复选框。在"视口显示"选项组中选中"网格"单选按钮，并在"粒子数百分比"文本框中输入100，如图20-39所示。

图20-39

19 展开"粒子生成"卷展栏，在"粒子数量"选项组中将"使用速率"选项下的参数设置为50，在"粒子运动"选项组中将"速度"和"散度"分别设置为27和25，如图20-40所示。

图20-40

20 在"粒子计时"选项组中将"发射开始"和"发射停止"参数分别设置为-30和54，并将"显示时限"和"寿命"分别设置为58和10，如图20-41所示。

21 "粒子大小"选项组中的参数参考如图20-42所示进行设置，该选项组中的参数用于改变粒子的大小、增大和衰减。

图20-41　　　　　图20-42

22 "增长耗时"参数决定粒子从很小增长到"大小"参数中设定的值经历的帧数。"衰减耗时"参数用于设置粒子在消亡之前缩小到设置的值的1/10所经历的帧数。如图20-43所示为不同的"增长耗时"和"衰减耗时"的参数设置。

图20-43

23 展开"粒子类型"卷展栏，在"标准粒子"选项组中选中"面"单选按钮，如图20-44所示。

图20-44

24 最后在"对象运动继承"卷展栏中将"影响"参数设置为0，该参数的变化可以通过发射器的运动影响粒子的运动，如图20-45所示。

图20-45

25 该粒子系统的设置结束，在"板岩材质编辑器"对话框中为其找到"尾气"材质，添加材质后的效果，如图20-46所示。

图20-46

26 下面为用于创建烟雾效果的粒子进行设置，在顶视图中创建Parray003对象，如图20-47所示。

图20-47

27 进入"修改"面板，首先在"基本参数"卷展栏中单击"拾取对象"按钮，在视图中单击"海盗船"对象，使其成为该粒子系统的发射器，如图20-48所示。对该粒子的基本参数进行设置。

28 "粒子生成"卷展栏中的各项设置参数，参考如图20-49所示进行。

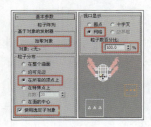

图20-48   图20-49

29 展开"粒子类型"卷展栏，在"标准粒子"选项组中选中"面"单选按钮，在"对象运动继承"卷展栏中将"影响"参数设置为0。该粒子系统的设置结束，添加"烟雾"材质后的效果，如图20-50所示。

图20-50

30 接下来将创建本次练习中的最后一个粒子系统，创建海盗船的爆炸效果。在顶视图中创建一个"粒子阵列"对象，将其命名为"爆炸"，位置如图20-51所示。

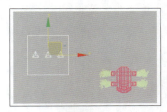

图20-51

31 进入"修改"面板，在"基本参数"卷展栏中单击"拾取对象"按钮，在视图中拾取"海盗船"对象。在"视口显示"选项组中选中"网格"单选按钮，展开"粒子生成"卷展栏，将"速度"参数设置为500，"散度"设置为30，"发射开始"设置为66，"显示时限"设置为100，"寿命"设置为30，如图20-52所示。

32 展开"粒子类型"卷展栏，在"粒子类型"选项组中选中"对象碎片"单选按钮。在"对象碎片控制"选项组中选中"碎片数目"单选按钮，并在其下的"最小值"文本框中输入30，在"旋转和碰撞"卷展栏中将"自转时间"设置为15。在"对象运动继承"卷展栏中将"影响"参数设置为0，如图20-53所示。

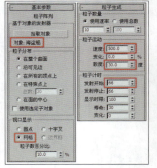

图20-52   图20-53

33 爆炸粒子设置完毕，播放动画可以观察到效果，如图20-54所示。

图20-54

34 至此本次实例练习全部结束，如果在制作本练习中遇到什么问题，可以打开本书附带光盘中的Chapter-20/"空中拦截完成.max"文件参考，如图20-55所示为部分动画帧的渲染效果。

图20-55

下面的3种粒子系统和"粒子阵列"的参数非常相似，所以掌握其中的一个粒子系统，其他的基本上也就掌握了，这里就不再多做讲解。

"暴风雪"常被用来模拟暴风雪，该粒子类型是"雪"粒子系统的高级版本。如图20-56所示，为利用"暴风雪"粒子类型设置的暴风雨效果。

"粒子云"粒子类型可以将粒子放置在一个设置好的范围内。这种类型常被用来制作群体动画，例如一群鱼、一群鸟等，并且可以与环境设置相结合来创建云朵或星云。如图20-57所示，为很多落叶飘散的场景。

图20-56　　　　图20-57

"超级喷射"粒子类型可以设置粒子运动的偏移量，所以"超级喷射"粒子类型常被用来制作泡沫、水泡摇摆上升、烟雾等自身产生偏移变化的效果。如图20-58所示，为利用"超级喷射"粒子类型设置的香烟效果。

图20-58

20.1.3　粒子流

粒子流有着与其他粒子系统完全不同的工作模式，其操作需要在"粒子视图"中完成。粒子流包括3种元素，分别为流、测试和操作符，通过对3种元素的控制，实现复杂的粒子效果。在本实例中将指导读者制作一个检测金属板的实例，实例内容为发射器发射闪光弹，闪光弹碰撞到金属板后爆炸。该实例中，粒子的形态、材质、运动状态有很多变化，使用普通的粒子系统几乎无法完成，而使用粒子流可以轻松实现，通过本实例，可以使读者了解粒子流的工作流程，并掌握相关知识。

1. 创建粒子流并编辑基本参数

在本实例的开始部分，首先需要创建粒子流并设置其基本的参数，确定粒子最初的形态、数量等参数。

01 在快速访问工具栏中单击"打开文件"按钮 ，打开本书附带光盘中的Chapter-20/"金属板.max"文件，如图20-59所示。该文件已经设置了动画，但还未创建粒子系统。

图20-59

02 进入 "创建"主命令面板下的 "几何体"次命令面板，在该面板的下拉列表中选择"粒子系统"选项。在"对象类型"卷展栏内单击PF Source按钮，在顶视图中任意位置创建一个粒子流PF Source 001对象，如图20-60所示。

图20-60

03 选择PF Source 001对象，进入 "修改"面板，在该面板内的"设置"卷展栏内单击"粒子视图"按钮，打开"粒子视图"对话框，如图20-61所示。对粒子流的操作均在该对话框内完成。

04 在"粒子视图"对话框的事件显示内单击出生事件Event 001中的Birth 001操作符，在该对话框右侧会显示该事件的创建参数，在"发射开始"文本框内输入20，在"发射结束"文本框内输入85，使粒子的发射开始于第20帧，结束于第85帧，在"数量"文本框内输入6，设置粒子数量，如图20-62所示。

图20-61

图20-62

05 单击出生事件Event 001中的Speed 001操作符，在"粒子视图"对话框右侧会显示该事件的创建参数，在"速度"文本框内输入400，设置粒子的速度，如图20-63所示。

图20-63

06 单击出生事件Event 001中的Shape 001操作符，在"粒子视图"对话框右侧会显示该事件的创建参数，选中3D单选按钮，并在其右侧的下拉列表内选择"80面球体"选项，设置粒子形态为球体，在"大小"文本框内输入10，设置粒子尺寸，如图20-64所示。

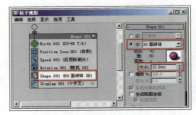

图20-64

07 单击出生事件Event 001中的Display 001操作符，在"粒子视图"对话框右侧会显示该事件的创建参数，分别在"类型"和"选定"下拉列表内选择"几何体"选项，使粒子以其实际的形态显示，如图20-65所示。

图20-65

08 播放动画，可以看到粒子以球体的形态显示，如图20-66所示。

图20-66

2. 使用和编辑操作符

操作符是粒子系统的基本元素，将操作符合并到事件中可指定在给定期间粒子的特性。操作符用于描述粒子速度、方向、形状、外观，以及其他。在编辑粒子流时，可以在事件中添加操作符或使用新的操作符替换原有的操作符，并能够随时对操作符进行编辑。在本节中，将为粒子流添加操作符。

01 从仓库中将Position Object操作符拖曳至出生事件Event 001中的Position Icon操作符的位置，使用该操作符替换Position Icon操作符，生成Position Object 001操作符，如图20-67所示。

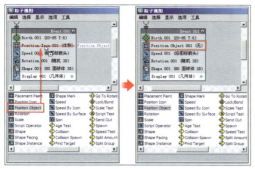

图20-67

02　单击出生事件Event 001中的Position Object 001操作符，在"粒子视图"对话框右侧会显示该事件的创建参数，单击"添加"按钮，并在视图中单击"主炮"对象，使该对象成为粒子发射器，如图20-68所示。

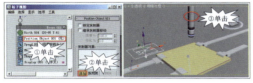

图20-68

03　在"位置"选项组内的下拉列表内选择"选定顶点"选项，使粒子从被选中的顶点发射（"主炮"对象的相应顶点已被选中），如图20-69所示。

04　播放动画，粒子从"主炮"对象被选中的顶点发射，如图20-70所示。

图20-69　　　　　图20-70

05　接下来需要设置粒子材质，从仓库中将Material Static操作符拖曳至出生事件Event 001中的Display 001操作符上方的位置，当显示一条水平蓝线时释放鼠标，生成Material Static 001操作符，如图20-71所示。

图20-71

提示

Material Static操作符用于为粒子提供整个事件期间保持恒定的材质ID，该操作符还允许根据材质ID将材质指定给每个粒子。

06　单击出生事件Event 001中的Material Static 001操作符，在"粒子视图"对话框右侧会显示该事件的创建参数，单击None按钮，打开"材质/贴图浏览器"对话框，在"示例窗"卷展栏内选择"发光弹"材质，单击"确定"按钮，退出该对话框，使当前事件中粒子使用"发光弹"材质，如图20-72所示。

图20-72

07　渲染Camera001视图，可以看到粒子被赋予材质后的效果，如图20-73所示。

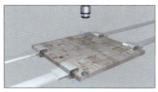

图20-73

3. 使用测试

粒子流中测试的基本功能是确定粒子是否满足一个或多个条件，如果满足，使粒子可以发送给另一个事件。利用这一特性可以使粒子产生丰富的变化，在本节中，将指导读者使用测试来编辑粒子。

01　从仓库中将Collision Spawn测试拖曳至出生事件Event 001中的Display 001操作符上方的位置，当显示一条水平蓝线时释放鼠标，生成Collision Spawn 001测试，如图20-74所示。

图20-74

提示

Collision Spawn测试使用与一个或多个导向板空间扭曲碰撞的现有粒子创建新粒子。

02 单击出生事件Event 001中的Collision Spawn 001测试，在"粒子视图"对话框右侧会显示该测试的创建参数，在Collision Spawn 001卷展栏的"导向器"选项组单击"添加"按钮，并在场景中单击Deflector001空间扭曲对象，在"导向器"选项组的显示窗内会显示该对象的名称，如图20-75所示。

图20-75

03 在"可繁值%"文本框内输入100，使当前事件中将繁殖新粒子的百分比为100%，在"子孙数"文本框输入100，设置系统在每次繁殖事件中使用每个父粒子创建的新粒子数为100，在"变化"文本框内输入100，设置粒子随机变化的数量，如图20-76所示。

图20-76

04 接下来需要设置通过测试的粒子参数，从仓库中将Shape Facing操作符拖曳至事件显示的空白区域，此时会出现一个新的事件Event 002，如图20-77所示。

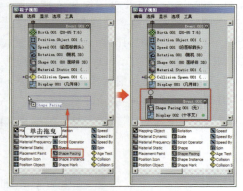

图20-77

提示

Shape Face操作符将每个粒子创建为矩形，这些矩形始终朝向某特定对象、摄影机或方向。该操作符适用于诸如烟雾、火焰、水流、气泡或雪花的效果，或对包含适当不透明度和漫反射贴图的材质。

05 将Event 001中Collision Spawn 001测试上的事件输出拖曳到Event 002输入，并释放鼠标，如图20-78所示。

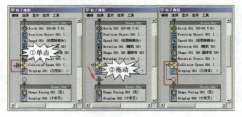

图20-78

06 单击出生事件Event 002中的Shape Face 001操作符，在"注视摄影机/对象"选项组内单击"无"按钮，在视图中单击Camera 001对象，使粒子始终朝向该对象，如图20-79所示。

图20-79

07 选中"在屏幕空间中"单选按钮，设置朝向粒子的大小，以屏幕宽度的百分比表示。每个粒子的实际大小会按整个动画过程的需要进行更改，使从摄影机的视点来看粒子大小保持恒定。在"比例%"文本框内输入2，设置粒子的大小，以屏幕宽度的百分比表示。在"变化%"文本框内输入100，设置粒子随机变化的数量，如图20-80所示。

08 在"方向"选项组内的下拉列表内选择"随机"选项，使粒子随机定向顶边，如图20-81所示。

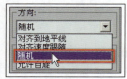

图20-80　　　　　图20-81

09 单击出生事件Event 002中的Display 002操作符，在"类型"下拉列表内选择"几何体"选项，使粒子以其实际的形态显示，如图20-82所示。

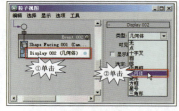

图20-82

10 从仓库中将Speed操作符拖曳至出生事件

Event 002中的Display 002操作符上方的位置，当显示一条水平蓝线时释放鼠标，生成Speed 002操作符，如图20-83所示。

图20-83

11 单击出生事件Event 002中的Speed 002操作符，在"粒子视图"对话框右侧会显示该事件的创建参数，在"速度"文本框内输入1000，在"变化"文本框内输入600，在"方向"选项组内的下拉列表内选择"随机3D"选项，如图20-84所示。

图20-84

12 接下来需要设置Event 002事件的材质，从仓库中将Material Static操作符拖曳至出生事件Event 002中的Display 002操作符上方的位置，生成Material Static 002操作符，如图20-85所示。

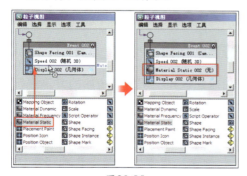

图20-85

13 单击出生事件Event 002中的Material Static 002操作符，在"粒子视图"对话框右侧会显示该事件的创建参数，单击None按钮，打开"材质/贴图浏览器"对话框，在"标例窗"卷展栏内选择"火焰"材质，单击"确定"按钮，退出该对话框，使当前事件中的粒子使用"火焰"材质，如图20-86所示。

14 选择Event 002事件，并右击该事件，在弹出的快捷菜单中选择"属性"选项，如图20-87所示。

图20-86

15 选择"属性"选项后，会弹出"对象属性"对话框，在该对话框的"运动模糊"选项组内选中"启用"复选框，在"倍增"文本框内输入1，选中"图像"单选按钮，设置粒子的模糊效果，单击"确定"按钮，退出该对话框，如图20-88所示。

图20-87　　　　　　　　　图20-88

16 将时间滑条拖曳至第55帧的位置，渲染Camera001视图，可以看到粒子的运动模糊效果，如图20-89所示。

图20-89

17 从仓库中将Age Test测试拖曳至出生事件Event 002中的Display 002操作符上方的位置，生成Age Test 001测试，如图20-90所示。

图20-90

> **提示**
> Age Test测试可以检查开始动画后是否已过了指定时间，某个粒子已存在多长时间，或某个粒子在当前事件中已存在多长时间，并相应导向不同分支。

18 单击出生事件Event 002中的Age Test 001测试，在Age Test 001卷展栏内的"测试值"文本框内输入2，在"变化"文本框内输入2，设置要测试的粒子年龄和变化的帧数，如图20-91所示。

图20-91

19 从仓库中将Delete操作符拖曳至事件显示的空白区域，此时会出现一个新的事件Event 003，如图20-92所示。

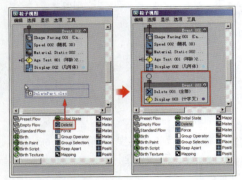

图20-92

20 将Event 002中Age Test 001测试上的事件输出拖曳到Event 003输入，释放鼠标，如图20-93所示。

图20-93

21 至此，完成本实例的制作。播放动画，观察粒子动画效果，如图20-94所示。在制作过程中，如果遇到什么问题，可以打开本书附带光盘中的Chapter-20/"金属板完成.max"文件进行查看。

图20-94

20.2 空间扭曲

空间扭曲是影响其他对象外观的不可渲染对象。空间扭曲可以创建出使其他对象变形的力场，从而创建出涟漪、波浪和风吹等效果。空间扭曲的行为方式类似于修改器，只不过空间扭曲影响的是世界空间，而几何体修改器影响的是对象空间。

空间扭曲只会影响和它绑定在一起的对象，扭曲绑定显示在对象修改器堆栈的顶端，而且空间扭曲总是在所有变换或修改器之后应用。当把多个对象和一个空间扭曲绑定在一起时，空间扭曲的参数会平等地影响所有对象。不过，每个对象距空间扭曲的距离或它们相对于扭曲的空间方向可以改变扭曲的效果。由于该空间效果的存在，只要在扭曲空间中移动对象即可改变扭曲的效果。也可以在一个或多个对象上使用多个空间扭曲。

20.2.1 创建与使用空间扭曲

首先对创建和使用空间扭曲的方法进行介绍。要使空间扭曲发挥作用，首先场景中要有空间扭曲作用的粒子系统或几何体对象。下面以"风"空间扭曲影响粒子系统为例讲述使用空间扭曲的方法。

01 首先在视图中创建一个粒子系统，进入"创建"主命令面板下的"空间扭曲"次命令面板，进入"力"空间扭曲的创建命令面板，在"对象类型"卷展栏中单击"风"按钮，如图20-95所示。

图20-95

02 在前视图中单击拖曳，创建一个Wind001对象，如图20-96所示。

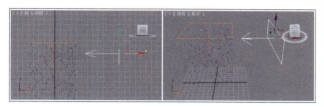

图20-96

03 现在空间扭曲并没有对粒子系统起作用，下面要将粒子系统绑定到空间扭曲上，此时空间扭曲才会对粒子系统起作用。选择粒子系统，在主工具栏中单击 "绑定到空间扭曲" 按钮，接着在粒子系统上单击拖曳至 "风" 空间扭曲对象上，如图20-97所示。

04 此时，空间扭曲对象会闪烁片刻以表示绑定成功，如图20-98所示，"风" 空间扭曲对象将对粒子系统产生影响。

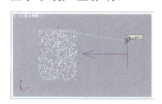

图20-97　　　　　　　　图20-98

20.2.2　"力" 空间扭曲

"力" 类型的空间扭曲用来影响粒子系统和动力学系统，所有 "力" 类型的空间扭曲都可以和粒子一起使用，而且其中一些可以和动力学一起使用。"力" 类型的空间扭曲能够为粒子施加动力，从而改变粒子的运动状态，还能使粒子沿着一条路径进行运动。"力" 类型的空间扭曲共有9种，分别为推力、马达、漩涡、阻力、粒子爆炸、路径跟随、置换、重力和风。下面将对这些空间扭曲进行简单介绍。

1. 风

"风" 空间扭曲可以模拟风吹动粒子系统所产生的粒子的效果。风力具有方向性，顺着风力箭头方向运动的粒子呈加速状，逆着箭头方向运动的粒子呈减速状，同时还可设置粒子的混乱程度。以下将通过一个实例练习使读者了解 "风" 空间扭曲的具体操作方法。

01 在 "快速访问" 工具栏中单击 "打开文件" 按钮 ，打开本书附带光盘中的Chapter-20/ "风力.max" 文件，如图20-99所示，该文件内有一个粒子系统模拟的烟雾效果，本节中需要使用

"风" 空间扭曲来模拟风对烟雾的影响。

图20-99

02 进入 "创建" 面板下的 "空间扭曲" 次命令面板，在该面板的下拉列表内选择 "力" 选项，在 "对象类型" 卷展栏下单击 "风" 按钮，在前视图中创建一个 "风" 空间扭曲Wind001对象，如图20-100所示。

图20-100

03 在主工具栏内单击 "绑定到空间扭曲" 按钮，将Wind001与场景中的粒子系统绑定，此时，"风" 空间扭曲对象将对粒子系统产生影响，如图20-101和图20-102所示。

图20-101　　　　　　　　图20-102

04 现在风力过大，需要适当调整风力参数。选择Wind001，进入 "修改" 命令面板，在 "强度" 文本框内输入0.2，如图20-103所示。该参数用于设置风力的效果，该值越大风力效果也就越明显。

图20-103

05 在 "风" 选项组下的 "湍流" 文本框内输入1.2，该参数用于设置粒子的混乱程度，如图20-104所示。

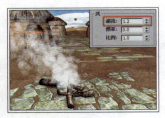

图20-104

06 在"频率"文本框内输入10。该参数主要与"湍流"参数配合使用，用于调节混乱的频率，粒子数量小的时候不容易产生效果。如图20-105所示为该值分别为0和10的时候产生的效果对比。

图20-105

07 播放动画，可以看到粒子受"风"空间扭曲影响的效果，如图20-106所示。

图20-106

2. 推力

"推力"空间扭曲能够为粒子系统应用正向或负向均匀的单向力。正向力以液压传动装置上的垫块方向移动。力没有宽度界限，其宽幅与力的方向垂直。使用"推力"空间扭曲可以驱散云状粒子，以下将指导读者使用"推力"空间扭曲设置一组动画。

01 首先打开本书附带光盘中的Chapter-20/"喷射器.max"文件，该文件内为一个化学药物喷射器的模型，粒子系统的动画已经设置完毕，如图20-107所示。在本节练习中需要使用"推力"空间扭曲使粒子发射的力量增大或减小，并产生周期变化。

图20-107

02 进入"创建"面板下的"空间扭曲"次命

令面板，在该面板的下拉列表内选择"力"选项，在"对象类型"卷展栏下单击"推力"按钮，在视图中创建一个"推力"空间扭曲——Push001，如图20-108所示。

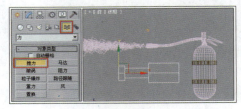

图20-108

03 将Push001移动至如图20-109所示的位置。在主工具栏内单击"绑定到空间扭曲"按钮，将Push001与场景中的粒子系统绑定。

图20-109

04 选择Push001，进入"修改"命令面板，在"参数"卷展栏下的"开始时间"文本框内输入0，在"结束时间"文本框内输入100，在"强度控制"栏下的"基本力"文本框内输入-30，此时播放动画，发现粒子在喷射的过程中遇到阻力，如图20-110所示。

05 在"周期变化"选项组中选择"启用"复选框，在"周期1"文本框内输入30，在"振幅1"文本框内输入150，如图20-111所示。

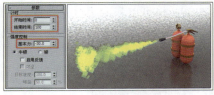

图20-110　　　　　　　图20-111

06 播放动画，可以看到粒子喷射的力量加大，出现有节奏的周期变化，如图20-112所示。

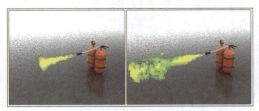

图20-112

3. 马达

"马达"空间扭曲的工作方式类似于推力，但

"马达"对受影响的粒子或对象应用的是转动扭曲而不是定向力。马达图标的位置和方向都会对围绕其旋转的粒子产生影响。下面通过一个简单小实例的制作来逐步理解"马达"空间扭曲的工作方式。

01　首先打开本书附带光盘中的Chapter-20/"粉碎机.max"文件，该文件内为一个物品粉碎机的模型，其中粒子系统的动画已经设置完毕，如图20-113所示。

图20-113

02　进入"创建"面板下的"空间扭曲"次命令面板，在该面板的下拉列表内选择"力"选项，在"对象类型"卷展栏下单击"马达"按钮，在顶视图中创建一个"马达"空间扭曲——Motor001，如图20-114所示。

图20-114

03　将Motor001移动至如图20-115所示的位置。在主工具栏内单击"绑定到空间扭曲"按钮 ，将Motor001与场景中的Blizzard001粒子系统绑定。

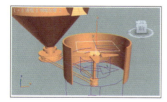

图20-115

04　选择Motor001，进入"修改"命令面板，在"参数"卷展栏下的"开始时间"文本框内输入0，在"结束时间"文本框内输入100，在"强度控制"栏下的"基本扭矩"文本框内输入25，此时播放动画，发现粒子在下落的过程中形成向外旋转的效果，如图20-116所示。

05　在"周期变化"选项组中选中"启用"复选框，在"周期1"文本框内输入50，在"振幅1"

文本框内输入100，如图20-117所示。

图20-116　　　　　　　　图20-117

06　播放动画，可以看到粒子旋转的力量加大，并出现有节奏的周期变化，如图20-118所示。

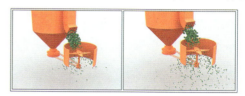

图20-118

4. 漩涡

"漩涡"空间扭曲将力应用于粒子系统，使它们在急转的漩涡中旋转，然后让它们向下移动形成一个长而窄的喷流或旋涡井。使用"漩涡"空间扭曲可创建黑洞、涡流、龙卷风和其他漏斗状对象。下面通过一个简单小实例的制作来逐步理解"漩涡"空间扭曲的工作方式。

01　下面打开本书附带光盘中的Chapter-20/"石柱.max"文件，该文件内为一个石柱的模型，该场景中粒子系统的动画已经设置完毕，如图20-119所示。

图20-119

02　进入"创建"面板下的"空间扭曲"次命令面板，在该面板的下拉列表内选择"力"选项，在"对象类型"卷展栏下单击"漩涡"按钮，在顶视图中创建一个"漩涡"空间扭曲——Vortex001，如图20-120所示。

图20-120

03 将Vortex001移动至如图20-121所示的位置。在主工具栏内单击"绑定到空间扭曲"按钮,将Vortex001与场景中的Blizzard001粒子系统绑定。

图20-121

04 选择Vortex001,进入"修改"命令面板,在"参数"卷展栏下的"捕获和运动"选项组中设置参数,如图20-122所示。

图20-122

05 播放动画,可以看到粒子向下移动并围绕柱子进行旋转,形成急转的漩涡,如图20-123所示。

图20-123

5. 阻力

"阻力"空间扭曲是一种在指定范围内按照指定量来降低粒子速率的粒子运动阻尼器。应用阻力的方式可以是线性、球形或柱形。阻力可用来模拟风阻、致密介质(如水)中的移动、力场的影响,以及其他类似的情景。下面通过一个简单小实例的制作来逐步理解"阻力"空间扭曲的工作方式。

01 下面打开本书附带光盘中的Chapter-20/"鱼缸.max"文件,该文件为一个鱼缸的模型,该场景中的粒子气泡动画已经设置完毕,如图20-124所示。

图20-124

02 进入"创建"面板下的"空间扭曲"次命

令面板,在该面板的下拉列表内选择"力"选项,在"对象类型"卷展栏下单击"阻力"按钮,在前视图中创建一个"阻力"空间扭曲——Drag001,如图20-125所示。

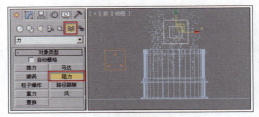

图20-125

03 在主工具栏内单击"绑定到空间扭曲"按钮,将Drag001与场景中的PArray001粒子系统绑定,如图20-126所示。

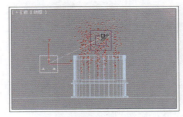

图20-126

04 选择Drag001,进入"修改"命令面板,在"参数"卷展栏下的"阻尼特性"选项组中设置参数,此时视图中的气泡产生了阻尼效果,就像置于水中一样,如图20-127所示。

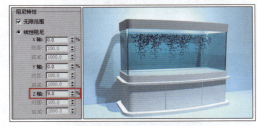

图20-127

05 通过视图观察到气泡上半部分过于分散,下面调整"阻尼特性"选项组中的"X轴"参数,可沿X轴局部调整阻尼的百分比,使其更像一簇气泡,如图20-128所示。

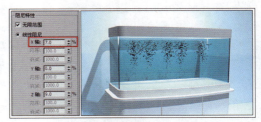

图20-128

06 播放动画,可以看到粒子就像鱼缸增氧器喷出的气泡一样，缓慢向上飘动并向周围扩散，如图20-129所示。

图20-129

6. 粒子爆炸

"粒子爆炸"空间扭曲能创建一种使粒子系统爆炸的冲击波，它有别于使几何体爆炸的爆炸空间扭曲。下面通过一个简单小实例的制作来逐步理解"粒子爆炸"空间扭曲的工作方式。

01 下面打开本书附带光盘中的Chapter-20/"导弹.max"文件，该文件为一个导弹的模型，该场景中的尾气动画已经设置了一部分，需要为其添加粒子爆炸效果，如图20-130所示。

02 在视图中创建Parray001粒子阵列，单击"拾取对象"按钮指定"导弹"物体作为基于对象的粒子阵列发射器，如图20-131所示。

图20-130　　　　图20-131

03 在"基本参数"卷展栏中的"视口显示"组中，选择"网格"对象，将视口中的碎片显示为网格对象。接着在"粒子生成"卷展栏中，将"速度"和"分散度"设置为0.0。这样会阻止粒子阵列移动粒子，而把这项工作交由粒子爆炸来完成，如图20-132所示。

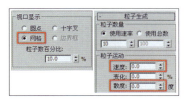

图20-132

04 在"粒子生成"卷展栏中的"粒子计时"组内，将"寿命"设置为活动时间段的长度，从而使碎片能在整个动画过程中显示。在"粒子类型"卷展栏设置"碎片数目"参数，如图20-133所示。

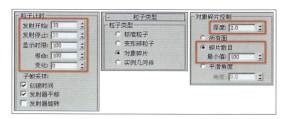

图20-133

05 使用 "绑定到空间扭曲"工具把粒子阵列图标和粒子爆炸图标绑定在一起，如图20-134所示。

图20-134

> **注意**
>
> 不要错误地把导弹对象作为绑定分布对象。

06 选择粒子爆炸图标，在"基本参数"卷展栏中，设置爆炸参数，如图20-135所示。

图20-135

07 拖曳时间滑块，查看其效果。在"基本参数"卷展栏中试试不同的参数设置。如图20-136所示为粒子爆炸的3种形状。

图20-136

08 获得满意的爆炸效果后，即可返回粒子阵列设置，添加碎片的自旋或厚度等，最后动画效果如图20-137所示。

图20-137

7. 路径跟随

"路径跟随"空间扭曲可以强制粒子沿指定路径运动。下面通过一个简单小实例的制作来逐步理解"路径跟随"空间扭曲的工作方式。

01 打开本书附带光盘中的Chapter-20/"路径跟随.max"文件，该场景中的粒子动画已经设置了一部分，需要为其添加路径跟随效果。

02 在"创建"面板上，单击"空间扭曲"按钮，从列表中选择"力"按钮，并在"对象类型"卷展栏中单击"路径跟随"按钮，在视口中单击拖曳，创建出一个带波浪线的正方体——PathFollowObject001对象，如图20-138所示。

图20-138

03 在视图中创建一条样条线对象，如图20-139所示。

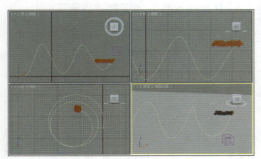

图20-139

04 选择PathFollowObject001对象，进入"修改"面板，在"基本参数"卷展栏中，单击"拾取图形对象"按钮，选择先前创建的样条线，如图20-140所示。

图20-140

05 使用 🔳 "绑定到空间扭曲"工具把Blizzard001粒子对象和PathFollowObject001空间扭曲对象绑定在一起，如图20-141所示。

06 选择PathFollowObject001对象，在"基本参数"卷展栏中，设置参数，创建想要的粒子运动，如图20-142所示。

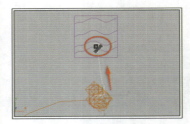

图20-141

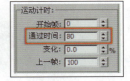

图20-142

07 播放动画，可以看到粒子沿着路经进行运动，如图20-143所示。

图20-143

8. 重力

"重力"空间扭曲可以在粒子系统所产生的粒子上对自然重力的效果进行模拟。重力具有方向性，沿重力箭头方向的粒子加速运动，逆着箭头方向运动的粒子呈减速状。在球形重力下，运动朝向图标。下面通过一个简单小实例的制作来逐步理解"重力"空间扭曲的工作方式。

01 打开本书附带光盘中的Chapter-20/"炮塔.max"文件，该场景中的粒子动画已经设置了一部分，需要为炮弹添加重力效果，如图20-144所示。

图20-144

02 在"创建"面板上，单击"空间扭曲"按钮。从列表中选择"力"选项，在"对象类型"卷展栏中单击"重力"按钮，在视口中单击拖曳，创建出一个中部带箭头的正方体——Gravity001对象，如图20-145所示。

图20-145

03 在主工具栏内单击"绑定到空间扭曲"按钮 ，将Gravity001与场景中的Blizzard001粒子系统绑定，如图20-146所示。播放动画，发现由于重力值过大，导致炮弹的射程距离很近。

图20-146

04 选择Gravity001，进入"修改"命令面板，在"参数"卷展栏下的"力"选项组中设置参数，调整重力的强度值，如图20-147所示。

图20-147

05 播放动画，可以看到炮弹射出后呈抛物线向下坠落，形成了重力效果，如图20-148所示。

图20-148

9. 置换

"置换"空间扭曲以力场的形式推动和重塑对象的几何外形。置换对几何体（可变形对象）和粒子系统都会产生影响。如图20-149所示为用于改变容器中表面的置换。下面通过一个简单小实例的制作来逐步理解"置换"空间扭曲的工作方式。

01 打开本书附带光盘中的Chapter-20/"沙漠.max"文件，该场景中为一个密集的网格平面模型，如图20-150所示。

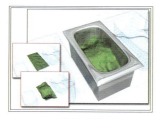

图20-149

图20-150

02 在"创建"面板中，单击"空间扭曲"按钮。从列表中选择"力"选项，在"对象类型"卷展栏中单击"置换"按钮，在视口中单击拖曳，创建出一个和顶视图中网格平面同样大小的方框——Displace001对象，如图20-151所示。

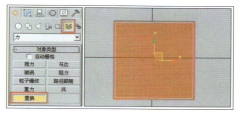

图20-151

03 在主工具栏内单击"绑定到空间扭曲"按钮 ，将Displace001对象与场景中的Box001绑定，如图20-152所示。

图20-152

04 选择Displace001，进入"修改"命令面板，在"参数"卷展栏下的"图像"选项组中单击"位图"选项下的"无"按钮，在弹出的"选择置换图像"对话框中选择本书附带光盘中的Chapter-20/heibai.tif文件，如图20-153所示。

05 拖曳"位图"选项下方的按钮至"贴图"选项下方的"无"按钮上，将其复制，然后更改"模糊"参数，如图20-154所示。

图20-153

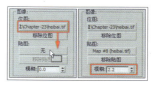

图20-154

06 在"参数"卷展栏下的"置换"选项组中设置参数，调整置换的强度值，如图20-155所示。此时，视图中的网格平面出现凹凸效果。

图20-155

07 最终渲染后的效果，如图20-156所示。

图20-156

20.2.3 "导向器"空间扭曲

"导向器"空间扭曲可以产生阻碍粒子运动的力。在3ds Max 2012中有9种导向器空间扭曲类型，其创建方法与创建"力"空间扭曲的方法相同。在本书中将着重介绍"导向板"空间扭曲，由于其他导向器的参数和设置方法基本相同，再此就不再详细讲解。

1. 导向板

"导向板"空间扭曲起着平面防护板的作用，它能排斥由粒子系统生成的粒子，粒子在碰到"导向板"后会被反弹回来，从而改变粒子的运动状态。如图20-157所示的动画就是应用导向板创建而成。

下面通过一组实例的操作对"导向板"空间扭曲的参数设置进行介绍。

01 打开本书附带光盘中的Chapter-20/"球台.max"文件，该场景中为一个弹射球台模型，已经设置了球体弹出动画，如图20-158所示。

图20-157　　　　　图20-158

02 播放动画，发现弹出的球体穿过弹射球台向下坠落，如图20-159所示。这是因为没有添加导向板的原因。

图20-159

03 在"创建"面板中，单击"空间扭曲"按钮。从列表中选择"导向器"选项，在"对象类型"卷展栏中单击"导向板"按钮，在顶视图中创建——Deflector001对象，如图20-160所示。

图20-160

04 在主工具栏内单击"绑定到空间扭曲"按钮，将Deflector001对象与场景中的SuperSpray001粒子对象绑定，如图20-161所示。

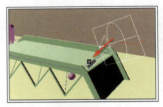

图20-161

05 选择Deflector001，进入"修改"命令面板，在"参数"卷展栏下设置参数，如图20-162所示。其中，"变化"参数决定反弹后粒子变化的百分比；"摩擦力"参数值决定粒子沿导向器表面移动时减慢的量。

06 此时播放动画，观察到球体向下坠落经过导向板时弹了起来，如图20-163所示。

图20-162　　　　　图20-163

07 接下来，设置前方滑动挡板处的导向板，让球体重新弹射回来，如图20-164所示，在前方滑动挡板处创建Deflector002对象。将Deflector002对象与场景中的SuperSpray001粒子对象绑定。

08 选择 Deflector002，进入"修改"命令面板，在"参数"卷展栏下设置参数，如图 20-165 所示。其中，"反弹"参数控制粒子从导向板反弹的速度，在此由于是第 2 次反弹，因此可降低该选项的值。

图20-164　　　　　图20-165

09 此时播放动画，可查看到球体下落后，弹起并经过滑动挡板处的导向板，然后弹了回来，如图20-166所示。

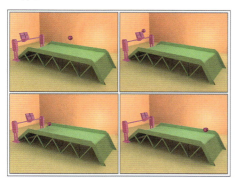

图20-166

2. 全动力学导向

"全动力学导向"空间扭曲是一种通用的动力学导向器，利用它可以使用任何对象的表面作为粒子导向器和对粒子碰撞产生动态反应的表面。如图20-167所示为"全动力学导向"空间扭曲示意图。

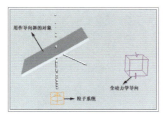

图20-167

3. 全泛方向导向

"全泛方向导向"空间扭曲能够使用其他任意几何对象作为粒子导向器。导向是精确到面的，所以几何体可以是静态的、动态的，或是随时间变形或扭曲的，如图20-168所示。

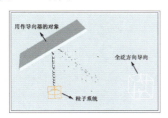

图20-168

4. 动力学导向板

"动力学导向板"是一种特殊类型的空间扭曲，它能让粒子影响动力学状态下的对象。例如，如果想让一股粒子流撞击某个对象并打翻它，就好像消防水龙的水流撞击堆起的箱子那样，就应该使用动力学导向板。如图20-169所示为"动力学导向板"空间扭曲效果。

图20-169

5. 动力学导向球

"动力学导向球"空间扭曲是一种球形动力学导向器。它和"动力学导向板"扭曲的原理是一样的，只不过它提供的是球形的导向表面，如图20-170所示。

图20-170

6. 泛方向导向板

"泛方向导向板"空间扭曲能够提供比原始导向器空间扭曲更强大的功能，包括折射和繁殖能力，如图20-171所示。

图20-171

7. 泛方向导向球

"泛方向导向球"是空间扭曲的一种球形泛方向导向器类型，该空间扭曲提供的是一种球形的导向表面而不是平面，如图20-172所示。

图20-172

8. 全导向器

"全导向器"空间扭曲是一种能使用任意对象作为粒子导向器的通用导向器。如图20-173所示为粒子撞击到"全导向器"时四处散开的效果。

图20-173

9. 导向球

"导向球"空间扭曲起着球形粒子导向器的作用，如图20-174所示为"导向球"排斥粒子的效果。

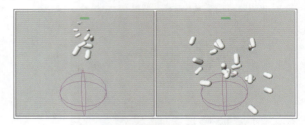

图20-174

20.3 实例操作——龙卷风奇袭动画

在本次实例中将要创建龙卷风破坏一座建筑的场景，在场景中龙卷风沿路径运动到建筑所在的位置，将其毁掉。其中龙卷风的创建应用"超级喷射"粒子系统配合空间扭曲中的"漩涡"，而建筑爆炸则应用了"粒子阵列"配合空间扭曲中的"重力"、"漩涡"和"全动力导向板"完成，下面开始本次练习的制作。

01 运行3ds Max 2012，打开本书附带光盘中的Chapter-20/"龙卷风01.max"文件。该文件已经设置了龙卷风的行动路径，并且将"地面"对象隐藏，如图20-175所示。

图20-175

02 进入"创建"主命令面板下的"几何体"次命令面板，在该面板的下拉列表中选择"粒子系统"选项，在"对象类型"卷展栏中单击"超级喷射"按钮，并在视图任意位置创建一个SuperSpray001对象，如图20-176所示。

03 进入该粒子系统的"修改"面板，展开"基本参数"卷展栏，参照如图20-177所示对相应选项参数进行设置。

图20-176

图20-177

04 展开"粒子生成"卷展栏，参照如图20-178所示对相应选项参数进行设置。

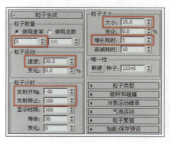

图20-178

05 参照如图20-179所示依次展开"粒子类型"和"旋转和碰撞"卷展栏，并对相应选项参数进行设置。

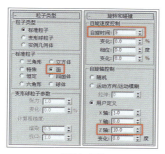

图20-179

06 在"材质编辑器"中找到设置好的"龙卷风"材质，将其赋予给设置好的粒子动画，至此"超级喷射"粒子系统的设置结束，对摄影机视图进行渲染，效果如图20-180所示。

图20-180

注意

场景中用以模拟龙卷风的粒子系统是不需要有照明和投影的，所以需要利用灯光的排除功能，使场景中的灯光不对SuperSpray001对象产生影响。

07 现在龙卷风基本上是竖直的，很不真实，下面将为其添加空间扭曲，使其变得真实。进入"创建"主命令面板下的"空间扭曲"次命令面板，在该面板的"对象类型"卷展栏中单击"漩涡"按钮，在如图20-181所示的位置创建一个"漩涡"对象。

图20-181

08 进入该对象的"修改"面板，参照如图 20-182所示在"参数"卷展栏中对相应选项参数进行设置。

图20-182

09 "漩涡"对象的参数设置完毕，在主工具栏中单击 🔗 "选择并链接"按钮，将"漩涡"对象链接到粒子系统上。接着再单击"绑定到空间扭曲"按钮 ≋，将"漩涡"对象绑定到粒子系统上。完毕后将粒子系统链接到Dummy001辅助对象上，使其跟随辅助对象运动。龙卷风对象的设置结束，此时的效果如图20-183所示。

图20-183

10 下面进行房屋爆炸的设置，首先在视图中参照如图20-184所示的位置创建一个PArray001对象，并将其应用与建筑对象相同的材质效果。

图20-184

11 进入"修改"面板，在"基本参数"卷展栏中单击"拾取对象"按钮，在视图中拾取"建筑"对象，参照如图20-185所示设置相应选项参数。

图20-185

12 展开"粒子类型"卷展栏，设置粒子类型选项参数和对象碎片控制选项参数。播放动画可以看到爆炸的效果，如图20-186所示。

图20-186

13 下面将为爆炸粒子系统添加导向器空间扭曲，让碎片碰到地面可以反弹。进入"创建"主命令面板下的"空间扭曲"次命令面板，在该对象的下拉列表中选择"导向器"选项，并在"对象类型"卷展栏中单击"全动力学导向"按钮，在如图20-187所示的位置创建一个"全动力学导向"对象。

图20-187

14 将"地面"对象显示，选择"全动力学导向"对象，进入"修改"面板，在"参数"卷展栏中单击"拾取对象"按钮。在视图中单击"地面"对象，并参照如图20-188所示设置相应选项参数。

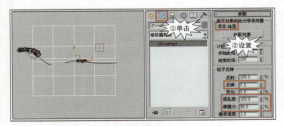

图20-188

15 在主工具栏内单击"绑定到空间扭曲"按钮，将"全动力学导向"对象与场景中的PArray001粒子对象绑定，如图20-189所示。

16 下面播放动画，发现爆炸后的粒子碰到地面后，反弹了起来，如图20-190所示。

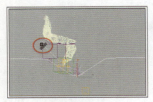 

图20-189　　　　　　图20-190

17 在顶视图中创建一个竖直向下的重力系统，这样可以使爆炸后的碎片向下坠落。进入"修改"面板，将"强度"设置为0.2，将该重力系统绑定到用于爆炸的粒子系统上，如图20-191所示。

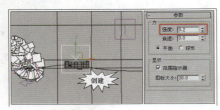

图20-191

18 在视图中创建另一个重力空间扭曲，该空间扭曲可以使爆炸后的碎片跟随龙卷风向前运动，参数设置参照如图20-192所示进行设置。

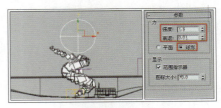

图20-192

19 参照如图20-193所示调整该"重力"的角度位置。将该重力系统绑定到用于设置爆炸的粒子系统上，并同时将其链接到龙卷风粒子系统上，播放动画，可观察到碎片被龙卷风吹起。

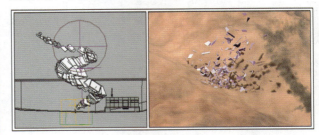

图20-193

20 最后为了使碎片产生随龙卷风一起旋转的效果，下面为该对象添加一个"漩涡"空间扭曲，参数设置如图20-194所示。最后同样将该空间扭曲绑定到用于设置爆炸的粒子系统上，并将其链接到龙卷风粒子对象上。

图20-194

21 本次练习全部结束，如果在制作本练习中遇到什么问题，可以打开附带光盘中的Chapter-20/"龙卷风02.max"文件参考，还可以打开附带光盘中的Chapter-20/"龙卷风.avi"文件直接观察渲染后的动画效果。如图20-195所示出示了本次练习的部分画面。

图20-195

第21章
使用动画控制器

场景内的所有对象在创建之始都带有一个默认的动画控制器，所有常规的动画设置参数，都记录在该动画控制器内。为了更为准确、快捷地设置出场景所需的动画效果，可以更改对象动画控制器的类型，例如选择"噪波控制器"可以快速制作出机械的自然抖动效果，如图21-1所示。

图21-1

所以要想制作出生动、逼真的动画效果，就必须熟练掌握动画控制器。每一种动画控制器都可使应用对象产生一种动作效果，本章将详细介绍这些控制器的使用方法。

21.1　理解动画控制器

所有的动画效果都由动画控制器记录，添加新动画控制器，实际上是将原有动画控制器，更改为其他更为适用的动画控制器。如果在编辑过程中，认为新动画控制器不适用，可以重新更换为原有默认的动画控制器。

下面通过一组操作学习添加动画控制器的方法，以及动画控制器的工作特点。

01　运行3ds Max 2012，在快速访问工具栏中单击"打开文件"按钮，打开本书附带光盘中的Chapter-21/"金属球.max"文件，如图21-2所示。

图21-2

02　首先在场景中选中"大球"对象，进入"运动"面板，如图21-3所示。

图21-3

03　在该面板下将"指定控制器"卷展栏展开，如图21-4所示，在该卷展栏下的显示窗内，可以选择为"变换"、"位置"、"旋转"或"缩放"项更换控制器。

04　在"指定控制器"卷展栏下的显示窗内选中"旋转"选项，此时，在该显示窗上方的"指定控

制器"按钮，处于可编辑状态，单击该按钮，会弹出"指定 旋转 控制器"对话框，如图21-5所示。

图21-4　　　　　　图21-5

05　在"指定 旋转 控制器"对话框内选择一个控制器，并单击"确定"按钮退出该对话框，此时对象会被分配新的控制器。显示窗内"旋转"选项后的控制器名称也会随之改变，如图21-6所示。

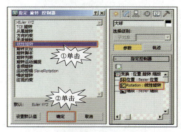

图21-6

06　另一种为对象转化控制器的方法为进入"轨迹视图"对话框，进入某个对象层下的"变换"、"位置"、"旋转"或"缩放"层，右击该层名称，会弹出一个快捷菜单，在该快捷菜单内选择"指定控制器"选项，如图21-7所示。

07　选择"指定控制器"选项后，会弹出"指定控制器"对话框，在该对话框内选择控制器后单击"确定"按钮，为该层更换控制器，如图21-8所示。

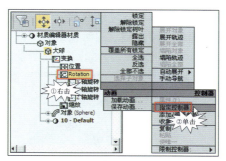

图21-7

图21-8

21.2　单一参数控制器

在3ds Max中，对象所有的设置参数都可以记录为动画，但设置动画较多的还是针对对象的位置、角度、缩放等方面的变换控制。针对这一方面，3ds Max提供了多种动画控制器，首先介绍具有单一参数的控制器类型。

单一参数控制器存储用户为对象参数制定的动画值和输出值，返回值既可以为单一量值，也可以为复合量值，许多基于对象关键点和关键点切线的控制器都属于单一参数控制器。

21.2.1　TCB控制器

TCB控制器可以应用于"位置"、"旋转"或"缩放"参数控制，当这3个选项使用XYZ控制器时也可以应用于对象的X、Y、Z轴，该控制器的作用是使应用该控制器的层所有关键点切线转化为类似贝塞尔曲线的曲线形态，使用该控制器后，不管该对象之前是否设置了动画，所有的关键点切线都将变为曲线形态，

新增关键点后，关键点切线也为曲线形态，进入"轨迹视图"对话框后，在关键点窗口右击关键点，会弹出如图21-9所示的对话框，在该对话框内可以对曲线形态进行编辑。

图21-9

下面通过一组操作学习TCB控制器的使用方法，以及动画控制器的工作原理。

01 运行3ds Max 2012，在快速访问工具栏中单击"打开文件"按钮，打开本书附带光盘中的Chapter-21/"弯道.max"文件，该文件已经设置了直线运动动画，如图21-10所示。

02 在场景中选中"球体"对象，进入"运动"面板，在"指定控制器"卷展栏下的显示窗内选择"位置"选项，如图21-11所示。

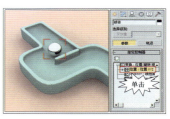

图21-10　　　　　图21-11

03 单击该显示窗上方的"指定控制器"按钮，会弹出"指定 位置 控制器"对话框，在该对话框内选择"TCB位置"控制器，单击"确定"按钮退出该对话框，如图21-12所示。

图21-12

04 更改控制器后，播放动画，发现球体的运动轨迹由之前的直线状态变成了平滑的曲线状态，如图21-13所示。

图21-13

05 在"运动"面板下的"关键点信息"卷展栏中，可以调整动画的"张力"、"连续性"和"偏移"等参数。如图21-14所示，在20帧的位置，将"张力"参数调整至较小的值，可以生成非常宽的弧形曲线。

06 播放动画，球体在该位置移动的圆角弧度将是最大，如图21-15所示。

图21-14   图21-15

07 如果将"张力"值设置为最大，可以生成线性曲线，球体转弯的角度非常小，但也有一个轻微的缓入和缓出效果，如图21-16所示。

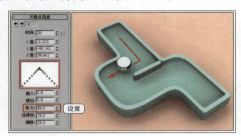

图21-16

08 "连续性"参数可以控制关键点处曲线的平滑状态，较高的连续性值可以使关键点的两侧各产生1次弯曲，如图21-17所示。

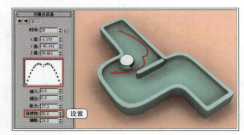

图21-17

09 "偏移"参数可以控制动画曲线偏离关键

点的方向，较高的偏移值会使曲线位于关键点之外，这会造成球体进入该关键点的时候是线性曲线，离开该关键点的时候是扩大曲线，如图21-18所示。

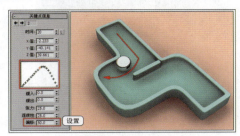

图21-18

21.2.2 Bezier控制器

Bezier控制器是在3ds Max 2012中应用最广泛的控制器，Bezier控制器可以应用于"位置"、"旋转"或"缩放"参数控制，它可以调整曲线关键点间的插补，当想在关键点间完全可调整插补时，可以使用该控制器。

该控制器也是"缩放"参数默认的控制器，Bezier控制器的编辑方法与"位置"、"旋转"参数默认的XYZ控制器极为相似，当使用Bezier控制器后，不能单独编辑对象在X、Y、Z轴的参数，虽然在关键点窗口仍旧显示X、Y、Z轴的关键点和关键点切线，如图21-19所示。

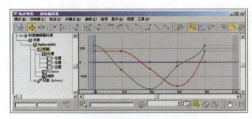

图21-19

21.2.3 线性控制器

它可以应用于"位置"、"旋转"或"缩放"参数控制，当这3个选项使用XYZ控制器时也可以应用于对象的X、Y、Z轴，该控制器可以使应用层的关键点切线转化为线性关键点切线，如图21-20所示，其关键点切线的形态是不能编辑的。

图21-20

21.2.4 噪波控制器

噪波控制器是一种特殊的动画控制器类型，该控制器可以产生随机的不规则参数，使用噪波控制器的层不能插入关键点，但可以使用调节"渐入"、"渐出"参数或在"噪波强度"层添加关键点的方式来控制噪波效果。

在"运动"面板内为某个层添加噪波控制器后，会弹出"噪波控制器"对话框，如图21-21所示。也可以通过在"轨迹视图"对话框内右击添加噪波控制器的层，在弹出的快捷菜单中选择"属性"选项，也会弹出该对话框。

以下将通过一个实例，了解噪波控制器的具体使用方法。

01 在快速访问工具栏中单击"打开文件"按钮，打开本书附带光盘中的Chapter-21/"装甲车.max"文件，该文件为装甲车发射枪弹的动画，如图21-22所示，主炮和弹药的动画已经设置完毕了，本节需要设置主炮在发射过程中的震动动画。

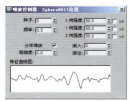
图21-21

图21-22

02 选择"主炮01"对象，进入 "运动"面板，在该面板中的显示窗口中单击"位置：位置XYZ"层前的+号，在弹出的下拉列表中选择"X位置：Bezier浮点"选项，单击显示窗上方的"指定控制器"按钮，会弹出"指定 浮点 控制器"对话框，如图21-23所示。

03 在该对话框内选择"噪波浮点"选项，如图21-24所示，单击"确定"按钮退出该对话框。

图21-23

图21-24

04 退出"噪波 浮点 控制器"对话框后，会弹出"噪波控制器：主炮01/X位置"对话框，在该对

话框的"频率"文本框内输入1，在"强度"文本框输入20，取消"分形噪波"复选框的被选中状态，在"渐出"文本框内输入80，使噪波效果在第80帧后逐渐缓慢，如图21-25所示。

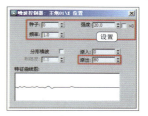
图21-25

05 单击主工具栏中的"曲线编辑器"按钮，进入"轨迹视图"对话框，在控制器窗口选择"主炮01"层下的"X位置"层下的"噪波强度"层，在"轨迹视图"对话框的工具栏内单击"添加关键点"按钮，在"噪波强度"层第18和20帧的位置添加两个关键点，如图21-26所示。

图21-26

提示

使用"渐入"和"渐出"参数设置后，噪波动画会出现渐变过渡的效果，但主炮在开始发射炮弹时，应该是突然产生振动效果，所以需要编辑噪波强度层的关键点切线。

06 右击第18帧位置的关键点，弹出"主炮01/噪波强度"对话框，在该对话框内的"值"文本框内输入0，如图21-27所示。

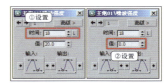
图21-27

07 在"轨迹视图"对话框的工具栏内单击"添加关键点"按钮，继续在"噪波强度"层第80和90帧的位置添加两个关键点，设置噪波停止的动画，如图21-28所示。

08 右键单击第90帧位置的关键点，此时会弹出"主炮01/噪波强度"对话框，在该对话框内的"值"文本框内输入0，如图21-29所示。

图21-28

图21-29

09 最后将"主炮02"对象的X位置设置与"主炮01"对象相同的运动效果，完成本练习的制作。播放动画，可观察到机甲战士在发射枪弹的时候，主炮发出震动的动画，如图21-30所示。

图21-30

21.3 复合控制器

复合控制器把其他控制器的输出当做自己的输入，然后将该数据与联系复合控制器的任何参数数据联接起来，处理并输出结果。在本节中，将讲解一些常用的复合控制器的使用方法。

21.3.1 XYZ控制器

XYZ控制器为"位置"、"旋转"参数默认的控制器，该控制器可以将X、Y、Z轴的参数分别控制，并单独进行修改，能够对动画进行更为细致的编辑，由于本书中大部分实例都使用了该控制器，相信读者对其已经很熟悉了。

21.3.2 路径约束

"路径约束"控制器为针对"位置"参数的编辑修改器，该控制器能够限制对象沿一条路径或多条路径的平均距离移动，当为对象添加"路径约束"控制器后，在"运动"面板下会出现"路径参数"卷展栏，如图21-31所示，该卷展栏下为"路径约束"控制器的参数。

图21-31

以下将通过一个实例练习，了解路径约束控制器的具体使用方法。

01 在"快速访问"工具栏中单击"打开文件"按钮 📂，打开本书附带光盘中的Chapter-21/"汽车.max"文件，该文件包括一个汽车模型、一条道路和一条路径，如图21-32所示，现在需要设置汽车通过道路的动画。

图21-32

02 在场景中选择"汽车"对象，进入 ◎ "运动"面板，在该面板中的显示窗口中单击"位置：位置XYZ"层，并单击显示窗上方的"指定控制器"按钮 🔲，弹出"指定 位置 控制器"对话框，如图21-33所示。

图21-33

03　在该对话框内选择"路径约束"选项，单击"确定"按钮退出该对话框，如图21-34所示。

04　在"运动"面板下方会出现"路径参数"卷展栏，如图21-35所示。单击"添加路径"按钮，在场景中选择Line001对象。

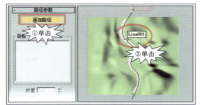

图21-34　　　　　　　　　图21-35

05　播放动画，汽车沿路径运动，但车身在转弯处始终朝向一个方向，动作显得僵硬。如图21-36所示。

图21-36

06　在"路径参数"卷展栏选择"跟随"复选框后，在对象沿路径移动时会旋转对齐路径的正向切线方向，如图21-37所示。

07　在"路径参数"卷展栏下的"轴"选项组中定义对象的轴与路径轨迹对齐，如图21-38所示。

图21-37　　　　　　　图21-38

08　播放动画，汽车沿路径正确地行驶，如图21-39所示。

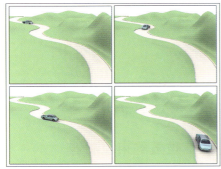

图21-39

21.3.3　附加控制器

附加控制器是一种针对于对象"位置"参数的控制器，使用"附加"控制器，可以使对象附着于目标对象表面，并跟随目标对象的表面运动，通常用于设置水面漂浮物的动画。

以下将通过一个实例练习，了解"附加"控制器的具体使用方法。

01　首先打开本书附带光盘中的Chapter-21/"橡皮舟.max"文件，该文件包括一只小舟和一片水面，水面波动的动画已经设置完毕，现在需要设置橡皮舟附着于水面的动画，如图21-40所示。

图21-40

02　在场景中选择"橡皮舟"对象，进入　"运动"面板，在该面板中的显示窗口中单击"位置：位置XYZ"层，单击显示窗上方的"指定控制器"按钮，弹出"指定 位置 控制器"对话框，如图21-41所示。

03　在该对话框内选择"附加"选项，单击"确定"按钮退出该对话框，如图21-42所示。

图21-41　　　　　　　图21-42

04　在"运动"面板下会出现"附着参数"卷展栏，单击"拾取对象"按钮，在场景中选择"水面"对象，如图21-43所示。

图21-43

05　单击"设置位置"按钮，使用移动鼠标指针并单击的方法，在视图中确定"橡皮舟"对象附着"水面"的位置，如图21-44所示。

图21-44

06 播放动画，"橡皮舟"附着于"水面"，并随"水面"的起伏而浮动，如图21-45所示。

图21-45

21.3.4　曲面控制器

"曲面"控制器是一种控制对象"位置"参数的控制器，使用该控制器能够使对象沿目标对象表面运动，但只有下列类型的对象才可以设置为目标对象：球体、圆环、圆锥体、圆柱体、放样对象、四边形面片和NURBS对象。因为"曲面"约束只对参数表面起作用，所以如果应用修改器，把对象转化为网格，那么约束将不再起作用。

以下将通过一个实例练习，了解"曲面"控制器的具体使用方法。

01 首先打开本书附带光盘中的Chapter-21/"环绕球.max"文件，该文件包括一个放样制作的瓶子模型和一个小球，如图21-46所示。

图21-46

02 在场景中选择"小球"对象，进入  "运动"面板，在该面板中的显示窗口中单击"位置：位置XYZ"层，单击显示窗上方的"指定控制器"按钮  ，弹出"指定 位置 控制器"对话框，如图21-47所示。

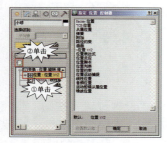

图21-47

03 在该对话框内选择"曲面"选项，单击"确定"按钮退出该对话框，如图21-48所示。

04 在"运动"面板下会出现"曲面控制器参数"卷展栏，单击"拾取曲面"按钮，在场景中选择"瓶子"对象，如图21-49所示。

图21-48　　　　　　图21-49

05 此时"小球"对象自动吸附到瓶子底部，如图21-50所示。单击"自动关键点"按钮，并将时间滑块放在第100帧。

06 设置"曲面控制器参数"卷展栏中"V向位置"微调器的数值，将球体放置在圆柱体顶端，如图21-51所示。

图21-50　　　　　　图21-51

07 将"U向位置"微调器的数值设置为400，调整控制对象在曲面对象V坐标轴上的位置。

08 单击禁用"自动关键点"按钮，并播放动画。球体会沿着螺旋路径，在瓶子表面向上移动，如图21-52所示。

图21-52

21.3.5　位置约束控制器

"位置约束"控制器用于控制对象的"位置"

参数，使用位置约束控制器后对象将跟随目标对象或多个目标对象的平均值产生位置上的变化。需要注意的是，位置约束与正向运动是不同的，首先，"位置约束"控制器只能控制对象的"位置"参数，被约束的对象自身不能产生位置上的变化，其次，"位置约束"控制器可以使用多个目标对象，跟随目标对象的平均值产生位置上的变化，这在正向运动中是不能实现的，另外"位置约束"控制器不能将对象的子对象设置为目标对象。

以下将通过一个实例练习，了解"位置约束"控制器的具体使用方法。

01 首先打开本书附带光盘中的Chapter-21/"机械半身人.max"文件，这是一个机械人行走的动画，机械人足部的动画已经设置完毕了，播放动画，发现机械人的头部不能和足部的运动保持同步，下面来设置同步的动画，如图21-53所示。

图21-53

02 在时间控制器内输入0，在场景中选中"身体"对象，进入 "运动"面板，在该面板中的显示窗口中单击"位置：位置XYZ"层，单击显示窗口上方的 "指定控制器"按钮，弹出"指定 位置 控制器"对话框，如图21-54所示。

图21-54

03 在该对话框内选择"位置约束"选项，单击"确定"按钮，在"运动"面板下会出现"位置约束"卷展栏，如图21-55所示。

图21-55

04 在"位置约束"卷展栏内单击"添加位置目标"按钮，在视图中单击Dummy001对象，如图21-56所示。此时"身体"对象会移动至Dummy001的位置。

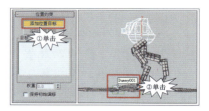

图21-56

05 选择"保持初始偏移"复选框，"身体"对象会恢复到最初的位置，如图21-57所示。

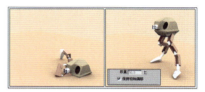

图21-57

06 单击"添加位置目标"按钮，继续拾取Dummy002对象作为目标对象，如图21-58所示。

图21-58

07 播放动画，可以看到机械半身人走路的动画效果，如图21-59所示。

图21-59

21.3.6　方向约束控制器

"方向约束"控制器针对于对象的"旋转"参数，使用该控制器可以使对象跟随目标对象或多个目标对象的平均值转动。"方向约束"控制器可以将任何对象作为旋转目标，当为对象添加"方向约束"控制器后，该对象不能手动设置其转动。

以下将通过一个实例练习了解"方向约束"控制器的具体使用方法。

01 首先打开本书附带光盘中的Chapter-21/"空调扇.max"文件，如图21-60所示。

图21-60

02 在场景中选中"窗07"对象，进入"运动"面板，在"指定控制器"显示窗内选择Rotation选项，单击"指定控制器"按钮，此时会弹出"指定 旋转 控制器"对话框，如图21-61所示。

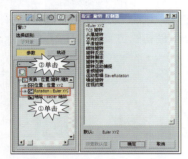

图21-61

03 在该对话框内选择"方向约束"选项，单击"确定"按钮，在"运动"面板下会出现"方向约束"卷展栏，如图21-62所示。

图21-62

04 在"方向约束"卷展栏内单击"添加方向目标"按钮，在视图中单击"窗01"，使其成为"窗07"对象的旋转目标，如图21-63所示。

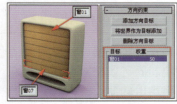

图21-63

05 接着，选择"窗06"对象，添加"方向约束"控制器，使用同样的方法使"窗01"成为该对象的旋转目标，如图21-64所示。

图21-64

06 依次类推，分别将"窗01"成为"窗05"、"窗04"、"窗03"、"窗02"对象的旋转目标。

07 此时，沿X轴旋转"窗01"对象，可以看到其他对象跟随其旋转，如图21-65所示。

图21-65

21.3.7 注视约束控制器

"注视约束"控制器针对于对象的"旋转"参数，使用该控制器后，可以使对象的旋转方向始终注视目标对象或几个目标对象的平均值。

在默认状态下，一旦为对象添加"注视约束"控制器，将无法手动编辑对象的方向，如果此时需要对方向进行编辑，可以单击激活"设置方向"按钮，编辑对象的方向，单击"重置方向"按钮，恢复到未编辑方向之前的状态。

以下将通过一个实例练习，了解"注视约束"控制器的具体使用方法。

01 首先打开本书附带光盘中的Chapter-21/"飞弹.max"文件，该文件为一个正在发射飞弹的发射器和飞过的两架飞机，本节设置的动画内容为飞弹发射器注视追踪两架飞机，如图21-66所示。

图21-66

02 进入"创建"面板下的 "辅助对象"子命令面板，在该面板的下拉列表内选择"标准"选项，在"对象类型"卷展栏下单击"虚拟对象"按钮，在前视图中创建一个虚拟物体——Dummy001，如图21-67所示。

图21-67

由于在某一层添加控制器后，该层将不能再自由变换，使编辑工作变得很麻烦，此时可以为虚拟物体添加控制器，并将对象与虚拟物体链接，这样对象可以继承控制器的运动，同时又可以灵活地进行编辑。

03 选择Dummy001对象，在主工具栏中单击"对齐"按钮 ，在视图中单击"发射器"对象，此时会弹出"对齐当前选择（发射器）"对话框，参照如图21-68所示的参数，设置对齐对话框，完毕后，单击"确定"按钮关闭对话框。

图21-68

04 选择"发射器"对象，在主工具栏中单击"选择并链接"按钮 ，将其与Dummy001链接，使其成为Dummy001的子对象，如图21-69所示。

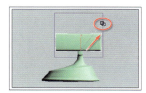

图21-69

05 在场景中选择Dummy001对象，进入"运动"面板，在"指定控制器"显示窗内选择Rotation选项，单击"指定控制器"按钮，弹出"指定 旋转控制器"对话框，在该对话框内选择"注视约束"选项，单击"确定"按钮，退出该对话框，如图21-70所示。

06 在"注视约束"卷展栏下单击"添加注视目标"按钮，在视图中单击"飞船01"和"飞船02"，使其成为Dummy001的注视目标，如图21-71所示。

07 在"目标"显示窗内选择"飞船01"名称，在"权重"文本框内输入100，在"目标"显示窗内选择"飞船02"名称，在"权重"文本框内输

入0，使Dummy001完全注视"飞船01"，如图21-72所示。

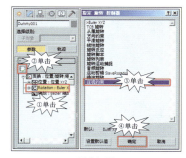

图21-70

图21-71

图21-72

08 参照如图21-73所示参数，调整发射器的轴向，使其与Dummy001的方向对齐。

图21-73

09 在动画控制区单击激活"自动关键点"按钮，在时间栏内输入70，选中Dummy001对象，进入"运动"面板，在"目标"显示窗内选择"飞船01"名称，在"权重"文本框内输入0，在"目标"显示窗内选择"飞船02"名称，在"权重"文本框内输入100，使Dummy001完全注视"飞船02"，如图21-74所示。

10 进入"轨迹视图"对话框，在控制器窗口选择Dummy001层下Rotation层下的"注视权重0"层，在关键点窗口将该层的第1个关键点移动至第60帧的位置，如图21-75所示。

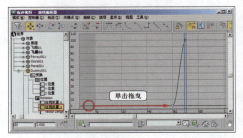

个关键点移动至第60帧的位置，如图21-76所示。

图21-74

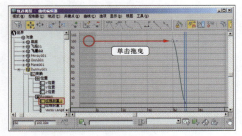

图21-76

12 播放动画，"发射器"在第0~60帧追踪"飞船01"，第60帧之后追踪"飞船02"。本练习就全部完成了，效果如图21-77所示。

图21-75

11 在控制器窗口选择Dummy001层下"旋转"层下的"注视权重1"层，在关键点窗口将该层的第1

图21-77

21.4 整体变换控制器

在"指定控制器"卷展栏下的显示窗内选择"变换"选项，单击"指定控制器"按钮，会弹出"指定 变换 控制器"对话框。

在默认状态下"变换"选项使用的是"位置/旋转/缩放"控制器，使用该控制器后，在"指定控制器"卷展栏下的显示窗内才会显示"位置"、"旋转"和"缩放"选项，并为这些参数添加和变换编辑修改器。

变换还可以使用"变换脚本"和"链接约束"控制器，当选择一种控制器后，"运动"面板会显示不同的参数。

21.4.1 "链接约束"控制器

在讲解"链接约束"控制器之前，首先需要讲解正向运动的有关知识，在设置正向运动之前，首先需要将两个对象链接，当一个对象与另一个对象链接后，被链接对象就成为链接对象的父对象，一个父对象可以拥有多个子对象，但一个子对象只能有一个父对象。父对象的运动会影响子对象，子对象的运动不会影响父对象。以下通过一个实例练习了解正向运动的方法。

01 首先打开本书附带光盘中的Chapter-21/"快艇.max"文件，该文件包括一艘快艇、一个螺旋桨和两箱货物，如图21-78所示。

图21-78

02 播放动画，可以看到只有"快艇"设置了动画，"螺旋桨"和"货物"并不跟随"快艇"移动，如图21-79所示。

图21-79

03 选择"螺旋桨"对象，在主工具栏中单击"选择并链接"按钮，在视图中单击拖曳至"快艇"的位置，当鼠标指针改变形状时释放，如图21-80所示，此时"螺旋桨"成为"快艇"的子对象，会继承"快艇"的运动。

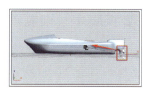

图21-80

04 使用同样的方法将"货物"与"快艇"链接,播放动画,可以看到"货物"和"螺旋桨"跟随"快艇"运动,但"货物"和"螺旋桨"的运动不会影响到"快艇",如图21-81所示。

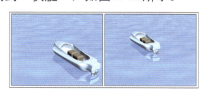

图21-81

从这个实例了解到,在设置正向运动时,一个子对象只能继承一个父对象的运动,但如果使用了"链接约束"控制器,可以使对象在不同的时间继承不同父对象的运动,设置变化更为丰富的链接动画。

下面将通过一个实例练习,了解"链接约束"控制器的具体使用方法。

01 首先打开本书附带光盘中的Chapter-21/"机械臂.max"文件,该文件包括2个机械臂和1个球体,如图21-82所示,机械臂的动画已经设置完毕了,下面要设置球体从一只机械臂上传递到另一只机械臂上的动画。

图21-82

02 首先选择"球体"对象,进入"运动"面板,在"指定控制器"卷展栏下的显示窗内选择"变换"选项,单击显示窗上方的"指定控制器"按钮,打开"指定 变换 控制器"对话框,在该对话框内选择"链接约束"选项,如图21-83所示,单击"确定"按钮,退出该对话框。

03 此时,在"运动"面板下会出现Link Params卷展栏,如图21-84所示。

04 在Link Params卷展栏下单击"链接到世界"按钮,将目标对象链接到整个场景,在"开始时间"文本框内的参数也显示为0,如图21-85所示。

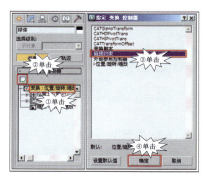

图21-83

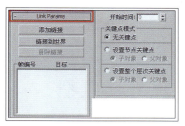

图21-84

图21-85

05 在动画控制区单击激活"自动关键点"按钮,在时间栏内输入50,在视图中单击"抓手01"对象,使其成为第1个链接目标,在目标显示窗内会显示该对象的名称,如图21-86所示。

06 播放动画,第1个机械手臂抓起了球体对象并移动,如图21-87所示。

图21-86

图21-87

07 保持"球体"对象的选中状态,在时间栏内输入180,单击"添加链接"按钮,在视图中单击"抓手02"对象,在目标显示窗内会显示该对象的名称,"开始时间"文本框内的参数显示为180,如图21-88所示。

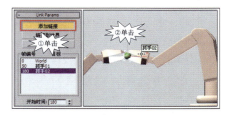

图21-88

08 在时间栏内输入240,单击"链接到世界"按钮,将目标对象脱离机械臂重新链接到整个场景中,如图21-89所示。

图21-89

09 现在动画就设置完毕了，播放动画，"球体"在第50~180帧跟随"抓手01"运动，在第180~240帧跟随"抓手02"运动，如图21-90所示。

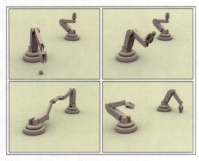

图21-90

21.4.2 "变换脚本"控制器

选择"变换脚本"控制器后，会出现一个"脚本控制器"对话框，如图21-91所示，在该对话框内，可以使用编辑脚本的方法来改变对象的"位置"、"旋转"或"缩放"参数，并将这些参数的变化设置为动画。

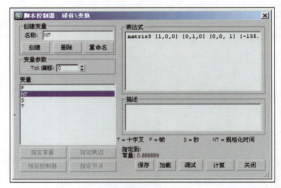

图21-91

21.5 实例操作——气垫运输船

在本次实例中将要创建一架飞行中的直升机停在一艘漂浮在海面中的气垫船上的动画，在动画过程中使用了"链接约束"、"方向约束"、"附加"等多个控制器，使用这些控制器模拟螺旋桨的同步旋转、气垫船在海浪中颠簸等效果。

21.5.1 设置链接和编辑水面动画

首先需要设置链接和编辑修改器动画，使用链接的方法使螺旋桨跟随直升机移动，使用"噪波"编辑修改器设置海浪的波动。

01 首先，打开本书附带光盘中的Chapter-21/"气垫运输船.max"文件，该文件包括一艘气垫船、一架双螺旋桨的直升机，如图21-92所示。

02 在视图中选择"螺旋桨01"和"螺旋桨02"对象，在主工具栏单击 "选择并链接"按钮，单击拖曳至"直升机"对象，释放鼠标，使"螺旋桨01"和"螺旋桨02"成为"直升机"的子对象，如图21-93所示。

03 在视图中选择"水面"对象，在 "修改"命令面板内为其添加一个"噪波"编辑修改器，

添加该修改器后，参照如图21-94所示设置参数。

 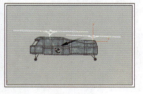

图21-92   图21-93

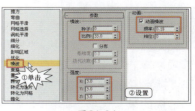

图21-94

04 进入"轨迹视图"对话框，在控制器窗口内选择"水面"层下Noise层下的"相位"层，在关键点窗口选择该层所有的关键点，在"轨迹视图"对话框的工具栏内单击"将切线设置为线性"按钮 ，将切线设置为线性切线，如图21-95所示。

05 播放动画，可以看到水面匀速波动，如图21-96所示。

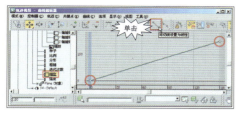

图21-95

图21-96

21.5.2　为对象添加控制器

接下来需要为对象添加动画控制器，为了使动画更易于编辑，在设置动画的过程中使用了虚拟物体。

01 进入 ☀ "创建"面板下的 ◘ "辅助对象"子命令面板，在"对象类型"面板下单击"虚拟对象"按钮，在前视图中任意位置创建一个虚拟物体——Dummy001，其大小与"气垫船"对象相近，如图21-97所示。

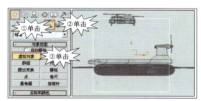

图21-97

02 选择Dummy001，进入 ◉ "运动"面板，在"指定控制器"卷展栏下的显示窗内选择"位置"选项，在该显示窗上方单击"指定控制器"按钮 ▣，打开"指定 位置 控制器"对话框，在该对话框内选择"附加"选项，如图21-98所示，单击"确定"按钮，退出该对话框。

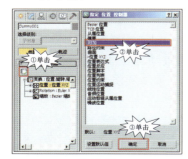

图21-98

03 关闭"指定 位置 控制器"对话框后，在"运动"面板会出现"附着参数"卷展栏，在该卷

展栏内单击"拾取对象"按钮，在视图中拾取"水面"对象，单击"设置位置"按钮，在Camer001视图中将Dummy001放置于如图21-99所示的位置。

04 在时间栏内输入60，将"气垫船"与Dummy001对象链接，使"气垫船"成为Dummy001的子对象，这样，在第60帧时，"气垫船"将保持水平状态，如图21-100所示。

图21-99　　　　　　　图21-100

05 播放动画，可观察到气垫船随着水波的波动也随之移动。

06 选择"直升机"对象，进入"运动"面板，在"指定控制器"卷展栏下的显示窗内选择"变换"选项，在该显示窗上方单击"指定控制器"按钮，打开"指定 变换 控制器"对话框，在该对话框内选择"链接约束"选项，如图21-101所示。单击"确定"按钮，退出该对话框。

07 退出"指定 变换 控制器"对话框后，在"运动"面板会出现Link Params卷展栏，确定时间栏内的参数为0，单击"链接到世界"按钮，将目标对象链接到整个场景，如图21-102所示。

图21-101　　　　　　　图21-102

08 在时间栏内输入60，单击"添加链接"按钮，在视图中单击"气垫船"对象，使"直升机"在第60帧后成为"气垫船"的子对象，如图21-103所示。

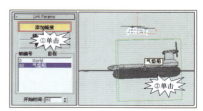

图21-103

09 单击激活"自动关键点"按钮，在前视图

中将"直升机"对象沿Y轴向下移动至如图21-104所示的位置。

图21-104

10 选择"螺旋桨01"对象,打开"轨迹视图"对话框,在该对话框的控制器窗口内选择"螺旋桨01"层下的"Z轴旋转"层,在"轨迹视图"对话框的工具栏内单击"添加关键点"按钮,在该层的关键点窗口的第1和80帧的位置添加两个关键点,如图21-105所示。

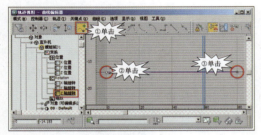

图21-105

11 右击第1帧位置的关键点,弹出"螺旋桨01/Z轴旋转"对话框,在该对话框的"值"文本框内输入0,在"输入"栏下单击"将切线设置为快速"按钮,在"输出"栏下单击"将切线设置为线性"按钮,如图21-106所示。

12 右击第80帧位置的关键点,弹出"螺旋桨01/Z轴旋转"对话框,在该对话框的"值"文本框内输入-1150,在"输入"栏下选择"将切线设置为慢速"按钮,在"输出"栏下选择"将切线设置为自定义"按钮,如图21-107所示。

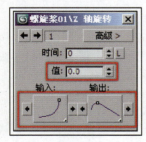 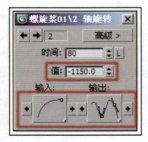

图21-106 图21-107

13 关键点切线最后的形态如图21-108所示,播放动画,"螺旋桨01"的转速由快至慢,最后停止。

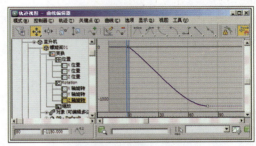

图21-108

14 最后要使用"方向约束"控制器使"螺旋桨02"和"螺旋桨01"的旋转保持同步。选择"螺旋桨02"对象,进入"运动"面板,在"指定控制器"卷展栏下的显示窗内选择Rotation选项,在该显示窗上方单击"指定控制器"按钮,在弹出的对话框内选择"方向约束"选项,如图21-109所示。单击"确定"按钮,退出"指定 旋转 控制器"。

图21-109

15 退出"指定 旋转 控制器"对话框后,在"运动"面板内会出现"方向约束"卷展栏,在该卷展栏内单击"添加方向目标"按钮,在视图中单击"螺旋桨01"对象,使其成为约束目标,如图21-110所示。

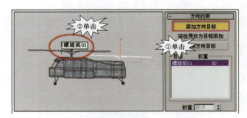

图21-110

16 播放动画,"螺旋桨02"跟随"螺旋桨01"旋转,并缓缓降落在随水面摇晃的气垫船上,如图21-111所示。

图21-111